危险化学品及化学药物的安全销毁与净化

张　财　梁元杰 ◎ 编著

西南交通大学出版社
·成　都·

图书在版编目（CIP）数据

危险化学品及化学药物的安全销毁与净化 / 张财，
梁元杰编著. -- 成都 ：西南交通大学出版社，2024. 8.
ISBN 978-7-5643-9899-6

Ⅰ. TQ086.5；R97

中国国家版本馆 CIP 数据核字第 2024XS2551 号

Weixian Huaxuepin ji Huaxue Yaowu de Anquan Xiaohui yu Jinghua
危险化学品及化学药物的安全销毁与净化

张　财　梁元杰 / 编著

策划编辑 / 吴　迪　黄庆斌
责任编辑 / 牛　君
封面设计 / 墨创文化

西南交通大学出版社出版发行
（四川省成都市金牛区二环路北一段 111 号西南交通大学创新大厦 21 楼　610031）
营销部电话：028-87600564　　028-87600533
网址：http://www.xnjdcbs.com
印刷：成都勤德印务有限公司

成品尺寸　185 mm×260 mm
印张　18.25　字数　453 千
版次　2024 年 8 月第 1 版　印次　2024 年 8 月第 1 次

书号　ISBN 978-7-5643-9899-6
定价　48.00 元

前 言
PREFACE

　　危险化学品和化学药物具有易燃、易爆、腐蚀、毒害等危险特性，如果对危险化学品、化学药物及其废弃物管理、处置不当，不但会污染空气、水源和土壤，造成生态破坏，而且会对人体的安全和健康造成很大程度的危害。彻底销毁危险化学品和化学药物是避免这些危害的最根本的方法。

　　本书收录了酸、碱、酰基卤、酸酐等100余种常用危险化学品和化学药物，归纳了每种危险化学品和化学药物的 CAS 号、结构式或分子式，重点介绍了它们的化学和物理性质及危险性，并对其销毁与净化方法进行了系统的论述。

　　本书由重庆安全技术职业学院张财、梁元杰共同编著。本书共 12 章，其中第 1 ～ 8 章由张财编著，第 9 ～ 12 章由梁元杰编著，全书由张财统稿。

　　本书可作为化学、化工、化工工艺、安全工程等专业的高年级专科生、本科生和研究生的教材，也可供化学制药企业、精细化工企业、大化工企业、医疗部门、危险化学品销售企业、危化品处置企业的评价人员、研发人员、使用人员或主管人员参考。

　　本书得到重庆市教育委员会科学技术研究项目资助（项目编号：KJQN202104705、KJQN202404704、KJQN202404705）。

　　限于作者水平，书中难免存在疏漏及不妥之处，恳请读者和专家批评指正。

编　者

2024 年 5 月

目 录
CONTENTS

1

酸、酯、酰基卤和酸酐的销毁与净化

1.1 化合物概述

酸、酰基卤和酸酐广泛用于化工、制药、食品、肥料等工业中。

其中,磷酸属于第 8 类腐蚀性物质,对眼、鼻、喉有刺激性,眼睛接触可致伤,皮肤接触可引起皮炎和皮肤病[1]。

盐酸也属于第 8 类腐蚀性物质,具有极强的挥发性,盐酸是 3 类致癌物。盐酸本身和酸雾都会腐蚀人体组织,可能会不可逆地损伤呼吸器官、眼部、皮肤和胃肠等。

硫酸是一种最活泼的二元无机强酸,能和绝大多数金属发生反应。高浓度的硫酸有强烈吸水性,可用作脱水剂,碳化木材、纸张、棉麻织物及生物皮肉等含碳水化合物的物质。硫酸与水混合时,会放出大量热能。其具有强烈的腐蚀性和氧化性,故需谨慎使用。硫酸是一种重要的工业原料,可用于制造肥料、药物、炸药、颜料、洗涤剂、蓄电池等,也广泛应用于净化石油、金属冶炼以及染料等工业中。硫酸常用作化学试剂,在有机合成中可用作脱水剂和磺化剂。

发烟硫酸,也就是三氧化硫的硫酸溶液,是无色至浅棕色黏稠发烟液体。发烟硫酸有很强的吸水性,当它与水相混合时,三氧化硫即与水结合成硫酸。发烟硫酸遇水、有机物和氧化剂易引起爆炸,并有强烈腐蚀性。

硝酸是一种具有强氧化性、腐蚀性的一元无机强酸,是六大无机强酸之一,也是一种重要的化工原料,其水溶液俗称硝镪水或氨氮水。在工业上可用于制化肥、农药、炸药、染料等;在有机化学中,浓硝酸与浓硫酸的混合液是重要的硝化试剂。

氢氟酸是氟化氢气体的水溶液,清澈,无色、发烟的腐蚀性液体,有剧烈刺激性气味。氢氟酸是一种弱酸,具有极强的腐蚀性,能强烈地腐蚀金属、玻璃和含硅的物体。如吸入蒸气或接触皮肤会造成难以治愈的灼伤。

高氯酸，是无色透明的发烟液体，六大无机强酸之首，是氯的最高价氧化物的水化物。高氯酸在无机含氧酸中酸性最强。可助燃，具强腐蚀性、强刺激性，可致人体灼伤。工业上用于高氯酸盐的制备，人造金刚石提纯，电影胶片制造，医药工业，电抛光工业，用于生产砂轮，除去碳粒杂质，还可用作氧化剂等。

　　氢溴酸，是溴化氢的水溶液，是一种强酸，室温下饱和氢溴酸的浓度为 68.85%（质量分数）。氢溴酸的酸性比盐酸强，但比氢碘酸弱，它是最强的无机酸之一。氢溴酸主要被用于生产无机溴化物，清除醇盐和酚盐，取代反应中取代羟基，以及与烯烃加成。它也可以催化矿物提取和某些烷基化反应。

　　氟硅酸，又称硅氟氢酸，化学式为 H_2SiF_6，为无色透明液体，主要用作制备氟硅酸盐及四氟化硅的原料，也应用于金属电镀、木材防腐、啤酒消毒等。

　　甲酸俗名蚁酸，是最简单的羧酸，为无色而有刺激性气味的液体。甲酸属于弱电解质，但其水溶液中弱酸性且腐蚀性强，能刺激皮肤起泡。甲酸通常存在于蜂类、某些蚁类和毛虫的分泌物中。甲酸是有机化工原料，也用作消毒剂和防腐剂。甲酸主要引起皮肤、黏膜的刺激症状，接触后可引起结膜炎、眼睑水肿、鼻炎、支气管炎，重者可引起急性化学性肺炎。浓甲酸口服后可腐蚀口腔及消化道黏膜，引起呕吐、腹泻及胃肠出血，甚至因急性肾功能衰竭或呼吸功能衰竭而致死。皮肤接触可引起炎症和溃疡。

　　乙酸，也叫醋酸，是一种有机一元酸，为食醋主要成分。纯的无水乙酸（冰醋酸）是无色的吸湿性液体，凝固后为无色晶体，其水溶液中弱酸性且腐蚀性强，对金属有强烈腐蚀性，蒸气对眼和鼻有刺激性作用。乙酸在自然界分布很广，比如在水果或者植物油中，乙酸主要以酯的形式存在。而在动物的组织内、排泄物和血液中乙酸又以游离酸的形式存在。许多微生物都可以通过发酵将不同的有机物转化为乙酸。

　　草酸又叫乙二酸，是生物体的一种代谢产物，二元中强酸，广泛分布于植物、动物和真菌体中，并在不同的生命体中发挥不同的功能。研究发现百多种植物富含草酸，尤以菠菜、苋菜、甜菜、马齿苋、芋头、甘薯和大黄等植物中含量最高，由于草酸可降低矿质元素的生物利用率，在人体中容易与钙离子形成草酸钙导致肾结石，所以草酸往往被认为是一种矿质元素吸收利用的拮抗物。

　　氯磺酸是一种挥发性腐蚀性液体，在有机化学中用作氯磺化和缩合剂。它还用于制备硫酸酯、砜和糖精。它与水发生剧烈反应，但可以通过将其加入碎冰中以受控方式水解。它具有腐蚀性，会导致严重的酸烧伤，并且对眼睛、肺和黏膜有强烈的刺激性。

　　氟磷酸二异丙酯是一种几乎无气味、无色、挥发性的液体，广泛用作酶抑制剂，也用于治疗青光眼。氟磷酸二异丙酯具有高度毒性，其毒性与氰化氢相当。氟磷酸二异丙酯是胆碱酯酶抑制剂，是一种神经毒素，对生殖系统有影响。

　　对羟基苯甲酸为无色的细小结晶或结晶状粉末。对羟基苯甲酸酯类除对真菌有效外，由于它具有酚羟基结构，所以抗细菌性能比苯甲酸、山梨酸都强。

　　硫酸二甲酯是一种透明、油性、高沸点的液体。硫酸二甲酯挥发性很强，没有特征性气味，毒性很强，会导致严重烧伤和肺、肾和肝损伤。硫酸二甲酯在工业和实验室中用作烷基化试剂。硫酸二乙酯是一种具有薄荷气味的挥发性液体，其几乎不溶于水，在工业和实验室中也用作烷基化试剂。甲磺酸甲酯是一种挥发性液体，在水中的溶解度约为 1∶5，能使实验动物致癌。

β-丙内酯，又名 β-丙酰内酯，是一种有机化合物，为无色液体，主要用作药物、树脂和纤维改性剂的中间体，也用作杀菌消毒剂，用于血浆和疫苗的杀菌。2017 年 10 月 27 日，世界卫生组织国际癌症研究机构公布的致癌物清单初步整理参考，β-丙内酯在 2B 类致癌物清单中。

乙酰氯，又名氯乙酰，是一种有机化合物，为无色发烟液体，溶于丙酮、乙醚、乙酸、苯、氯仿，主要用于有机化合物、染料及药品的制造。丙酰氯为无色透明液体，有刺激性气味，用作丙酰化剂和丙酐的引入剂、香料和医药的原料、农药除草剂原料等。苯甲酰氯为无色发烟液体，溶于乙醚、氯仿、苯、二硫化碳，可用作染料中间体、引发剂、紫外线吸收剂、橡塑助剂等。氯化亚砜呈无色或黄色有气味的液体，可混溶于苯、氯仿、四氯化碳等有机溶剂，遇水水解，加热分解，主要用于制造酰基氯化物，还用于农药、医药、染料等的生产。磺酰氯为无色发烟液体，水解时 2 个氯原子被羟基取代，生成硫酸和盐酸，与氨反应发生氨解，氯原子被氨基取代，磺酰氯在高温时分解成二氧化硫和氯气，主要用作氯化剂或氯磺化剂，也可用于制造染料、橡胶等。甲磺酰氯可用作酯化、聚合反应的催化剂和生产甲磺酸的原料；并可广泛用作医药、农药的合成原料。苯磺酰氯为无色透明油状液体，是一种常用的磺化试剂，多用来制备磺酰胺、磺化酯和砜。乙酸酐为无色透明液体，有强烈的乙酸气味，味酸，有吸湿性，溶于氯仿和乙醚，缓慢地溶于水形成乙酸，与乙醇作用形成乙酸乙酯。易燃，有腐蚀性，有催泪性。

上述化合物的基本信息如表 1-1 所示。

表 1-1　酸、酰基卤和酸酐基本信息一览表

化合物	分子式	沸点（bp）或熔点（mp）	CAS 登记号
磷酸	H_3PO_4	bp 261 ℃（无水物）	[7664-38-2]
盐酸	HCl	bp 48 ℃（38%溶液）	[7647-01-0]
硫酸	H_2SO_4	bp 332 ℃（浓度 98%）	[7664-93-9]
发烟硫酸	$H_2SO_4 \cdot xSO_3$	bp ～290 ℃（lit.）	[8014-95-7]
硝酸	HNO_3	bp 83 ℃	[7697-37-2]
氢氟酸	HF	bp 120 ℃（35.3%）	[7664-39-3]
高氯酸	$HClO_4$	bp 203 ℃	[7601-90-3]
氢溴酸	HBr	bp 126 ℃（47%）	[10035-10-6]
氟硅酸	H_2SiF_6	bp 108 ～109 ℃	[16961-83-4]
甲酸	HCOOH	bp 100.6 ℃	[64-18-6]
乙酸	CH_3COOH	bp 117.9 ℃，mp 16.6 ℃	[64-19-7]
草酸	$H_2C_2O_4$	Mp 189.5 ℃	[144-62-7]
氯磺酸	$ClHSO_3$	bp 151 ～152 ℃	[7790-94-5]
对羟基苯甲酸	$4\text{-}HOC_6H_4CO_2H$	mp 214 ℃	[99-96-7]
氟磷酸二异丙酯	$[(CH_3)_2CHO]_2P(O)F$	bp 73 ℃/16 mmHg[①]	[55-91-4]

注：① 1 mmHg = 133.3 Pa。因我国现阶段医药等行业一直沿用，为使读者了解、熟悉行业实际情况，本书予以保留。——编者注

化合物	分子式	沸点（bp）或熔点（mp）	CAS 登记号
硫酸二甲酯	DMS，$(CH_3)_2SO_4$	bp 188 °C	[77-78-1]
硫酸二乙酯	DES，$(C_2H_5)_2SO_4$	bp 209 °C	[64-67-5]
甲磺酸甲酯	MMS，$CH_3SO_2OCH_3$	bp 203 °C	[66-27-3]
氨基甲酸甲酯	$CH_3OC(O)NH_2$	mp 56~58 °C	[598-55-0]
氨基甲酸乙酯	$CH_3CH_2OC(O)NH_2$	mp 48.5~50 °C	[51-79-6]
β-丙内酯		bp 162 °C	[57-57-8]
乙酰氯	$CH_3C(O)Cl$	bp 52 °C	[75-36-5]
丙酰氯	$CH_3CH_2C(O)Cl$	bp 77~79 °C	[79-03-8]
苯甲酰氯	$PhC(O)Cl$	bp 198 °C	[98-88-4]
氯化亚砜	$SOCl_2$	bp 79 °C	[7719-09-7]
磺酰氯	SO_2Cl_2	bp 68~70 °C	[7791-25-5]
甲磺酰氯	CH_3SO_2Cl	bp 60 °C/21 mmHg	[124-63-0]
苯磺酰氯	$PhSO_2Cl$	bp 251~252 °C	[98-09-9]
对甲苯磺酰氯	$p\text{-}CH_3C_6H_4SO_2Cl$	mp 67~69 °C	[98-59-9]
乙酸酐	$[CH_3C(O)]_2O$	bp 138~140 °C	[108-24-7]

1.2 销毁原理

酸、酯、酰基卤和酸酐可加入碱液进行销毁。这些化合物的销毁率均大于 99.98%。氯磺酸的反应性太强，不能用此法销毁。

1.3 酸的销毁与净化

1.3.1 泄漏磷酸的销毁[1]

将泄漏的磷酸收集到容器中，如有必要用大量的水稀释，随后用氢氧化钠溶液中和至中性，并丢弃。污染区用 10% 左右的碳酸钠溶液或氢氧化钙溶液浸泡后，用大量的水冲洗，洗水回收并统一处理。

1.3.2 泄漏盐酸的销毁[2]

禁止泄漏物流入水体、地下水管道或排洪沟等限制性空间。对不能回收的泄漏物，用砂土、粉状氧化钙、氢氧化钙、碳酸钠或碳酸氢钠等与泄漏物进行吸附、中和处理，将吸附、中和后的产物收集到专用容器中。

1.3.3 泄漏硫酸的销毁

1.3.3.1 水体中泄漏物的销毁[3]

向受污染的水体中选择性地投放适量的粉状氧化钙、粉状氢氧化钙、碳酸钠或碳酸氢钠等化合物中和泄漏物，并适当丢弃。

1.3.3.2 陆上泄漏物的销毁[3]

阻断泄漏物流入水体、地下水管道或排洪沟等限制性空间。使用砂土、水泥、粉状氧化钙、粉状氢氧化钙等与泄漏物混合，将产物收集到专用容器中进行集中处理。

1.3.4 泄漏发烟硫酸的销毁

1.3.4.1 水体中泄漏物的销毁[4]

可根据实际情况向受污染的水体中选择性地投放适量的粉状氧化钙、粉状氢氧化钙、碳酸钠或碳酸氢钠等化合物中和泄漏物，并适当丢弃。

1.3.4.2 陆上泄漏物的销毁[4]

禁止泄漏物流入水体、地下水管道或排洪沟等限制性空间。用雾状水抑制发烟硫酸的烟雾，禁止将水直接洒向泄漏区或容器内。努力收容泄漏物，使用适量的砂土、水泥、粉状氧化钙、粉状氢氧化钙等与泄漏物混合，将产物收集到专用容器中进行集中处理。

1.3.5 泄漏硝酸的销毁

1.3.5.1 水体中泄漏物的销毁[5]

向受污染的水体中选择性地投放适量的粉状氧化钙、粉状碳酸钠等化合物中和泄漏物，并将产物收集后集中处理。

1.3.5.2 陆上泄漏物的销毁[5]

禁止泄漏物流入水体、地下水管道或排洪沟等限制性空间。使用砂土、粉状氧化钙、粉状碳酸钠等与泄漏物混合，将产物收集到专用容器中进行集中处理。向路面撒粉状生石灰、粉状碳酸钠等中和可能残留的泄漏物，再用大量水冲洗路面。

1.3.6 泄漏氢氟酸的销毁

1.3.6.1 水体中泄漏物的销毁[6]

可根据实际情况向受污染的水体中选择性地投放适量的粉状氧化钙、粉状碳酸钠等化合物进行中和，并将产物收集后集中处理。

1.3.6.2 陆上泄漏物的销毁[6]

禁止泄漏物流入水体、地下水管道或排洪沟等限制性空间。使用砂土、粉状氧化钙、粉状碳酸钠等与泄漏物混合，将产物收集到专用容器中进行集中处理。向路面撒粉状生石灰、粉状碳酸钠等中和可能残留的泄漏物，再用大量水冲洗路面。

1.3.7 泄漏高氯酸的销毁

1.3.7.1 水体中泄漏物的销毁[7]

可根据实际情况向受污染的水体中选择性地投放适量的粉状氧化钙、粉状碳酸钠等化合物中和泄漏物，或按照环保部门的要求进行。

1.3.7.2 陆上泄漏物的销毁[7]

禁止泄漏物流入水体、地下水管道或排洪沟等限制性空间。对于可回收的泄漏物，用耐酸泵将液体转移到专用收集容器内进行回收。对不能回收的泄漏物，可用硫代硫酸钠或亚铁盐（酸性条件下）处理，再用弱碱性物质中和，将中和后的产物收集到专用容器中。

1.3.8 泄漏氢溴酸的销毁

1.3.8.1 水体中泄漏物的销毁[8]

可根据实际情况向受污染的水体中选择性地投放适量的粉状氧化钙、碳酸氢钠等化合物中和泄漏物，或按照环保部门的要求进行。

1.3.8.2 陆上泄漏物的销毁[8]

禁止泄漏物流入水体、地下水管道或排洪沟等限制性空间。宜选择砂土、粉状氧化钙、碳酸钠等与泄漏物进行吸附、中和处理，将吸附、中和的产物收集到专用容器中。

1.3.9 泄漏氟硅酸的销毁

1.3.9.1 水体中泄漏物的销毁[9]

氟硅酸在水体中发生泄漏时应组织人员对沿河两岸或湖泊进行警戒，严禁取水、用水和捕捞等一切活动，如果污染严重，河流周围的地下井水禁止饮用。应在泄漏的水体中撒入大量石灰（对江、河应逆流喷撒）进行处理直至水体检测达标。

1.3.9.2 陆上泄漏物的销毁[9]

通过挖沟或围堰的方法，可借助现场环境将泄漏物围住，禁止氟硅酸流失。用干净的耐酸泵（一般是特氟龙材料的）将没有泄漏的液体转移到新槽车或专用收集容器内进行回收。对收集的泄漏物应运回生产单位、使用单位或具有资质的专业危险废物处理机构进行回收利用或无害化处理。污染区用石灰粉或40%的碳酸氢钠溶液喷洒，对泄漏的氟硅酸进行中和，减少污染程度，加快处理速度。可使用抗溶泡沫、泥土、沙子、石灰粉或塑料布覆盖，降低氟硅酸蒸气的危害。喷雾状水或泡沫冷却、稀释蒸气。

1.3.10 泄漏甲酸的销毁

1.3.10.1 少量泄漏的销毁[10]

禁止泄漏物流入水体、下水道、排洪沟等限制性空间。使用干燥的砂土、粉状氧化钙、粉状碳酸氢钠或其他不燃材料吸收或覆盖，收集于容器中。收集的泄漏物可运回生产企业回收或交由专业危险废物处理机构进行处理。

1.3.10.2 大量泄漏的销毁与净化[10]

禁止泄漏物流入水体、下水道、排洪沟等限制性空间。用耐酸泵将泄漏物转移至洁净的槽车或专用收集容器内进行回收。对不能回收的泄漏物，用粉状碳酸钙吸收大量液体，用粉状氧化钙、碳酸钙（碎石灰石）或碳酸钠中和。也可以用适量水冲洗，冲洗水稀释后排入废水系统，并用泵转移至槽车或专用收集器内。对甲酸蒸气，可用喷水雾的方法吸收和降低其在大气中的浓度。在现场，可用消防车、洗消车、洒水车从上风方向喷射开花或喷雾水流对泄漏甲酸气体进行稀释、驱散。

1.3.11 泄漏乙酸的销毁

1.3.11.1 水体中泄漏物的销毁[11]

乙酸在水体中发生泄漏时，应对水体周围进行警戒，严禁取水、用水和捕捞等一切活动；如果污染严重，水体周围的地下井水应禁止饮用。根据现场实际情况，向受污染的水体中选择性地投放适量的粉状氧化钙、粉状碳酸钠等与泄漏物中和，上述操作应按照环境保护部门的要求进行，并由环保部门根据现场检测结果，判断污染消除的程度。

1.3.11.2 陆上泄漏物的销毁与净化[11]

禁止泄漏物流入水体、下水道、排洪沟等限制性空间。如有必要，用耐酸泵将泄漏物转移至洁净的槽车或专用收集容器内进行回收。对不能回收的泄漏物，可使用抗溶泡沫、泥土、砂土或塑料布、帆布覆盖，降低醋酸蒸气的危害。喷雾状水或泡沫冷却、稀释蒸气。用砂土、粉状氧化钙、粉状氢氧化钙、粉状碳酸钙、粉状碳酸氢钠或粉状碳酸钠等对泄漏物进行吸附、中和处理，收集并集中处置。

1.3.12 泄漏草酸的销毁

1.3.12.1 水体中泄漏物的销毁[12]

草酸泄漏到水体时，如果污染严重，应组织现场救险人员对沿河两岸或湖泊进行警戒，严禁取水、用水和捕捞等一切活动。可根据实际情况尽快向受污染的水体中选择性地投放碳酸钠、粉状氧化钙等中和泄漏物，上述操作应按照环境保护部门的要求进行，并由环保部门根据现场检测结果，判断污染消除的程度。

1.3.12.2 陆上泄漏物的销毁与净化[12]

用塑料布、帆布覆盖泄漏物。防止粉尘飞扬、防止泄漏物与水接触。防止用水将泄漏物冲到排水沟。对于可回收的泄漏物，使用无火花工具进行收集，避免粉尘飞扬，收集于合适的密闭、洁净的容器中进行回收。收集泄漏物的容器不应使用银、铁材质。对于污染区的泄漏残余物可用稀碳酸钠溶液中和后，对其进行收集并集中处置。也可以用大量的水冲洗，洗水稀释后放入废水系统。若泄漏物与水接触，可用碱性物质（碳酸钠或氧化钙）中和，然后用惰性物质（如干燥的沙子、泥土）吸附后，对其进行收集并集中处置。

1.3.13 氯磺酸的销毁方法[13]

小心地向 100 g 碎冰中加入 5 mL 氯磺酸。搅拌反应混合物，直到室温，反应结束，中和，并丢弃。

1.3.14 对羟基苯甲酸的销毁方法[14]

步骤一：低缺陷还原氧化石墨烯（rGO）的合成。用改进的 Hummers 法制备了氧化石墨烯（GO），并将其用作合成还原氧化石墨烯（rGO）的前体。在静态空气气氛下合成了一个 rGO 样品。在该过程中，将 1 g GO 转移到带盖的坩埚中，并在 80 ℃ 马弗炉中加热 1 h，随后在 300 ℃ 下再加热 1 h，所得样品记为 rGO-300。另一个 rGO 样品是在氮气保护下制备的，即将 0.5 g GO 转移到石英舟中，并在氮气保护下在 700 ℃ 管式炉中退火 1 h，所得样品标记为 rGO-700。加热前，用流速为 50 mL/min 的纯氮气冲洗管式炉 3 h，以除去残留空气。

步骤二：催化臭氧化。使用含有 0.5 L 对羟基苯甲酸溶液的半间歇式反应器进行催化臭氧化。除非另有规定，对羟基苯甲酸的浓度为 2×10^{-5}。将反应器浸入水浴中，温度设定为 25 ℃，搅拌速度为 300 r/min。臭氧由 Anseros Ozomat GM 臭氧发生器从高纯度氧气（99.9%）中产生。臭氧的入口流速为 100 mL/min。除非另有规定，臭氧浓度设定为 20 mg/L。在一个典型的测试中，将 0.05 g 催化剂加入对羟基苯甲酸溶液中，并搅拌 30 min，以实现吸附-解吸平衡，并确定溶液的初始 pH 为 3.5。然后打开连接到臭氧发生器的阀门，让臭氧通过多孔玻璃制成的扩散器进入反应器底部。反应一段时间后，从反应器中取出水样，并用 0.22 μm PTFE 过滤器过滤。对羟基苯甲酸样品的浓度通过高效液相色谱法（HPLC，Agilent Series 1200）使用 C_{18} 柱在 270 nm 的波长下进行分析。流动相由 75% 的稀磷酸溶液和 25% 的甲醇组成，流速为 0.25 mL/min。

1.4 酯类化合物的销毁与净化

1.4.1 氟磷酸二异丙酯的销毁与净化[15,16]

1.4.1.1 在缓冲液或水中破坏氟磷酸二异丙酯

向每 1 mL 10 mmol/L 氟磷酸二异丙酯的缓冲液或水溶液中添加 200 μL 1 mol/L NaOH，并检查反应混合物是否呈强碱性（pH≥12）。让混合物在室温下放置 18 h，分析破坏的完整性，中和并丢弃。

1.4.1.2 N,N-二甲基甲酰胺中氟磷酸二异丙酯的破坏

向每 1 mL 200 mmol/L 氟磷酸二异丙酯的 DMF 溶液中加入 2 mL 1 mol/L NaOH，并检查反应混合物是否呈强碱性（pH≥12）。让混合物在室温下放置 18 h，分析破坏的完整性，中和并丢弃。

1.4.1.3 大量氟磷酸二异丙酯的销毁

向每 40 μL 纯氟磷酸二异丙酯中添加 1 mL 1 mol/L NaOH，并检查反应混合物是否呈强碱性（pH≥12）。在室温下搅拌 1 h，分析破坏的完全性，中和并丢弃。

1.4.1.4 泄漏物或设备的净化

每 40 μL 氟磷酸二异丙酯，添加至少 1 mL 1 mol/L NaOH 溶液。检查反应混合物是否呈强碱性（pH≥12），并确保所有油性氟磷酸二异丙酯均已溶解。让混合物在室温下静置至少 2 h，分析溶液是否完全破坏，中和，并将其丢弃。

1.4.2 硫酸二甲酯和相关化合物的销毁[16]

1.4.2.1 大量硫酸二甲酯和硫酸二乙酯的销毁

将 10 mL 硫酸二甲酯或硫酸二乙酯加入 500 mL 1 mol/L NaOH 溶液、1 mol/L Na_2CO_3 溶液或 1.5 mol/L NH_4OH 溶液中。反应结束后，中和混合物，检查破坏的完整性，并丢弃。

1.4.2.2 大量甲磺酸甲酯、甲磺酸乙酯的销毁

（1）将 1 mL 化合物加入 50 mL 1 mol/L NaOH 溶液中，并搅拌反应混合物 2～24 h。中和反应混合物，检查破坏的完整性，并丢弃。

（2）将 1 mL 化合物加入 10 mL 5 mol/L NaOH 溶液中，并搅拌反应混合物 2～24 h。中和反应混合物，检查破坏的完整性，并丢弃。

1.4.2.3 泄漏硫酸二甲酯的销毁

泄漏物用 1∶1∶1 比例的碳酸钠、膨润土和沙子的混合物覆盖。将混合物加入 10% NaOH 溶液中。将该混合物搅拌 24 h，检查破坏的完整性，并丢弃。

1.4.2.4 氨基甲酸甲酯和氨基甲酸乙酯的销毁[16]

将 50 mg 化合物加入 10 mL 5 mol/L 氢氧化钠溶液中，在室温下搅拌 24～48 h。检查反应混合物是否完全破坏，中和并丢弃。

1.4.2.5 β-丙内酯的销毁[17]

将 0.5 mL（573 mg）β-丙内酯溶解在 100 mL 3 mol/L H_2SO_4 中，并在搅拌下分批加入 4.8 g $KMnO_4$。在室温下搅拌反应混合物 18 h，然后用焦亚硫酸钠脱色，用 10 mol/L 氢氧化钾溶液使其呈强碱性，用水稀释，过滤以去除锰化合物，中和滤液，检查破坏的完整性，并将其丢弃。

1.5 酰基卤和酸酐的销毁[16]

1.5.1 高活性化合物（如乙酰氯、丙酰氯、二甲基氨基甲酰氯、苯甲酰氯、亚硫酰氯、磺酰氯、甲磺酰氯和乙酸酐）的销毁方法

小心地将 5 mL 或 5 g 化合物加入 100 mL 2.5 mol/L NaOH 溶液中。在室温下搅拌直到反应结束，然后中和，弃去。

1.5.2 低活性化合物（如苯磺酰氯和对甲苯磺酰氯）的销毁方法

向 100 mL 2.5 mol/L NaOH 溶液中加入 5 mL 或 5 g 化合物。在室温下搅拌 3～24 h，分析破坏的完全性并中和反应混合物，将其丢弃。

参考文献

[1] 全国废弃化学品处置标准化技术委员会. 酸类物质泄漏的处理处置方法 第 4 部分: 磷酸: HG/T 4335.4—2012[S]. 北京: 化学工业出版社, 2012.

[2] 全国废弃化学品处置标准化技术委员会. 酸类物质泄漏的处理处置方法 第 1 部分: 盐酸: HG/T 4335.1—2012[S]. 北京: 化学工业出版社, 2012.

[3] 全国废弃化学品处置标准化技术委员会. 酸类物质泄漏的处理处置方法 第 2 部分: 硫酸: HG/T 4335.2—2012[S]. 北京: 化学工业出版社, 2012.

[4] 全国废弃化学品处置标准化技术委员会. 酸类物质泄漏的处理处置方法 第 7 部分: 发烟硫酸: HG/T 4335.7—2012[S]. 北京: 化学工业出版社, 2012.

[5] 全国废弃化学品处置标准化技术委员会. 酸类物质泄漏的处理处置方法 第 3 部分: 硝酸: HG/T 4335.3—2012[S]. 北京: 化学工业出版社, 2012.

[6] 全国废弃化学品处置标准化技术委员会. 酸类物质泄漏的处理处置方法 第 9 部分: 氢氟酸: HG/T 4335.9—2012[S]. 北京: 化学工业出版社, 2012.

[7] 全国废弃化学品处置标准化技术委员会. 酸类物质泄漏的处理处置方法 第 8 部分: 高氯酸: HG/T 4335.8—2012[S]. 北京: 化学工业出版社, 2012.

[8] 全国废弃化学品处置标准化技术委员会. 酸类物质泄漏的处理处置方法 第 12 部分: 氢溴酸: HG/T 4335.12—2012[S]. 北京: 化学工业出版社, 2012.

[9] 全国废弃化学品处置标准化技术委员会. 酸类物质泄漏的处理处置方法 第 10 部分: 氟硅酸: HG/T 4335.10—2012[S]. 北京: 化学工业出版社, 2012.

[10] 全国废弃化学品处置标准化技术委员会. 酸类物质泄漏的处理处置方法 第 11 部分: 甲酸: HG/T 4335.11—2012[S]. 北京: 化学工业出版社, 2012.

[11] 全国废弃化学品处置标准化技术委员会. 酸类物质泄漏的处理处置方法 第 6 部分: 甲酸: HG/T 4335.6—2012[S]. 北京: 化学工业出版社, 2012.

[12] 全国废弃化学品处置标准化技术委员会. 酸类物质泄漏的处理处置方法 第 5 部分: 草酸: HG/T 4335.5—2012[S]. 北京: 化学工业出版社, 2012.

[13] LUNN G, SANSONE E B. Safe disposal of highly reactive chemicals[J]. J Chem Educ 1994, 71: 972-976.

[14] WANG Y, XIE Y, SUN H, et al. Efficient catalytic ozonation over reduced graphene oxide for p-hydroxylbenzoic acid (PHBA) destruction: active site and mechanism[J]. ACS Appl Mater Interfaces, 2016, 8: 9710-9720.

[15] LUNN G, SANSONE E B. Safe disposal of diisopropyl fluorophosphate (DFP)[J]. Appl Biochem Biotechnol, 1994, 49: 165-171.

[16] LUNN G, SANSONE E B. Destruction of hazardous chemicals in the laboratory[M]. 4th ed. Hoboken, NJ: Wiley, 2023.

[17] LUNN G, SANSONE E B, DE MÉO M, et al. Potassium permanganate can be used for degrading hazardous compounds[J]. Am Ind Hyg Assoc J, 1994, 55: 167-171.

2

卤素及其化合物的销毁与净化

2.1　化合物概述

氯气在常温常压下为黄绿色且有强烈刺激性气味的剧毒气体，具有窒息性，密度比空气大，可溶于水和碱溶液，易溶于有机溶剂（如四氯化碳），难溶于饱和食盐水，可压缩，可液化为黄绿色的油状液氯。液溴是一种容易挥发的深红棕色液体，气温低时能冻结成固体，有着极强烈的毒害性与腐蚀性。液溴是氧化剂，液溴可以与苯在铁或溴化铁取代生成溴苯。单质碘呈紫黑色晶体，易升华，升华后易凝华，有毒性和腐蚀性。单质碘遇淀粉会变蓝紫色，主要用于制药物、染料、碘酒、试纸和碘化合物等。

次氯酸钠是一种次氯酸盐，是最普通的家庭洗涤中的氯漂白剂，是 3 类致癌物。次氯酸钠主要用于漂白、工业废水处理、造纸、纺织、制药、精细化工、卫生消毒等众多领域。次氯酸钙常用于化工生产中的漂白过程，以其快速的起效和漂白的效果突出而在工业生产中占据重要作用。次氯酸钙在水或潮湿空气中会引起燃烧爆炸，与碱性物质混合能引起爆炸，接触有机物有引起燃烧的危险，受热、遇酸或日光照射会分解放出刺激性的氯气。次氯酸叔丁酯是具刺激性的浅黄色液体，暴露于强光下或过热时易发生激烈的分解反应，需于低温、避光、惰性气体中保存，可用作烃的氯化、醇的氧化、酮的氯化、硫醚氧化等试剂。无机高氯酸盐是结晶固体，是强氧化剂。高氯酸盐用于炸药和烟火，也用于实验室。

三氯硅烷为无色液体，可溶于苯、乙醚、庚烷等多数有机溶剂，主要用于制造硅酮化合物。三甲基氯硅烷为无色透明液体，有刺激臭味，主要用作硅酮油制造的中间体、憎水剂、分析用试剂。四氯硅烷为无色或淡黄色发烟液体，可混溶于苯、氯仿、石油醚、乙醚等多数有机溶剂，主要用于制取纯硅、硅酸乙酯等，也用于制取烟幕剂。

三氯异氰尿酸是白色结晶性粉末或粒状固体，具有强烈的氯气刺激味。三氯异氰尿酸是一种极强的氧化剂和氯化剂，与铵盐、氨、尿素混合生成易爆的三氯化氮，遇潮、受热也放出三氯化氮，遇有机物易燃。三氯异氰尿酸对不锈钢几乎无腐蚀作用，对黄铜的腐蚀比对碳钢的腐蚀强烈[9]。三氯异氰尿酸属于氯代异氰尿酸类化合物，是较重要的漂白剂、氯化剂和消毒剂。三氯异氰尿酸与传统氯化剂相比，具有有效氯含量高，贮运稳定，成型和使用方便，杀菌和漂白力高，在水中释放有效氯时间长，安全无毒等特点，因此它的开发与研究受到各国的重视。三氯异氰尿酸应用广泛，可以用作工业用水、游泳池水、医院、餐具等的杀菌剂，开发利用前景十分广阔。三氯异氰尿酸已广泛应用于工业循环水[10]。N-氯代丁二酰亚胺是一种白色粉末或晶体，主要用于作氯化剂和抗生素的合成。N-氯代丁二酰亚胺对湿气敏感，应保存在干燥器中，在使用过程中，应避免吸入或粘在皮肤上，一般在通风性能良好的通风橱中操作。氯胺-T 为白色或微黄色结晶性粉末，微有氯气臭味，不苦，暴露于空气中缓缓分解，一年有效氯只减少 0.1%，渐渐失去氯而变成黄色，易溶于水、乙醇，不溶于氯仿、乙醚或苯。

氟化硼为无色气体，溶于冷水、浓硫酸和多数有机溶剂，主要用作有机合成中的催化剂，也用于制造火箭的高能燃料。溴化乙啶是一种核酸染料，常在琼脂糖凝胶电泳中用于核酸染色，是一种强的诱变剂，可致癌或致畸。

光气，又称碳酰氯，是一种重要的有机中间体，是非常活泼的亲电试剂，容易水解，是剧烈窒息性毒气，有剧毒，高浓度吸入可致肺水肿。三光气，又名二（三氯甲基）碳酸酯，是一种有机化合物，为白色结晶性粉末，在沸点时轻微分解，生成氯甲酸三氯甲酯和光气，主要用于合成氯甲酸酯、异氰酸酯、聚碳酸酯和酰氯等，广泛用于塑料、医药、除草剂和杀虫剂等的中间体。

其他含卤有机化合物大多数是挥发性液体，固体也可能具有可观的蒸气压。具体信息如表 2-1 所示。

表 2-1　典型卤素及其化合物基本信息一览表

化合物	沸点（bp）或熔点（mp）	CAS 登记号
氯气	bp −34 ℃（101 kPa）	[7782-50-5]
溴	bp 58.78 ℃	[7726-95-6]
碘	mp 113 ℃	[7553-56-2]
次氯酸钠	bp 111 ℃	[7681-52-9]
次氯酸钙	mp 100 ℃	[778-54-3]
次氯酸叔丁酯	bp 78 ℃	[507-40-4]
三氯硅烷	bp 32～34 ℃	[10025-78-2]
三甲基氯硅烷	bp 57 ℃	[75-77-4]
四氯化硅	bp 57.6 ℃	[10026-04-7]
三氯异氰尿酸	mp 247 ℃	[87-90-1]
N-氯代丁二酰亚胺	mp 144 ℃	[128-09-6]
氯胺-T	mp 167～170 ℃	[127-65-1]
三氟化硼	bp -100 ℃	[7637-07-2]
溴化乙啶	mp 261 ℃	[1239-45-8]
碘甲烷	bp 41～43 ℃	[74-88-4]
2-氟乙醇	bp 103 ℃	[371-62-0]
2-氯乙醇	bp 129 ℃	[107-07-3]

化合物	沸点（bp）或熔点（mp）	CAS 登记号
2-溴乙醇	bp 56 ~ 57 °C/20 mmHg	[540-51-2]
2-氯乙胺盐酸盐	mp 143 ~ 146 °C	[870-24-6]
2-溴乙胺氢溴酸盐	mp 172 ~ 174 °C	[2576-47-8]
2-氯乙酸	mp 62 ~ 64 °C	[79-11-8]
2,2,2-三氯乙酸	mp 54 ~ 56 °C	[76-03-9]
1-氯丁烷	bp 77 ~ 78 °C	[109-69-3]
1-溴丁烷	bp 100 ~ 104 °C	[109-65-9]
1-碘丁烷	bp 130 ~ 131 °C	[542-69-8]
2-溴丁烷	bp 91 °C	[78-76-2]
2-碘丁烷	bp 119 ~ 120 °C	[513-48-4]
2-溴-2-甲基丙烷	bp 72 ~ 74 °C	[507-19-7]
2-碘-2-甲基丙烷	bp 99 ~ 100 °C	[558-17-8]
3-氯吡啶	bp 148 °C	[626-60-8]
氟苯	bp 85 °C	[462-06-6]
氯苯	bp 132 °C	[108-90-7]
溴苯	bp 156 °C	[108-86-1]
碘苯	bp 188 °C	[591-50-4]
4-氟苯胺	bp 187 °C	[371-40-4]
2-氯苯胺	bp 208 ~ 210 °C	[95-51-2]
3-氯苯胺	bp 230 °C	[108-42-9]
4-氯苯胺	mp 68 ~ 71 °C	[106-47-8]
4-氟硝基苯	bp 205 °C	[350-46-9]
2-氯硝基苯	mp 33 ~ 35 °C	[88-73-3]
3-氯硝基苯	mp 42 ~ 44 °C	[121-73-3]
4-氯硝基苯	mp 83 ~ 84 °C	[100-00-5]
苄基氯	bp 177 ~ 181 °C	[100-44-7]
苄基溴	bp 198 ~ 199 °C	[100-39-0]
α,α-二氯甲苯	bp 82 °C/10 mmHg	[98-87-3]
3-氨基三氟化苯	bp 187 °C	[98-16-8]
1-溴壬烷	bp 201 °C	[693-58-3]
1-氯癸烷	bp 223 °C	[1002-69-3]
1-溴癸烷	bp 238 °C	[112-29-8]
六溴环十二烷	mp 167 ~ 168 °C 或 195 ~ 196 °C	[25637-99-4]
光气	bp 8 °C	[75-44-5]
三光气	mp 79 ~ 83 °C	[32315-10-9]

2.2 销毁原理

卤素及其化合物可用碱液、还原剂进行销毁。

2.3 销毁方法

2.3.1 废氯气和液氯的销毁

2.3.1.1 使用碱液吸收销毁废氯气的方法[1]

将废氯气通入质量分数不少于 30% 的氢氧化钠溶液中。产生的热量会使吸收碱液的温度升高，应用循环冷却水或冷冻水进行热交换，应保证吸收液温度不大于 45 ℃。

2.3.1.2 使用还原剂销毁废氯气的方法[1]

以氯化亚铁溶液作为吸收剂，铁作为再生剂，利用氯化亚铁与氯气发生氧化反应，吸收泄漏的氯气。反应后的溶液再跟铁发生还原反应，恢复其吸收作用，获得再生，循环使用。

2.3.1.3 水体中泄漏液氯的销毁方法[2]

液氯泄漏到水体时，应组织人员对水体周围进行警戒，严禁取水、用水和捕捞等一切活动。如果污染严重，水体周围的地下井水应禁止饮用。根据现场实际情况，向受污染的水体中选择性地投放适量粉状氢氧化钙、粉状碳酸钠或粉状碳酸氢钠等与泄漏物中和，上述操作应按照环保部门的要求进行，并由环保部门根据现场监测结果判定污染消除的程度。

2.3.1.4 陆上泄漏液氯的销毁与净化方法[2]

防止泄漏物流入水体、地下水管道或排洪沟等限制性空间。在封闭的区域或无风的条件下发生泄漏，应利用水源或消防水枪建立水幕墙，喷雾状水或稀碱液，吸收已经挥发到空气中的氯气，也可采用氯气捕消器，防止其扩散。严禁在泄漏的液氯设备上喷水。筑堤或挖坑收容所产生的大量废水。用砂土、氢氧化钙、碳酸钠或碳酸氢钠等对泄漏物进行吸附、中和处理，将吸附、中和后的产物收集到专用容器中。

2.3.2 液溴和单质碘的销毁[3]

将 1 mL 溴或 5 g 碘加入 100 mL 10%（W/V）的焦亚硫酸钠溶液中。搅拌混合物，直到卤素完全溶解。向等体积的 10%（W/V）碘化钾溶液中添加几滴反应液，用 1 mol/L 盐酸酸化，加入 1 滴淀粉作为指示剂，如不显深蓝色则表明还原完全，然后丢弃。如果还原不完全，加入更多的焦亚硫酸钠溶液。

2.3.3 次氯酸盐的销毁[4]

将 5 mL 或 5 g 次氯酸盐加入 100 mL 10%（W/V）的焦亚硫酸钠溶液中，并搅拌混合物。当所有的次氯酸盐溶解时，向等体积的 10%（W/V）碘化钾溶液中添加几滴反应液，用 1 mol/L 盐酸酸化，加入 1 滴淀粉作为指示剂，如不显深蓝色则表明还原完全。如果反应不完全，加入更多的焦亚硫酸钠溶液，直到全部销毁。

2.3.4 高氯酸盐的销毁

2.3.4.1 用 Fe(0)销毁[4-6]

（1）制备 1.2% 羧甲基纤维素钠水溶液，并加入 200 mmol/L $FeSO_4 \cdot 7H_2O$ 水溶液，使铁的最终浓度为 2 g/L，羧甲基纤维素的浓度为 1%。用氮气吹扫 30 min，然后加入化学计量的硼氢化钠，将 Fe(II)离子还原成 Fe(0)纳米粒子。向 22.5 mL 铁纳米颗粒悬浮液中添加到 2.5 mL 含有 1 ~ 10 mmol/L 高氯酸盐的溶液，在 110 ℃ 下加热 2 h，测试破坏的完全性，并将其丢弃。

（2）向 16 μmol/L 高氯酸盐水溶液（pH 6）中，加入 10 g/L 的零价铁[6]。在 70 r/min 下振荡 9 h 后，测试销毁的完整性，并将其丢弃。

2.3.4.2 使用 Ti(III)销毁[7]

将含有 1.0 mmol/L 高氯酸盐、40 mmol/L $TiCl_3$ 和 120 mmol/L β-丙氨酸（pH 为 2.3）的溶液在 50 ℃ 下加热 2.5 h，测试破坏的完全性，并将其丢弃。

2.3.5 三氯硅烷的销毁[8]

2.3.5.1 水体中泄漏物的销毁方法

三氯硅烷泄漏到水体时，应组织人员对水体周围进行警戒，严禁取水、用水和捕捞等一切活动。如果污染严重，水体周围的地下井水应禁止饮用。根据现场实际情况，向受污染的水体中选择性地投放适量的粉状氧化钙、粉末氢氧化钙、粉状碳酸钠或粉状碳酸氢钠等与泄漏物中和。上述操作应按照环保部门的要求进行，并由环保部门根据现场监测结果判定污染消除的程度。

2.3.5.2 陆上泄漏物的净化方法

防止泄漏物流入水体、地下水管道或排洪沟等限制性空间。如有必要，对可回收的泄漏物，用无泄漏耐酸泵将液体转移到槽车或专用收集容器内进行回收。对不能回收的泄漏物，用干砂土、水泥、粉状碳酸钙或其他不燃材料等对泄漏物进行吸附处理，将处理后的混合物收集到专用容器中。在三氯硅烷泄漏过程中有大量三氯硅烷及其分解后产生的氯化氢气体，为了控制泄漏气体的扩散、蔓延造成更大面积污染侵蚀，应采用水枪喷洒雾状水稀释酸雾，但绝不能将消防水柱直接向未燃烧的溢出物。

2.3.6 氯甲基硅烷和四氯化硅的销毁[3,11]

向 100 mL 水中小心加入 5 mL 化合物，并剧烈搅拌。清除任何不溶物质，并将其与固体或液体废物一起丢弃。中和水层并将其丢弃。

2.3.7 泄漏三氯异氰尿酸的销毁[12]

2.3.7.1 水体中泄漏物的销毁方法

应组织人员对水体两岸或湖泊进行警戒。从事故现场疏散出人员，应集中在泄漏源上风方向较高处的安全地方，并与泄漏现场保持一定的距离。监测氯气的产生和水体 pH。可根据实际情况向受污染的水体中选择性地按比例定量投放亚硫酸钠溶液进行中和。

2.3.7.2　陆上泄漏物的净化方法

应组织人员对现场进行警戒。从事故现场疏散的人员，应集中在泄漏源上风方向较高处的安全地方，并与泄漏现场保持一定的距离。操作人员必须穿戴好必要的安全防护用品，立即对泄漏物进行处理，将泄漏物铲入或扫入货桶或合适的容器内，盖好容器盖子，保持干燥。如有部分泄漏物与水接触，应迅速将接触部分和完好部分隔离。用引风机将分解放出的氯气导入氢氧化钠或亚硫酸钠溶液中吸收中和。

2.3.8　N-氯代丁二酰亚胺和氯胺 T 的销毁[3]

将 5 g 化合物加入 100 mL 10%（W/V）的焦亚硫酸钠溶液中，并在室温下搅拌。向等体积的 10%（W/V）碘化钾溶液中加入几滴反应液，用 1 mol/L 盐酸酸化，并加入 1 滴淀粉作为指示剂，测试破坏的完全性。如果完全销毁，丢弃混合物。如果破坏不完全，则添加更多的焦亚硫酸钠溶液。

2.3.9　三氟化硼和无机氟化物的销毁[4]

2.3.9.1　三氟化硼乙醚化物的销毁

向 100 mL 水和 2.5 g 氧化钙的混合物中加入 1 mL $BF_3 \cdot Et_2O$。搅拌混合物 18 h，使其沉淀、过滤，检查去污的完整性，并将其丢弃。

2.3.9.2　含氟溶液的净化

如有必要，用水稀释，以使 KF、NaF、$(NH_4)HF_2$ 或 SnF_2 的浓度不超过 10 mg/mL，Na_2SiF_6 的浓度不超过 5 mg/mL。对于每 10 mL 溶液，添加 0.5 g 氧化钙，搅拌 18 h，使其沉降，过滤，检查去污的完整性，并将其丢弃。

2.3.10　溴化乙啶的销毁[4]

2.3.10.1　水溶液中溴化乙啶的破坏

如有必要，稀释溶液，使溴化乙啶的浓度不超过 0.5 mg/mL。加入 20 mL 5%次磷酸溶液和 12 mL 0.5 mol/L 亚硝酸钠溶液，短暂搅拌并静置 20 h。用碳酸氢钠中和，检查破坏的完整性，并丢弃。

2.3.10.2　水溶液中溴化乙啶的净化

如有必要，稀释溶液，使溴化乙啶的浓度不超过 0.1 mg/mL。添加 2.9 g Amberlite XAD-16 树脂，搅拌 20 h，然后过滤混合物。将现在含有溴化乙啶的珠子与危险固体废物一起放置。检查液体是否完全去污并丢弃。

2.3.10.3　溴化乙啶污染设备的净化

用浸有去污液的抹布清洗设备 1 次，去污溶液由 300 mL 水、4.2 g 亚硝酸钠和 20 mL 次磷酸（50%）组成。然后用湿抹布清洗 5 次，将所有抹布浸泡在去污液中 1 h，检查去污是否彻底，并丢弃。

2.3.11 氯甲基甲醚和双（氯甲基）醚的销毁[4]

2.3.11.1 大量销毁

将氯甲基甲醚或双（氯甲基）醚在大量甲醇中溶解，使浓度不超过 50 mg/mL。对于每 1 mL 溶液，加入 3.5 mL 15%（W/V）的苯酚钠甲醇溶液或 5 mL 8% ~ 9%（W/V）的甲醇钠甲醇溶液。让混合物静置 3 h，分析是否完全破坏，然后丢弃。

2.3.11.2 玻璃器皿和其他设备的净化

（1）如果设备在与水不混溶的溶剂中被氯甲基甲醚或双（氯甲基）醚污染，则用丙酮冲洗，并按照上述方法处理氯甲基甲醚或双（氯甲基）醚在丙酮中的溶液。否则，应在 6% 氨水溶液中浸泡至少 3 h。

（2）将其浸入 15%（W/V）的苯酚钠甲醇溶液中至少 3 h。

（3）在 8% ~ 9%（W/V）的甲醇钠溶液中浸泡至少 3 h。

2.3.11.3 泄漏物的净化

用吸收性材料覆盖溢出区域。用过量的 6% 氨水溶液使吸收材料饱和。隔离该区域至少 3 h，然后用 2 mol/L H_2SO_4 中和，并测试破坏的完整性。

2.3.12 五氯苯甲醚和 2,4,6-三氯苯甲醚的销毁[13]

将含有 2,4,6-三氯苯甲醚（1 mmol/L）、Fe^{2+}（4 mmol/L）和 H_2O_2（10 mmol/L）的 5 mL 超纯水溶液的 pH 调节至 2.0，以防止形成 $Fe(OH)_2$ 沉淀。在不同温度（25、30 和 37 ℃）下，在黑暗中进行反应，最长反应时间为 3 h。将含有 2,4,6-三氯苯甲醚（1 mmol/L）、$CoCl_2$（2 mmol/L）、抗坏血酸（60 mmol/L）和 H_2O_2（100 mmol/L）或 2,4,6-三氯苯甲醚（1 mmol/L）、$CuSO_4$（5 mmol/L）、葡糖二酸（18.75 mmol/L）和 H_2O_2（200 mmol/L）的 5 mL 超纯水溶液的 pH 调节至 2.0。反应在黑暗中进行，温度分别为 25、30 或 37 ℃，反应时间为 30 ~ 180 min。在所有情况下，在 – 20 ℃ 冷冻终止反应。接着，加入五氯苯甲醚（50 μg/mL）作为内标。使用相同体积的乙酸乙酯从 0.5 mL 样品中提取 2 次。合并有机相，减压蒸发，最后用 HPLC 分析破坏的完全性。

2.3.13 多氯芳烃的销毁[14]

催化剂制备。通过在 pH 8 下共沉淀和在不同温度下煅烧，制备了一系列基于铝尖晶石和铁尖晶石的候选催化剂 XAl_2O_4 和 XFe_2O_4（X = Mg、Ca、Cu、Ni、Zn）。在室温和连续搅拌下逐滴加入金属硝酸盐[$n(X)/n(Al)$ = 1/2 或 $n(X)/n(Fe)$ = 1/2]与 0.6 mol/L 氢氧化铵的共溶液来完成沉淀。过滤后的沉淀物在 105 ℃ 的烘箱中干燥过夜，然后在不同温度（300、400、500、600、700 和 900 ℃）下在空气中煅烧 1 h。煅烧后，将样品研磨并通过 100 目筛，并储存在干燥器中以供使用。最终煅烧产物为 XY_n（Y = Al、Fe；n = 煅烧温度）。

将多氯芳烃掺入催化剂中，其浓度为 40 mg/g。所有实验均在用大气密封的 1.5 mL 玻璃安瓿中进行。一旦熔炉达到预定温度（150、200、250、300 和 350 ℃），将密封的玻璃安瓿分别放置在熔炉中，并处理 30 min。实验重复 3 次，并评估平均值，结果的再现性在 10% 以内。

降解反应结束后，将玻璃安瓿冷却至室温，不进行任何淬火，然后对使用过的催化剂进行萃取。在超声波提取器中用 15 mL 己烷提取样品 2 次，每次 15 ~ 20 min。用无水硫酸钠干燥，并测量残留的多氯芳烃和新形成的氯化苯产物。产物的分析通过配备 PEG-20M 毛细管柱（40 m × 0.25 mm × 0.25 μm）的安捷伦 5890 气相色谱仪进行。温度程序设置如下：在 70 ℃下保持 0.5 min，然后以 20 ℃/min 升至 130 ℃，以 3 ℃/min 升至 170 ℃，以 8 ℃/min 升至 230 ℃，并在 230 ℃下保持 10 min。ECD 检测器和注射的温度均保持在 260 ℃。实验结果表明，在 250 ℃ 和 30 min 条件下，多氯芳烃的脱氯效率超过 85%。

2.3.14　全氟烷基物质的销毁

2.3.14.1　光销毁方法[15]

在自制的紫外光照射反应系统中进行了全氟烷基物质的光降解实验。将含有 1 mmol/L 3-吲哚乙酸 /吲哚乙酸 /吲哚 -3-羧酸 /吲哚 /3-甲基吲哚 /色胺 /芦竹碱和 0.024 mmol/L（10 mg/L）全氟辛酸的 300 mL 反应溶液置于石英管（内径 40 mmol/L，高 400 mmol/L）中，用 1 mmol/L NaOH 或 HCl 调节初始反应 pH 至 6。全氟辛烷磺酸销毁实验也按照对全氟辛烷磺酸所述的相同规程进行。简单地说，在相同的实验条件下，0.024 mmol/L 全氟辛烷磺酸在 1 mmol/L 3-吲哚乙酸、吲哚和芦竹碱体系中被降解。在吲哚/全氟辛酸和芦竹碱/全氟辛酸体系中，通过控制初始 pH 在 4 ~ 10 内，考察了 pH 对反应的影响。在室温（25 ℃）下，用 36 W 低压汞灯（254 nm）照射反应溶液。在预定的反应时间，取 3 mL 反应溶液进行进一步分析。此外，为了研究腐殖质对降解过程的影响，在吲哚/全氟辛酸和芦竹碱/全氟辛酸体系中分别添加 0.1 mg/L 和 1 mg/L Suwannee 富里酸（SRFA）/Suwannee 腐殖酸（SRHA）。所有实验都进行 3 次。

8 h 后，3-吲哚乙酸/全氟辛酸、吲哚乙酸/全氟辛酸和吲哚-3-羧酸/全氟辛酸系统的全氟辛酸的分解率分别为 35.7%、31.4% 和 24.4%，脱氟率分别为 13.1%、11.6% 和 9.0%。相比之下，反应 8 h 后，在吲哚/全氟辛酸、3-甲基吲哚/全氟辛酸和芦竹碱/全氟辛酸体系中未检测到残留的全氟辛酸，相应的脱氟率分别为 74.78%、58.63% 和 58.01%。

2.3.14.2　紫外-芬顿反应方法[16]

在 250 mL Pyrex 烧杯中进行紫外-芬顿间歇反应。在每次反应之前，所有的烧杯都用 HNO_3 洗涤以减少任何痕量的污染。将不同体积的全氟烷基物质、Fe_3O_4 和 H_2O_2 溶液加入去离子水中，以达到所需的最终浓度。将每种溶液混合，并用 Mettler Toledo Five Easy F20 pH mV^{-1} 计监测 pH。用 1 mol/L HNO_3 和 1 mol/L NaOH 调节溶液至所需的 pH。然后将样品放入含有 6 个 15W UV-C 灯泡（波长 254 nm）的 Spectrolinker XL-1500 UV 烘箱中。将烘箱设置为 120 μJ/cm^2，将溶液在 UV-C 下辐射 5 min 至 1 h（通常为 30 min）。从紫外烘箱中取出后，溶液很容易发生反应并放置长达 24 h。然后将溶液转移到 250 mL 超干净的塑料瓶中，在 20 ℃下储存，直到分析破坏的完整性。

将目标化合物的 ^{13}C 标记的类似物加入每个样品中。样品通过带有弱阴离子交换吸附剂的固相萃取柱。然后将最终的溶液注入 LC/MS/MS 系统，在负离子模式下进行电喷雾电离分析。通过将溶液中检测到的全氟烷基物质的最终浓度与制备样品的初始全氟烷基物质浓度进行比较，确定全氟烷基物质的破坏百分比。

2.3.14.3　电化学销毁全氟辛酸[17]

所有化学品均为分析级或以上，无需进一步纯化。所有溶液均在 25 ℃ 下电阻率为 18.2 MΩ cm 的超纯水中制备。电化学实验在 225 mL 圆柱形聚丙烯反应器中进行，以使反应器主体对全氟辛酸的吸附最小化。阴极是 2.5 cm × 2.5 cm 的钛网，阳极是 2.5 cm × 2.5 cm 的 BDD 板，电极间距为 3.5 cm。

以 1 mmol/L 全氟辛酸原液为原料，在 20 mmol/L Na_2SO_4 中制备了 48 μmol/L 全氟辛酸溶液。全氟辛酸溶液的初始 pH 为 4.0，没有进一步的 pH 调整。然后用三电极系统进行电化学氧化。阳极电位由恒电位器（VMP3，BioLogic，法国）控制。BDD 极板作为工作电极，钛网电极和硫酸亚汞电极分别作为计数电极和参比电极。所有实验均在室温下进行。

为了进一步研究气泡在全氟辛酸氧化中的作用，作者们又设计了两组实验。一种是颠倒阴极和阳极的位置，使阴极放在阳极的顶部，以消除阴极析氢反应中的气泡干扰。另一个实验是加入氮气鼓泡来探索气泡流速的影响。将孔径为 10 μm 的不锈钢制成的空气扩散器放置在具有不同氮气流速（50，100，500 mL/min）的反应器底部。在喷射过程中，将阳极放置在气泡上方和积聚的泡沫层下方。在实验期间，在不同的反应时间提取样品（2 mL）。在每次采样时，暂时停止恒电位仪，并充分搅拌溶液以获得均匀溶液。

采用配有电导率检测器的 ICS-1100 系统（Dionex）通过离子色谱法分析氟阴离子。使用配备有 Thermo Acclaim RSLC C_{18} 分析柱（2.1 mm × 100 mm，2.2 μm）和 Thermo ISQ EC 质谱仪的 Thermo Ultimate 3000 超高效液相色谱（UHPLC）对全氟辛酸和中间体化合物进行定量。总有机碳（TOC）测定采用 TOC 分析仪（TOC-Lcph，Shimadzu，日本）。

2.3.14.4　球磨法销毁全氟辛烷磺酸和全氟辛酸[18]

使用行星式球磨机（QM-3SP2，南京大学仪器公司，中国）进行实验。体积为 100 mL 的研磨罐和直径为 5.5 mm 或 9.6 mm 的球由不锈钢制成。球磨 4.6 g 时，将研磨剂（CaO、SiO_2、Fe-SiO_2、NaOH 或 KOH）与 0.2 g 全氟化合物混合（将样品中全氟辛烷磺酸含量增加至 0.8 g，进行 XRD、FTIR、XPS 等表征分析），然后与 20 个大球和 90 个小球一起放入罐中，并球磨 4 h。行星盘的转速设定为 275 r/min，旋转方向每 30 min 自动改变一次。研磨后，收集所有样品并保存在密封干燥的装置中以备后用。

将每个研磨过的样品（0.050 g）溶解在 50 mL 超纯水中，在 60 ℃ 下超声处理 15 min。溶液用 0.22 μm 聚醚砜（PES）过滤器过滤，然后对残留的全氟化合物和可溶性无机离子进行仪器分析。残留全氟化合物通过 HPLC 系统（Shimadzu LC-20AT HPLC，带电导率检测器 CDD 10A）、使用 C_{18} 反相柱（4.6 mm × 250 mm，5 μm，安捷伦）和自动取样系统（SIL-20A）测定。柱烘箱温度设定为 40 ℃，甲醇/0.02 mol/L NaH_2PO_4（65/35，V/V）用作流动相，流速为 1.0 mL/min。可溶性无机离子通过配备有阴离子交换柱（IonPac AS4A-SC）和自动采样系统的离子色谱法（DX-2000）进行测量。

2.3.15　溴甲烷的销毁

2.3.15.1　硫代硫酸盐介导的溴甲烷降解[19]

（1）在没有颗粒活性炭的情况下，1.7 μmol 溴甲烷通过特氟隆内衬的隔片掺入无顶部空间的小瓶中，该小瓶含有 5 mL 10 mmol/L 磷酸盐缓冲液（pH 为 7），并含有各种浓度的硫代硫酸盐。反应 24 h 后，立即采集样品，并将样品转移到含有 3 mL 乙酸乙酯的 10 mL 小瓶中，摇提 2 min。乙酸乙酯提取物通过气相色谱和电子捕获检测进行残留分析。

（2）在存在颗粒活性炭的情况下，通过聚四氟乙烯内衬的隔膜将 1 μmol 溴甲烷掺入无顶部空间的小瓶中，该小瓶含有 3 mL 10 mmol/L 磷酸盐缓冲液和 2.4 g 颗粒活性炭。为了使溴甲烷与颗粒活性炭达到平衡，样品在卧式摇床上以 100 r/min 的速度振荡 24 h。在这些条件下，存在可忽略不计的上清液；几乎所有的水都出现在颗粒活性炭颗粒之间的孔隙或孔隙空间中。平衡 24 h 后，对水和颗粒活性炭进行分析，实验表明大于 99% 的溴甲烷已被吸附在颗粒活性炭上。将硫代硫酸盐通过隔膜添加到小瓶中，以达到不同的浓度。24 h 后，立即提取样品进行残留分析。将颗粒活性炭和相关水转移到玻璃漏斗内的滤纸上，用 20 mL 去离子水洗涤。分别用 10 mL 乙酸乙酯萃取 20 mL 滤液和粒状活性炭。

2.3.15.2　溴甲烷的电解降解[19]

使用 CH-600D 恒电位仪（CH Instruments，Austin，TX，USA）进行电解。阴极和阳极室（每个室内容积约 50 mL）由阳离子交换膜（Ultrex CMI-7000，Membranes International，USA）分离。在阴极室中，将 Ag/AgCl（1 mol/L KCl）参比电极（CHI111）放置在工作电极的 0.5 cm 内，并将铂丝（0.127 mm 厚，Alfa Aesar，Ward Hill，MA，USA）用作阳极室中的对电极。对于工作电极，将 5 μmol 溴甲烷加入 10 mL 去离子水中，在无顶部空间的小瓶中加入 8 g 颗粒活性炭，并在水平摇动器上摇动小瓶过夜，将溴甲烷吸附到颗粒活性炭中。平衡过夜后，用 20 mL 去离子水冲洗颗粒活性炭，并将其转移到由片状石墨制成的 1.5 cm × 6 cm 圆柱体中。计算平衡后吸附到颗粒活性炭上的溴甲烷的质量，以标记电解前颗粒活性炭上溴甲烷的初始浓度。通常，在平衡后，≥90% 溴甲烷被吸附到颗粒活性炭中，并且在水相中没有出现大量的溴甲烷。在水面上方的顶部空间中，将铜线连接到石墨片管的顶部。用 100 mmol/L 磷酸盐缓冲液填充阴极室和阳极室。

相对于标准氢电极（SHE），恒电位仪设置为施加 -345 mV 到 -1795 mV 的工作电极电压。在 24 h 内的不同时间，停止反应，并且将水相上清液中的溴甲烷和吸附到颗粒活性炭或在孔隙空间内的水相中出现的残留溴甲烷立即并分别提取到乙酸乙酯中。通过用 10 mL 乙酸乙酯提取 10 mL 上清液来测量上清液中的溴甲烷；对于硫代硫酸盐反应，如上所述分析颗粒活性炭孔隙空间中并吸附到颗粒活性炭的溴甲烷。上清液和冲洗颗粒活性炭颗粒的滤液中的溴甲烷可以忽略不计。

2.3.16　六溴环十二烷的销毁[20]

在实验中使用配有 4 个氧化锆研磨罐（100 mL）的行星式球磨机（QM-3SP2，南京大学仪器公司）。将共研磨试剂（过硫酸钠、NaOH 和过硫酸钠-NaOH）与六溴环十二烷混合，然后与 60 g 直径为 9.6 mm 的氧化锆球一起放入锅中。转速设定为 275 r/min，并防止过热。收集研磨后的样品，然后将其保存在干燥密封的设备中，并进行进一步分析。

将 0.10 g 每种磨碎的样品溶解在 5 mL 甲醇中，在 25 ℃ 下振动 20 min。然后，将提取物以 3000 r/min 的速度离心 10 min，并用 0.22 mm 尼龙过滤器过滤溶液。以相同的方式再次提取分离的固体残余物，并对溶液混合物进行仪器分析。

2.3.17 光气和三光气的销毁

2.3.17.1 甲苯溶液中光气的破坏[3]

小心地将 50 mL 20% 的甲苯光气溶液加入 100 mL 20% 的 NaOH 溶液中，并搅拌一夜。用铝箔盖住反应容器，防止吸收大气中的二氧化碳。分析破坏的完整性，分离水层和有机层，并丢弃。

2.3.17.2 气态光气的销毁[21]

气态光气可以通入 20%（W/V）的 NaOH 溶液中降解。

2.3.17.3 三光气的销毁[3]

小心地将 20 mL 20% NaOH 溶液加入 2 g 三光气中，并搅拌一夜。用铝箔盖住反应容器，防止吸收大气中的二氧化碳。分析破坏的完整性，并丢弃。

2.3.18 其他卤代化合物的销毁[22]

2.3.18.1 用镍铝合金销毁

不适用于 2-氟乙醇、1-溴壬烷、1-溴癸烷、1-氯癸烷和 1-氯丁烷。

取 0.5 mL 或 0.5 g 卤代化合物加入 50 mL 水（氯乙酸、三氯乙酸、2-氯乙醇、2-溴乙醇、2-氯乙胺和 2-溴乙胺）或甲醇（其他化合物）中，并加入 50 mL 2 mol/L KOH 溶液。搅拌该混合物并分批加入 5 g 镍铝合金以避免起泡。搅拌反应混合物过夜，过滤。检查滤液是否完全破坏，中和并丢弃。

2.3.18.2 用氢氧化钾乙醇溶液破坏

不包括 2-氯乙胺、2-溴乙胺、2,2,2-三氯乙酸、3-氯吡啶、氟苯、氯苯、溴苯、碘苯、α,α-二氯甲苯、4-氟苯胺、4-氟硝基苯、氯苯胺、氯硝基苯或 3-氨基三氟苯。

将 1 mL 卤代化合物溶于 25 mL 4.5 mol/L 氢氧化钾乙醇溶液中，并在搅拌下回流 2 h（1-氯丁烷为 4 h）。冷却混合物并用至少 100 mL 水稀释。如有必要，分离各层，检查破坏的完整性，中和并丢弃。

参考文献

[1] 全国废弃化学品处置标准化技术委员会. 废氯气处理处置规范：GB/T 31856—2015[S]. 北京：中国标准出版社，2015.

[2] 全国废弃化学品处置标准化技术委员会. 液氯泄漏的处理处置方法：HG/T 4684—2014[S]. 北京：化学工业出版社，2014.

[3] LUNN G, SANSONE E B. Safe disposal of highly reactive chemicals[J]. J Chem Educ 1994, 71: 972-976.

[4] LUNN G, SANSONE E B. Destruction of hazardous chemicals in the laboratory[M]. 4th ed, Hoboken, NJ: Wiley, 2023.

[5] XIONG Z, ZHAO D, PAN G. Rapid and complete destruction of perchlorate in water and ion-exchange brine using stabilized zero-valent iron nanoparticles[J]. Water Res, 2007, 41: 3497-3505.

[6]　IM J K, SON H S, ZOH K D. Perchlorate removal in Fe^0/H_2O systems: impact of oxygen availability and UV radiation[J]. J Hazard Mater, 2011, 192: 457-464.

[7]　WANG C, HUANG Z, LIPPINCOTT L, et al. Rapid Ti(III) reduction of perchlorate in the presence of　-alanine: Kinetics, pH effect, complex formation, and　-alanine effect[J]. J Hazard Mater, 2010, 175: 159-164.

[8]　全国废弃化学品处置标准化技术委员会. 三氯氢硅泄漏的处理处置方法：HG/T 4683—2014[S]. 北京：化学工业出版社，2014.

[9]　王宏波，张亨. 三氯异氰尿酸的安全生产和污染治理[J]. 盐业与化工，2013，42（09）：48-51.

[10]　王洪英，魏新，郦和生，等. 三氯异氰尿酸应用特性的研究[J]. 石油化工腐蚀与防护，2012，29（03）：5-7.

[11]　PATNODE W, WILCOCK D F. Methylpolysiloxanes[J]. J Am Chem Soc, 1946, 68: 358-363.

[12]　全国废弃化学品处置标准化技术委员会. 三氯异氰尿酸泄漏的处理处置方法：HG/T 4332—2012[S]. 北京：化学工业出版社，2012.

[13]　RECIO E, ÁLVAREZ-RODRÍGUEZ M L, RUMBERO A, et al. Destruction of chloroanisoles by using a hydrogen peroxide activated method and its application to remove chloroanisoles from cork stoppers[J]. J Agric Food Chem, 2011, 59: 12589-12597.

[14]　FAN Y, LU X, NI Y, et al. Destruction of polychlorinated aromatic compounds by spinel-type complex oxides[J]. Environ Sci Technol, 2010, 44: 3079-3084.

[15]　CHEN Z, TENG Y, MI N, et al. Highly efficient hydrated electron utilization and reductive destruction of perfluoroalkyl substances induced by intermolecular interaction[J]. Environ Sci Technol, 2021, 55: 3996-4006.

[16]　SCHLESINGER D R, MCDERMOTT C, LE N Q, et al. Destruction of per/poly-fluorinated alkyl substances by magnetite nanoparticle-catalyzed UV-Fenton reaction[J]. Environ Sci: Water Res Technol, 2022, 8: 2732-2743.

[17]　WAN Z, CAO L, HUANG W, et al. Enhanced electrochemical destruction of perfluorooctanoic acid (PFOA) aided by overlooked cathodically produced bubbles[J]. Environ Sci Technol Lett, 2023, 10: 111-116.

[18]　ZHANG K, HUANG J, YU G, et al. Destruction of perfluorooctane sulfonate (PFOS) and perfluorooctanoic acid (PFOA) by ball milling[J]. Environ Sci Technol, 2013, 47: 6471-6477.

[19]　YANG Y, LI Y, WALSE S S, et al. Destruction of methyl bromide sorbed to activated carbon by thiosulfate or electrolysis[J]. Environ Sci Technol, 2015, 49: 4515-4521.

[20]　YAN X, LIU X, QI C, et al. Disposal of hexabromocyclododecane (HBCD) by grinding assisted with sodium persulfate[J]. RSC Adv, 2017, 7: 23313-23318.

[21]　SHRINER R L, HORNE W H, COX R F B. p-Nitrophenyl isocyanate[M]//Blatt A H, Ed. Organic Syntheses. New York: Wiley, 1943: 453-455.

[22]　LUNN G, SANSONE E B. Validated methods for degrading hazardous chemicals: some halogenated compounds[J]. Am Ind Hyg Assoc J, 1991, 52: 252-257.

3

金属及其化合物的销毁与净化

3.1 化合物概述

钠是碱金属元素的代表，质地柔软，能与水反应生成氢氧化钠，放出氢气，化学性质较活泼。钠元素以盐的形式广泛分布于陆地和海洋中，钠也是人体肌肉组织和神经组织中的重要成分之一。钾是一种银白色的软质金属，蜡状，可用小刀切割，熔沸点低，密度比水小，化学性质比钠还活泼。钾在自然界没有单质形态存在，钾元素以盐的形式广泛的分布于陆地和海洋中，也是人体肌肉组织和神经组织中的重要成分之一，对预防高血压等慢性病具有重要作用。锂为银白色质软金属，也是密度最小的金属，可溶于硝酸、液氨等溶液，可与水反应。锂常用于原子反应堆、制轻合金及电池等。金属锂可以通过各种途径进入人体体内从而被器官组织吸收导致锂中毒，这会引起中枢神经系统中毒和肾脏衰竭。

镁是一种银白色的轻质碱土金属，化学性质活泼，能与酸反应生成氢气，具有一定的延展性和热消散性。镁元素在自然界广泛分布，是人体的必需元素之一。镁常用作还原剂，可置换钛、锆、铀、铍等金属，还可用于制造轻金属合金、球墨铸铁、科学仪器和格氏试剂等，也能用于制烟火、闪光粉、镁盐、吸气器、照明弹等。钙单质常温下为银白色固体，化学性质活泼，因此在自然界多以离子状态或化合物形式存在。钙单质不溶于苯，微溶于醇，溶于酸、液氨。钙单质在加热时能与大多数非金属直接反应，如与硫、氮、碳、氢反应生成硫化钙、氮化钙、碳化钙和氢化钙。锶是一种银白色带黄色光泽的碱土金属，可由电解熔融的氯化锶而制得。锶元素广泛存在于土壤、海水中，是一种微量元素，具有防止动脉硬化，防止血栓形成的功能。锶用于制造合金、光电管、烟火、化学试剂等。钡是一种柔软的有银白色光泽的碱土金属，是碱土金属中最活泼的元素。金属钡用于制钡盐、合金、焰火、核反应堆等，也是精炼铜时的优良除氧剂，也广泛用于合金，有铅、钙、镁、钠、锂、铝及镍等合金。

甲醇钠是一种危险化学品，具有腐蚀性、可自燃性，主要用于医药工业，有机合成中用作缩合剂、化学试剂、食用油脂处理的催化剂。乙醇钠为白色至微黄色吸湿性粉末，遇水迅速水解生成氢氧化钠和乙醇，可溶于无水乙醇而不分解，不溶于苯，主要用作强碱性催化剂、乙氧基化剂，也可用于医药、农药、香料等的有机合成。叔丁醇钾是一种重要的有机碱，碱性大于氢氧化钾。叔丁基的 3 个甲基的诱导效应，使叔丁醇钾比其他醇钾具有更强的碱性和活性，因此是一种很好的催化剂。另外，作为强碱，叔丁醇钾广泛用于化工、医药、农药等有机合成中。氨基钠是一种白色固体，具有强还原性，遇水剧烈水解生成氢氧化钠和氨。氨基钠有腐蚀性和吸潮性，可用于有机合成的还原剂、脱水剂和强碱。

氢氧化钠也称苛性钠、烧碱、火碱，是一种无机化合物。氢氧化钠具有强碱性，腐蚀性极强，可作酸中和剂、配合掩蔽剂、沉淀剂、沉淀掩蔽剂、显色剂、皂化剂、去皮剂、洗涤剂等，用途非常广泛。氢氧化钾是常见的无机碱，具有强碱性，溶于水、乙醇，微溶于乙醚，极易吸收空气中水分而潮解，吸收二氧化碳而成碳酸钾，主要用作生产钾盐的原料，也可用于电镀、印染等。

正丁基锂，是一种有机化合物，主要用于制备有机金属化合物，也可用作聚合催化剂、烃化剂、火箭燃料等。碳化钙是电石的主要成分，为白色结晶性粉末，工业品为灰黑色块状物，断面为紫色或灰色。碳化钙遇水立即发生激烈反应，生成乙炔，并放出热量。碳化钙是重要的基本化工原料，主要用于产生乙炔气，也用于有机合成、氧炔焊接等。

氢化钙为白色结晶性粉末，不溶于二硫化碳、微溶于浓酸，主要用作还原剂、干燥剂、化学分析试剂等。氢化铝锂，是一种无机化合物，为白色结晶性粉末，不溶于烃类，溶于乙醚、四氢呋喃，主要用作羰基的还原剂。氢化钾为白色结晶性粉末，不溶于液氨、二硫化碳，主要用作有机合成的缩合剂及烷化剂。氰基硼氢化钠为白色粉末，是一种温和的还原剂，广泛用于醛、酮的还原，特别是酮的还原胺化反应。氢化钠为白色至灰白色结晶性粉末，不溶于液氨、苯、二硫化碳，溶于熔融的氢氧化钠，主要用作缩合剂、还原剂、烷基化试剂、催化剂、克莱逊氏试剂，也可用于医药、香料、农药、染料增白剂和高分子工业。

叠氮化钠呈白色六方系晶体，无味，无臭，无吸湿性，剧毒，不溶于乙醚，微溶于乙醇，溶于液氨和水。叠氮化钠虽无可燃性，但有爆炸性，在真空中加热不爆炸，可逐渐分解为金属钠及氮气，是高纯度金属钠的实验室制造方法之一。叠氮化钠与酸反应产生氢叠氮酸，能和大多数的碱土金属、一价或多价的重金属盐类、氢氧化物反应，而生成叠氮化物。叠氮化钠与铜、铅、银、黄铜、青铜等反应，而生成爆炸性大的重金属叠氮化物，与活性有机卤化物反应，生成不稳定的有机叠氮化物。

重铬酸钠为橘红色结晶性粉末，略有吸湿性，可用作生产铬酸酐、重铬酸钾、重铬酸铵、盐基性硫酸铬、铅铬黄、铜铬红、溶铬黄、氧化铬绿等的原料，生产碱性湖蓝染料、糖精、合成樟脑及合成纤维的氧化剂。重铬酸钾为橘红色结晶性粉末，溶于水，不溶于乙醇，可用于制铬矾、火柴、铬颜料，并供鞣革、电镀、有机合成等。重铬酸铵为橘黄色结晶性粉末，易溶于水和乙醇，不溶于丙酮，可用于有机合成催化剂、媒染剂、显影液等。

乙酸汞，又名醋酸汞，是具有珍珠光泽的白色片状结晶或浅黄色粉末，对光有敏感性，有乙酸气味，有剧毒，用作有机合成催化剂，也用于医药工业和分析试剂。氯化汞，俗称升汞，呈白色结晶性粉末、有剧毒，溶于水、乙醇、乙醚、甲醇、丙酮、乙酸乙酯，不溶于二硫化碳、吡啶。氯化汞可用于木材和解剖标本的保存、皮革鞣制和钢铁镂蚀，是分析化学的重要试剂，还可做消毒剂和防腐剂。

二水合醋酸镉是 1 类致癌物，主要用作分析试剂，如作沉淀剂、沉淀富集硫等，还可用作色谱分析试剂。七水合硫酸钴主要用于钴电镀液，也用作钴铁磁性材料、油漆催干剂，彩色瓷器的釉药、碱性蓄电池的添加剂、化学分析试剂和催化剂等。五水硫酸铜俗称蓝矾、胆矾或铜矾。具有催吐，祛腐，解毒，治风痰壅塞、喉痹、癫痫、牙疳、口疮、烂弦风眼、痔疮功效但有一定的副作用。三水合醋酸铅用于制取铅盐、铅颜料，也用于生物染色、有机合成和制药工业。六水硫酸镍主要用于电镀行业镀镍、硬化油吸收氢的触媒、制镍催化剂、漆油催干剂、织物还原印染的媒染剂，还用作蓄电池、陶瓷器金属着色剂及用来制造其他镍盐等。磷钼酸属于一种配合物，有腐蚀性，有酸的通性，与一氧化碳以及氯化钯混合后变蓝，可以以此来检验一氧化碳。硝酸银为白色结晶性粉末，易溶于水、氨水、甘油，微溶于乙醇。纯硝酸银对光稳定，但由于一般的产品纯度不够，其水溶液和固体常被保存在棕色试剂瓶中。硝酸银用于照相乳剂、镀银、制镜、印刷、医药、染毛发、检验氯离子，溴离子和碘离子等，也用于电子工业。硝酸铊为无色结晶性粉末，易溶于水，溶于丙酮，不溶于乙醇，主要用于定量分析共存的氯、溴、碘，也用作光导纤维材料。四氧化锇为白色或淡黄色结晶，有类似氯的气味，有剧毒，微溶于水，溶于氨水，乙醇、乙醚、四氯化碳等有机溶剂。四氧化锇主要用于催化剂、氧化剂、化学试剂，还用于医药和制造白热气灯的纱罩等。含有铀酰离子（UO_2^{2+}）的化合物用于生物染色、摄影、陶瓷釉料以及分析化学中的试剂。

具体信息如表 3-1 所示。

表 3-1　金属及其化合物基本信息一览表

化合物	分子式	沸点（bp）或熔点（mp）	CAS 登记号
钠	Na	mp 97.72 °C，bp 883 °C	[7440-23-5]
钾	K	mp 63.65 °C，bp 759 °C	[7440-09-7]
锂	Li	mp 180.5 °C，bp 1342 °C	[7439-93-2]
镁	Mg	mp 651 °C，bp 1107 °C	[7439-95-4]
钙	Ca	mp 842 °C，bp 1484 °C	[7440-70-2]
锶	Sr	mp 769 °C，bp 1384 °C	[7440-24-6]
钡	Ba	mp 725 °C，bp 1845 °C	[7440-39-3]
甲醇钠	CH_3ONa	mp −98 °C，bp 65 °C	[124-41-4]
乙醇钠	$NaOCH_2CH_3$	mp 91 °C，bp 260 °C	[141-52-6]
叔丁醇钾	$t\text{-}C_4H_9OK$	mp 256～258 °C，bp 275 °C	[865-47-4]
氨基钠	NH_2Na	mp 210 °C，bp 400 °C	[7782-92-5]
氢氧化钠	NaOH	mp 318.4 °C	[1310-73-2]
氢氧化钾	KOH	mp 361 °C	[1310-58-3]
正丁基锂	C_4H_9Li	mp −95 °C，bp 80 °C	[109-72-8]
电石	CaC_2	mp 447 °C	[75-20-7]
氢化钙	CaH_2	mp 675 °C	[7789-78-8]
氢化铝锂	$LiAlH_4$	mp 125 °C	[16853-85-3]
氢化锂	LiH	mp 680 °C	[7580-67-8]
氢化钾	KH	mp 316 °C	[7693-26-7]

化合物	分子式	沸点（bp）或熔点（mp）	CAS 登记号
硼氢化钠	$NaBH_4$	mp 400 °C	[16940-66-2]
氰基硼氢化钠	$NaBH_3CN$	mp 242 °C	[25895-60-7]
氢化钠	NaH	mp 800 °C	[7646-69-7]
叠氮化钠	NaN_3	mp 275 °C	[26628-22-8]
重铬酸钠	$Na_2Cr_2O_7$	mp 356.7 °C	[10588-01-9]
重铬酸钾	$K_2Cr_2O_7$	mp 398 °C	[7778-50-9]
重铬酸铵	$(NH_4)_2Cr_2O_7$	mp 180 °C	[7789-09-5]
乙酸汞	$Hg(CH_3COO)_2$	mp 178 ~ 180 °C	[1600-27-7]
氯化汞	$HgCl_2$	mp 277 °C	[7487-94-7]
二水合醋酸镉	$Cd(CH_3CO_2)_2 \cdot 2H_2O$	mp 254 °C	[5743-04-4]
七水合硫酸钴	$CoSO_4 \cdot 7H_2O$	mp 98 °C	[10026-24-1]
五水硫酸铜	$CuSO_4 \cdot 5H_2O$	mp 110 °C	[7758-99-8]
三水合醋酸铅	$Pb(CH_3CO_2)_2 \cdot 3H_2O$	mp 75 °C	[6080-56-4]
六水硫酸镍	$NiSO_4 \cdot 6H_2O$	mp 1453 °C	[10101-97-0]
氯化钯	$PdCl_2$	mp 500 °C	[7647-10-1]
磷钼酸	$12MoO_3 \cdot H_3PO_4 \cdot xH_2O$	mp 78 ~ 90 °C	[51429-74-4]
硝酸银	$AgNO_3$	mp 212 °C	[7761-88-8]
硝酸铊	$TlNO_3$	mp 206 °C	[10102-45-1]
四氧化锇	OsO_4	mp 39.5 ~ 41 °C	[20816-12-0]

3.2 金属及其化合物的销毁与净化

3.2.1 碱金属和碱土金属的销毁方法

3.2.1.1 钠和锂[1]

将 1 g 钠或锂分批加入 100 mL 冷乙醇中，添加速度应确保反应不会太剧烈。如果反应混合物变得黏稠，反应速度变慢，应添加更多的乙醇。添加完所有金属后，搅拌反应混合物，直到反应停止，仔细检查是否存在未反应的金属。如果没有，用水稀释，中和并丢弃。

3.2.1.2 钾[2]

将钾分批加入叔丁醇中，加入的速度应使反应不剧烈。如果反应混合物变得黏稠，反应速度变慢，应添加更多的叔丁醇。添加完所有的钾后，搅拌反应混合物，直到反应停止，仔细检查是否存在未反应的金属。如果没有，用水稀释，中和并丢弃。如有必要，醇应在使用前用粉末状 0.3 nm 分子筛干燥。

3.2.1.3 镁[1]

将 1 g 镁加入 100 mL 1 mol/L 盐酸中，并搅拌混合物。当反应停止时，中和反应混合物，并将其丢弃。

3.2.1.4 钡、钙和锶[1]

将 1 g 钡、钙或锶金属加入 100 mL 水中，并搅拌混合物。当反应停止时，中和反应混合物，并将其丢弃。

3.2.2 碱金属醇盐和氨基钠的销毁方法

3.2.2.1 碱金属醇盐的销毁[1]

将 5 g 甲醇钠、乙醇钠或叔丁醇钾等醇盐加入 100 mL 水中，并搅拌混合物。当所有醇盐溶解时，中和反应物，并丢弃。

3.2.2.2 氨基钠的销毁[1,3]

将 5 g 氨基钠浸入 25 mL 甲苯中，缓慢小心地加入 30 mL 95% 乙醇，并搅拌。反应完成后，用 50 mL 水稀释，将各层分开，并丢弃。

3.2.3 氢氧化钠和氢氧化钾的销毁方法[4,5]

3.2.3.1 水体泄漏物的销毁

对有包装的固体氢氧化钠或氢氧化钾进入水体时，应在最短的时间内实施打捞，以防止全部溶解造成大面积污染。对水体进行 pH 检测，污染严重时设立警戒范围，严禁游泳、取水、用水和捕捞等一切活动。污染十分严重时，在事发地点下游筑建简易的拦河坝，防止受污染的河水下泄。可根据实际情况，尽快向受污染的水体中选择性地投放磷酸、硼酸等中和泄漏物，上述操作应按照环境保护部门的要求进行，并由环保部门根据现场监测结果，判定污染消除的程度。

3.2.3.2 陆上泄漏物的销毁与净化

1. 少量泄漏

禁止氢氧化钠或氢氧化钾等泄漏物流入水体、地下水管道或排洪沟等限制性空间。少量泄漏物使用活性炭或其他惰性材料（如泥土、沙子或吸附棉）吸收，也可将泄漏的溶液收集至适当的容器。将被污染的土壤收集于合适的容器内，收集物统一交给具有资质的专业危险废物处理机构进行处置。污染区的泄漏物用洁净的铲子收集于干燥洁净有盖的容器中，残余物可用磷酸等中等强度酸调节至中性，再稀释汇入废水系统统一处理后排放。

2. 大量泄漏

用塑料薄膜或沙袋阻断泄漏物流入水体、地下水管道或排洪沟等限制性空间。借助现场环境，通过挖坑、挖沟、围堵或引流等方式使泄漏物汇集到低注处并收容起来，坑内应覆上塑料薄膜，防止溶液渗透。用干净的耐碱泵将溶液转移到槽车或专用收集容器内，收集并进行回收。将被污染的土壤收集于合适的容器内。收集的泄漏物可运回生产企业或交由具有资质的专业危险废物处理单位进行处理。对现场的残留物或难以收集的泄漏物，可用磷酸或稀硼酸等中和以减少危害。清理泄漏设备，必要时喷洒稀磷酸或稀硼酸中和，防止在清理设备过程中对人和环境造成危害。

3.2.4 正丁基锂的销毁方法[2]

向 10%（V/V）1-丁醇的异辛烷溶液中，加入 1,10-菲罗啉（1 mg/mL）作为指示剂，并加入 0.4 nm 分子筛干燥过夜。在氮气保护和冰浴下，向 15 mL 1-丁醇异辛烷溶液中，小心加入 5 mL 1.55 mol/L 正丁基锂的己烷溶液。10 min 后，检查反应液的颜色。如果是红色，表明还存在正丁基锂，需要添加更多的 1-丁醇异辛烷溶液，直到反应液呈黄色。加入 10 mL 水，将混合物搅拌过夜，分离各层，弃去。

3.2.5 电石的销毁方法[1,6]

（1）在通风橱中，将 5 g 电石缓慢加入 250 mL 水中。当反应停止时，中和水溶液，并将其丢弃。

（2）将 50 g 电石置于 600 mL 甲苯或环己烷中。用冰浴包围烧瓶，并向烧瓶中通入氮气。用滴液漏斗在约 5 h 内逐滴加入 300 mL 6 mol/L 盐酸。将混合物搅拌 1 h，然后中和水层，分离各层并丢弃。

3.2.6 金属氢化物的销毁方法

3.2.6.1 氢化铝锂的销毁[6,7]

在氮气保护下和冰浴冷却下，为溶剂中每克 $LiAlH_4$ 缓慢添加 7 mL 95%的乙醇或 11 mL 乙酸乙酯。当反应完成时，小心地加入与初始反应体积相等的水，分离有机层和水层，并弃去。

3.2.6.2 硼氢化钠的销毁[1]

将硼氢化钠溶解在水中，如有必要，用水稀释，以使浓度不超过 3%。对于每 100 mL 溶液，在氮气下添加 1 mL 10%（V/V）的乙酸水溶液。当反应停止时丢弃。

3.2.6.3 氢化钠和氢化钾的销毁[1]

氢化钠和氢化钾通常分散在矿物油中。对于每克氢化物分散体，添加 25 mL 干燥的异辛烷（2,2,4-三甲基戊烷），并在氮气保护下缓慢添加 10 mL 正丁醇。30 min 后，添加 25 mL 冷水。分离各层，并将其丢弃。

3.2.6.4 氢化锂的销毁

在搅拌下将 1 g 氢化锂加入 50 mL 水中。反应完成后，丢弃反应混合物。

3.2.6.5 氢化钙的销毁[1]

（1）在氮气保护下，将 1 g 氢化钙加入 25 mL 95%的乙醇中。当反应完成时，加入等体积的水，并将其丢弃。

（2）将 1 g 氢化钙加入 50 g 碎冰中。当反应停止时，丢弃反应混合物。

3.2.6.6 氰基硼氢化钠的销毁[2]

（1）每克氰基硼氢化钠用 10 mL 水进行溶解。如有必要，用水稀释，以使氰基硼氢化钠的浓度不超过 10%。每克氰基硼氢化钠小心添加 200 mL 5.25% 次氯酸钠溶液。搅拌反应混合物 3 h，分析氰化物是否完全破坏，并将其丢弃。

（2）对于每 80 mL 可能含有氰化物的乙醚提取物，添加 200 mL 5.25% 次氯酸钠溶液和 150 mL 甲醇。搅拌反应混合物 3 h，分析氰化物是否完全破坏，并将其丢弃。

（3）将废气通入 5.25% 次氯酸钠溶液中。静置数小时后，测试破坏的完全性，并将其丢弃。

3.2.7 叠氮化钠的销毁[2]

（1）将 9 g 硝酸铈铵溶解在 30 mL 水中。将每克叠氮化钠溶解在 5 mL 水中，然后将其加入硝酸铈铵溶液中。大量销毁时，可能需要冰浴来冷却。搅拌反应混合物 1 h，向等体积的 10%（W/V）碘化钾溶液中加入几滴反应混合物，然后用 1 滴 1 mol/L 盐酸酸化，并加入 1 滴淀粉溶液作为指示剂，检验反应液是否呈蓝色。破坏完全后丢弃反应混合物。

（2）将 5 g 叠氮化钠溶解在 100 mL 水中，并添加含有 7.5 g 亚硝酸钠的 38 mL 水溶液。向混合液中缓慢添加 4 mol/L H_2SO_4，直到反应混合物呈石蕊酸性。搅拌反应 1 h，向等体积的 10%（W/V）碘化钾溶液中加入几滴反应混合物，然后用 1 滴 1 mol/L 盐酸酸化，并加入 1 滴淀粉溶液作为指示剂，检验反应液是否呈蓝色。破坏完全后丢弃反应混合物。

（3）如有必要，用水稀释，使缓冲溶液中叠氮化钠的浓度不超过 1 mg/mL。对于每 50 mL 缓冲溶液，添加 5 g 亚硝酸钠，搅拌反应 18 h，检查破坏的完全性，并将其丢弃。

3.2.8 含铬废液的销毁[8]

3.2.8.1 亚硫酸盐还原法

含铬（六价）废液用硫酸调 pH 至不大于 3.0，加入亚硫酸盐（亚硫酸钠或亚硫酸氢钠、焦亚硫酸钠等）进行还原反应。产生的废气经尾气处理塔进行处理。废液经检测六价铬浓度低于 0.1 mg/L 时，用泵抽至中和沉淀罐，加入氢氧化钠溶液调整 pH 为 7.0～8.0，形成氢氧化铬沉淀。进行沉降分离，上清液通过过滤装置。氢氧化铬沉淀经压滤后可回收，用于生产铬盐产品。滤液经监测，达标排放或回用。

3.2.8.2 亚铁盐还原法

含铬（六价）废液用硫酸调 pH 至不大于 3.0，加入亚硫酸亚铁进行还原反应。废液经检测六价铬浓度低于 0.1 mg/L 时，用泵抽至中和沉淀罐，加入氢氧化钠溶液调整 pH 为 7.0～8.0，形成氢氧化铬和氢氧化铁混合沉淀。再用泵抽至二级沉降池，加入絮凝剂进行沉降分离，上清液通过过滤装置。氢氧化铬和氢氧化铁混合沉淀经压滤后可回收，用于钢铁冶炼，滤液经监测，达标排放或回用。

3.2.9 含镍废液的净化[9]

3.2.9.1 化学沉淀法

本方法不限浓度。根据不同的溶液情况可以使用不同的破配合剂和沉淀剂进行处理。使用破配合剂（8 g/L 次氯酸钙溶液）破除配合，可以将镍的配合物破坏，从而游离出镍离子，然后加入碱或有机巯基化合物等沉淀剂，将镍离子以氢氧化镍等的形式沉淀出来。处理后的含镍废液中镍离子含量应不大于 1 mg/L。

3.2.9.2　离子交换法

离子交换法可处理浓度为 50 ~ 1000 mg/L 的含镍废液。

离子交换树脂对镍离子进行吸附，并与阳离子树脂上面的氢离子或钠离子进行交换而除去，从而使废液得到净化。阳离子交换树脂交换吸附饱和后进行再生，在再生剂中的阳离子（氢离子或钠离子）浓度占绝对优势的情况下将阳离子交换树脂上的镍洗脱下来，阳离子交换树脂恢复交换能力。废液中可能会存在其他离子（镁离子或钙离子等）的竞争吸附效应，可以通过调节 pH 为 6 ~ 7 来减弱这种效应。

3.2.9.3　膜分离法

膜分离法可处理各种浓度的含镍废液。如果运用反渗透膜工艺，则要求待处理液中余氯浓度低于 0.1 mg/L，同时控制铬离子等氧化性离子的浓度，防止滤膜的氧化失效。在含镍废液处理工艺中，通过压差的作用将废液中的镍离子、钙离子、镁离子等二价金属离子在钠滤膜的一侧进行浓缩富集，渗透液渗透至膜的另一侧，回收利用。

3.2.10　含锡废液的净化[10]

3.2.10.1　退锡废液的净化

（1）沉锡工序。在常温下，用氨水调节退锡废液达到规定的 pH（1.5 ~ 2），再加入适量聚丙烯酰胺（PAM），搅拌 15 min，沉降、过滤（沉降时间为 0.5 ~ 1.0 h）。滤液经收集后进入沉铜工序。所得滤渣主要为锡泥（水和二氧化锡），锡泥经统一收集后回收金属锡。

（2）沉铜工序。沉锡后的滤液再用氨水调节至规定的 pH（5 ~ 6），搅拌 15 min，沉降、过滤。滤液经 D403 螯合树脂净化除去剩余的铜后，再进行深度净化。

3.2.10.2　镀锡废液的净化

1. 沉锡工序

在常温下，用氢氧化钠溶液调节镀锡废液的 pH 为 1.5 ~ 2，溶液中的游离锡含量达到控制点时再加入适量聚丙烯酰胺（PAM），沉降、过滤（沉降时间为 0.5 ~ 1.0 h），所得滤渣主要为锡泥（水和二氧化锡），锡泥集中收集后回收锡。

2. 沉铁工序

沉锡后的滤液导入一级氧化池，加入氢氧化钠溶液调节 pH 至 4 ~ 5，并加入适量过氧化氢将大部分二价铁氧化为三价铁后导入二级氧化池（氧化时间为 0.5 ~ 1.0 h），再加入氢氧化钠溶液调节 pH 为 7 ~ 8，并充分曝气，将二价铁完全氧化成红褐色三价铁絮凝物（氧化时间为 1.0 ~ 1.5 h）。氧化完毕后导入混凝、沉降池，加入聚合氯化铝和聚丙烯酰胺（PAM）进行混合絮沉降，废水满足循环使用要求或进行无害化处理，含铁污泥集中收集后统一处理。

3.2.11 含汞物质的净化

3.2.11.1 含有 Hg(CH$_3$CO$_2$)$_2$ 的溶液[11]

对于每 200 mL 含汞不超过 1×10^{-3} 的溶液，添加 1 g Amberlite IR-120(plus)或 Dowex 50X8-100 树脂。搅拌混合物 24 h，过滤，检查滤液是否完全去污，然后丢弃。

3.2.11.2 含 HgCl$_2$ 的溶液[11]

对于每 200 mL 含有不超过 1×10^{-3} 汞的溶液，添加 1 g Amberlite IRA-400(Cl)或 Dowex 1X8-50 树脂。搅拌混合物 24 h，过滤，检查滤液是否完全去污，然后丢弃。

3.2.11.3 废汞触媒[12]

废汞触媒主要由活性炭与氯化汞组成，其中氯化汞含量在 1.5%～3.0%。将废汞触媒置于预处理反应釜中，加入适量水将废汞触媒润湿，在投料过程中开启反应釜捕尘及洗涤系统，开启反应釜搅拌器，加入生石灰，开启加热系统，继续泵入回收废水至料面平，生石灰在反应釜内呈浆状，继续搅拌加热，加入氢氧化钠，搅拌保温 6 h。取样检测转化率达标后，过滤，废水返回至预处理反应釜，滤渣至中间体贮存仓，待后续处理。

3.2.12 苯基锂的销毁[14]

以苯锂与苯甲酸反应生成二苯甲酮为模型，测试了各种潜在试剂对过量苯锂的破坏能力。结果如表 3-2 所示。

表 3-2　用于消除与苯甲酸反应中过量苯基锂的试剂

使用的试剂	二苯甲酮的收率[a]	苯频哪醇的收率[a]
水[b]	42%	36%
水[c]	26%	57%
叔丁醇	55%	29%
甲醛	79%	6%
苯胺	64%	18%
丙酮	48%	21%
乙酸	49%	41%
甲酸钠	42%	41%

注：a 收率是至少 2 次测定的平均值，分析之间的一致性为 ±10%。
　　b 向反应混合物中加入水。
　　c 添加到水和冰中的反应混合物。

从表 3-2 可以看出，与通常将反应混合物倒在水和冰上相比，向反应混合物中加入任何试剂都会提高酮的产率。最佳试剂为甲醛和苯胺。甲醛产生的酮收率较高，甲醇收率较低，但需要多聚甲醛生成甲醛，生成苯甲醇。使用苯胺时，酮的产率较低，但苯胺易于添加且不形成其他产物。它也很容易通过酸碱萃取从生成的反应混合物中去除。另外，选择的试剂必须是无水的，且应该是一种非质子酸（路易斯酸）或一种非常弱的 Brónsted 酸。

3.2.13　其他重金属的销毁与净化[2]

3.2.13.1　含有 Cd、Co、Cu、Fe、Mn、Ni、Pb、Sn、Tl 和 Zn 的溶液

对于每 40 mL 含有不超过 1×10^{-3} 金属的溶液（Pb 溶液为 200 mL），添加 1 g Amberlite IR-120(plus) 或 Dowex 50X8-100 树脂。搅拌混合物 24 h，过滤，检查滤液是否完全去污，然后丢弃。

3.2.13.2　含有 Ag 和 Mo 的溶液

对于含有不超过 1×10^{-3} Ag 和 Mo 的溶液，添加 1 g Amberlite IRA-400(Cl) 或 Dowex 1X8-50 树脂。搅拌混合物 24 h，过滤，检查滤液是否完全去污，然后丢弃。

3.2.13.3　含有 Cd、Co、Cu、Fe 和 Mn 的溶液

将含有不超过 1×10^{-3} 金属的溶液与等体积的 0.5 mol/L 硅酸钠溶液混合。静置 1 h，过滤，检查滤液是否完全去污，然后丢弃。

3.2.13.4　含有 Pb 的溶液

将不超过 1×10^{-3} Pb 的溶液与等体积的 0.5 mol/L 磷酸二氢钾（KH_2PO_4）溶液混合。静置 1 h，过滤，检查滤液是否完全去污，然后丢弃。

3.2.13.5　含钯溶液

使用 Varion ADAM 弱碱性离子交换树脂除去溶液中的钯(Ⅱ)。

3.2.13.6　四氧化锇的净化[13]

1. 容器中的散装量和残留物的处理

将玉米油放入容器中。测试反应的完全性。

2. 四氧化锇水溶液（2%）的净化

让它与 2 倍体积的玉米油反应。测试反应的完全性。

3. 泄漏物的净化

用玉米油处理 OsO_4 泄漏物，然后测试反应的完整性。

3.2.13.7　铀酰化合物的净化[2]

（1）对于每 200 mL 含有不超过 1×10^{-3} 铀的溶液，添加 1 g Amberlite IR-120(plus) 树脂。搅拌混合物 24 h，过滤，检查滤液是否完全净化，然后丢弃。这些珠子含有铀，应该适当丢弃。

（2）对于每升含铀不超过 6×10^{-5} 的溶液，加入 1 g Amberlite IR-120(plus) 树脂。搅拌混合物 4 h，过滤，检查滤液是否完全净化，然后丢弃。这些珠子含有铀，应该适当丢弃。

3.2.13.8　高锰酸钾的销毁[1]

取 5 g $KMnO_4$ 溶于 200 mL 1 mol/L 氢氧化钠溶液中，并加入 10 g 焦亚硫酸钠。混合物的紫色应该消失，如果没有，添加更多的焦亚硫酸钠。搅拌 30 min 后，用 200 mL 水稀释，过滤，丢弃。

参考文献

[1] LUNN G, SANSONE E B. Safe disposal of highly reactive chemicals[J]. J Chem Educ, 1994, 71: 972-976.

[2] LUNN G, SANSONE E B. Destruction of hazardous chemicals in the laboratory[M]. 4th ed. Hoboken, NJ: Wiley, 2023.

[3] BERGSTROM F W. Sodium amide[M]//HORNING E C, Ed. Organic Syntheses. New York: Wiley, 1955: 778-783.

[4] 全国废弃化学品处置标准化技术委员会. 碱类物质泄漏的处理处置方法　第 1 部分：氢氧化钠：HG/T 4334.1—2012[S]. 北京：化学工业出版社，2012.

[5] 全国废弃化学品处置标准化技术委员会. 碱类物质泄漏的处理处置方法　第 2 部分：氢氧化钾：HG/T 4334.2—2012[S]. 北京：化学工业出版社，2012.

[6] National Research Council, Committee on Hazardous Substances in the Laboratory. Prudent practices for disposal of chemicals from laboratories[M]. Washington, DC: National Academy Press, 1983.

[7] FIESER L F, FIESER M. Reagents for organic synthesis[M]. New York: Wiley, 1967: 584.

[8] 全国废弃化学品处置标准化技术委员会. 含铬废液处理处置方法：HG/T 5362—2018. 北京：化学工业出版社，2018.

[9] 全国废弃化学品处置标准化技术委员会. 含镍废液处理处置方法：HG/T 5015—2016[S]. 北京：化学工业出版社，2016.

[10] 全国废弃化学品处置标准化技术委员会. 含锡废液处理处置方法：HG/T 5365—2018[S]. 北京：化学工业出版社，2018.

[11] LUNN G. Unpublished results[J]. NCI-Frederick Cancer Research Facility, 1988.

[12] 全国废弃化学品处置标准化技术委员会. 废汞触媒处理处置方法：GB/T 36382—2018[S]. 北京：中国标准出版社，2018.

[13] COOPER K. Neutralization of osmium tetroxide in case of accidental spillage and for disposal[J]. Bull Microscop Soc Canada, 1980, 8: 24-28.

[14] NICODEM D E, MARCHIORI M L P F C. Synthesis of aromatic ketones from carboxylic acids and phenyllithium. destruction of the excess phenyllithium[J]. J Org Chem, 1981, 46: 3928-3929.

含氮化合物的销毁与净化

4.1 化合物概述

4.1.1 芳香胺和酰胺

苯胺，又名氨基苯，是一种有机化合物，为无色油状液体，加热至 370 °C 分解，微溶于水，易溶于乙醇、乙醚等有机溶剂。苯胺是最重要的胺类物质之一。苯胺主要用于制造染料、药物、树脂，还可以用作橡胶硫化促进剂等。苯胺本身也可作为黑色染料使用，其衍生物甲基橙可作为酸碱滴定用的指示剂。

4-氨基联苯，又名对氨基联苯，是一种有机化合物，微溶于水，溶于乙醇、乙醚和氯仿，主要用作染料和农药中间体，还用于制造闪烁剂对三联苯。

联苯胺可用于制造直接染料、酸性染料、还原染料、冰染染料、硫化染料、活性染料及有机颜料，是重要的染料中间体；用作聚氨酯橡胶与纤维生产中的扩链剂；用于医药，氰化物及血液的检测；用作化学试剂，薄层色谱法测定单醛糖和过硫酸铵的试剂。

2-萘胺主要用作染料中间体、分析试剂、荧光指示剂。3,3′-二氯联苯胺为白色结晶性粉末，微溶于水，可溶于乙醇，主要用作染料中间体，用于制备二偶氮黄、二偶氮橙等。

3,3′-二氯联苯胺为白色结晶性粉末，微溶于水，可溶于乙醇，主要用作染料中间体，用于制备二偶氮黄、二偶氮橙等。3,3′-二甲氧基联苯胺主要用作氧化还原指示剂、配合指示剂以及染料中间体。3,3′-二甲基联苯胺是白色至微红色有闪光的片状结晶，可用作染料、乌来糖树脂的交联剂、鉴定金及水中游离氯的试剂。2,4-二氨基甲苯为无色结晶性粉末，主要用作环氧树脂的固化剂，也可用作有机合成中间体、染料中间体。3,3′-二氨基联苯胺是类白色至棕红色结晶粉末，可与芳香族二羧酸聚合，生成多环聚合物的聚苯并咪唑；与芳香族原二羧酐反应，生成梯形聚合物聚苯并咪唑吡咯酮等。

六甲基磷酰胺为无色透明易流动的液体，能与水以及乙醇、乙醚和苯等有机溶剂混溶，但不溶于饱和烷烃。六甲基磷酰胺能被氯代烷从水溶液中萃取出来形成配合物。六甲基磷酰胺是聚氯乙烯的耐候溶剂和优良的极性溶剂，对农用薄膜的耐低温防老化具有显著效果；它是一种多功能的、对质子惰性的、高沸点极性溶剂，作为高分子合成的溶剂如聚苯硫醚、芳香族聚酰胺的合成具有特殊效果，该品作为丙烯本体聚合的助催化剂，在乙丙橡胶中添加该品，可以提高弹体和耐油性。六甲基磷酰胺还用作气相色谱固定液、紫光抑制剂、火箭燃料降低冰点添加剂、化学灭菌剂。

具体信息见表 4-1。

表 4-1　芳香胺和酰胺基本信息一览表

化合物	mp or bp	结构式	CAS 登记号
苯胺	bp 184 °C		[62-53-3]
4-氨基联苯（4-ABP）	mp 52 ~ 54 °C		[92-67-1]
联苯胺（Bz）	mp 127 ~ 128 °C		[92-87-5]
2-萘胺（2-NAP）	mp 111 ~ 113 °C		[91-59-8]
3,3'-二氯联苯胺（DClB）	mp 133 °C		[91-94-1]
3,3'-二甲氧联苯胺（DMoB）	mp 137 ~ 138 °C		[119-90-4]
3,3'-二甲基联苯胺（DMB）	mp 128 ~ 131 °C		[119-93-7]
2,4-二氨基甲苯（TOL）	mp 97 ~ 99 °C		[95-80-7]
2-氨基蒽（2-AA）	mp 238 ~ 241 °C		[613-13-8]
3,3'-二氨基联苯胺（DAB）	mp 175 ~ 177 °C		[91-95-2]
3-氨基荧蒽	mp 115 ~ 117 °C		[2693-46-1]
六甲基磷酰胺	bp 233 °C	$[(CH_3)_2N]_3P(O)$	[680-31-9]

4.1.2 肼类化合物

水合肼，又称水合联氨，为无色透明发烟液体，有淡氨味，在湿空气中冒烟，具有强碱性和吸湿性。常压下，肼可以和水形成共沸。水合肼液体以二聚物形式存在，与水和乙醇混溶，不溶于乙醚和氯仿；它能侵蚀玻璃、橡胶、皮革、软木等，在高温下分解成 N_2、NH_3 和 H_2；水合肼还原性极强，与卤素单质、HNO_3、$KMnO_4$ 等激烈反应，在空气中可吸收 CO_2，产生烟雾。水合肼及其衍生物在许多工业应用中得到广泛的使用，用作还原剂、抗氧剂，用于医药、发泡剂等。

甲基肼有剧毒，常与四氧化二氮等氧化剂组成双组元液体推进剂，用于航天飞机、宇宙飞船和卫星的监控系统。

1,1-二甲基肼，又名偏二甲肼，是一种有机化合物，为无色液体，有剧毒。1,1-二甲基肼是导弹、卫星、飞船等发射试验和运载火箭的主体燃料。

1,2-二甲基肼、1,1-二乙基肼、1,1-二丁基肼、1,1-二异丙基肼和甲基肼已被证明具有诱变性。肼在某些条件下具有爆炸危险，包括在空气中蒸馏，可引起皮肤致敏、全身中毒，并可能损害肝脏和红细胞。

异烟肼，又名 4-吡啶甲酰肼、异烟酸肼，是一种有机化合物，是异烟酸的酰肼，为白色结晶性粉末，与利福平、乙胺丁醇和吡嗪酰胺同为一线抗结核药。

具体信息见表 4-2。

表 4-2　肼类化合物基本信息一览表

化合物	mp or bp	结构式/分子式	CAS 登记号
水合肼	bp 120.1 °C	$N_2H_4 \cdot H_2O$	[10217-52-4]
甲基肼	bp 87.5 °C	$CH_3NH — NH_2$	[60-34-4]
1,1-二甲基肼	bp 63.9 °C	$(CH_3)_2NH — NH_2$	[57-14-7]
1,1-二乙基肼	bp 96 ~ 99 °C	$(CH_3CH_2)_2NH — NH_2$	[616-40-0]
1,1-二异丙基肼	bp 41 °C/16 mmHg	$(i\text{-}Pr)_2NH — NH_2$	[921-14-2]
1,1-二丁基肼	bp 87 ~ 90 °C/21 mmHg	$(n\text{-}Bu)_2NH — NH_2$	[7422-80-2]
N-氨基哌啶	bp 146 °C/730 mmHg	哌啶环 $N—NH_2$	[2213-43-6]
N-氨基吗啉	bp 168 °C	吗啉环 $N—NH_2$	[4319-49-7]
1-甲基-1-苯肼	bp 54 ~ 55 °C/0.3 mmHg	苯基 $N(CH_3)—NH_2$	[618-40-6]
1,2-二苯肼	mp 123 ~ 126 °C	$PhNH — NHPh$	[122-66-7]
苯肼	bp 238 ~ 241 °C	$PhNH — NH_2$	[100-63-0]
对甲苯肼盐酸盐	mp > 200 °C	对甲苯基 $C(=O)—HN—NH_2 \cdot HCl$	[637-60-5]

化合物	mp or bp	结构式/分子式	CAS 登记号
二苯氨基脲	mp 175 ~ 177 °C		[140-22-7]
异烟肼	mp 162 ~ 164 °C		[54-85-3]
异丙烟肼磷酸盐	mp 180 ~ 182 °C		[305-33-9]

4.1.3 偶氮类化合物

偶氮染料是合成染料中品种最多的一类，广泛用于多种天然和合成纤维的染色和印花，也用于油漆、塑料、橡胶等的着色。例如，偶氮苯，是 3 类致癌物，主要用于制备联苯染料和橡胶促进剂。氧化偶氮苯加热易分解成偶氮苯和苯胺，与锌在氢氧化钠溶液中反应生成氢化偶氮苯，与浓硫酸反应生成 4-羟基偶氮苯，工，常用作有机合成试剂。对苯基偶氮苯胺，为黄色结晶，微溶于热水，溶于热醇、醚、苯、氯仿，用于制造染料。对苯基偶氮苯胺对眼睛、皮肤、黏膜和上呼吸道有刺激作用，有致畸、致突变作用，热分解释出氮氧化物。邻氨基偶氮甲苯，又名氨偶氮苄、2-氨基偶氮甲苯，是一种有机化合物，主要用作染料及医药中间体。偶氮甲烷是一种结肠致癌物质，可导致 DNA 加合物的形成，也可与硫酸葡聚糖钠在实验室动物创建癌症模型一起使用，用于研究癌症进展和化学预防的机制。四甲基四氮烯具有致癌性。

具体信息见表 4-3。

表 4-3　偶氮化合物基本信息一览表

化合物	mp or bp	结构式/分子式	CAS 登记号
偶氮苯	mp 66 °C		[103-3-3]
氧化偶氮苯	mp 36 °C		[495-48-7]
4,4′-偶氮苯甲醚	mp 118 °C		[13620-57-0]
对苯基偶氮苯胺	mp 123 ~ 126 °C		[60-09-3]
邻氨基偶氮甲苯	mp 101 ~ 102 °C		[97-56-3]
偶氮甲烷	bp 98 °C	$CH_3 — N \equiv N(O)\text{-}CH_3$	[25843-45-2]
四甲基四氮烯	bp 130 °C	$(CH_3)_2N — N \equiv N — N(CH_3)_2$	[6130-87-6]

4.1.4 硝基化合物

4-硝基联苯，又名对硝基联苯，是 3 类致癌物，不溶于水，微溶于醇、易溶于醚、苯、氯仿，主要用作染料中间体、增塑剂。4-硝基联苯在实验动物中致癌。3-硝基荧蒽，是一种诱变剂，可能致癌，可由有机物的不完全燃烧或荧蒽与氮氧化物的反应形成。

苦味酸，又称三硝基苯酚，是一种炸药，室温下为无色至黄色针状结晶。苦味酸是苯酚的三硝基取代物，受硝基吸电子效应的影响而有很强的酸性，难溶于四氯化碳，微溶于二硫化碳，溶于热水、乙醇、乙醚，易溶于丙酮、苯等有机溶剂，可用于制造炸药、染料、火柴、有机合成等。

四硝基甲烷，是一种有机化合物，有剧毒，为强氧化剂。四硝基甲烷受热，接触明火，或受到摩擦、震动、撞击时要发生爆炸。如混有胺类或酸等能增加四硝基甲烷的爆炸敏感性。四硝基甲烷能与可燃物、有机物或易氧化物质形成爆炸性混合物，经摩擦和与小量水接触可导致燃烧或爆炸。在工业上，四硝基甲烷主要用作火箭燃料，分析上用于不饱和化合物的测定。

硝化甘油，又名三硝酸甘油酯，是甘油的三硝酸酯，是一种爆炸能力极强的炸药。

具体信息见表 4-4。

表 4-4　硝基化合物基本信息一览表

化合物	mp or bp	结构式/分子式	CAS 登记号
4-硝基联苯	mp 113～114 °C		[92-93-3]
3-硝基荧蒽	mp 157～159 °C		[892-21-7]
苦味酸	mp 122.5 °C		[88-89-1]
四硝基甲烷	mp 13～14 °C，bp 126 °C	$C(NO_2)_4$	[509-14-8]
硝化甘油	mp 13 °C，bp 295.8 °C	$C_3H_5N_3O_9$	[55-63-0]

4.1.5 亚硝胺化合物

亚硝胺，是强致癌物，是最重要的化学致癌物之一，是四大食品污染物之一。食物、化妆品、啤酒、香烟中都含有亚硝胺。在熏腊食品中，含有大量的亚硝胺类物质，某些消化系统肿瘤如食管癌的发病率与膳食中摄入的亚硝胺数量相关。当熏腊食品与酒共同摄入时，亚硝胺对人体健康的危害就会成倍增加。

表 4-5 所列亚硝胺类化合物的分解已被广泛研究。

表 4-5　亚硝胺化合物基本信息一览表

缩写	化合物名称	mp or bp	CAS 登记号
MNTS	*N*-甲基-*N*-亚硝基对甲苯磺酰胺	mp 61～62 ℃	[80-11-5]
MNU	*N*-甲基-*N*-亚硝脲	mp 126 ℃	[684-93-5]
ENU	*N*-乙基-*N*-亚硝脲	mp 104 ℃	[759-73-9]
MNUT	*N*-甲基-*N*-亚硝脲乙烷	bp 62～64 ℃/12 mmHg	[615-53-2]
ENUT	*N*-乙基-*N*-亚硝脲乙烷	bp 75 ℃/16 mmHg	[614-95-9]
MNNG	*N*-甲基-*N*'-硝基-*N*-亚硝基胍	mp 123 ℃	[70-25-7]
ENNG	*N*-乙基-*N*'-硝基-*N*-亚硝基胍	mp 118～120 ℃	[4245-77-6]

4.1.6　腈与氰化物

乙腈，是一种有机化合物，为无色透明液体，有优良的溶剂性能，能溶解多种有机、无机和气体物质，与水和醇无限互溶。乙腈能发生典型的腈类反应，并被用于制备许多典型含氮化合物，是一个重要的有机中间体。乙腈广泛用作高效液相色谱（HPLC）的流动相组分。

氰化钠，为白色结晶性粉末，易潮解，有微弱的苦杏仁气味，剧毒，皮肤伤口接触、吸入、吞食微量可中毒死亡。氰化钠易溶于水，易水解生成氰化氢，水溶液呈强碱性，是一种重要的基本化工原料，用于基本化学合成、电镀、冶金、有机合成医药、农药及金属处理方面做配合剂、掩蔽剂。

氰化钾，为白色结晶性粉末，有剧毒，在湿空气中潮解并放出微量的氰化氢气体。易溶于水、乙醇、甘油，微溶于甲醇、氢氧化钠水溶液，水溶液呈强碱性，并很快水解。

氰化氢，标准状态下为液体。氰化氢易在空气中均匀弥散，在空气中可燃烧，当氰化氢在空气中的含量达到 5.6%～12.8% 时，具有爆炸性。氰化氢属于剧毒类。急性氰化氢中毒的临床表现为患者呼出气中有明显的苦杏仁味，轻度中毒主要表现为胸闷、心悸、心率加快、头痛、恶心、呕吐、视物模糊。氰化氢重度中毒主要表现呈深昏迷状态，呼吸浅快，阵发性抽搐，甚至强直性痉挛。

溴化氰，是一种无机化合物，为白色结晶性粉末，溶于水、苯，易溶于乙醇、乙醚，主要用于有机合成，也可用于提取金的氰化剂、制杀虫剂等。

具体信息见表 4-6。

表 4-6　腈与氰化物基本信息一览表

化合物	mp or bp	结构式/分子式	CAS 登记号
乙腈	bp 81.6 ℃	CH_3CN	[75-05-8]
氰化钠	mp 563.7 ℃	NaCN	[143-33-9]
氰化钾	mp 634 ℃	KCN	[151-50-8]
氰化氢	mp −13.4 ℃，bp 26 ℃	HCN	[74-90-8]
溴化氰	mp 49～51 ℃	CNBr	[506-68-3]

4.2 芳香胺和酰胺的销毁与净化

4.2.1 苯胺泄漏的处置[1]

4.2.1.1 水体泄漏

苯胺泄漏到水体时,应组织人员对沿河两岸或湖泊周边进行警戒,严禁取水、用水和捕捞等一切活动。如果污染严重,河流周围的地下井应禁止人员饮用。根据事故现场实际情况,在事发地点下游沿河筑建河坝,防止受污染的河水下泄。如果可能应在事发地点上游沿河筑建拦河坝或新开一条河道,让上游流来的清洁水绕过污染源,减少污染物下排速度。对受污染的水体可用活性炭吸附泄漏的苯胺。

4.2.1.2 陆上泄漏

1. 少量泄漏

禁止泄漏物流入水体、下水道、排洪沟等限制性空间。用干燥的砂土或其他不燃材料吸收或覆盖,收集于密封容器中。

2. 大量泄漏

用干砂、水泥等不燃材料阻断泄漏物,防止其流入水体、下水道、排洪沟等限制性空间。根据现场情况利用砂石、泥土、水泥粉等材料筑堤,或用挖掘机挖坑,围堵聚集泄漏的苯胺。用防爆泵将泄漏物转移至洁净的槽车或专用收集容器内进行回收。对不能回收的泄漏物,用干砂、水泥或其他不燃材料等对泄漏物进行吸附处理,将处理后的混合物收集到专用容器中。

4.2.2 有机溶剂中芳香胺的销毁[2,3]

使用旋转蒸发器将有机溶剂蒸发至干。将残留物按表 4-7 溶解在酸中。

表 4-7　用酸溶解残留物用量

化合物	溶剂
9 mg 联苯胺(Bz)	10 mL 0.1 mol/L 盐酸 + 45 mL 冰醋酸
3,3′-二氨基联苯胺(DAB,9 mg)	10 mL 0.1 mol/L 盐酸 + 45 mL 冰醋酸
3,3′-二甲氧联苯胺(DMoB,9 mg)	10 mL 0.1 mol/L 盐酸 + 45 mL 冰醋酸
3,3′-二甲基联苯胺(DMB,9 mg)	10 mL 0.1 mol/L 盐酸 + 45 mL 冰醋酸
3,3′-二甲氧联苯胺(DMoB,9 mg)	10 mL 0.1 mol/L 盐酸 + 45 mL 冰醋酸
2-萘胺(2-NAP,9 mg)	10 mL 0.1 mol/L 盐酸 + 45 mL 冰醋酸
2,4-二氨基甲苯(TOL,9 mg)	10 mL 0.1 mol/L 盐酸 + 45 mL 冰醋酸
4-氨基联苯(4-ABP,2 mg)	10 mL 冰醋酸

对于每 10 mL 上述溶液,添加 5 mL 0.2 mol/L $KMnO_4$ 溶液和 5 mL 2 mol/L H_2SO_4。让混合物静置至少 10 h,然后分析破坏的完整性。添加焦亚硫酸钠进行脱色,再添加 10 mol/L KOH 溶液使其呈强碱性,用水稀释,过滤以去除锰化合物,检查滤液是否完全破坏,中和并丢弃。

4.2.3　水中芳香胺的销毁[2,3]

如有必要，用水稀释，使 4-氨基联苯（4-ABP）的浓度不超过 0.2 mg/mL，其他胺的浓度不超过 0.9 mg/mL。对于每 10 mL 溶液，添加 5 mL 0.2 mol/L 高锰酸钾溶液和 5 mL 2 mol/L 硫酸溶液。让混合物静置至少 10 h，然后分析破坏的完整性。添加焦亚硫酸钠进行脱色，再添加 10 mol/L KOH 溶液使其呈强碱性，用水稀释，过滤以去除锰化合物，检查滤液是否完全破坏，中和并丢弃。

4.2.4　油中芳香胺的销毁[2,3]

用 0.1 mol/L 盐酸萃取油溶液，直到所有胺被去除。对于每 10 mL 萃取液，添加 5 mL 0.2 mol/L $KMnO_4$ 溶液和 5 mL 2 mol/L H_2SO_4 溶液。让混合物静置至少 10 h，然后分析破坏的完整性。添加焦亚硫酸钠进行脱色，再添加 10 mol/L KOH 溶液使其呈强碱性，用水稀释，过滤以去除锰化合物，检查滤液是否完全破坏，中和并丢弃。

4.2.5　泄漏芳香胺的净化[2,3]

使用吸收剂尽可能多地清除泄漏物，然后用冰醋酸湿润表面，直到所有胺溶解。向泄漏区域添加过量的等体积 0.2 mol/L $KMnO_4$ 溶液和 2 mol/L H_2SO_4。让混合物静置至少 10 h，用焦亚硫酸钠脱色，用水稀释，过滤除去锰化合物，并测试滤液的破坏完整性。

4.2.6　芳香胺污染玻璃器皿的去污[2,3]

将玻璃器皿浸入等体积的 0.2 mol/L $KMnO_4$ 和 2 mol/L H_2SO_4 的混合物中。让玻璃器皿在浴中静置至少 10 h，然后添加焦亚硫酸钠进行脱色，再添加 10 mol/L KOH 溶液使其呈强碱性，用水稀释，过滤以去除锰化合物，检查滤液是否完全破坏，中和并丢弃。

4.2.7　3-氨基荧蒽的销毁[4]

将 40 mL 1 g/L 醋酸钠溶液、100 mL 3% H_2O_2 和 1 mg 辣根过氧化物酶加入 10 mL 1 mmol/L 3-氨基荧蒽甲醇溶液中。让混合物静置 3 h，然后过滤除去沉淀，检查滤液是否完全破坏并丢弃。将过滤器浸泡在 0.2 mol/L $KMnO_4$ 溶液和 2 mol/L H_2SO_4 溶液的 1∶1 混合物中，搅拌一夜。用焦亚硫酸钠脱色，用 10 mol/L 氢氧化钾溶液使其呈强碱性，用水稀释，过滤去除锰化合物，中和滤液，检查破坏的完整性，并丢弃。

4.2.8　UV/TiO_2 对邻氯苯胺的破坏[5]

TiO_2 催化剂为 Degussa P25（80% 锐钛矿，20% 金红石），BET 表面积为 50 m^2/g，密度为 3.85 g/cm^3，平均粒径为 200 nm，由 30 nm 的初级颗粒组成。在整个实验中使用双离子水。用于制备所有溶液的水来自 Millipore Waters Milli-Q 水净化系统。所有的化学物质都没有经过进一步的净化。

在 Rayonet RPR-200 光化学反应器中进行了光降解实验。为了充分混合，在照明前和照明期间，将 150 mL 溶液分配到 300 mL 石英圆筒中，并进行机械搅拌。在光反应器上安装了 8 个 300 nm 的磷涂层低压汞灯。分别用 H_2SO_4 和 NaOH 调节溶液的 pH。按照预定的时间表间歇地取样，并用 0.45 μm 膜过滤，以在定量前保证溶液中不含 TiO₂。甲醇和叠氮化钠用作氧化剂 H₂O₂ 和玫瑰红的猝灭剂，以防止随后的氧化。为了进行比较，还进行了没有光催化剂和紫外线照射的对照实验。

用高效液相色谱法分析处理后样品中残留的邻氯苯胺的量，并与原始样品进行比较。该系统由高压泵、100 μL 环柄注射器端口、Restek pinnacle octylamine 柱（5 μm, 0.46 cm × 25 cm）和 UV 检测器组成。以 60% 乙腈和 40% 水的混合物为流动相，流速为 1 mL/min。在注射前对流动相进行充分的脱气，以抑制分析过程中气泡的产生。

4.2.9　六甲基磷酰胺的销毁[3]

将 5 mL 六甲基磷酰胺溶于 25 mL 浓盐酸中，回流 4 h。冷却，加入 1 mol/L 氢氧化钾溶液中和，并丢弃反应混合物。

4.3　肼类化合物的销毁

4.3.1　水合肼的销毁方法

4.3.1.1　实验室销毁水合肼的方法

向水合肼中投入催化量的 Raney Ni 或 FeCl₃，溶液中会放出气体。当气泡消失以后，反应结束，只需滤除 Raney Ni 或 FeCl₃ 即可。此法高效无残留地销毁了水合肼。

另外，向水合肼中投入碘单质也可以实现水合肼的分解，缺点是，会生成氢碘酸。

4.3.1.2　其他销毁水合肼的方法

使用双氧水和次氯酸钠进行水合肼的处理，需要注意一些事项。首先要佩戴防护用品，如手套、眼镜和口罩等，避免接触双氧水和次氯酸钠。然后，将等量的双氧水和次氯酸钠混合均匀，直接将混合物浇在水合肼上，并用干净的布或纸巾擦拭表面。用清水冲洗干净处理过的区域，确保彻底去除水合肼。

4.3.2　肼类推进剂废水销毁与净化方法[6]

4.3.2.1　微生物降解法

微生物降解法效果显著，但耗时较长。稀溶液中的肼类污染物在被生物降解的同时，还受到空气的氧化作用和阳光中紫外线的作用，缓慢变成氮气、二氧化碳、水和氨气。微生物降解法对低浓度肼类污染物的处理速率更低。肼类污染物初始质量浓度为 1100 mg/L 时，90% 的污染物需要在 2～3 d 内完成氧化过程；肼类污染物初始质量浓度低于 40 mg/L 时，则需要更长的时间。在低浓度废水中加入次氯酸盐氧化，虽然可以加快肼类污染物降解速率，但会产生其他有毒物质。

4.3.2.2　紫外线催化法

可采用紫外线催化氯化物处理肼类废水。氯化物包括氯气、次氯酸、次氯酸盐和二氧化氯等。在理想条件下氯化物通过反应将生成次氯酸、甲醇和氮气，处理后的废水可以满足排放要求，但氯化过程通常不完全，会产生氯化副产物，造成严重的二次污染。

4.3.2.3　化学氧化法

化学氧化法是采用强氧化剂处理肼类废水，通过向溶液中加入过量的过氧化物、高锰酸盐、氯气、臭氧或纯氧等氧化物处理肼类废水。

4.3.3　偏二甲肼废气销毁与净化方法[7]

4.3.3.1　高空排放法

高空排放法是将废气通过高烟囱排入空中，利用大气的自我净化和气流的扩散稀释废气浓度，使其低于国家规定的相关浓度，降低污染物对人体和环境的影响。国内外均采用过这种方法处理燃料废气，我国某航天发射中心为排放推进剂库房、燃料转注间的废气，也采用过高烟囱排放，经检测各项指标均符合国家标准。该方法处理少量偏二甲肼废气是方便有效的，但从长远效果看，不利于环境保护，已逐渐被其他方法取代。

4.3.3.2　水吸收法

偏二甲肼极易溶于水，可用水溶液对空气中的偏二甲肼废气进行吸收处理，绝大部分废气均可被水吸收，处理效果较好。当偏二甲肼废气质量浓度 500 mg/L 时，水吸收率 99%；当偏二甲肼废气质量浓度在 100 ~ 500 mg/L 时，水吸收率为 95% ~ 98%。水吸收法虽然能快速有效地吸收偏二甲肼废气，但同时会产生大量废水，需进行二次处理。

4.3.3.3　燃烧法

将偏二甲肼废气与天然气、丙烷和异丙烷等直接在焚烧炉中燃烧，产物为无毒无害的小分子气体，燃烧温度高达 1200 ℃。

4.3.3.4　催化氧化法

催化氧化法是利用偏二甲肼的还原性，将其与氧化剂（氧气、空气等）一起通过催化床发生氧化还原反应，氧化产物主要包括二氧化碳、氮气和水等。常用的催化剂有铂、铼、钌等金属和氧化铜、氧化锰、氧化锆等金属氧化物。

4.3.3.5　溶液中和法

溶液中和法是利用偏二甲肼的弱碱性和极易溶于水的特性，与酸性溶液接触时，可发生中和反应，达到处理偏二甲肼废气的目的。中和装置一般设计为吸收塔的形式，通过喷淋液吸收-中和废气。常用的中和液有盐酸、醋酸、柠檬酸或其他混合溶液等。

4.3.3.6　吸附处理法

吸附法处理偏二甲肼废气，是利用吸附剂巨大的比表面积和丰富的孔结构，通过范德华力或化学键来吸附偏二甲肼气体分子，净化后的气体可直接排放。常用的吸附剂有活性炭、碳纳米管、分子筛等，以及它们的改性材料。

4.3.4　偏二甲肼废水的净化[8]

对偏二甲肼等肼类物质有吸附能力的吸附剂有很多，包括活性炭以及各类合成吸附剂等。活性炭具有价廉易得、性能稳定、吸附性能好等优点，作为吸附剂用于偏二甲肼废水的净化。

4.3.5 大量肼类化合物的销毁方法[3,9]

将水溶性的肼溶解在水中，疏水性的肼溶于甲醇中，使其浓度不超过 10 mg/mL。加入等体积的 1 mol/L KOH 溶液并搅拌。对于每 100 mL 混合溶液，分批加入 5 g 镍铝合金，并搅拌 24 h，过滤。检查滤液是否完全破坏，中和并丢弃。

4.3.6 肼在水溶液中的销毁[3,9]

如有必要，用水稀释混合物，使其浓度不超过 10 g/L。加入等体积的 1 mol/L KOH 溶液并搅拌。对于每 100 mL 混合溶液，分批加入 5 g 镍铝合金，并搅拌 24 h，过滤。检查滤液是否完全破坏，中和并丢弃。

4.3.7 肼在不与水混溶的有机溶剂中的销毁[3,9]

如有必要，稀释溶液，使肼浓度不超过 5 g/L。加入 1 体积的 2 mol/L KOH 溶液和 3 体积的甲醇。对于每升该溶液，分批添加 100 g 镍铝合金，搅拌 24 h，过滤。检查滤液是否完全破坏，中和并丢弃。

4.3.8 醇中肼类化合物的销毁[3,9]

如有必要，稀释溶液，使肼浓度不超过 10 g/L。加入等体积的 1 mol/L KOH 溶液并搅拌。每 100 mL 溶液中分批加入 5 g 镍铝合金，搅拌 24 h，过滤。检查滤液是否完全破坏，中和并丢弃。

4.3.9 二甲基亚砜中肼类化合物的销毁[3,9]

必要时，用水或甲醇稀释混合物，使肼浓度不超过 10 g/L。加入等体积的 1 mol/L KOH 溶液并搅拌。每 100 mL 溶液中分批加入 5 g 镍铝合金，搅拌 24 h，过滤。检查滤液是否完全破坏，中和并丢弃。

4.3.10 橄榄油和矿物油中肼类化合物的销毁[3,9]

对于每 1 体积的溶液，加入 2 体积的石油醚，并用 1 体积的 1 mol/L 盐酸提取该混合物。用 1 mol/L 盐酸再提取有机层 2 次，并合并提取物。如有必要，稀释提取物，使肼的浓度不超过 10 mg/mL。加入等体积的 2 mol/L KOH 溶液并搅拌。每 100 mL 溶液中分批加入 5 g 镍铝合金，搅拌 24 h，过滤。检查滤液是否完全破坏，中和并丢弃。

4.3.11 肼泄漏的处理[3,9]

（1）向泄漏物中加入 3 mol/L H_2SO_4，并尽可能多地去除泄漏物。用 $KMnO_4/H_2SO_4$ 溶液覆盖残留物，放置过夜后，用焦亚硫酸钠脱色，用 10 mol/L KOH 使溶液呈强碱性，用水稀释，过滤去除锰化合物，中和滤液，检查破坏的完整性，然后丢弃。

（2）用吸收剂尽可能多地去除泄漏物，然后用 5.25% 的 NaOCl 溶液覆盖残留物，放置过夜。

4.3.12 被肼污染的设备的净化[3,9]

（1）向设备中加入 $KMnO_4/H_2SO_4$ 溶液。过夜后，用焦亚硫酸钠脱色，用 10 mol/L KOH 使溶液呈强碱性，用水稀释，过滤去除锰化合物，中和滤液，检查破坏的完整性，并丢弃。最后，以常规方式清洁设备。

（2）将设备浸入 5.25% 的 NaOCl 溶液中，放置过夜。

4.4 偶氮化合物的销毁[3]

4.4.1 偶氮苯、氧化偶氮苯、氧化偶氮苯甲醚、苯基偶氮苯酚、氧化偶氮甲烷和四甲基四氮烯的销毁

将偶氮化合物溶解在水（氧化偶氮甲烷和四甲基四氮烯）或甲醇（其他）中，使浓度不超过 5 mg/mL，并添加等体积的 2 mol/L KOH 溶液。对于每 100 mL 碱性溶液，分批添加 5 g 镍铝合金。将反应混合物搅拌过夜，然后过滤。中和滤液，测试破坏的完整性，并将其丢弃。销毁情况见表 4-8。

表 4-8　在氢氧化钾溶液中使用镍铝合金破坏偶氮和氧化偶氮化合物

化合物	残留量/%	反应混合物的致突变性 [a]	产物/%
偶氮苯	< 0.26	–	苯胺（84）
氧化偶氮苯	< 0.12	–	苯胺（95）
氧化偶氮茴香醚	< 0.22	–	对茴香胺（69）
苯基偶氮苯酚	< 0.38	–	苯胺（99），对氨基苯酚（34）
苯基偶氮苯胺	< 0.14	+	苯胺（93），对苯二胺（81）
邻氨基偶氮甲苯	< 0.05	+	邻甲苯胺（92），2,5-二氨基甲苯（98）
氧化偶氮甲烷	< 0.5	nt	甲胺（100）
四甲基四氮烯	< 1	nt	二甲胺（94）

注：a － = 非突变型；
　　+ = 诱变；nt = 未测试。

4.4.2 偶氮苯、氧化偶氮苯甲醚、苯偶氮苯胺和邻氨基偶氮甲苯的销毁

首先制备 0.3 mol/L $KMnO_4$/3 mol/L H_2SO_4 溶液。将偶氮化合物溶解在冰醋酸中，以使浓度不超过 10 mg/mL（对于苯偶氮苯胺为 5 mg/mL），并为每 1 mL 该溶液添加 40 mL（对于苯偶氮苯胺为 80 mL）$KMnO_4/H_2SO_4$ 溶液。反应 18 h 后，用焦亚硫酸钠脱色，用 10 mol/L KOH 溶液使其呈强碱性，用水稀释，过滤以去除锰化合物，测试滤液的破坏完整性，中和并丢弃。

4.4.3 N,N-二甲基-4-氨基-4′-羟基偶氮苯的销毁

将 0.24 mg N,N-二甲基-4-氨基-4′-羟基偶氮苯溶解在 1 mL 50%（V/V）乙酸中，并添加 1 mL 2 mol/L H_2SO_4 和 1 mL 0.2 mol/L $KMnO_4$ 溶液。2 h 后，用草酸脱色，测试破坏的完全性，中和并将其丢弃。

4.5　硝基化合物的销毁

4.5.1　4-硝基联苯的应急处理与销毁方法

4.5.1.1　泄漏应急处理

隔离泄漏污染区，周围设警告标志，切断火源。建议应急处理人员戴自给式呼吸器，穿化学防护服。冷却，防止震动、撞击和摩擦，小心扫起，送至空旷地方，倒至稀碱水中（烧碱加水稀释 50 倍），静置 24 h，经稀释的污水放入废水系统。如果大量泄漏，小心扫起，装入备用袋中。

4.5.1.2　4-硝基联苯的销毁方法[2]

将 4-硝基联苯溶解在冰醋酸中，使其浓度不超过 1 mg/mL。如有必要，用冰醋酸稀释溶液，使其浓度不超过 1 mg/mL。向上述溶液中加入等量的 2 mol/L H_2SO_4。在搅拌下，向每 20 mL 这些酸化溶液中加入 165 mg 锌粉。将混合物搅拌过夜后，每 20 mL 溶液，添加 10 mL 0.2 mol/L $KMnO_4$ 溶液。将混合物搅拌 10 h，用焦亚硫酸钠脱色，用 10 mol/L 氢氧化钾溶液使其呈强碱性，用水稀释，过滤去除锰化合物，中和滤液，检查破坏的完整性，并丢弃。

4.5.2　3-硝基荧蒽的销毁[10]

（1）将 10 mL 2 mol/L H_2SO_4 加入 10 mL 1 mmol/L 3-硝基荧蒽甲醇溶液中，再加入 170 mg 锌粉，搅拌 1 h。反应结束时，加入 10 mL 0.2 mol/L $KMnO_4$ 溶液，搅拌 3 h，用焦亚硫酸钠脱色，再用 10 mol/L 氢氧化钾溶液使其呈强碱化，用水稀释，过滤去除锰化合物，中和滤液，检查破坏的完整性，并丢弃。

（2）将 1 mL 2 mol/L HCl 和 300 mg $FeCl_2 \cdot 2H_2O$ 加入 1 mL 1 mmol/L 3-硝基荧蒽乙腈溶液中，在冰浴冷却下搅拌，缓慢滴加 10 mL 30% H_2O_2。反应结束 30 min 后，用 10 mol/L NaOH 调节 pH 至 8 ~ 9，过滤，检查破坏是否完全，丢弃滤液。

4.5.3　苦味酸的应急处理与销毁方法

4.5.3.1　泄漏应急处理

隔离泄漏污染区，周围设警告标志，切断火源。建议应急处理人员戴好防毒面具，穿一般消防防护服。冷却，防止震动、撞击和摩擦，避免扬尘，使用无火花工具转移到安全场所。如大量泄漏，用水润湿，然后收集、转移、回收或无害处理后废弃。

4.5.3.2　苦味酸的销毁方法[11,12]

1. 大量销毁

（1）将 0.13 g 氢氧化钠溶解于 25 mL 水中，并加入 2.7 g 硫化钠。当硫化钠溶解后，加入 1 g 苦味酸。当反应完成时，将混合物与危险废物一起处置。

（2）在冰浴下，搅拌 1 g 苦味酸、10 mL 水和 4 g 粒状锡的混合物。小心地加入 15 mL 浓 HCl。将反应液回流 1 h，冷却，过滤。用 10 mL 2 mol/L 盐酸洗涤未反应的锡，并用

10% NaOH 溶液中和滤液。重新过滤以去除氯化锡，并将滤液作为危险水废物丢弃。丢弃未反应的锡和氯化锡。

4.5.3.3　稀水溶液的净化[12]

必要时将苦味酸水溶液用水稀释，使其浓度不超过 0.4%，然后每 100 mL 溶液加入 2 mL 浓 HCl，使 pH 达到 2。加入 1 g 锡粒，并在室温下静置。大约 14 d 后，苦味酸被完全降解。将反应混合物作为危险水废物处理。

4.5.3.4　分析方法[12]

用硅胶薄层色谱法测定苦味酸。洗脱液为甲醇-甲苯-冰醋酸（8∶45∶4），苦味酸形成明亮的黄色斑点，R_f 约为 0.3。

4.5.4　四硝基甲烷的销毁[13]

4.5.4.1　从硝酸流中去除四硝基甲烷的方法

更详细地考虑类似于所描述的用于 N-甲基邻苯二甲酰亚胺或苯的硝酸硝化的系统，以说明从硝酸流中去除四硝基甲烷的方法。这些底物的硝化需要对 1 份底物使用 10 份浓度大于 90% 的硝酸，以快速转化为所需产物。将底物和硝酸以间歇模式或连续模式进料到硝化器，然后进料到蒸发单元，在此闪蒸出大部分浓硝酸，浓硝酸浓度大于 85%。

使来自蒸发器的流出物与水接触以沉淀（或相分离）产品，所得的弱硝酸（由于用水稀释而变弱）与产品分离，弱硝酸在适当的单元操作（有机破坏单元或浓缩器）中纯化/回收，产品通过常规方法进行纯化。硝化过程中产生的四硝基甲烷在 2 个硝酸循环流之间分开，四硝基甲烷大部分存在于浓硝酸循环流中。

将强硝酸流和弱硝酸流合并，并通过蒸馏进行再浓缩，以提供浓度大于 90% 的硝酸。或者，可以在浓硫酸（85%）存在下蒸馏硝酸来进行再浓缩，从而产生弱硫酸。从弱硫酸中蒸馏出水提供 85% 的硫酸，该硫酸可以再循环到硝酸浓缩器。这种系统被称为 NAC-SAC、硝酸浓缩、硫酸浓缩。任何进入 NAC-SAC 共蒸馏器的四硝基甲烷都会与浓硝酸塔顶产物混合，但在系统中没有被破坏。研究表明，四硝基甲烷在 80 ℃ 的 70% 硝酸中以及在 100 ℃ 的 70% 硝酸/85% 硫酸的混合物中稳定数天。四硝基甲烷在 80 ℃ 的 99% 硝酸中也很稳定。当使用合适的 85% 硫酸和稀硝酸的比例时，NAC-SAC 能够产生 99% 的硝酸。

目前已知的从硝酸中去除四硝基甲烷并回收硝酸的实用方法很少。也许最好的方法是由 Fossan 描述的，他已经为从 99% 硝酸中去除共沸四硝基甲烷的工艺申请了专利。文献表明，可以将含有 2% 四硝基甲烷的 99% 硝酸（960 kg）引入蒸馏柱中，得到 30% 四硝基甲烷的共沸塔顶产物（66.7 kg）。这种方法可以与 NAC-SAC 串联使用，并从再循环硝酸流中去除四硝基甲烷。四硝基甲烷共沸物可以用苛性碱处理以破坏四硝基甲烷，或者用水稀释以相分离四硝基甲烷，并回收四硝基甲烷。这些方法的主要问题是大量的硝酸也会被破坏。

4.5.4.2　混合酸法脱除硝酸中的四硝基甲烷

将含有四硝基甲烷（0.33 g）的酸混合物（110 g 85% 硫酸，55 g 70% 硝酸）装入 250 mL 容器中，容器装有空气喷雾装置、顶部装有干冰捕集器的回流冷凝器和搅拌装置。将混合物在 70 ~ 90 ℃ 下加热，以 20 mL/min 的速度喷射。并定期取样以确定混合酸体系中四硝基甲烷的残留量。结果发现，30 min 后，50% 的四硝基甲烷被去除；2 h 内，90% 的四硝基甲烷被去除；3 h 内，< 1% 的四硝基甲烷残留在溶液中。干冰捕集器可从系统中去除四硝基甲烷。在相同条件下，喷射含四硝基甲烷的 70% 硝酸，2 h 内去除 35% 的四硝基甲烷，3 h 后可去除 50%。

4.5.5 硝化甘油的销毁[14]

在掺入硝化甘油之前，用磷酸盐缓冲液缓冲 pH 为 7.0 的去离子溶液，并用氮气吹扫 30 min。将脱氧后的溶液倒入装有硝化甘油以及一定重量①黑炭的小瓶中，并平衡 12 h。在添加硫化物后，用聚四氟乙烯内衬的隔垫在没有顶部空间的情况下盖住样品，置于室温下轻轻旋转的床上，并用铝箔覆盖以防止光解反应。

2 个 24 mL 的小瓶通过聚四氟乙烯内衬隔层连接，绝缘铜线通过石墨基电气胶带连接到作为电极的石墨片上。电路是通过一个盐桥来完成的，盐桥是由特氟龙管构成的，里面装满了含有 1 mol/L 氯化钾的琼脂糖凝胶。用氮气吹扫顶部空间，并将小瓶加盖。在阴极加入硝化甘油，在旋转床上轻轻混合 12 h 以达到吸附平衡。在阳极加入硫化物原液，将电化学电池放回轻轻旋转的床上，并用铝箔片遮光。使用多通道恒电位器 VSP（Bio-Logic Instruments）进行测量，电池含有脱气的 pH 为 7 的 25 mmol/L 磷酸盐缓冲液，并在阳极电池中加入 3 mmol/L 硫化物，阴极和阳极电池的电位差为 475 mV（1 μmol 硝化甘油）。

定期取样进行分析。水相用 5 mL 二氯甲烷摇提 5 min，固相用 5 mL 甲基叔丁基醚萃取。提取液在氮气流下蒸发至干，并在 250 μL 乙腈中重悬，用 HPLC-UV 进行分析。在化学电离模式下，用 GC-MS 分析甘油。采用离子色谱-电导检测法和比色法分析亚硝酸盐。

4.6 N-亚硝胺化合物的销毁[3]

4.6.1 大量亚硝胺的销毁

（1）将 1 g 亚硝胺溶解在 30 mL 甲醇中，并加入 30 mL 饱和碳酸氢钠水溶液。在室温下搅拌混合物 24 h，然后加入 30 mL 1 mol/L Na_2CO_3 溶液和 10 g 镍铝合金，并搅拌 24 h。然后，加入 30 mL 1 mol/L KOH 溶液，搅拌该混合物 24 h，并过滤。中和滤液，检查破坏的完整性，然后丢弃。

（2）将亚硝胺溶解在 3 mol/L H_2SO_4 中，使浓度不超过 5 g/L，并向每升溶液中添加 47.4 g $KMnO_4$。在室温下搅拌混合物过夜，然后用焦亚硫酸钠脱色，用 10 mol/L KOH 使其呈强碱性，用水稀释，过滤以去除锰化合物，中和滤液，检查破坏的完整性，并将其丢弃。

（3）此法仅适应于 ENUT、MNUT、MNU 和 ENU，而不适应于 MNTS、MNNG 和 ENNG 的降解。将 15 g 亚硝胺溶解在 1 L 乙醇中，并加入 1 L 饱和碳酸氢钠溶液。搅拌混合物 24 h，中和，检查破坏的完整性，并将其丢弃。

（4）此法仅适应于 MNTS、MNUT、MNU、ENU、MNNG 和 ENNG，而不适应于 ENUT。

注：① 实为质量，包括后文的称重、恒重等。因现阶段我国化工、安全等领域的生产和科研实践中一直沿用，为使读者了解、熟悉行业实际情况，本书予以保留。——编者注

将 30 g 亚硝胺溶解在 1 L 甲醇中,并在搅拌下缓慢加入 1 L 6 mol/L HCl。然后再加入 70 g 氨基磺酸,并搅拌混合物 24 h,中和,检查是否完全破坏,并将其丢弃。

（5）此法仅适应于 MNTS、MNUT、MNU 和 ENU,而不适应于 ENUT、MNNG 和 ENNG 的降解。将 30 g 亚硝胺溶解在 1 L 甲醇中,并在搅拌下缓慢加入 1 L 6 mol/L HCl。然后向反应体系中加入 70 g 铁屑,搅拌混合物 24 h,中和,检查破坏的完整性,并将其丢弃。

4.6.2　甲醇中亚硝胺的销毁

（1）如有必要,用甲醇稀释溶液,使 30 mL 溶液中亚硝胺的浓度不超过 1 g。对于每 30 mL 该溶液,添加 30 mL 饱和碳酸氢钠水溶液。在室温下搅拌混合物 24 h 后,加入 30 mL 1 mol/L Na_2CO_3 溶液和 10 g 镍铝合金,并搅拌 24 h。然后加入 30 mL 1 mol/L KOH 溶液,并搅拌该混合物 24 h 后,过滤。中和滤液,检查破坏的完整性,并将其丢弃。

（2）用水稀释溶液,使甲醇浓度不超过 20%,亚硝胺浓度不超过 0.5%,然后在搅拌下小心地向每升溶液中加入 160 mL 浓 H_2SO_4。冷却后,向每升溶液中加入 47.4 g $KMnO_4$。将混合物在室温下搅拌过夜,用焦亚硫酸钠脱色,用 10 mol/L KOH 使其呈强碱性,用水稀释,过滤以去除锰化合物,中和滤液,检查破坏的完整性,并将其丢弃。

（3）此法仅适应于 MNTS、MNUT、MNU、ENU、MNNG 和 ENNG,不适应于 ENUT。如有必要,用甲醇稀释溶液,使亚硝胺的浓度不超过 30 g/L。在搅拌下,向每升溶液中缓慢添加 1 L 6 mol/L HCl。再加入 70 g 氨基磺酸,搅拌混合物 24 h,中和,检查破坏的完整性,并将其废弃。

（4）此法仅适应于 MNTS、MNUT、MNU 和 ENU,而不适应于 ENUT、MNNG 和 ENNG 的降解。如有必要,用甲醇稀释溶液,使亚硝胺的浓度不超过 30 g/L。在搅拌下,向每升溶液中缓慢添加 1 L 6 mol/L HCl。再加入 70 g 铁屑,搅拌混合物 24 h,中和,检查破坏的完整性,并将其丢弃。

4.6.3　乙醇中亚硝胺的破坏

（1）如有必要,用乙醇稀释溶液,使 30 mL 溶液中亚硝胺的浓度不超过 1 g。对于每 30 mL 该溶液,添加 30 mL 饱和碳酸氢钠水溶液。在室温下搅拌混合物 24 h,然后添加 30 mL 1 mol/L Na_2CO_3 溶液和 10 g Ni-Al 合金,并搅拌 24 h。反应结束后,添加 30 mL 1 mol/L KOH 溶液,并搅拌该混合物 24 h,过滤。中和滤液,检查破坏的完整性,并将其丢弃。

（2）用水稀释溶液,使乙醇浓度不超过 20%,亚硝胺浓度不超过 0.5%,然后在搅拌下小心地向每升溶液中加入 160 mL 浓 H_2SO_4。冷却后,向每升溶液中加入 47.4 g $KMnO_4$。将混合物在室温下搅拌过夜,用焦亚硫酸钠脱色,用 10 mol/L KOH 使其呈强碱性,用水稀释,过滤以去除锰化合物,中和滤液,检查破坏的完整性,并将其丢弃。

（3）此法仅适应于 MNTS、MNU、ENU、MNNG 和 ENNG,不适应于 MNUT 和 ENUT。如有必要,用乙醇稀释溶液,使亚硝胺的浓度不超过 30 g/L。每升溶液在搅拌下缓慢加入 1 L 6 mol/L HCl。再加入 70 g 氨基磺酸,搅拌混合物 24 h,中和,检查破坏的完整性,并将其废弃。

（4）如有必要,用乙醇稀释溶液,使亚硝胺的浓度不超过 30 g/L。对于每升溶液,在搅拌下缓慢添加 1 L 6 mol/L HCl。再加入 70 g 铁屑，搅拌混合物 24 h，中和，检查破坏的完整性，并将其丢弃。

4.6.4　二甲基亚砜中亚硝胺的销毁

（1）如有必要，用 DMSO 稀释溶液，使 30 mL 中亚硝胺的浓度不超过 1 g。对于每 30 mL 该溶液，添加 30 mL 饱和碳酸氢钠水溶液。在室温下搅拌混合物 24 h，然后添加 30 mL 1 mol/L Na_2CO_3 溶液和 10 g Ni-Al 合金，并搅拌 24 h。反应结束后，添加 30 mL 1 mol/L KOH 溶液，并搅拌该混合物 24 h，然后过滤。中和滤液，检查破坏的完整性，并将其丢弃。

（2）用水稀释溶液，使 DMSO 浓度不超过 20%，亚硝胺浓度不超过 0.5%，然后在搅拌下小心地向每升溶液中加入 160 mL 浓 H_2SO_4。冷却后，向每升溶液中加入 47.4 g $KMnO_4$。将混合物在室温下搅拌过夜，用焦亚硫酸钠脱色，用 10 mol/L KOH 使其呈强碱性，用水稀释，过滤以去除锰化合物，中和滤液，检查破坏的完整性，并将其丢弃。

（3）此法仅适应于 MNTS、MNUT、MNU、ENU、MNNG 和 ENNG，不适应于 ENUT。如有必要，用 DMSO 稀释溶液，使亚硝胺的浓度不超过 30 g/L。对于每升溶液，在搅拌下缓慢添加 1 L 6 mol/L HCl。再加入 70 g 氨基磺酸，搅拌混合物 24 h，中和，检查是否完全破坏，并将其丢弃。

（4）如有必要，用 DMSO 稀释溶液，使亚硝胺的浓度不超过 30 g/L。对于每升溶液，在搅拌下缓慢添加 1 L 6 mol/L HCl。再加入 70 g 铁屑，搅拌混合物 24 h，中和，检查破坏的完整性，并将其丢弃。

4.6.5　丙酮中亚硝胺的销毁

如有必要，用丙酮稀释溶液，使 30 mL 溶液中亚硝胺的浓度不超过 1 g。对于每 30 mL 该溶液，添加 30 mL 饱和碳酸氢钠水溶液。在室温下搅拌混合物 24 h，然后添加 30 mL 1 mol/L Na_2CO_3 溶液和 10 g Ni-Al 合金，并搅拌 24 h。反应结束后，添加 30 mL 1 mol/L KOH 溶液，并搅拌该混合物 24 h，然后过滤。中和滤液，检查破坏的完整性，并将其丢弃。

4.6.6　水中亚硝胺的销毁

（1）对于每 30 mL 该溶液，添加 30 mL 饱和碳酸氢钠水溶液。在室温下搅拌混合物 24 h，然后添加 30 mL 1 mol/L Na_2CO_3 溶液和 10 g Ni-Al 合金，并搅拌 24 h。反应结束后，添加 30 mL 1 mol/L KOH 溶液，并搅拌该混合物 24 h，然后过滤。中和滤液，检查破坏的完整性，并将其丢弃。

（2）如有必要，用水稀释溶液，使亚硝胺的浓度不超过 0.5%，然后在搅拌下小心地向每升溶液中加入 160 mL 浓 H_2SO_4。冷却后，向每升溶液中加入 47.4 g $KMnO_4$。将混合物在室温下搅拌过夜，用焦亚硫酸钠脱色，用 10 mol/L KOH 使其呈强碱性，用水稀释，过滤以去除锰化合物，中和滤液，检查破坏的完整性，并将其丢弃。

4.6.7　乙酸乙酯中亚硝胺的销毁

如有必要，用乙酸乙酯稀释溶液，使亚硝胺的浓度不超过 0.5%。然后，对于每 30 mL

该溶液，添加 20 mL N,N-二甲基甲酰胺（DMF）和 50 mL 0.3 mol/L KMnO₄ 水溶液。在搅拌下小心添加 16 mL 浓 H_2SO_4，并摇动混合物约 1 min，然后添加 2.5 g KMnO₄。将混合物在室温下搅拌过夜，用焦亚硫酸钠脱色，用 10 mol/L KOH 使其呈强碱性，用水稀释，并过滤以去除锰化合物，中和滤液，检查破坏的完整性，并将其丢弃。

4.6.8 玻璃器皿的去污

（1）将玻璃器皿浸泡在含有 3 mol/L H_2SO_4 和 0.3 mol/L KMnO₄ 的溶液中过夜。然后，将玻璃器皿浸入焦亚硫酸钠溶液中进行清洗。用焦亚硫酸钠脱色，用 10 mol/L KOH 使其呈强碱性，用水稀释，并过滤以去除锰化合物，中和滤液，检查破坏的完整性，并将其丢弃。

（2）此法仅适应于被 ENUT、MNUT、MNU 和 ENU 污染的玻璃器皿，不适应于 MNTS、MNNG 和 ENNG 的降解。将玻璃器皿浸泡在等体积的饱和 $NaHCO_3$ 溶液和乙醇中。2 h（MNU）、4 h（ENU）或 24 h（MNUT 和 ENUT）后，清洗玻璃器皿。

（3）此法仅适应于被 MNTS、MNNG 和 ENNG 污染的玻璃器皿，不适应于 ENUT、MNUT、MNU 和 ENU。将玻璃器皿浸泡在含有等体积甲醇和氨基磺酸的 2 mol/L HCl（70 g/L）中。2 h（MNTS）、6 h（MNNG）或 24 h（ENNG）后，清洗玻璃器皿。

4.6.9 泄漏的处理

（1）此法仅适应于 ENUT、MNUT、MNU 和 ENU 的泄漏，不适应于 MNTS、MNNG 和 ENNG。加入乙醇，直到所有的亚硝胺溶解，然后加入等体积的饱和碳酸氢钠溶液。2 h（MNU）、4 h（ENU）或 24 h（MNUT 和 ENUT）后，清洁该区域。在程序结束时，检查销毁的完整性，并分析擦拭物中是否存在化合物。

（2）此法仅适应于 MNTS、MNNG 和 ENNG 的泄漏，不适应于 ENUT、MNUT、MNU 和 ENU。将该区域浸泡在甲醇中，直到亚硝胺都溶解，然后在 2 mol/L HCl（70 g/L）中加入等体积的氨基磺酸。2 h（MNTS）、6 h（MNNG）或 24 h（ENNG）后，清洁该区域。程序结束时，检查销毁的完整性，并分析抹布中是否存在化合物。

4.7 其他含氮化合物的销毁

4.7.1 2-甲基氮丙啶的销毁[15]

取 2-甲基氮丙啶（50 μL，40.4 mg）于 10 mL 1 mol/L KOH 溶液中，加入 0.5 g Ni-Al 合金。如果反应规模更大，分批加入合金，以避免产生泡沫。将反应混合物搅拌 18 h，然后过滤。检查滤液是否完全破坏，中和并丢弃。

4.7.2 1-甲基-4-苯基-1,2,3,6-四氢吡啶（MPTP）的销毁[3,16]

4.7.2.1 批量销毁

每 25 mg MPTP，加入 100 mL 3 mol/L H_2SO_4，并搅拌均匀。对于每 100 mL 溶液，加入 4.7 g KMnO₄ 并将混合物搅拌过夜。混合物应该是紫色。如果不是，则添加更多的 KMnO₄，直到其保持紫色至少 1 h。用焦亚硫酸钠脱色，用 10 mol/L KOH 使其呈强碱性，用水稀释，过滤以去除锰化合物，中和滤液，检查破坏的完整性，然后丢弃。

4.7.2.2 MPTP 在水溶液中的销毁

如有必要，用水稀释溶液，使 MPTP 的浓度不超过 0.25 mg/mL，然后加入等体积的 6 mol/L H_2SO_4。对于每 100 mL 溶液，加入 4.7 g $KMnO_4$，并将混合物搅拌过夜。混合物应该是紫色。如果不是，则添加更多的 $KMnO_4$，直到其保持紫色至少 1 h。用焦亚硫酸钠脱色，用 10 mol/L KOH 使其呈强碱性，用水稀释，过滤以去除锰化合物，中和滤液，检查破坏的完整性，然后丢弃。

4.7.2.3 MPTP 在乙醇、甲醇、二甲亚砜和丙酮中的销毁

如有必要，用相同的溶剂稀释溶液，使浓度不超过 20 mg/mL。对于每 1 mL 溶液，添加 200 mL 3 mol/L H_2SO_4。对于每 200 mL 该溶液，加入 9.4 g $KMnO_4$，并搅拌混合物过夜。混合物应该是紫色。如果不是，则添加更多的 $KMnO_4$，直到其保持紫色至少 1 h。用焦亚硫酸钠脱色，用 10 mol/L KOH 使其呈强碱性，用水稀释，过滤以去除锰化合物，中和滤液，检查破坏的完整性，然后丢弃。

4.7.2.4 MPTP 在乙腈中的破坏：缓冲液高效液相色谱洗脱剂

向每 1 体积的溶液中加入 2 体积的 6 mol/L H_2SO_4，每 100 mL 该溶液加入 4.7 g $KMnO_4$，并搅拌混合物过夜。混合物应该是紫色。如果不是，则添加更多的 $KMnO_4$，直到其保持紫色至少 1 h。用焦亚硫酸钠脱色，用 10 mol/L KOH 使其呈强碱性，用水稀释，过滤以去除锰化合物，中和滤液，检查破坏的完整性，然后丢弃。

4.7.3 四氧化二氮的销毁[3]

将气态四氧化二氮鼓泡到水中，或在搅拌下缓慢地将液态四氧化二氮气加入水中。加入几滴酚酞指示剂，在搅拌下加入 50% 的 NaOH 溶液，直到溶液呈微碱性（即持久的粉红色）。

4.7.4 腈与氰化物的销毁

4.7.4.1 乙腈的销毁[17]

如有必要，用水稀释乙腈溶液，直到乙腈的浓度为 10% 或更低。对于每摩尔乙腈，添加 2.5 mL 10 mol/L NaOH 溶液。如果乙腈溶液是酸性的，可能需要添加更多的 NaOH 溶液来维持强碱性。在室温（25 ℃）下搅拌 15 d，或在 70~80 ℃ 下搅拌 2 h，检查破坏的完整性，并丢弃溶液。

4.7.4.2 氰化钠和溴化氰的大量销毁[18]

（1）将 NaCN 或 CNBr 溶解在水中，使 NaCN 的浓度不超过 25 mg/mL，CNBr 的浓度不超出 60 mg/mL。将 1 体积的该溶液与 1 体积的氢氧化钠溶液（1 mol/L）和 2 体积的 5.25% NaOCl 溶液混合。搅拌混合物 3 h，测试破坏的完全性，中和，并将其丢弃。

（2）将 NaCN 或 CNBr 溶解在水中，使 NaCN 的浓度不超过 25 mg/mL，CNBr 的浓度不超出 60 mg/mL。将 1 体积该溶液与 1 体积 NaOH 溶液（1 mol/L）混合，每升碱化溶液添加 60 g $Ca(OCl)_2$。搅拌混合物 3 h，测试破坏的完全性，中和，并将其丢弃。

4.7.4.3　溶液中氰化钠或溴化氰的销毁[18]

（1）如有必要，用水稀释氰化钠溶液，使浓度不超过 25 mg/mL。如有必要，用水稀释溴化氰水溶液，使浓度不超过 60 mg/mL。如有必要，用相同的有机溶剂稀释 CNBr 在有机溶剂中的溶液，使乙腈的浓度不超过 60 mg/mL，二甲基亚砜（DMSO）、N,N-二甲基甲酰胺（DMF）、2-甲氧基乙醇或 0.1 mol/L 盐酸（HCl）的浓度不超过 30 mg/mL，乙醇浓度不超过 25 mg/mL，N-甲基-2-吡咯烷酮浓度不超过 19 mg/mL。对于每 1 体积的溶液，添加 1 体积的 1 mol/L NaOH 溶液和 2 体积的 5.25% NaClO 溶液。搅拌混合物 3 h，测试破坏的完整性，中和并丢弃。

（2）如有必要，用水稀释氰化钠溶液，使浓度不超过 25 mg/mL。如有必要，用水稀释溴化氰水溶液，使浓度不超过 60 mg/mL。如有必要，使用相同的有机溶剂稀释有机溶剂中的氯化萘溶液，以使乙腈的浓度不超过 60 mg/mL，DMSO、DMF、2-甲氧基乙醇或 0.1 mol/L HCl 的浓度不超过 30 mg/mL，乙醇的浓度不超过 25 mg/mL，或 N-甲基-2-吡咯烷酮的浓度不超过 19 mg/mL。对于每 1 体积的溶液，加入 1 体积的 1 mol/L NaOH 溶液，然后加入 60 g $Ca(OCl)_2$ 碱化溶液。搅拌混合物 3 h，测试破坏的完全性，中和，并将其丢弃。

4.7.4.4　在 70% 甲酸中销毁溴化氰[18]

（1）如有必要，稀释溶液，使 CNBr 的浓度不超过 60 mg/mL，并添加 2 体积的 10 mol/L 氢氧化钾溶液使溶液碱化。冷却后，对于每 1 体积的溶液，添加 1 体积的 1 mol/L NaOH 溶液和 2 体积的 5.25% NaOCl 溶液。搅拌混合物 3 h，测试破坏的完全性，中和，并将其丢弃。

（2）如有必要，稀释溶液，使 CNBr 的浓度不超过 60 mg/mL，并添加 2 体积的 10 mol/L KOH 溶液使溶液碱化。冷却后，对于每 1 体积的溶液，添加 1 体积的 1 mol/L NaOH 溶液，然后添加 60 g $Ca(OCl)_2$ 碱化溶液。搅拌混合物 3 h，测试破坏的完全性，中和，并将其丢弃。

4.7.4.5　氰化氢的销毁[19]

将 HCN 溶解在冰水中，并在 0 ~ 10 ℃ 下加入 1 mol 当量的 NaOH 溶液。在 0 ~ 10 ℃ 下，加入过量 50% 的 5.25% NaOCl 溶液（每克 HCN 加 80 mL 溶液），并搅拌。放置数小时后，测试破坏的完整性，中和并丢弃。

4.7.4.6　废气中氰化氢的净化

将废气通入 5.25% 的 NaOCl 溶液中。放置数小时后，测试破坏的完整性，中和并丢弃。

4.7.4.7　用过氧化氢销毁溶液中的氰化物[20]

（1）向 pH 为 7.0 ~ 10.0 的含 100 mg/L 氰化物的水溶液中添加硫酸铜，以使铜浓度达到 75 mg/L，并添加过氧化氢，以使过氧化氢浓度达到 88.2 mmol/L，搅拌至少 90 min，检查是否完全破坏，并将其丢弃。

（2）向 pH 为 10.0 的含 100 mg/L 氰化物的水溶液中添加硫酸铜，以使铜浓度达到 19 mg/L，并添加过氧化氢，以使过氧化氢浓度达到 35.3 mmol/L。使空气以 1 L/min 的速度通过溶液，在硼硅酸盐反应器中使用 25 W 低压紫外灯照射至少 9 min，检查破坏的完整性，并将其丢弃。

4.7.4.8　使用光催化方法破坏溶液中的氰化物[21,22]

（1）搅拌 500 mL 含有 0.05 g/L 二氧化钛（Degussa P25）和 30 mg/L 氰化物的水溶液，

并用飞利浦 UVC 低压汞灯照射 5 h，发射波长为 180～280 nm。使氧气以 1.5 mL/min 的速度通过溶液。将任何生成的氰化氢排放到通风橱中。检查销毁的完整性，并将其丢弃。

（2）搅拌 pH 为 11 的 500 mL 含有 0.05% 铜（以五水硫酸铜的形式）、0.05% 过氧化氢和 100 mg/L 氰化物的水溶液，并用 Lichtzen LED 灯在 275 nm 下照射 1 h。检查是否完全销毁，并将其丢弃。

4.7.4.9　有机腈的销毁[23]

将 0.5 g 腈溶解在 50 mL 水中，然后加入 50 mL 1 mol/L 氢氧化钾溶液。搅拌该混合物，并分批加入 5 g 镍铝合金以避免起泡。将反应混合物搅拌过夜，然后过滤。中和滤液，检查破坏的完整性，并将其丢弃。

参考文献

[1]　全国废弃化学品处置标准化技术委员会. 苯胺泄漏的处理处置方法：HG/T 4841—2015[S]. 北京：化学工业出版社，2015.

[2]　CASTEGNARO M, BAREK J, DENNIS J, et al. Laboratory decontamination and destruction of carcinogens in laboratory wastes: some aromatic amines and 4-nitrobiphenyl[J]. IARC Scientific Publications, 1985.

[3]　LUNN G, SANSONE E B. Destruction of hazardous chemicals in the laboratory[M]. 4th ed. Hoboken, NJ: Wiley, 2023.

[4]　LUNN G, SANSONE E B, DE MÉO M, et al. Potassium permanganate can be used for degrading hazardous compounds[J]. Am Ind Hyg Assoc J, 1994, 55: 167-171.

[5]　CHOY W K, CHU W. Destruction of o-chloroaniline in UV/TiO$_2$ reaction with photosensitizing additives[J]. Ind Eng Chem Res, 2005, 44: 8184-8189.

[6]　李倩，王殿恺，张鹏，等. 肼类推进剂废水处理方法及等离子体的应用进展[J]. 化工新型材料，2019，47（11）：18-23.

[7]　黎波，黄智勇，胡继元. 偏二甲肼废气处理技术的研究现状与前景[J]. 化学推进剂与高分子材料，2017，15（3）：50-53.

[8]　邵磊. 偏二甲肼污染物处理研究[D]. 兰州：兰州大学，2017.

[9]　LUNN G, SANSONE E B, KEEFER L K. Reductive destruction of hydrazines as an approach to hazard control[J]. Environ Sci Technol, 1983, 17: 240-243.

[10]　ZIMA J, HOUSOVA A, BAREK J. HPLC monitoring of the efficiency of chemical decomposition of genotoxic fluoranthene derivatives[J]. Chem Anal, 2003, 48: 509-519.

[11]　Manufacturing Chemists Association. Laboratory waste disposal manual[M]. 2nd ed. Washington DC: Manufacturing Chemists Association, 1975.

[12]　ARMOUR M A, BROWNE L M, WEIR G L. Hazardous chemicals. information and disposal guide[M]. 3rd ed. Edmonton, Alberta: University of Alberta, 1987: 317.

[13]　ALBRIGHT L F, CARR R V C, SCHMITT R J. Nitration: recent laboratory and industrial developments[J]. American Chemical Society, 1996: 187-200.

[14] XU W, DANA K E, MITCH W A. Black carbon-mediated destruction of nitroglycerin and RDX by hydrogen sulfide[J]. Environ Sci Technol, 2010, 44: 6409-6415.

[15] Lunn G, Sansone E B, Andrews A W, et al. Decontamination and disposal of nitrosoureas and related N-nitroso compounds[J]. Cancer Res, 1988, 48: 522-526.

[16] YANG S C, MARKEY S P, BANKIEWICZ K S, et al. Recommended safe practices for using the neurotoxin MPTP in animal experiments[J]. Lab Animal Sci, 1988, 38: 563-567.

[17] GILOMEN K, STAUFFER H P, MEYER V R. Detoxification of acetonitrile-water wastes from liquid chromatography[J]. Chromatographia, 1995, 41: 488-491.

[18] LUNN G, SANSONE E B. Destruction of cyanogen bromide and inorganic cyanides[J]. Anal Biochem, 1985, 147: 245-250.

[19] National Research Council, Committee on Hazardous Substances in the Laboratory. Prudent Practices for Disposal of Chemicals from Laboratories[M]. Washington, DC: National Academy Press, 1983: 86-87.

[20] SARLA M, PANDIT M, TYAGI D K, et al. Oxidation of cyanide in aqueous solution by chemical and photochemical processes[J]. J Hazard Mater, 2004, B116: 49-56.

[21] KIM S H, LEE S W, LEE G M, et al. Monitoring of TiO_2-catalytic UV-LED photo-oxidation of cyanide contained in mine wastewater and leachate[J]. Chemosphere, 2016, 143: 106-114.

[22] KIM T K, KIM T, JO A, et al. Degradation mechanism of cyanide in water using a UV-LED/H_2O_2/Cu^{2+} system[J]. Chemosphere, 2018, 208: 441-449.

[23] KAMETANI T, NOMURA Y. Studies on a catalyst. II. Reduction of nitrogen compounds by Raney nickel alloy and alkali solution. 2. Synthesis of amines by reduction of nitriles[J]. J Pharm Soc Jpn, 1954, 74: 889-891.

5

酚、二噁英、醚、过氧化物和多环芳烃（杂环烃）的销毁与净化

5.1 化合物概述

5.1.1 酚类化合物

苯酚俗称石炭酸，是具有特殊气味的无色针状晶体，有毒，是生产某些树脂、杀菌剂、防腐剂以及药物的重要原料。苯酚也可用于消毒外科器械和排泄物的处理，皮肤杀菌、止痒及中耳炎。苯酚的熔点为 43 ℃，常温下微溶于水，易溶于有机溶剂；当温度高于 65 ℃ 时，能跟水以任意比例互溶。苯酚有腐蚀性，接触后会使局部蛋白质变性，其溶液沾到皮肤上可用酒精洗涤。小部分苯酚暴露在空气中被氧气氧化为醌而呈粉红色。苯酚遇三价铁离子变紫，通常用此方法来检验苯酚。

邻甲基苯酚，又名 2-甲基苯酚，是一种有机化合物，为白色结晶性粉末，微溶于水，溶于乙醇、乙醚、氯仿等，主要用于合成树脂，还可用于制作农药二甲四氯除草剂、医药上的消毒剂、香料和化学试剂及抗氧剂等。间甲基苯酚，又名 3-甲基苯酚，为无色至淡黄色透明液体，微溶于水，可混溶于乙醇、乙醚、氢氧化钠水溶液、丙酮、氯仿等，主要用作农药中间体，生产杀虫剂杀螟松、倍硫磷、速灭威、二氯苯醚菊酯，也是彩色胶片、树脂、增塑剂和香料的中间体，也可用作消毒剂、熏蒸剂和照相显影。

4-氯苯酚，又名对氯苯酚，是一种有机化合物，为白色结晶性粉末，微溶于水，易溶于乙醇、醚、氯仿、苯，主要用作医药、农药、有机合成的中间体。五氯苯酚，有剧毒，为 1 类致癌物，主要用作水稻田除草剂，纺织品、皮革、纸张和木材的防腐剂和防霉剂。对硝基苯酚，又名 4-硝基苯酚，为无色至淡黄色结晶性粉末，溶于热水、乙醇、乙醚、氯仿，主要用作农药、医药、染料等精细化学品的中间体。

具体信息见表 5-1。

表 5-1   酚类化合物基本信息一览表

化合物	mp or bp	结构式/分子式	CAS 登记号
苯酚	mp 41～43 ℃	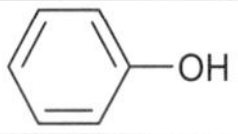	[108-95-2]
邻甲基苯酚	mp 30～32 ℃	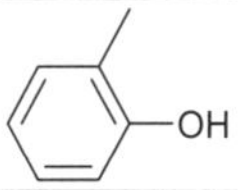	[95-48-7]
间甲基苯酚	mp 8～10 ℃	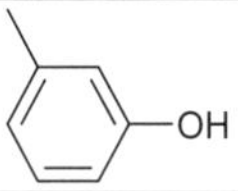	[108-39-4]
4-氯苯酚	mp 33 ℃		[106-48-9]
五氯苯酚	mp 165～180 ℃	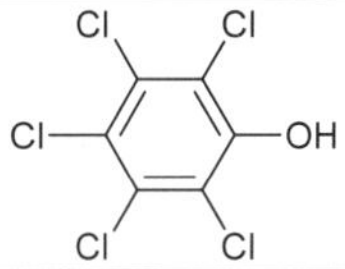	[87-86-5]
对硝基苯酚	mp 112 ℃	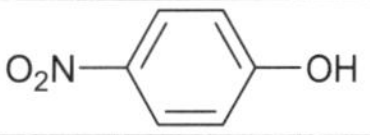	[100-02-7]

5.1.2 二噁英

二噁英，实际上是一些氯化多核芳香化合物的总称，分为多氯二苯并对二噁英和多氯二苯并呋喃，世界卫生组织（WHO）及日本等一些国家将多氯联苯也列为二噁英类物质。二噁英是一类毒性很强的三环芳香族有机化合物，由 2 个或 1 个氧原子连接 2 个被氯取代的苯环组成，每个苯环上可以取 0～4 个氯原子，所以共有 75 个多氯二苯并对二噁英异构体和 135 个多氯二苯并呋喃异构体。二噁英的毒性与氯原子取代的 8 个位置有关，人们最为关注的是2,3,7,8-位 4 个共平面取代位置均有氯原子的二噁英同系物，共有 17 种。其中毒性最强的是2,3,7,8-四氯代二苯并对二噁英，其毒性相当于氰化钾毒性的 1000 倍，因此被称为"地球上毒性最强的毒物"，又因其一旦渗透到环境之中，就很难自然降解消除，故有"世纪之毒"之称。

这类物质既非人为生产又无任何用途，而是燃烧和各种工业生产的副产物。由于木材防腐和防止血吸虫使用氯酚类造成的蒸发、焚烧工业的排放、落叶剂的使用、杀虫剂的制备、纸张的漂白和汽车尾气的排放等是环境中二噁英的主要来源。

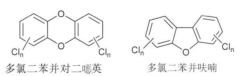

多氯二苯并对二噁英   多氯二苯并呋喃

5.1.3 醚类化合物

醚是醇或酚的羟基中的氢被烃基取代的产物。多数醚在常温下为无色液体，有香味，沸点低，比水轻，性质稳定。醚类一般具有麻醉作用，如乙醚是临床常用的吸入麻醉剂。

甲基叔丁基醚（MTBE），是一种典型的醚类化合物，为无色透明液体，不溶于水，易溶于乙醇、乙醚，是一种优良的高辛烷值汽油添加剂和抗爆剂。甲基叔丁基醚与汽油的混溶性好，吸水少，能用作分析溶剂、萃取剂，在色谱中尤其是高压液相色谱中用作洗脱剂，与一些极性溶剂如水、甲醇、乙醇等形成共沸物。甲基叔丁基醚还有轻度麻醉作用。

5.1.4 过氧化物

过氧乙酸，是一种有机化合物，有强烈刺激性气味，溶于水、醇、醚、硫酸。过氧乙酸属强氧化剂，极不稳定。过氧乙酸在 −20 ℃ 也会爆炸，浓度大于 45% 就有爆炸性，遇高热、还原剂或有金属离子存在就会引起爆炸。过氧乙酸主要用作纸张、石蜡、木材、织物、油脂、淀粉的漂白剂。间氯过氧苯甲酸，是一种白色粉末状结晶，几乎不溶于水，易溶于乙醇、醚类，溶于氯仿、二氯乙烷。间氯过氧苯甲酸对热稳定，室温下年分解率为 1% 以下，在液态时分解速率加快。

过氧化氢，是一种无机化合物。纯过氧化氢是淡蓝色的黏稠液体，可任意比例与水混溶，是一种强氧化剂，水溶液俗称双氧水，为无色透明液体。其水溶液适用于医用伤口消毒及环境消毒和食品消毒。在一般情况下，过氧化氢会缓慢分解成水和氧气，但分解速度极其慢，加快其反应速度的办法是加入催化剂二氧化锰等或用短波射线照射。过氧化氢在不同情况下有氧化作用和还原作用。过氧化氢用于照相除污剂；彩色正片蓝色减薄；软片超比例减薄等。过氧化氢极易分解，不易久存。

过氧化叔丁醇，又名过氧化氢叔丁醇，是一种有机化合物，为无色透明液体，微溶于水，易溶于乙醇、乙醚等多数有机溶剂，主要用作催化剂、漂白粉和除臭剂、不饱和聚酯的交联剂、聚合用引发剂、橡胶硫化剂。

过氧化钠，是一种无机化合物，为黄白色粉末或颗粒，加热至 460 ℃ 时分解。过氧化钠在空气中迅速吸收水分和二氧化碳。过氧化钠与有机物接触会导致燃烧或爆炸，应密闭保存。过氧化钠用于漂白动植物纤维、羽毛、兽骨等，作织物的印染剂，空气中二氧化碳吸收剂，潜艇中换气剂，化学试剂，氧化剂和分析试剂等。

过氧化苯甲酰，俗名引发剂 BPO，是一种有机化合物，常温下为白色结晶性粉末，微有苦杏仁气味，能溶于苯、氯仿、乙醚，微溶于乙醇及水，主要用作聚氯乙烯、不饱和聚酯类、聚丙烯酸酯等的单体聚合引发剂，也可作聚乙烯的交联剂，还可作橡胶硫化剂。

三过氧化三丙酮（TATP），又称"熵炸药"，是一种有机化合物，分子为环形结构，为略带酸味的白色晶体，不溶于水，极易爆炸。六亚甲基三过氧化二胺（HMTD）是一种机械感度很高的炸药，常用作起爆药，由 Legler 在 1885 年首先制得。六亚甲基三过氧化二胺较稳定，起爆力超过雷汞和苦味酸钾，但低于叠氮化铅。其制备方法简单，原料易得，曾用于矿井中的爆破，但已被更稳定的叠氮化铅等炸药所取代。

具体信息见表 5-2。

表 5-2　过氧化物基本信息一览表

化合物	mp or bp	结构式/分子式	CAS 登记号
过氧乙酸	mp 0.1 ℃，bp 105 ℃	$CH_3C(O)OOH$	[79-21-0]
间氯过氧苯甲酸	mp 69~71 ℃	$3\text{-}ClC_6H_4C(O)OOH$	[937-14-4]
过氧化氢	mp −0.43 ℃，bp 150.2 ℃	H_2O_2	[7722-84-1]

续表

化合物	mp or bp	结构式/分子式	CAS 登记号
过氧化叔丁醇	mp −2.8 ℃，bp 37 ℃	$(CH_3)_3COOH$	[75-91-2]
过氧化钠	mp 460 ℃	Na_2O_2	[1313-60-6]
过氧化苯甲酰	mp 105 ℃	$(C_6H_5CO_2)_2$	[94-36-0]
三过氧三丙酮（TATP）	mp 92～93 ℃	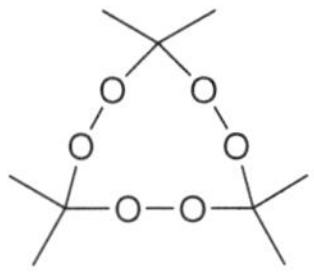	[17088-37-8]
二过氧二丙酮（DADP）	mp 133～135 ℃	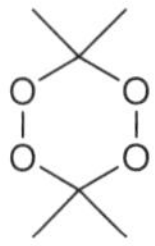	[1073-91-2]
六亚甲基三过氧化二胺（HMTD）	mp 75 ℃	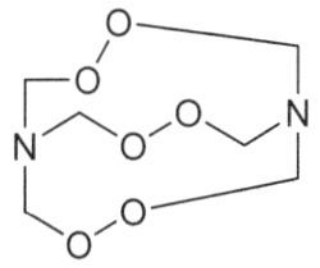	[283-66-9]

5.1.5 多环芳烃

苯并[a]蒽存在于煤焦油、煤焦油沥青、杂酚油中，炼焦、各种烧煤烟道气、汽车发动机排气以及碳水化合物、氨基酸和脂肪酸在 700 ℃ 热解均有苯并[a]蒽存在。

苯并[a]芘，又名3,4-苯并芘，是一种有机化合物，为黄色至棕色粉末，不溶于水，微溶于乙醇、甲醇，溶于苯、甲苯、二甲苯、氯仿、乙醚、丙酮等。2017 年 10 月 27 日，世界卫生组织国际癌症研究机构公布的致癌物清单初步整理参考，苯并[a]芘、含酒精饮料中的苯并[a]芘在 1 类致癌物清单中。

二苯[a,h]蒽溶于石油醚、丙酮、乙酸、苯、甲苯、二甲苯和油类，微溶于乙醇和乙醚，不溶于水。二苯[a,h]蒽主要用于生化研究。

3-甲基胆蒽是一种致癌物质，常用来诱导培养细胞的转化；在实验动物身上诱导纤维肉瘤和皮肤癌。

具体信息见表 5-3。

表 5-3　多环芳烃基本信息一览表

化合物	缩写	结构	CAS 登记号
苯并[a]蒽	BA	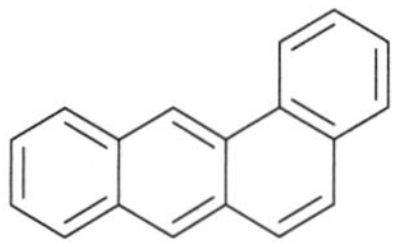	[56-55-3]
苯并[a]芘	BP	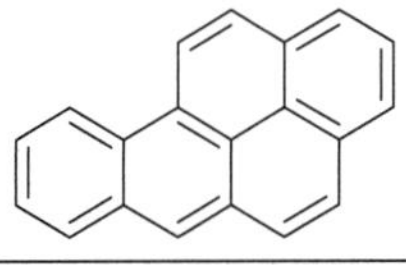	[50-32-8]

化合物	缩写	结构	CAS 登记号
7-溴甲基苯并[a]蒽	BrMBA		[24961-39-5]
二苯[a,h]蒽	DBA		[53-70-3]
7,12-二甲基苯[a]蒽	DMBA		[57-97-6]
3-甲基胆蒽	3-MC		[56-49-5]

5.1.6 多环杂环烃

表 5-3 中的多环杂环烃都是高熔点固体（mp > 150 ℃），可溶于有机溶剂。化合物 DB(a,j)AC、DB(a,h)AC 和 DB(c,g)C 在实验动物中致癌，并已被列为可能对人类致癌。化合物 DB(a,i)C 可能对大鼠有致癌作用。这些化合物作为污染物存在于环境中，并在分析实验室中用作标准。

具体信息见表 5-4。

表 5-4 多环杂环烃基本信息一览表

化合物	缩写	结构	CAS 登记号
二苄基并[a,j]吖啶	DB(a,j)AC		[224-42-0]
二苄基并[a,h]吖啶	DB(a,h)AC		[226-36-8]

化合物	缩写	结构	CAS 登记号
7H-二苯并[c,g]咔唑	DB(c,g)C		[194-59-2]
13H-二苯并[a,i]咔唑	DB(a,i)C		[239-64-5]

5.2 酚类化合物的销毁与净化

5.2.1 苯酚的净化方法

5.2.1.1 树脂法[1]

用己烷和水交替清洗 Amberlite XAD-4 树脂（Rohm & Haas）几次，在 60 ℃ 的烤箱中干燥，并保存在干燥器中。在直径 1.88 cm 的玻璃柱中填充 10 g 树脂（床体积约为 20.5 cm³），以制备备用柱。用碱将 100 mL 50 mg/mL 苯酚水溶液的 pH 调节至 13，并加入 53.2 mL 0.5 mol/L 氯化钡水溶液，以每分钟 100 次的速度振荡约 4 h，将沉淀物与危险废物一起丢弃。液体中的苯酚浓度为 2.4 mg/mL。为了降低苯酚浓度，进一步使剩余溶液以 9 mL/min 通过 Amberlite XAD-4 柱。苯酚出水浓度达到 1 μg/mL 的时间约为 190 min。

也可以将 pH 为 13 的 50 mg/mL 苯酚水溶液以 6 mL/min 的速度直接通过 Amberlite XAD-4 柱，无需任何预处理。苯酚出水浓度达到 1 μg/mL 的时间为 173 min。Amberlite XAD-4 柱可用 8 mL/min 流速的甲醇再生。这些柱子至少可以重复使用 10 次。

5.2.1.2 大豆过氧化物酶法[2]

取 10 mL 1 mmol/L pH 为 7 的苯酚溶液，加入聚乙二醇 35000 至终浓度为 35 mg/mL。加入 2U 大豆过氧化物酶（在 200 mmol/L pH 为 7.0 的磷酸盐缓冲液中），然后加入双氧水至终浓度为 2 mmol/L。在 25 ℃ 下搅拌 3 h 后，离心，测试上清液是否完全去污，然后丢弃。

5.2.1.3 辣根过氧化物酶法[3]

向 30 mL 1 mmol/L 苯酚溶液中加入 3U 辣根过氧化物酶和 0.9 mg 聚乙二醇 3350，然后加入过氧化氢至终浓度为 1 mmol/L。在室温搅拌 6 h 后，将溶液离心，测试上清液是否完全去污，然后丢弃。

5.2.2 苯酚的 SO_3^{2-} - O_2 氧化法[4]

氧化反应在 80 ~ 110 ℃ 的温度和 152.0 ~ 456.0 kPa 的氧分压下，在 1 L（100 mm-i.d.）不锈钢高压釜中进行。反应堆容器的接触部分涂有印度公司提供的耐腐蚀聚合物。叶轮为直径为 40 mm 的四叶片圆盘涡轮机。氧气通过管道输送到叶轮正下方的液相中，由压力表维持其压力。液体样品管线与气体入口管相连。高压釜由电热夹套加热，温差控制在 ± 1 ℃。

向高压釜中加入 750 mL 反应混合物和 765 mg CuSO$_4$。将反应混合物加热到所需温度，在预热过程中，所有高压灭菌器的阀门都要紧紧关闭。在达到所需温度后，在液相中将氧气喷射到高压灭菌器中，并借助气体释放阀维持其分压。定期取样，分析总酚浓度。在典型的氧化反应中，苯酚初始浓度为 100 mg/L，Cu^{2+}浓度为 765 mg/L，氧气压力为 456.0 kPa，温度为 110 ℃，亚硫酸钠用量为 3.0 g/L，但对其中一个参数进行特殊研究的除外。所有操作的初始 pH 均维持在 5 ~ 6。

实验表明在铜离子存在的情况下，用 SO$_3^{2-}$-O$_2$ 氧化破坏苯酚是非常有效的，在 110 ℃ 的温度和 456.0 kPa 的氧分压下，在 15 ~ 20 min 的时间内可以实现苯酚的完全破坏。二氧化碳的释放量表明酚环在氧化过程中被破坏，并在反应结束时大部分被氧化为二氧化碳。

5.2.3 酚类化合物的紫外-过氧化氢氧化法[5]

将酚类化合物称重，并溶解在 80 mL 去离子水中。将该浓缩物加入 18 L 玻璃器皿中，并用足够的去离子水补足 12 L。在储液池中加入双氧水，用氢氧化钠或硫酸调节 pH。开启离心泵，使溶液循环通过紫外线装置。在启动过程中，偶尔需要通过轻微向上倾斜紫外线装置来排出聚四氟乙烯管中的气穴。当聚四氟乙烯室没有气穴时，将不锈钢保护罩放在装置上，并打开紫外灯。定期取样（80 mL），立即读取温度，然后尽快测定 pH、苯酚和过氧化氢。

苯酚残留量的测定。用安瓿搅拌 25 mL 酚溶液样品，以溶解附着在其上的铁氰化物晶体。然后折断安瓿尖端，将溶液吸入含有 4-氨基安替比林的真空室。安瓿的内容物通过多次倒置进行混合。然后将安瓿放在 2 个颜色比对仪的旁边，颜色比对仪的范围分别为 0.1 ~ 1.0 mg/L（±4%）和 1 ~ 12 mg/L（±4%），直到找到最接近的匹配。对于较高浓度的酚类，应进行稀释。苯酚的检出限为 0.1 mg/ L（±4%）。

H$_2$O$_2$ 残留量的测定。将含有硫氰酸铵-亚铁溶液的安瓿放入含有 H$_2$O$_2$ 的 25 mL 溶液样品中。然后折断安瓿尖端，让 H$_2$O$_2$ 溶液进入。倒置几次以确保内容物混合后，将安瓿放在 2 个颜色比对仪的旁边，比色仪的范围分别为 0.1 ~ 1.0 mg/ L（±4%）和 1.0 ~ 10.0 mg/L（±4%），直到找到最接近的匹配。H$_2$O$_2$ 检测限为 0.1 mg/ L（±4%）。

5.2.4 酚类化合物的臭氧氧化法[6]

对 500 mL 样品进行了实验室臭氧化研究。样品装在气体洗涤瓶中，瓶中装有用于将气体分散到液体中的熔融玻璃盘。用 Welsbach T-23 实验室臭氧发生器产生的 1% ~ 2% 臭氧处理样品。第二个气体洗涤瓶装满 2% 的碘化钾，用来捕获多余的臭氧。

用 4-氨基安替比林试剂测定酚类化合物的含量。用氨水调节样品的 pH，使用过硫酸铵作为氧化剂。废物中的酚含量用苯酚来表示。对于氰化物和硫氰酸盐的分析，采用 Epstein 推荐的 1-甲基-3-苯基吡唑酮试剂，硫氰酸盐可使用稀硝酸氧化为氰化物。

为了在实验室中研究酚类化合物对臭氧的需求，用蒸馏水配制了 1×10^{-4} 的溶液，并将溶液的 pH 调整到 12 左右。这些试验的结果，见表 5-5。

表 5-5 酚类化合物、对臭氧的需求量

苯酚		邻甲基苯酚		间甲基苯酚	
臭氧剂量/×10⁻⁶	苯酚残留量/×10⁻⁶	臭氧剂量/×10⁻⁶	邻甲基苯酚残留/×10⁻⁶	臭氧剂量/×10⁻⁶	间甲基苯酚残留/×10⁻⁶
0	96	0	99	0	99
54	47	49	49	57	41
110	12	100	11	110	2.7
180	0.4	150	1.7	150	0.4
220	0.2	200	0.2	200	0.0
260	0.1	240	0.1	260	0.0

为了使纯苯酚完全氧化,每 1 份苯酚大约需要 2 份臭氧。另一方面,由于存在其他可氧化成分,酚类废物表现出更高的臭氧需求。

表 5-6 列出了各种酚类废物工厂的臭氧需求的实验数据。为了便于比较,臭氧需求量被定义为去除 99% 酚类化合物所需的臭氧量。残留酚类色谱柱显示,在所有测试的样品中,酚类去除率均达到 99% 以上。在此阶段之后,没有对氧化进行研究,但很显然,增加臭氧量会导致残留酚的浓度进一步降低。

表 5-6 各种酚类废物的臭氧需求量

来源	酚类初始量/×10⁻⁶	臭氧需求量/×10⁻⁶	臭氧/酚类比例	酚类残留量/×10⁻⁶
焦化厂 A	1240	2500	2.0	1.2
焦化厂 B	800	1200	1.5	0.6
焦化厂 C	330	1700	5.2	1.0
焦化厂 D	140	950	6.8	0.1
焦化厂 E	127	550	4.3	0.2
焦化厂 F	102	900	8.8	0.0
焦化厂 G	51	1000	20	0.4
焦化厂 H	38	700	18	0.1
化工厂	290	400	1.4	0.3
炼油厂 A	605	750	1.3	0.3
炼油厂 B	11 600	11 000	1.0	2.5

5.2.5 苯酚的高锰酸钾氧化法[7]

高锰酸盐与苯酚的比例分别为 1:1、4:1、7:1 和 8:1。高锰酸钾与 10 mg/L 苯酚的反应在 8:1 的比例下最有效。在这个比例下,氧化在 15 min 内完成 97%~99%。在相同的比例下,1 mg/L 苯酚的氧化仅完成 66%。实验结果表明,氧化低浓度的苯酚时,高锰酸钾的

需求量超过了理论量。当苯酚浓度为 10 mg/L 时，pH 对氧化无影响。在 1 mg/L 时，pH 为 9 被证明是最有效的。

5.2.6　苯酚的二氧化氯氧化法[7]

二氧化氯的剂量分别为苯酚浓度的 0.5 倍、1 倍、2 倍和 4 倍。pH 分别为 4、7 和 10。由于二氧化氯溶液不稳定，需要在每次试验之前测定其浓度。在氧化过程中，研究了磷酸盐的作用。在 pH 为 7 的 1 mg/L 苯酚溶液中，低浓度的二氧化氯显示出强氧化性。在此 pH 下，苯酚的 100% 氧化所需二氧化氯的浓度仅为 2 mg/L。在 10 mg/L 苯酚溶液中，pH 对氧化反应影响很小。另外，NaH_2PO_4 对 1 mg/L 和 10 mg/L 苯酚的氧化均无不良影响。

5.2.7　五氯苯酚和 4-氯苯酚的销毁[8]

将大约 0.5 g 铁颗粒（40~70 目，99%，Alfa Aesar）直接加入 10 mL 含有 1.1 mmol/L 4-氯苯酚（99%）和 0.32 mmol/L EDTA（99%）的水溶液中，并搅拌。随后的对照实验是在没有 EDTA 情况下进行的。五氯苯酚（98%，Aldrich）的降解以类似的方式进行。该物质的水溶性有限，将 0.61 mmol/L 五氯苯酚与 0.5 g 铁颗粒（40~70 目）一起添加到 10.0 mL 0.17 mmol/L EDTA 水溶液中会产生不均匀浆料。所有溶液的初始 pH 均为 5.5。零价铁腐蚀可以使水系统的 pH 超过 10。然而，由于系统在 pH 5.5~6.5 下自缓冲，没有尝试调节这些反应混合物的 pH。由低分子量有机酸和 EDTA 组成的降解产物被认为在该系统的自缓冲能力中起着重要作用。

在室温下，在 10 mL 0.32 mmol/L EDTA 和 0.5 g 铁颗粒的存在下，1.1 mmol/L 4-氯苯酚水溶液和 0.61 mmol/L 五氯苯酚水浆可完全被销毁。

5.2.8　2,4-二氯苯酚的销毁[9]

将适量的 2,4-二氯苯酚加入含有离子液体的小瓶中。然后在剧烈搅拌下将超氧化钾（KO_2）的离子液体溶液逐渐加入上述小瓶中。在加入超氧化钾之前和之后，将 0.1 g 2,4-二氯苯酚离子液体溶液溶解在 1 g 乙腈（HPLC 级，99.9%）中来获取样品，然后使用 HPLC 仪器进行分析。重复该过程并加入更多的超氧化钾，直到没有检测到 2,4-二氯苯酚的峰。

5.2.9　对硝基苯酚的销毁[10]

将含有适量对硝基苯酚样品的 pH 调节至 4.5，然后加入 TiO_2 并置于阳光下进行光解。根据初始对硝基酚浓度和光照情况，实验可在 1~2 h 内进行，对硝基苯酚的浓度可能会降低到 2×10^{-8} 左右。

5.3　碳负载 Cu 和 Fe 催化剂对二噁英的吸附和破坏[11]

碳负载 Cu/Fe 催化剂的制备。由日本 Hureha 有限公司制备的多孔碳用作两种非贵金属催化剂的载体。多孔碳颗粒的平均直径为 6 mm。在金属浸渍中，将 $Cu(NO_3)_2$ 和 $Fe(NO_3)_3$ 分别与多孔碳混合，所得产物称为 Cu/C 和 Fe/C 催化剂。该工艺是在氮气保护下，将多孔碳和硝酸盐的混合物在 90 ℃ 下搅拌 2 h。所得浆料在 110 ℃ 干燥 12 h，然后在 350 ℃ 的氮气中热处理 2 h，得到金属浸渍催化剂。催化剂的孔结构通过使用自动吸附装置（Micromeritics, ASAP 2010）在 −196 ℃ 下进行氮气吸附来表征。JEOL JEM-1200-EX-TEM 隧道电子显微镜用于研究催化剂表面的形态。Cu/C 和 Fe/C 催化剂的表面积约为 600 m²/g，这些催化剂的孔体积约为 0.294 cm³/g。

构建了一个中试规模的催化反应器系统，用于评估温度变化时二噁英去除和破坏的效率。催化反应器系统由 2 个 Graseby-Anderson 堆栈采样系统（MST 2010）组成。具体装置图参考原文献。位于催化反应器上游的一个烟囱采样器用于收集气相二噁英，以 XAD-2 作为基线样品的入口，而另一个烟囱取样器位于催化反应剂下游，作为二噁英的出口。在反应器中填充 0.5 g Cu/C 或 Fe/C 催化剂，并研究从金属冶炼厂和大型城市垃圾焚烧炉的烟气中去除二噁英的有效性。催化反应器系统的空速控制在 18 000 h。固相二噁英和颗粒物已通过玻璃纤维过滤器去除，催化反应器仅涉及气相二噁英。

样品采集和分析。使用符合美国环境保护局（USEPA）的 Graseby Anderson 烟囱取样系统进行烟气取样。气相样品用 XAD-2 树脂进行收集。此外，必须进行等速取样以收集具有代表性的样品。采样完成后，样品在冷藏条件下被带回实验室。然后加入已知量的 USEPA 方法 23 内标溶液。XAD-2 和过滤后的样品用甲苯提取 24 h。然后将甲苯萃取物浓缩至 1 mL 左右，并用 5 mL 己烷进行预处理。样品经浓硫酸处理后，经硫酸硅胶柱、酸性氧化铝柱、青石/碳柱等一系列净化柱进行净化。最后，向净化后的溶液中添加已知量的方法 23 标准溶液，然后使用配备有熔融石英毛细管柱 DB-5MS（60 m × 0.25 mm × 0.25 m）的高分辨率气相色谱（HRGC）（惠普 6890 plus）和高分辨率质谱仪（HRMS）（JEOL JMS-700）进行分析。

结果表明，在金属冶炼厂和大型城市垃圾焚烧炉的测试源中，Cu/C 催化剂在 250 ℃ 下实现二噁英的去除效率可达 96%。与 Cu/C 催化剂相比，Fe/C 催化剂具有更高的去除和破坏效率，二噁英的去除效率分别为 97% 和 94%，破坏效率均高于 70%。

5.4　甲基叔丁基醚的销毁

5.4.1　超声辐照对甲基叔丁基醚的声分解破坏[12]

甲基叔丁基醚（99.9%）和碳酸氢钠（试剂级），无需进一步纯化。将 Fluka AG 生产的固体腐殖酸溶解于 0.1 mol/L NaOH 溶液中，用 0.45 μm 滤纸过滤，制备腐殖酸试剂。

在玻璃和钛反应器中用超声换能器 USW 51 进行超声辐射，该反应器具有 25 cm² 的振动表面积，并且可以在以下四种不同的频率下操作：205 kHz、358 kHz、618 kHz 和 1078 kHz。反应体积在 600 mL 圆柱形双壁反应容器中，该容器顶部有 4 个取样口，用于排气、提取含水样品和引入背景气体。

将温度维持在 (23 ± 3) ℃。水溶液由 MilliQ UV 净化系统获得的水制成。使用 Orec 臭氧发生器（型号 V10-0），通过玻璃熔裂扩散器以 100 mL/min 的流速将臭氧鼓泡到去离子水中，直至获得所需的水相臭氧浓度。采用 HP8452 二极管阵列分光光度计测定臭氧浓度，水中臭氧在 260 nm 的摩尔消光系数为 3300 L/(mol·cm)。

制备甲基叔丁基醚储备溶液（100 mmol/L）并在 4 ℃ 下储存。将适当体积的甲基叔丁基醚储备溶液加入 500 mL 臭氧化溶液中，以引发声化学反应。为了最大限度地减少气泡的影响，在低流速下，将 O_2/O_3 气体鼓泡几秒钟来实现额外的混合。第一个样本是在关闭臭氧供应后立即采集的。在取 $t = 0$ 的样品后，开始超声辐射。在每次操作中，以适当的时间间隔量取 1.0 mL 等分样品，并保存在 20 mL 聚四氟乙烯封盖的铝密封小瓶中。在溶解臭氧的情况下，在分析前，用 10 μL 1 mol/L $Na_2S_2O_3$ 淬灭残余的臭氧。在每次运行期间，超声功率输入保持在 50～240 W 的范围内，这取决于所使用的特定超声频率。对于大于 600 kHz 的频率，最大施加功率为 50 W。

提取到 HP 7694 顶空进样器气相中的化合物被自动进样到 HP 5890 series Ⅱ GC-FID 中，该仪器配有 HP-624 毛细管柱（30 m×0.32 mm×1.8 μm），恒温烘箱温度为 70 ℃。每隔 10 min 取等分试样用于过氧化氢分析，并用荧光分光光度计进行测量。总有机碳分析样品在注射前用 0.45 μm 特氟龙注射器过滤器过滤，然后用岛津 5000 A 总有机碳分析仪测定。

5.4.2　芬顿试剂对甲基叔丁基醚的破坏[13]

在封闭系统中进行批量测试。用硫酸将污水酸化至 pH 3，并添加 $FeSO_4 \cdot 7H_2O$，使初始 Fe(Ⅱ)浓度为 5～500 mmol/L。然后将该水转移至 Tedlar 袋中，加入 30% H_2O_2，以获得 1%～5% H_2O_2 的初始浓度。在一些情况下，H_2O_2 和 Fe(Ⅱ)都被添加到 Tedlar 袋中。在转移步骤中，收集样品并分析甲基叔丁基醚，以确定初始浓度。在加入 H_2O_2 之后，立即将 Tedlar 袋与另一个 Tedlar 袋子连接，以收集废气。袋子被放在摇床上轻轻混合。大约 24 h 后，通过测量填充袋排出的水的体积来确定气体的体积。收集水样，将 pH 调节至 7 左右以猝灭芬顿反应。水相和气相通过 EPA 方法（8015、8020 或 8260）进行分析。

芬顿氧化过程中形成的气体主要是氧气，但也可能存在二氧化碳和其他化合物。定期记录气体排出的水量。初始条件为 pH 3、2.5 mmol/L Fe(Ⅱ)和 3%～9% H_2O_2。实验表明，用 1% H_2O_2 和 5 mmol/L Fe(Ⅱ)在 pH 3 下处理地下水，甲基叔丁基醚的破坏率大于 99.8%。

5.5　过氧化物的销毁

5.5.1　过氧酸的销毁方法[14]

将 5 mL 或 5 g 过氧酸加入 100 mL 10%（W/V）焦亚硫酸钠溶液中，并在室温下搅拌。向等体积的 10%（W/V）碘化钾溶液中加入几滴反应液，用 1 mol/L 盐酸酸化，并加入 1 滴淀粉作为指示剂，测试破坏的完全性。深蓝色表示存在过量的过氧酸。如果完全销毁，丢弃混合物。如果破坏不完全，添加更多的焦亚硫酸钠溶液，直到破坏完全。

5.5.2　过氧化氢的销毁方法[14]

将 5 mL 30% H_2O_2 加入 100 mL 10%（W/V）焦亚硫酸钠溶液中，并在室温下搅拌。向 10%（W/V）碘化钾溶液中加入几滴反应液，用 1 mol/L 盐酸酸化，并加入 1 滴淀粉作为指示剂，测试破坏的完全性。深蓝色表示存在过量的过氧化氢。如果完全销毁，丢弃混合物。如果破坏不完全，添加更多的焦亚硫酸钠溶液，直到破坏完全。

5.5.3　过氧化叔丁醇的销毁方法[14]

将 5 mL 过氧化叔丁醇加入 100 mL 10%（W/V）的焦亚硫酸钠溶液中，并在室温下搅拌。

向 10%（*W/V*）碘化钾溶液中加入几滴反应液，用 1 mol/L 盐酸酸化，并加入 1 滴淀粉作为指示剂，测试破坏的完全性。深蓝色表示存在过量的过氧化叔丁醇。如果完全销毁，丢弃混合物。如果破坏不完全，添加更多的焦亚硫酸钠溶液，直到破坏完全。

5.5.4　过氧化钠的销毁方法[14]

将 1 g 过氧化钠加入 100 mL 10%（*W/V*）的焦亚硫酸钠溶液中，并在室温下搅拌。向 10%（*W/V*）碘化钾溶液中加入几滴反应液，用 1 mol/L 盐酸酸化，并加入 1 滴淀粉作为指示剂，测试破坏的完全性。深蓝色表示存在过量的过氧化钠。如果完全销毁，丢弃混合物。如果破坏不完全，添加更多的焦亚硫酸钠溶液，直到破坏完全。

5.5.5　二酰基过氧化物的销毁方法[15]

将 3.3 g NaI 或 3.65 g KI 溶解于 70 mL 冰醋酸中。在室温下搅拌混合物，并缓慢加入 0.01 mol 二酰基过氧化物。反应液变暗是因为有分子碘生成。30 min 后，将混合物丢弃。

5.5.6　过氧化物炸药的销毁方法

5.5.6.1　使用氯化亚锡进行销毁[16]

将 6.0 g SnCl$_2$·2H$_2$O 溶解在 30 mL 乙醇中，加热至沸腾后，加入 1.0 g 三过氧化三丙酮（TATP）在 6 mL 甲苯中的溶液。回流 2 h，然后将反应液加入 450 mL 水中。向白色悬浮液中加入 5 mL 浓 HCl，并短暂搅拌，静置过夜后丢弃。

5.5.6.2　使用甲磺酸销毁[17]

向不超过 25 mg 的三过氧化三丙酮（TATP）、二过氧二丙酮（DADP）或六亚甲基三过氧化二胺（HMTD）中加入 5 倍物质的量的甲磺酸。静置 15 min 后丢弃。

分析方法。用 1 mg/mL TATP 的乙酸乙酯溶液点样 TLC 板，用甲苯展开，用 1% 二苯胺的浓硫酸溶液喷雾并观察现象。R_f 值分别为 0.57（TATP）和 0.66（DADP）。或者，使用 25 m × 0.33 mm i.d.毛细管柱和 1 μm 膜的 CO-SIL-8CB 进行 GC 分析，初始烘箱温度为 50 ℃，持续 1 min，以 10 ℃/min 的速度升至 250 ℃，并在 250 ℃ 下保持 10 min。在柱上注射二氯甲烷溶液。保留时间分别为 5.15 min（DADP）和 9.65 min（TATP）。

TATP、DADP 和 HMTD 可使用气相色谱进行分析，色谱柱为 30 m × 0.25 mm × 0.25 μm J&W DB-5 柱和 μ-ECD 检测器，在 300 ℃ 下，载气为氦气，分流比为 5：1。其他条件如表 5-7 所示。

表 5-7　气相色谱柱条件

参数	TATP	DADP	HMTD
烤箱	60 ℃ 维持 1 min，以 20 ℃/min 的速度达到 250 ℃	60 ℃ 维持 1 min，以 20 ℃/min 的速度达到 250 ℃	70 ℃ 维持 1 min，以 20 ℃/min 的速度达到 250 ℃
流速/mL·min^{-1}	4.0	4.0	8.0
注入温度/℃	170	170	250
检测器温度/℃	300	300	300

5.5.6.3　使用其他酸销毁[18]

1. 少量三过氧化三丙酮（TATP）的销毁方法

将重结晶的三过氧化三丙酮（TATP）（500 mg，2.25 mmol）置于 40 mL 透明玻璃瓶中，并用 0.5 mL、1 mL、2 mL 或 4 mL 乙醇、2-丙醇、丙酮、乙酸乙酯、柴油、异辛烷或甲苯润湿。随后加入 0.5 mL、1 mL、2 mL、3 mL、4 mL、5 mL、9 mL 不同浓度的酸（$HClO_4$、36% HCl、65% H_2SO_4、70% HNO_3）。所有混合物在室温下无盖反应 2～24 h，然后用 10 mL 二氯甲烷萃取，用 3 mL 蒸馏水漂洗，然后用 3 mL 1% Na_2CO_3 溶液漂洗。有机层用无水硫酸镁干燥，采用气相色谱-质谱联用仪（GC/MS）进行分析。

2. 大量三过氧化三丙酮（TATP）的销毁方法

对于所有大规模实验，试剂的添加都是远程完成的。架设了一个泵送装置，并装配了一个通过遥控启动泵的电子装置。将 460 g TATP 置于 4 L 烧杯中，该烧杯具有泵输出的热电偶和管子。在泵出现故障的情况下，还包括一种二次加酸的方法。这是通过在烧杯上方固定一个带有龙头的 Nalgene 瓶来实现的。将连接到套管上的 Tygon 管放入烧杯中。该阀可以通过机械手段远程操作，确保在泵发生故障时，可以在不接近酸化的 TATP 的情况下添加更多的酸。实验中使用了 2 个热电偶。一个连接在烧杯的外部，另一个浸没在 TATP 中。首先将醇溶液（950 mL，质量分数 50% 2-丙醇/水）以大约 100 mL/min 的速度泵送到 TATP 中。然后，泵送 425 mL 的酸（泵入速度：120 mL/min）。实验完成后，反应产物用碳酸氢钠中和，用二氯甲烷提取废物样品，然后进行 GC/MS 分析。

5.5.6.4　焚烧法[19]

将有机过氧化物（TATP）溶解在柴油中。TATP 在柴油中的溶解度约为 100 g/L，有效氧含量约为 4.9%。在搅拌和不升高温度的情况下，将 10 g TATP 在约 5 min 内溶解到 100 mL 柴油中。由于不存在溶解热，因此不存在意外地将溶液加热到足以在溶解时引起 TATP 爆炸的风险。

利用文丘里效应将溶液吸入流动空气的管中。将该溶液通过典型溶剂脱脂枪的吸嘴吸入丙烷火焰中。在 30.4 MPa 下，空气流速由连接在 9.6 L 气瓶上的压力调节器控制。气瓶是一个标准的自给式呼吸器气瓶。使用后，用柴油冲洗管道，柴油随后在丙烷火焰中焚烧。

该方法已在不同的有机过氧化物上成功试用，包括 HMTD 和 TATP。

5.6　多环芳烃的销毁[20]

5.6.1　大量多环芳烃的销毁

（1）每 5 mg 多环芳烃，加入 2 mL 丙酮，确保多环芳烃完全溶解，包括可能附着在容器壁上的任何多环芳烃。每 5 mg 多环芳烃加入 10 mL 0.3 mol/L $KMnO_4$/3 mol/L H_2SO_4 溶液。搅拌混合物，使其反应 1 h。在反应结束时，用焦亚硫酸钠脱色，用 10 mol/L 氢氧化钾溶液使其强碱性，用水稀释，过滤去除锰化合物，中和滤液，检查破坏的完整性，并丢弃。

（2）对于每 5 mg 的多环芳烃，加入 2 mL DMSO，并确保多环芳烃完全溶解，包括任何可能附着在容器壁上的多环芳烃。每 5 mg 多环芳烃，加入 10 mL 浓硫酸，搅拌混合物，使其反应至少 2 h。在反应结束时，小心地将溶液加入至少 3 倍体积的冷水中，中和，测试破坏的完整性，并丢弃。

5.6.2 有机溶剂中多环芳烃的销毁（DMSO 和 DMF 除外）

（1）使用旋转蒸发仪在减压下除去溶剂。每 5 mg 多环芳烃，加入 2 mL 丙酮，确保多环芳烃完全溶解，包括可能附着在容器壁上的任何多环芳烃。每 5 mg 多环芳烃，加入 10 mL 0.3 mol/L $KMnO_4$ 在 3 mol/L H_2SO_4 中的溶液，搅拌混合物，使其反应 1 h。在反应结束时，用焦亚硫酸钠对溶液进行脱色，用 10 mol/L KOH 使其呈强碱性，用水稀释，过滤去除锰化合物，中和滤液，检查破坏的完整性，并丢弃。

（2）使用旋转蒸发仪在减压下除去溶剂。对于每 5 mg 的多环芳烃，加入 2 mL DMSO，并确保多环芳烃完全溶解，包括任何可能附着在容器壁上的多环芳烃。每 5 mg 多环芳烃，加入 10 mL 浓硫酸，搅拌混合物，使其反应至少 2 h。在反应结束时，小心地将溶液加入至少 3 倍体积的冷水中，中和，测试破坏的完整性，并丢弃它。

5.6.3 N,N-二甲基甲酰胺中多环芳烃的销毁

每 10 mL DMF 溶液加入 10 mL 水和 20 mL 环己烷，摇匀使其分离。用 20 mL 环己烷萃取水层 2 次以上，然后合并环己烷层，用旋转蒸发仪在减压下除去溶剂。每 5 mg 多环芳烃，加入 2 mL 丙酮，确保多环芳烃完全溶解，包括可能附着在容器壁上的任何多环芳烃。每 5 mg 多环芳烃，加入 10 mL 0.3 mol/L $KMnO_4$ 在 3 mol/L H_2SO_4 中的溶液，搅拌混合物，使其反应 1 h。在反应结束时，用焦亚硫酸钠对溶液进行脱色，用 10 mol/L KOH 使其呈强碱性，用水稀释，过滤去除锰化合物，中和滤液，检查破坏的完整性，并丢弃。

5.6.4 二甲亚砜中多环芳烃的销毁

（1）对于每 10 mL DMSO 溶液，加入 5 mL 水和 20 mL 环己烷，摇晃并使其分离。用 20 mL 的环己烷萃取水层 2 次以上，然后合并环己烷层，并使用旋转蒸发仪在减压下蒸发去除溶剂。每 5 mg 多环芳烃，加入 2 mL 丙酮，确保多环芳烃完全溶解，包括可能附着在容器壁上的任何多环芳烃。每 5 mg 多环芳烃，加入 10 mL 0.3 mol/L $KMnO_4$ 在 3 mol/L H_2SO_4 中的溶液，搅拌混合物，使其反应 1 h。在反应结束时，用焦亚硫酸钠对溶液进行脱色，用 10 mol/L KOH 使其呈强碱性，用水稀释，过滤去除锰化合物，中和滤液，检查破坏的完整性，并丢弃。

（2）必要时用更多的 DMSO 稀释溶液，使多环芳烃浓度不超过 2.5 mg/mL。每 2 mL DMSO 加入 10 mL 浓 H_2SO_4，搅拌混合物，使其反应至少 2 h。在反应结束时，小心地将溶液加入至少 3 倍体积的冷水中，中和，测试破坏的完整性，并丢弃它。

5.6.5 水中多环芳烃的销毁

因为这些化合物非常难溶于水，所以可能只有微量存在。加入足够的 0.3 mol/L $KMnO_4$ 和 3 mol/L H_2SO_4，搅拌混合物，反应 1 h。在反应结束时，用焦亚硫酸钠对溶液进行脱色，用 10 mol/L KOH 使其呈强碱性，用水稀释，过滤去除锰化合物，中和滤液，检查破坏的完整性，并丢弃。

5.6.6 油中多环芳烃的销毁

每 5 mL 油溶液加入 20 mL 2-甲基丁烷和 20 mL 乙腈，摇晃至少 1 min，并使各层分离。再用 20 mL 乙腈萃取上层碳氢化合物层 4 次。如有必要，在第二次提取后加入 10 mL 的 2-甲基丁烷，以避免 2-甲基丁烷蒸发引起的层反转。将乙腈层合并，用 20 mL 的 2-甲基丁烷洗涤，并丢弃洗涤液，然后用旋转蒸发仪减压蒸发除去溶剂。每 5 mg 多环芳烃，加入 2 mL 丙酮，确保多环芳烃完全溶解，包括可能附着在容器壁上的任何多环芳烃。每 5 mg 多环芳烃，加入 10 mL 0.3 mol/L $KMnO_4$ 在 3 mol/L H_2SO_4 中的溶液，搅拌混合物，使其反应 1 h。在反应结束时，用焦亚硫酸钠对溶液进行脱色，用 10 mol/L KOH 使其呈强碱性，用水稀释，过滤去除锰化合物，中和滤液，检查破坏的完整性，并丢弃。

5.6.7 琼脂中多环芳烃的销毁

（1）将培养皿的内容物切成小块，并在高速搅拌器中用 30 mL 水匀浆。用 30 mL 乙酸乙酯萃取溶液 2 次，合并提取物，用无水硫酸钠干燥。用旋转蒸发仪减压除去乙酸乙酯。每 5 mg 多环芳烃，加入 2 mL 丙酮，确保多环芳烃完全溶解，包括可能附着在容器壁上的任何多环芳烃。每 5 mL 多环芳烃，加入 10 mL 0.3 mol/L $KMnO_4$ 在 3 mol/L H_2SO_4 中的溶液，搅拌混合物，使其反应 1 h。在反应结束时，用焦亚硫酸钠对溶液进行脱色，用 10 mol/L KOH 使其呈强碱性，用水稀释，过滤去除锰化合物，中和滤液，检查破坏的完整性，并丢弃。

（2）将培养皿中的内容物切成小块，并在高速搅拌器中用 30 mL 水匀浆。用 30 mL 乙酸乙酯萃取溶液 2 次，合并提取物并用无水硫酸钠干燥。用旋转蒸发仪减压除去乙酸乙酯。对于每 5 mg 多环芳烃，添加 2 mL DMSO，并确保多环芳烃完全溶解，包括可能黏附在容器壁上的任何多环芳烃。对于每 5 mg 多环芳烃，添加 10 mL 浓 H_2SO_4，搅拌混合物，使其反应至少 2 h。反应结束时，小心地将溶液加入至少 3 倍体积的冷水中，中和，测试破坏的完整性，然后丢弃。

5.6.8 多环芳烃污染的玻璃器皿的净化

（1）用 4 份丙酮冲洗玻璃器皿，丙酮量要足够大，可以彻底浸湿玻璃器皿。合并冲洗液，使用旋转蒸发仪在减压下除去丙酮。对于每 5 mg 多环芳烃，添加 2 mL 丙酮，并确保多环芳烃完全溶解，包括任何可能黏附在容器壁上的多环芳烃。每 5 mL 多环芳烃，加入 10 mL 0.3 mol/L $KMnO_4$ 在 3 mol/L H_2SO_4 中的溶液，搅拌混合物，并使其反应 1 h。反应结束时，用焦亚硫酸钠使溶液脱色，用 10 mol/L KOH 使其呈强碱性，用水稀释，过滤以去除锰化合物，中和滤液，检查破坏的完整性，并将其丢弃。

（2）加入足够的二甲基亚砜湿润玻璃表面，然后加入 5 倍于此体积的浓硫酸，让混合物反应 2 h，并偶尔搅拌。在反应结束时，小心地将溶液加入至少 3 倍体积的冷水中，中和，测试破坏的完整性，并丢弃。

5.7 多环杂环烃的销毁[20]

5.7.1 大量多环杂环烃的销毁

（1）对于每 5 mg 多环杂环烃，添加 3 mL 乙腈，并确保多环杂环烃完全溶解，包括可能附着在容器壁上的任何多环杂环烃。制备 0.3 mol/L KMnO$_4$ 在 3 mol/L H$_2$SO$_4$ 中的溶液。对于每 5 mg 多环杂环烃，添加 10 mL 3 mol/L H$_2$SO$_4$/0.3 mol/L KMnO$_4$ 溶液，搅拌混合物，并使其反应 1 h。在反应结束时，每 10 mL KMnO$_4$ 溶液添加 0.4 g 焦亚硫酸钠脱色，再添加 4 mL 10 mol/L NaOH 溶液碱化，用 50 mL 水稀释后，过滤。测试滤液破坏的完整性，并适当丢弃滤液和沉淀物。

（2）对于每 5 mg 多环杂环烃，添加 5 mL 丙酮，并确保多环杂环烃完全溶解。对于每 5 mg 多环杂环烃，添加 0.2 g FeCl$_2$ 或 FeCl$_2$·2H$_2$O 或 0.3 g FeCl$_2$·4H$_2$O，然后逐滴添加 10 mL 30% H$_2$O$_2$，并在 15 min 内完成滴加。当添加完 H$_2$O$_2$ 时，移开冰浴并搅拌反应混合物 30 min，中和，测试破坏的完全性，并将其丢弃。

（3）此方法仅适用于 DB(c,g)C、DB(a,i)C 和 DB(a,j)AC。首先制备 0.3 mol/L KMnO$_4$ 在 2 mol/L NaOH 中的溶液。对于每 5 mg DB(c,g)C、DB(a,i)C 或 1 mg DB(a,j)AC，添加 2 mL 乙腈，并确保多环杂环烃完全溶解，包括可能黏附在容器壁上的任何多环杂环烃。对于每 2 mL 乙腈，添加 10 mL 0.3 mol/L KMnO$_4$/2 mol/L NaOH 溶液，并搅拌混合物，使其反应 3 h。反应结束时，每 10 mL KMnO$_4$ 溶液，用 0.8 g 焦亚硫酸钠脱色，并用等体积的水稀释，并检查破坏的完全性。过滤并适当丢弃滤液和沉淀物。

（4）此方法仅适用于 DB(c,g)C、DB(a,i)C 和 DB(a,j)AC。首先制备 0.3 mol/L KMnO$_4$ 在 2 mol/L NaOH 中的溶液。对于每 5 mg DB(c,g)C、DB(a,i)C 或 1 mg DB(a,j)AC，添加 2 mL 乙腈，并确保多环杂环烃完全溶解，包括可能黏附在容器壁上的任何多环杂环烃。对于每 2 mL 乙腈，添加 10 mL 0.3 mol/L KMnO$_4$/2 mol/L NaOH 溶液，并搅拌至少 6 h。反应结束时，每 10 mL KMnO$_4$ 溶液，用 0.8 g 焦亚硫酸钠进行脱色，再用 1 mL 10 mol/L NaOH 溶液进行碱化。检查混合物是否呈强碱性，并检查破坏的完整性。过滤并适当丢弃滤液和沉淀物。

（5）该方法仅适用于 DB(c,g)C 和 DB(a,i)C。对于每 5 mg 多环杂环烃，添加 2 mL 二甲基亚砜，并确保多环杂环烃完全溶解，包括可能黏附在容器壁上的任何多环杂环烃。对于每 5 mg 多环杂环烃，添加 10 mL 浓 H$_2$SO$_4$，搅拌混合物，使其反应至少 2 h。反应结束时，小心地将溶液加入至少 3 倍体积的冷水中，中和，测试破坏的完全性，并将其丢弃。

5.7.2　有机溶剂中多环杂环烃的销毁 （DMSO 和 DMF 除外）

（1）使用旋转蒸发仪在减压下蒸发除去溶剂。首先制备 0.3 mol/L KMnO$_4$ 在 3 mol/L H$_2$SO$_4$ 中的溶液。对于每 5 mg 多环杂环烃，添加 3 mL 乙腈，并确保多环杂环烃完全溶解，包括可能附着在容器壁上的任何多环杂环烃。对于每 5 mg 多环杂环烃，添加 10 mL 0.3 mol/L KMnO$_4$ 在 3 mol/L H$_2$SO$_4$ 中的溶液，搅拌混合物，并使其反应 1 h。在反应结束时，每 10 mL KMnO$_4$ 溶液用 0.4 g 焦亚硫酸钠脱色，然后添加 4 mL 10 mol/L NaOH 溶液碱化，用 50 mL 水稀释，并过滤。测试滤液破坏的完整性，并适当丢弃滤液和沉淀物。

（2）使用旋转蒸发仪在减压下蒸发除去溶剂。对于每 5 mg 多环杂环烃，添加 5 mL 丙酮，并确保多环杂环烃已完全溶解。对于每 5 mg 多环杂环烃，添加 0.2 g FeCl$_2$ 或 FeCl$_2$·2H$_2$O 或 0.3 g FeCl$_2$·4H$_2$O，然后逐滴添加 10 mL 30% H$_2$O$_2$，并在 15 min 内完成滴加。当添加完 H$_2$O$_2$ 时，搅拌反应混合物 30 min，中和，测试破坏的完全性，并将其丢弃。

（3）此方法仅适用于 DB(c,g)C、DB(a,i)C 和 DB(a,j)AC。首先制备 0.3 mol/L KMnO$_4$ 在 3 mol/L H$_2$SO$_4$ 中的溶液。使用旋转蒸发仪在减压下蒸发除去溶剂。对于每 5 mL

DB(c,g)C、DB(a,i)C 或 1 mg DB(a,j)AC，添加 2 mL 乙腈，并确保多环杂环烃完全溶解，包括可能黏附在容器壁上的任何多环杂环烃。对于每 2 mL 乙腈，添加 10 mL 0.3 mol/L $KMnO_4$ 在 2 mol/L NaOH 中的溶液，搅拌混合物，并使其反应 3 h。反应结束时，每 10 mL $KMnO_4$ 溶液用 0.8 g 焦亚硫酸钠脱色，用等体积的水稀释，并检查破坏的完全性。过滤并适当丢弃滤液和沉淀物。

（4）此方法仅适用于 DB(c,g)C、DB(a,i)C 和 DB(a,j)AC。首先制备 0.3 mol/L $KMnO_4$ 在 3 mol/L H_2SO_4 中的溶液。使用旋转蒸发仪在减压下蒸发除去溶剂。对于每 5 mg DB(c,g)C、DB(a,i)C 或 1 mg DB(a,j)AC，添加 2 mL 乙腈，并确保多环杂环烃完全溶解，包括可能黏附在容器壁上的任何多环杂环烃。对于每 2 mL 乙腈，添加 10 mL 0.3 mol/L $KMnO_4$ 水溶液，并搅拌至少 6 h。反应结束时，用 0.8 g 焦亚硫酸钠对每 10 mL $KMnO_4$ 溶液进行脱色，用 1 mL 10 mol/L NaOH 溶液进行碱化，检查混合物是否呈强碱性，并检查破坏的完整性。过滤并适当丢弃滤液和沉淀物。

5.7.3　二甲亚砜中多环杂环烃的销毁

（1）每 1 体积 DMSO 溶液加入 2 体积水。用等体积的环己烷提取混合物 3 次，合并环己烷层，用旋转蒸发仪减压蒸发除去溶剂。每 5 mg 多环杂环烃，加入 3 mL 乙腈，确保多环杂环烃完全溶解，包括任何可能附着在容器壁上的多环杂环烃。每 5 mg 多环杂环烃加入 10 mL 0.3 mol/L $KMnO_4$ 在 3 mol/L H_2SO_4 中的溶液，搅拌混合物，使其反应 1 h。反应结束时，每 10 mL $KMnO_4$ 溶液用 0.4 g 焦亚硫酸钠进行脱色，然后加入 4 mL 10 mol/L NaOH 溶液碱化，用 50 mL 水稀释，过滤。测试滤液是否完全破坏，并适当丢弃滤液和沉淀物。

（2）此方法仅适用于 DB(c,g)C、DB(a,i)C 和 DB(a,j)AC。每 1 体积 DMSO 溶液加入 2 体积水。用等量的环己烷提取混合物 3 次，合并环己烷层，并使用旋转蒸发仪在减压下蒸发除去溶剂。对于每 5 mg DB(c,g)C、DB(a,i)C，或 1 mg DB(a,j)AC，加入 2 mL 乙腈，确保多环杂环烃完全溶解，包括任何可能黏附在容器壁上的多环杂环烃。对于每 2 mL 乙腈，添加 10 mL 0.3 mol/L $KMnO_4$ 在 2 mol/L NaOH 中的溶液，搅拌混合物，并使其反应 3 h。反应结束时，每 10 mL $KMnO_4$ 溶液用 0.8 g 焦亚硫酸钠脱色，用等体积的水稀释，并检查破坏的完整性。过滤并适当丢弃滤液和沉淀物。

（3）此方法仅适用于 DB(c,g)C、DB(a,i)C 和 DB(a,j)AC。对于每 1 体积的 DMSO 溶液，加入 2 体积的水。用等体积的环己烷萃取混合物 3 次，合并环己烷层，并使用旋转蒸发仪在减压下蒸发除去溶剂。对于每 5 mg DB(c,g)C、DB(a,i)C 或 1 mg DB(a,j)AC，添加 2 mL 乙腈，并确保多环杂环烃完全溶解，包括可能黏附在容器壁上的任何多环杂环烃。对于每 2 mL 乙腈，添加 10 mL 0.3 mol/L $KMnO_4$ 水溶液，并搅拌至少 6 h。反应结束时，每 10 mL $KMnO_4$ 溶液用 0.8 g 焦亚硫酸钠脱色，再用 1 mL 10 mol/L NaOH 溶液进行碱化，检查混合物是否呈强碱性，并检查破坏的完整性。过滤并适当丢弃滤液和沉淀物。

（4）该方法仅适用于 DB(c,g)C 和 DB(a,i)C。如有必要，稀释以使多环杂环烃浓度不超过 2.5 mg/mL。对于每 2 mL DMSO，添加 10 mL 浓 H_2SO_4，搅拌混合物，并使其反应至少 2 h。反应结束时，小心地将溶液加入至少 3 倍体积的冷水中，中和，测试破坏的完全性，并将其丢弃。

5.7.4　DMF 中多环杂环烃的销毁

（1）对于每 1 体积的 N,N-二甲基甲酰胺（DMF）溶液，添加 2 体积的水。用等体积的环己烷萃取混合物 3 次，合并环己烷层，并使用旋转蒸发仪在减压下蒸发除去溶剂。对于每 5 mg 多环杂环烃，添加 3 mL 乙腈，并确保多环杂环烃完全溶解，包括可能附着在容器壁上的任何多环杂环烃。对于每 5 mg 多环杂环烃，添加 10 mL 0.3 mol/L $KMnO_4$ 在 3 mol/L H_2SO_4 中的溶液，搅拌混合物，并使其反应 1 h。在反应结束时，每 10 mL $KMnO_4$ 溶液用 0.4 g 焦亚硫酸钠脱色，再添加 4 mL 10 mol/L NaOH 溶液碱化，用 50 mL 水稀释，并过滤。测试滤液破坏的完整性，并适当丢弃滤液和沉淀物。

（2）此方法仅适用于 DB(c,g)C、DB(a,i)C 和 DB(a,j)AC。对于每 1 体积的 DMF 溶液，加入 2 体积的水。用等体积的环己烷提取混合物 3 次，合并环己烷层，并使用旋转蒸发仪在减压下蒸发除去溶剂。对于每 5 mg DB(c,g)C、DB(a,i)C 或 1 mg DB(a,j)AC，添加 2 mL 乙腈，并确保多环杂环烃完全溶解，包括可能黏附在容器壁上的任何多环杂环烃。对于每 2 mL 乙腈，添加 10 mL 0.3 mol/L $KMnO_4$/2 mol/L NaOH 溶液，搅拌混合物，并使其反应 3 h。反应结束时，用每 10 mL $KMnO_4$ 溶液用 0.8 g 焦亚硫酸钠脱色，用等体积的水稀释，并检查破坏的完整性。过滤并适当丢弃滤液和沉淀物。

（3）此方法适用于 DB(c,g)C、DB(a,i)C 和 DB(a,j)AC。对于每 1 体积的 DMF 溶液，加入 2 体积的水。用等体积的环己烷提取混合物 3 次，合并环己烷层，并使用旋转蒸发仪在减压下蒸发除去溶剂。对于每 5 mg DB(c,g)C、DB(a,i)C 或 1 mg DB(a,j)AC，添加 2 mL 乙腈，并确保多环杂环烃完全溶解，包括可能黏附在容器壁上的任何多环杂环烃。对于每 2 mL 乙腈，添加 10 mL 0.3 mol/L $KMnO_4$ 水溶液，并搅拌至少 6 h。反应结束时，每 10 mL $KMnO_4$ 溶液用 0.8 g 焦亚硫酸钠脱色，然后用 1 mL 10 mol/L NaOH 溶液进行碱化，检查混合物是否呈强碱性，并检查破坏的完整性。过滤并适当丢弃滤液和沉淀物。

5.7.5　水中多环杂环烃的销毁

（1）因为这些化合物在水中很难溶解，所以可能只有微量存在。添加足够的 0.3 mol/L $KMnO_4$ 溶液和足够的 3 mol/L H_2SO_4 溶液，搅拌混合物，并使其反应 1 h。在反应结束时，每 10 mL $KMnO_4$ 溶液用 0.4 g 焦亚硫酸钠脱色，再添加 4 mL 10 mol/L NaOH 溶液碱化，用 50 mL 水稀释，并过滤。测试滤液破坏的完整性，并适当丢弃滤液和沉淀物。

（2）此方法仅适用于 DB(c,g)C、DB(a,i)C 和 DB(a,j)AC。因为这些化合物在水中很难溶解，所以可能只有微量存在。添加足够的 0.3 mol/L $KMnO_4$ 溶液和足够的 2 mol/L NaOH 溶液，搅拌混合物，并使其反应 3 h。在反应结束时，每 10 mL $KMnO_4$ 溶液用 0.8 g 焦亚硫酸钠脱色，再用等体积的水稀释，并检查破坏的完全性。过滤并适当丢弃滤液和沉淀物。

（3）此方法仅适用于 DB(c,g)C、DB(a,i)C 和 DB(a,j)AC。因为这些化合物在水中很难溶解，所以可能只有微量存在。添加足够的 0.3 mol/L $KMnO_4$ 溶液，并在搅拌下使其反应 6 h。在反应结束时，每 10 mL $KMnO_4$ 溶液用 0.8 g 焦亚硫酸钠脱色，再用 1 mL 10 mol/L NaOH 溶液碱化，检查混合物是否为强碱性，并检查破坏的完整性。过滤并适当丢弃滤液和沉淀物。

5.7.6　被多环杂环烃污染的玻璃器皿的去污

（1）用足够量的 4 份丙酮冲洗玻璃器皿，以彻底润湿玻璃器皿。合并冲洗液，使用旋转蒸发仪在减压下蒸发除去丙酮。对于每 5 mg 多环杂环烃，添加 3 mL 乙腈，并确保多环杂环烃完全溶解，包括可能附着在容器壁上的任何多环杂环烃。对于每 5 mg 多环杂环烃，添加 10 mL 0.3 mol/L $KMnO_4$ 在 3 mol/L H_2SO_4 中的溶液，搅拌混合物，并使其反应 1 h。反应结束时，每 10 mL $KMnO_4$ 溶液使用 0.4 g 焦亚硫酸钠脱色，再添加 4 mL 10 mol/L NaOH 溶液进行碱化，用 50 mL 水稀释，并过滤。测试滤液破坏的完整性，并适当丢弃滤液和沉淀物。

（2）用足够量的 4 份丙酮冲洗玻璃器皿，以彻底润湿玻璃器皿。用 1 倍体积的己烷冲洗，并在紫外线下检查玻璃器皿是否没有荧光。如果荧光仍然存在，重复清洗。合并有机溶剂漂洗液，使用旋转蒸发仪在减压下蒸发除去溶剂。对于每 5 mg 多环杂环烃，添加 5 mL 丙酮，并确保多环杂环烃完全溶解。对于每 5 mg 多环杂环烃，添加 0.2 g $FeCl_2$ 或 $FeCl_2 \cdot 2H_2O$ 或 0.3 g $FeCl_2 \cdot 4H_2O$，然后逐滴添加 10 mL 30% H_2O_2，并在 15 min 内完成滴加。当添加完 H_2O_2 时，搅拌反应混合物 30 min，中和，测试破坏的完全性，并将其丢弃。

（3）此方法仅适用于 DB(c,g)C、DB(a,i)C 和 DB(a,j)AC。用足够量的 4 份丙酮冲洗玻璃器皿，以彻底润湿玻璃器皿。合并冲洗液，使用旋转蒸发仪在减压下蒸发除去丙酮。对于每 5 mg DB(c,g)C、DB(a,i)C 或 1 mg DB(a,j)AC，添加 2 mL 乙腈，并确保多环杂环烃完全溶解，包括可能黏附在容器壁上的任何多环杂环烃。对于每 2 mL 乙腈，添加 10 mL 0.3 mol/L $KMnO_4$ 在 2 mol/L NaOH 中的溶液，搅拌混合物，并使其反应 3 h。反应结束时，每 10 mL $KMnO_4$ 溶液用 0.8 g 焦亚硫酸钠脱色，用等体积的水稀释，并检查破坏的完全性。过滤并适当丢弃滤液和沉淀物。

（4）此方法仅适用于 DB(c,g)C、DB(a,i)C 和 DB(a,j)AC。用足够量的 4 份丙酮冲洗玻璃器皿，以彻底润湿玻璃器皿。合并冲洗液，使用旋转蒸发仪在减压下蒸发除去丙酮。对于每 5 mg DB(c,g)C、DB(a,i)C 或 1 mg DB(a,j)AC，添加 2 mL 乙腈，并确保多环杂环烃完全溶解，包括可能黏附在容器壁上的任何多环杂环烃。对于每 2 mL 乙腈，添加 10 mL 0.3 mol/L $KMnO_4$ 水溶液，并搅拌至少 6 h。反应结束时，每 10 mL $KMnO_4$ 溶液用 0.8 g 焦亚硫酸钠脱色，再用 1 mL 10 mol/L NaOH 溶液进行碱化，检查混合物是否呈强碱性，并检查破坏是否完全。过滤并适当丢弃滤液和沉淀物。

（5）该方法仅适用于 DB(c,g)C 和 DB(a,i)C。添加足够的 DMSO 润湿玻璃器皿。每 2 mL DMSO，添加 10 mL 浓 H_2SO_4，搅拌混合物，并使其反应至少 2 h。在反应结束时，小心地将溶液加入至少 3 倍体积的冷水中，中和，测试破坏的完整性，并将其丢弃。

5.7.7　多环杂环烃泄漏的处理

（1）首先尽可能多地清除泄漏物。用乙腈湿布收集固体，用干布吸收液体。添加足够的乙腈以完全润湿该区域，并添加过量的 0.3 mol/L $KMnO_4$/3 mol/L H_2SO_4 溶液。将布浸入 0.3 mol/L $KMnO_4$/3 mol/L H_2SO_4 溶液中，让其反应 1 h。然后，对于每 10 mL $KMnO_4$ 溶液，用 0.4 g 焦亚硫酸钠脱色，再添加 4 mL 10 mol/L NaOH 溶液进行碱化，用 50 mL 水稀释，并过滤。测试滤液是否完全破坏，并适当丢弃滤液和沉淀物。

（2）此方法仅适用于 DB(c,g)C、DB(a,i)C 和 DB(a,j)AC。首先尽可能多地清除泄漏物。用乙腈湿布收集固体，用干布吸收液体。添加足够的乙腈以完全润湿该区域，并添加过量的 0.3 mol/L KMnO$_4$/2 mol/L NaOH 溶液。将布浸入 0.3 mol/L KMnO$_4$/2 mol/L NaOH 溶液中，让其反应 3 h。然后，对于每 10 mL KMnO$_4$ 溶液，用 0.8 g 焦亚硫酸钠脱色，用等体积的水稀释，并检查破坏的完整性。过滤并适当丢弃滤液和沉淀物。

（3）此方法仅适用于 DB(c,g)C、DB(a,i)C 和 DB(a,j)AC。首先尽可能多地清除泄漏物。用乙腈湿布收集固体，用干布吸收液体。添加足够的乙腈以完全润湿该区域，并添加过量的 0.3 mol/L KMnO$_4$ 溶液。将布浸入 0.3 mol/L 高锰酸钾溶液中，让其反应至少 6 h。然后，对于每 10 mL KMnO$_4$ 溶液，用 0.8 g 焦亚硫酸钠脱色，再用 1 mL 10 mol/L NaOH 溶液进行碱化，检查混合物是否呈强碱性，并检查破坏的完整性。过滤并适当丢弃滤液和沉淀物。

参考文献

[1] LIN S H, WANG C S. Treatment of high-strength phenolic wastewater by a new two-step method[J]. J Hazard Mater, 2002, B90: 205-216.

[2] KINSLEY C, NICELL J A. Treatment of aqueous phenol with soybean peroxidase in the presence of polyethylene glycol[J]. Bioresour Technol, 2000, 73: 139-146.

[3] WU Y, TAYLOR K E, BISWAS N, et al. A model for the protective effect of additives on the activity of horseradish peroxidase in the removal of phenol[J]. Enzyme Microb Technol, 1998, 22: 315-322.

[4] KULKARNI U S, DIXIT S G. Destruction of phenol from wastewater by oxidation with SO$_3^{2-}$-O$_2$[J]. Ind Eng Chem Res, 1991, 30: 1916-1920.

[5] TEDDER D W, POHLAND F G. Emerging technologies in hazardous waste management[J]. American Chemical Society, 1990: 77-99.

[6] NIEGOWSKI S J. Destruction of phenols by oxidation with ozone[J]. Ind Eng Chem, 1953, 45: 632-634.

[7] TEDDER D W, POHLAND F G. Emerging technologies in hazardous waste management III[J]. American Chemical Society, 1993: 85-105.

[8] NORADOUN C, ENGELMANN M D, MCLAUGHLIN M, et al. Destruction of chlorinated phenols by dioxygen activation under aqueous room temperature and pressure conditions[J]. Ind Eng Chem Res, 2003, 42: 5024-5030.

[9] HAYYAN M, MJALLI F S, HASHIM M A, et al. Generation of superoxide ion in pyridinium, morpholinium, ammonium, and sulfonium-based ionic liquids and the application in the destruction of toxic chlorinated phenols[J]. Ind Eng Chem Res, 2012, 51: 10546-10556.

[10] HERRERA-MELIÁN J A, DOÑA-RODRÍGUEZ J M, RENDÓN E T, et al. Solar photocatalytic destruction of p-nitrophenol: a pedagogical use of lab wastes[J]. J Chem Educ, 2001, 78: 775-777.

[11] CHANG S H, YEH J W, CHEIN H M, et al. PCDD/F Adsorption and destruction in the flue gas streams of MWI and MSP via Cu and Fe catalysts supported on carbon[J]. Environ Sci Technol, 2008, 42: 5727-5733.

[12]   KANG J W, HUNG H M, LIN A, et al. Sonolytic destruction of methyl tert-butyl ether by ultrasonic irradiation: the role of O_3, H_2O_2, frequency, and power density[J]. Environ Sci Technol, 1999, 33: 3199-3205.

[13]   DIAZ A F, DROGOS D L. Oxygenates in gasoline[J]. American Chemical Society, 2001: 177-189.

[14]   LUNN G, SANSONE E B. Safe disposal of highly reactive chemicals[J]. J Chem Educ, 1994, 71: 972-976.

[15]   National Research Council, Committee on Hazardous Substances in the Laboratory. Prudent Practices for Disposal of Chemicals from Laboratories[M]. Washington, DC: National Academy Press, 1983: 76.

[16]   BELLAMY A J. Triacetone triperoxide: its chemical destruction[J]. J Forensic Sci, 1994, 44: 603-608.

[17]   OXLEY J C, SMITH J L, HUANG J, et al. Destruction of peroxide explosives[J]. J Forensic Sci, 2009, 54: 1029-1033.

[18]   OXLEY J C, SMITH J L, BRADY I V, et al. Factors influencing destruction of triacetone triperoxide (TATP) [J]. Propellants Explos Pyrotech, 2014, 39: 289-298.

[19]   REID D, RICHES B, ROWAN A, et al. Expedient destruction of organic peroxides including triacetone triperoxide (TATP) in emergency situations[J]. J Chem Health Saf, 2018, 25: 22-27.

[20]   LUNN G, SANSONE E B. Destruction of hazardous chemicals in the laboratory[M]. 4th ed. Hoboken, NJ: Wiley, 2023.

6

含砷、磷、硒、硫化合物的销毁与净化

6.1 化合物概述

6.1.1 含砷化合物

砷，俗称砒，是一种非金属元素，单质以灰砷、黑砷和黄砷这三种同素异形体的形式存在。砷元素广泛地存在于自然界，共有数百种砷矿物已被发现。砷与其化合物被运用在农药、除草剂、杀虫剂，与许多种合金中。在古代，三氧化二砷被称为砒霜，但是少量的砷对身体有益。

6.1.2 含磷化合物

白磷是一种磷的单质，外观为白色或浅黄色半透明性固体，质软，冷时性脆，见光色变深。白磷暴露空气中在暗处产生绿色磷光和白烟。白磷在湿空气中约 40 ℃ 着火，在干燥空气中则稍高。白磷能直接与卤素、硫、金属等起作用，与硝酸生成磷酸，与氢氧化钠或氢氧化钾生成磷化氢及次磷酸钠或磷酸钾。白磷应避免与氯酸钾、高锰酸钾、过氧化物及其他氧化物接触。

红磷又名赤磷，为紫红色无定形粉末，有光泽，无毒，高压下热至 590 ℃ 开始熔化，若不加压则不熔化而升华，汽化后再冷凝则得白磷。红磷以 P_4 四面体的单键形成链或环的高聚合结构，具有较高的稳定性，不溶于水、二硫化碳，微溶于无水乙醇，溶于碱液。红磷与硝酸作用生成磷酸，在氯气中加热生成氯化物。黄磷在真空中常压下，加热至 250 ℃ 数天，逐渐转化为红磷。红磷可用于半导体工业作扩散源、有机合成和制造火柴，也用作杀虫剂、杀鼠剂、焰火和烟幕弹等。

五氧化二磷，是一种无机化合物，为白色粉末，不溶于丙酮、氨水，溶于硫酸，主要用作干燥剂、脱水剂，也可用于制造高纯度磷酸、磷酸盐及农药等。

对氧磷，又名对硝基苯磷酸二乙酯，是一种有机磷化合物，在水和油中溶解度低，可溶于大多数有机溶剂，难溶于石油醚及液状石蜡。对氧磷以往常用来作为杀虫药的有机磷酸盐胆碱酯酶抗化剂使用，是杀虫药有机磷酸盐和杀虫药对硫铜的活跃新陈代谢产物。由于对氧磷对人类和其他动物有毒害风险，近年来已极少使用。对氧磷也被当作对抗青光眼的一种眼科药物使用。对氧磷通过皮肤容易被吸收，曾被用为南非种族隔离时代的化学武器。

VX 神经毒剂，化学名称为 *O*-乙基-*S*-[2-（二异丙氨基）乙基]甲基硫代磷酸酯，是一种比沙林毒性更大的神经性毒剂，是最致命的化学武器之一。VX 是一种无色无味的油状液体，工业品呈微黄、黄或棕色，贮存时会分解出少量的硫醇，因而带有臭味，主要是以液体造成地面、物体染毒，可以通过空气或水源传播，几乎无法察觉。人体皮肤与 VX 接触或吸入就会导致中毒，头痛恶心是感染这种毒气的主要症状。VX 毒气可造成中枢神经系统紊乱、呼吸停止，最终导致死亡

沙林，又叫沙林毒剂，学名甲氟膦酸异丙酯，属于 G 类神经性毒剂，可以麻痹人的中枢神经。沙林是一种神经麻痹性毒剂，按伤害作用分类为神经性毒剂。沙林具有极微弱的水果香味，为无色透明液体，易同水混合，并能溶于有机溶剂，易渗入多孔表面和涂漆表面。所有神经麻痹性毒剂中，沙林的挥发度最高。沙林对人的瞳孔具有强烈的收缩作用。当沙林以各种方式侵入人的机体时，其毒害作用是能损伤神经传导。沙林的潜伏期极短。沙林经呼吸道致毒时，其绝对致死量为 0.1 mg·min/L，半数致死剂量视体重的不同为 0.025 ~ 0.07 mg·min/L。防毒面具可用来对沙林进行防护。

梭曼，又名甲氟磷酸频哪酯，为有微弱水果香味的无色液体，挥发度中等，是 G 类神经性毒剂中最重要的一种毒剂。梭曼的毒性比沙林大 3 倍左右。据有关资料记载，人若吸入几口高浓度的梭曼蒸气后，在 1 min 之内即可致死，中毒症状与沙林相似。

具体信息见表 6-1。

表 6-1　典型含磷化合物基本信息一览表

化合物	mp or bp	结构式/分子式	CAS 登记号
白磷	mp 44.1 °C，bp 280.5 °C	P_4	[12185-10-3]
红磷	mp 590 °C（4300 kPa）	P	[7723-14-0]
五氧化二磷	mp 340 ~ 360 °C	P_2O_5	[1314-56-3]
对氧磷	bp 169 ~ 170 °C（0.133 kPa）		[311-45-5]
VX	bp 298 °C		[50782-69-9]
沙林	bp 147 °C		[107-44-8]
塔崩	bp 240 °C		[77-81-6]
梭曼	bp 198 °C		[96-64-0]

6.1.3 含硒化合物

亚硒酸，是一种无机化合物，是硒的含氧酸，为无色或白色结晶性粉末，溶于水，易溶于乙醇，不溶于氨水，主要用作分析试剂，也可用作还原剂或氧化剂，还可用于制备显色剂。

二氧化硒，是一种氧化物，为白色结晶性粉末，蒸气为黄绿色，溶于水和极性有机溶剂，用作有机化合物氧化剂、催化剂、化学试剂，各种无机硒化合物制造的原料。

硒酸钠，有剧毒，主要用于除壁虱、蚜虫、线虫，用作玻璃脱色剂、增光剂、抗腐蚀剂和化学分析试剂。

具体信息见表 6-2。

表 6-2　典型含硒化合物基本信息一览表

化合物	mp or bp	结构式/分子式	CAS 登记号
亚硒酸	mp 70 °C，bp 684.9 °C	H_2SeO_3	[7783-00-8]
二氧化硒	mp 315 °C	SeO_2	[7446-08-4]
硒酸钠	mp 32 °C	Na_2SeO_4	[13410-01-0]

6.1.4 含硫化合物

硫脲，是一种有机含硫化合物，白色而有光泽的晶体，味苦，用于制造药物、染料、树脂、压塑粉等的原料，也用作橡胶的硫化促进剂、金属矿物的浮选剂等。

乙硫醇，为无色透明液体，微溶于水，易溶于碱及乙醇、乙醚等有机溶剂，以具有强烈、持久且具刺激性的蒜臭味而闻名，它和丁硒硫醇并列为吉尼斯世界纪录中收录的最臭的物质。空气中仅含五百亿分之一的乙硫醇时，其臭味就可被嗅到，通常被加入煤气等做臭味指示剂。当人体大量吸入乙硫醇时，会引起呼吸困难、血压降低，并会出现呕吐、喉咙不适等症状。

1-丁硫醇，又名正丁硫醇，是一种有机化合物，为无色透明液体，微溶于水，易溶于乙醇、乙醚等，主要用作溶剂、有机合成中间体。

苯硫酚，又名硫代苯酚、巯基苯，是一种有机化合物，是一种带有恶臭味的无色液体，呈弱酸性，有剧毒。苯硫酚用于合成有机磷农药克瘟散、杀菌磺胺、敌锈酸，还可用作生产杀虫剂三硫磷、氰苯硫醚、增效滴、甲基芬硫磷以及三氯苯硫酚、二苯基硫等。医药原料方面，苯硫酚用于生产局部麻醉剂及甲砜霉素等。

二甲基二硫醚用于合成有机磷杀虫剂倍硫磷，螨胺磷的中间体对甲硫基间苯酚，硫丙磷的中间体对甲硫基苯酚，也可用作溶剂和催化剂的纯化剂。二乙基二硫醚是一种无色至淡黄色的液体，具有强烈的臭味，广泛用于有机合成、医药、橡胶和涂料等行业。

硫化钠，又称臭碱、臭苏打、硫化碱，是一种无机化合物，外观为无色结晶粉末，易溶于水，不溶于乙醚，微溶于乙醇。触及皮肤和毛发时会造成灼伤，故硫化钠俗称硫化碱。露置在空气中时，硫化钠会放出有臭鸡蛋气味的有毒硫化氢气体。工业硫化钠因含有杂质其色泽呈粉红色、棕红色、土黄色。

二硫化碳，为无色液体，是一种常见的溶剂。实验室用的纯的二硫化碳有类似三氯甲烷的芳香甜味，但是通常不纯的工业品因为混有其他硫化物而变为微黄色，并且有令人不愉快的烂萝卜味。二硫化碳可溶解硫单质。二硫化碳用于制造人造丝、杀虫剂、促进剂等，也用作溶剂。

具体信息见表 6-3。

表 6-3　典型含硫化合物基本信息一览表

化合物	mp or bp	结构式/分子式	CAS 登记号
硫脲	mp 176~178 ℃	$H_2N \underset{}{\overset{S}{\bigwedge}} NH_2$	[62-56-6]
乙硫醇	bp 35 ℃	CH_3CH_2SH	[75-08-1]
1-丁硫醇	bp 98 ℃	$CH_3(CH_2)_3SH$	[109-79-5]
苯硫酚	bp 168.3 ℃	C_6H_5SH	[108-98-5]
二甲基二硫醚	bp 109 ℃	CH_3SSCH_3	[624-92-0]
二乙基二硫醚	bp 151~153 ℃	$CH_3CH_2SSCH_2CH_3$	[110-81-6]
二丁基二硫醚	bp 229~233 ℃	$CH_3(CH_2)_3SS(CH_2)_3CH_3$	[629-45-8]
硫化钠	mp 950 ℃	Na_2S	[1313-82-2]
二硫化碳	bp 46 ℃	CS_2	[75-15-0]

6.2　含砷、磷、硒、硫化合物的销毁与净化

6.2.1　含砷化合物的销毁与净化

6.2.1.1　使用芬顿试剂进行销毁[1,2]

将 100 mg 硫酸亚铁铵和 100 μL 30% 双氧水添加到含有 2.5 mg/L As(Ⅲ) 的 1 L 水中，搅拌 10 min 后，以高达 150 mL/min 的流速通过一个 250 mm×50 mm 内径的填充有 150 g 铁屑的柱子，测试去污的完全性，并将其丢弃。对于 1 mg/L 的 As(Ⅴ) 溶液，使用 5 mg/L 的 Fe(Ⅱ) 和 pH 为 5 的等物质的量的过氧化氢进行处理，并丢弃含砷沉淀物。

6.2.1.2　使用次氯酸钙和硫酸铁进行销毁[3]

首先将井水（约 16 L）收集在没有壶嘴的桶中，再加入 1.5 g 硫酸铁和 0.5 g 次氯酸钙，充分混合后，反应 5~10 min。测试去污的完全性，并将其丢弃。

6.2.1.3　使用硫酸亚铁和碳酸钙进行销毁[4]

将 50 mg/L 砷(Ⅴ) 水溶液、硫酸亚铁和碳酸钙（Ca、Fe、As 物质的量之比 1.5∶1∶0.5）进行混合，并快速搅拌 3 h 后，丢弃含砷沉淀物。

6.2.1.4　使用硫酸钛和紫外线进行销毁[5]

制备含有 200 μg/L As(Ⅲ)、1 mmol/L 碳酸氢钠和 1 mmol/L 氯化钠的溶液，并用 HCl 或 NaOH 将 pH 调节至 5~6。加入 5~10 mg/L 硫酸钛，用低压紫外灯在 254 nm 处照射。反应完成后，丢弃含砷沉淀物。

6.2.1.5　用紫外光降解二苯胂酸[6]

用高压汞灯照射 5.40~7.06 mg/kg 二苯胂酸溶液 30 min。如此形成的 As(Ⅲ) 和 As(Ⅴ) 氧化物的混合物应进一步处理。

6.2.1.6 含砷废渣的净化[7]

1. 固化法

固化法中水泥固化被广泛使用，此法适用于砷含量比较低的含砷废渣，含砷量一般不大于 1.0%。

以水泥为固化剂，与含砷废渣中的水分或另外添加水分发生水化反应生成凝胶，将含砷废渣中的有害微粒包容起来，逐步硬化成水泥固化体。

水泥固化工艺参数如下：

砷渣、水泥、粉煤灰、矿渣、碎石质量配比 = 1 : 0.4 : 0.2 : 0.2 : 0.2。水灰质量比约为 1 : 0.4，粉煤灰球磨时间不小于 15 min，水泥、砷渣、粉煤灰球磨时间不小于 20 min，搅拌时间不小于 6 min。

2. 硫酸浸出法

将含砷废渣和硫酸置于反应釜中反应完全后，再经过滤、洗涤、干燥，得到产品白砷（As_2O_3）。

硫酸浸出法工艺参数如下：

硫酸溶液浓度不小于 80%，反应温度 140 ~ 210 ℃，反应时间 2 ~ 3 h，干燥温度 100 ~ 110 ℃。

3. 碱浸法

利用氢氧化钠并通入空气对含砷废渣进行碱性氧化浸出，将砷转化为砷酸钠，然后经苛化、酸分解、还原结晶，得到产品白砷（As_2O_3）。

碱性浸取工艺参数如下：

氢氧化钠与含砷废渣（以 As_2S_3 计）物质的量之比约为 7.2 : 1，固体质量与液体体积比约为 1 : 6，反应温度约为 90 ℃，反应时间约为 2 h，碱浸液 pH 为 7 ~ 8。

4. 硫酸铜置换法

先对含砷废渣进行浆化后，加入硫酸铜溶液进行反应，生成亚砷酸，冷却后亚砷酸存在残渣中，经过滤分离后，再用硫酸铜浆化后通入空气，将亚砷酸氧化成溶解度大的砷酸，过滤分离后，通入二氧化硫，将砷酸还原成亚砷酸，再冷却结晶、干燥，制得产品白砷（As_2O_3）

硫酸铜置换法工艺参数如下：

反应温度 65 ~ 70 ℃，反应时间约为 1 h，空气流量约为 100 L/h，氧化、还原反应时间约为 1 h。

6.2.2 含磷化合物的销毁

6.2.2.1 白磷的销毁[8]

在水里将 5 g 白磷切成直径不超过 5 mm 的颗粒，并将这些颗粒加入 800 mL 1 mol/L 硫酸铜溶液中。让反应混合物在通风橱中静置约一周，并偶尔搅拌一下。在水里切割一个较大的黑色颗粒，如果没有观察到蜡状白磷，则反应完成。过滤沉淀物，将其添加到 500 mL 5.25% 次氯酸钠溶液中。搅拌该混合物 1 h，将所有磷化铜氧化成磷酸铜。

6.2.2.2　红磷的销毁[9]

向 500 mL 0.5 mol/L 硫酸中加入 1 g 红磷，在搅拌下加入 12 g 溴酸钾。搅拌反应混合物，直到红磷全部溶解。若 24 h 内红磷未全部溶解，可再加入溴酸钾。反应结束后，加入 16 g 焦亚硫酸钠除溴，并弃去反应混合物。

6.2.2.3　五氧化二磷的销毁[10]

将 P_2O_5 加入搅拌的水和碎冰的混合物中。在丢弃它之前，确保没有留下未反应的 P_2O_5 块。

6.2.2.4　对氧磷的销毁[11]

在 pH = 9 和 10 时，在铵盐存在下，研究了过氧丙酸与对氧磷的反应情况。实验表明对氧磷的半衰期约为 150 s。

6.2.2.5　含磷化学战剂的销毁

1. VX 和沙林在 KF/Al_2O_3 上的破坏性吸附[12]

将 60 g KF 溶解在约 400 mL 水中，然后加入 240 g 中性 γ-氧化铝，并在 100 ℃ 蒸发除去大部分水，以制备 KF/Al_2O_3（20，H_2O，160）。KF/Al_2O_3 粉末在 160 ℃ 下干燥 24 h。用同样的方法制备 AgF/Al_2O_3 和 $AgF/KF/Al_2O_3$。

将约 40 mg 粉末加入 0.4 cm 的 ZrO_2 转子中，并用注射器将 2 ~ 5 μL VX 或 GB 加到样品的中心处。转子用一个合适的 Kel-F 盖密封。定期测量 ^{31}P 和 ^{13}C MAS NMR 光谱，以确定剩余的起始物质并识别降解产物。

2. 焚化[13]

1982 年，NRC 批准焚烧技术作为化学战剂销毁的推荐方法。它被称为"基线"系统。使用该系统的第一个全规模原型设施是约翰斯顿环礁化学制剂处理系统（JACADS），它的建造始于 1985 年，从 1990—1993 年进行了操作验证测试（OVT）。这种技术对于销毁储存的化学战剂非常有效，目前在德国、英国和美国陆军中广泛使用。

对于神经毒剂，系统中有 3 个炉：液体焚烧炉、能量学的失活炉和净化金属的金属零件炉。液体焚烧炉是一种两级耐火内衬焚烧炉，由 2 个顺序燃烧室和 1 个污染控制系统组成，旨在销毁神经毒剂塔崩、沙林和 VX。从弹药或储存容器中排出的液体化学试剂被收集在储罐中，并将其送入第一个燃烧室。该燃烧室是一个高温（1480 ℃）液体焚烧炉，用天然气预热，根据药剂流量控制燃料流量，以保持适当的温度，有效地销毁药剂。然后，气体被送往第二个燃烧室，也用燃料预热，在最低温度 1090 ℃ 下进行最后燃烧阶段。

3. 碱水解中和[13]

（1）沙林的销毁。先把沙林泵入储存罐。然后，将其与大量过量的氢氧化钠水溶液混合，以产生无机盐水溶液和有机降解产物。这些物质被装入桶中，并存放在危险废物填埋场。水蒸气在排放到大气之前要经过一个洗涤过程。废水被转移到工业污水坑或污水池。

（2）VX 的销毁。将来自储罐的 VX 试剂缓慢加入剧烈搅拌的反应器中，该反应器含有预热至 90 ℃ 的氢氧化钠水溶液。在加入次氯酸钠之前，加入反应器中的 VX 的总量是水解产物（按重量计）的 21%。将混合物加热 6 h。冷却后，加入等量的次氯酸钠溶液，以氧化反应产物。漂白后，处理的 VX 量是最终水解产物（按重量计）的 10%。使用气相色谱/质谱定期分析水解产物,发现 VX 的浓度低于 2×10^{-8}。水解产物需要经过进一步处理和最终处置。

4. 分解反应[13]

在中性和 25 ℃ 条件下,塔崩在水中可稳定 14 ~ 28 h;在 20 ℃ 和 pH 7.4 下的半衰期约为 8 h。在 20 ℃ 和中性条件下,沙林的半衰期估计为 461 h (pH 6.5) 至 46 h (pH 7.5)。在 pH 6 和 25 ℃ 下,梭曼半衰期约为 60 h。在 pH 大于 10 时,梭曼和沙林都会在几分钟内水解。因为产生了酸,pH 降低,水解速率也降低。因此,需要过量的碱来维持反应速率。

6.2.3　含硒化合物的销毁

(1) 向硒(Ⅳ)物种的水溶液中加入硫化钠的水溶液,使得硫、硒物质的量之比为 2.5 : 1,搅拌 10 min,并过滤[14]。检查去污的完整性,并适当丢弃剩余的溶液和沉淀物。

(2) 将 500 mg 铁粒（20 目,0.073 m^2/g）添加到 10 mL 含有 500 μmol/L 氯化亚铁的 253 μmol/L 硒酸盐（Na_2SeO_4）溶液中,并在室温下以 30 r/min 在黑暗中混合 10 h,检查破坏的完整性,然后丢弃[15]。

(3) 将预腐蚀铁悬浮液加入含有 253 μmol/L Na_2SeO_4 的 300 mL pH 7.0 溶液中,以 350 r/min 搅拌 2 h,测试销毁的完整性,并丢弃[16]。

6.2.4　含硫化合物的销毁

6.2.4.1　硫脲的销毁[17]

所有的 5% HCl 测试样品都含有约 2% 的硫脲、5000 mg/L 的 Fe^{2+} 和 300 mg/L 的 Cu^+。用足够的 NaOH 处理样品以中和酸,并提供过量的氢氧根离子。实验在一个装有冷凝器、空气喷雾器和温度控制探头的三颈 250 mL 圆底烧瓶中进行。实验过程中的气流由 Matheson 8270 型流量控制器控制。在测试过程中,从烧瓶中取样,立即通过 0.45 μm 过滤膜过滤,并按照 3 : 10 000 比例稀释后再进行分析。所有用于稀释的玻璃器皿在使用前用铬酸清洗液清洗。

已知硫脲具有紫外线活性,最大吸收波长为 235 ~ 242 nm,摩尔消光系数为 4.1。因此,硫脲的所有定量分析均采用紫外分光光度法进行。使用 Beckman DU-7 型分光光度计对样品进行分析。

6.2.4.2　过氧丙酸对有机硫污染物的破坏[11]

将硫化物胶束缓冲溶液与过氧丙酸(1 ~ 5 当量)缓冲水溶液混合,并用 0.1 mol/L 的 KOH 溶液将 pH 调至其初始值。30 min 后用饱和 $Na_2S_2O_3$ 溶液淬灭反应。用乙酸乙酯萃取水溶液,用硫酸镁干燥并过滤。将称重的十六烷或十二醇（标准）样品加入有机溶液中,通过气相色谱和质谱鉴定氧化产物。

6.2.4.3　二甲基二硫醚、二硫化碳、苯硫酚和硫化钠的销毁[18]

在室温下搅拌 600 mL 5.25% NaOCl 溶液和 200 mL 1 mol/L NaOH 溶液,并在 1 h 内分批加入 0.05 mL 二甲基二硫醚（4.7 g,4.5 mL）、二硫化碳（3.8 g,3 mL）、0.1 mol 苯硫酚（11.0 g,10.25 mL）或硫化钠（7.8 g）。再搅拌反应混合物 1 h,过滤除去固体苯基二硫化物。检查水层是否仍在氧化,检查破坏的完整性,并将其丢弃。

6.2.4.4 二乙基二硫醚、二丁基二硫醚、乙硫醇和 1-丁硫醇的销毁[18]

在室温下搅拌 600 mL 5.25% NaOCl 溶液和 200 mL 1 mol/L NaOH 溶液，如果要降解 1-丁硫醇或二丁基二硫醚，则添加 3.2 mL Triton X-100。在 1 h 内分批添加 0.05 mol 二乙基二硫醚（6.1 g，6.1 mL）、二丁基二硫醚（8.9 g，9.5 mL）、0.1 mol 乙硫醇（6.2 g，7.4 mL）或 1-丁硫醇（9.0 g，10.7 mL）。搅拌反应混合物 18 h，检查其是否仍在氧化，检查破坏是否完全，并将其丢弃。

6.2.4.5 使用臭氧进行销毁[19]

以每小时 10 g 臭氧的速度将臭氧通入水中，直到臭氧浓度为 9.8 mg/L（200 μmol/L）。将其加入含有 500 μg/L 乙硫醇、二甲基硫醚或二甲基二硫醚的水溶液中，搅拌 10 min，检查是否完全破坏，并丢弃。

6.2.4.6 使用光-芬顿反应进行销毁[19]

用 15 W 低压汞灯（TNN 15/32 Heraeus，0.07 W/cm^2）在 254 nm 处照射 25 mL 含有 500 μg/L 乙硫醇、二甲基硫醚或二甲基二硫醚、200 μmol/L 过氧化氢和 18 μmol/L FeCl$_2$ 的水溶液，搅拌 10 min，检查破坏的完整性，并丢弃。

参考文献

[1] KRISHNA M V B, CHANDRASEKARAN K, KARUNASAGAR D, et al. A combined treatment approach using Fenton's reagent and zero valent iron for the removal of arsenic from drinking water[J]. J Hazard Mater, 2001, B84: 229-240.

[2] DONG H, GUAN X, WANG D, et al. A novel application of H$_2$O$_2$-Fe(II) process for arsenate removal from synthetic acid mine drainage (AMD) water[J]. Chemosphere, 2011, 85: 1115-1121.

[3] CHENG Z, VAN GEEN A, JING C, et al. Performance of a household-level arsenic removal system during 4-month deployments in Bangladesh[J]. Environ Sci Technol, 2004, 38: 3442-3448.

[4] ZHANG T, ZHAO Y, BAI H, et al. Enhanced arsenic removal from water and easy handling of the precipitate sludge by using FeSO$_4$ with CaCO$_3$ to Ca(OH)$_2$[J]. Chemosphere, 2019, 231: 134-139.

[5] WANG Y, DUAN J, LI W, et al. Aqueous arsenite removal by simultaneous ultraviolet photocatalytic oxidation-coagulation of titanium sulfate[J]. J Hazard Mater, 2016, 303: 162-170.

[6] WANG A, TENG Y, HU X, et al. Photodegradation of diphenylarsinic acid by UV-C light: implication for its remediation[J]. J Hazard Mater, 2016, 308: 199-207.

[7] 全国废弃化学品处置标准化技术委员会. 含砷废渣的处理处置技术规范：GB/T 33072—2016[S]. 北京：中国标准出版社，2016.

[8] LUNN G, SANSONE E B. Destruction of hazardous chemicals in the laboratory[M]. 4th ed. Hoboken, NJ: Wiley, 2023.

[9] DESHMUKH G S, SANT B R. Determination of elementary (red) phosphorus by potassium bromate[J]. Anal Chem, 1952, 24: 901-902.

[10] LUNN G, SANSONE E B. Safe disposal of highly reactive chemicals[J]. J Chem Educ, 1994, 71: 972-976.

[11] LION C, CONCEIÇÃO L D, HECQUET G, et al. Destruction of toxic organophosphorus and organosulfur pollutants by perpropionic acid: the first stable, industrial liquid water-miscible peroxyacid in decontamination[J]. New J Chem, 2002, 26: 1515-1518.

[12] GERSHONOV E, COLUMBUS I, ZAFRANI Y. Facile hydrolysis-based chemical destruction of the warfare agents VX, GB, and HD by alumina-supported fluoride reagents[J]. J Org Chem, 2009, 74: 329-338.

[13] JANG Y J, KIM K, TSAY O G, et al. Update 1 of: destruction and detection of chemical warfare agents[J]. Chem Rev, 2015, 115: PR1-PR76.

[14] GEOFFROY N, DEMOPOULOS G P. The elimination of selenium(IV) from aqueous solution by precipitation with sodium sulfide[J]. J Hazard Mater, 2011, 185: 148-154.

[15] TANG C, HUANG Y H, ZENG H, et al. Reductive removal of selenate by zero-valent iron: the roles of aqueous Fe^{2+} and corrosion products, and selenate removal mechanisms[J]. Water Res, 2014, 67: 166-174.

[16] SHAN C, CHEN J, YANG Z, et al. Enhanced removal of Se(VI) from water via pre-corrosion of zero-valent iron using H_2O_2/HCl: effect of solution chemistry and mechanism investigation[J]. Water Res, 2018, 133: 173-181.

[17] FROST J G. Oxidative destruction of thiourea in boiler chemical cleaning waste solutions[J]. Environ Sci Technoi, 1993, 27: 1871-1874.

[18] LUNN G, SANSONE E B. Safe disposal of highly reactive chemicals[J]. J Chem Educ, 1994, 71: 972-976.

[19] LUNN G, SANSONE E B. Destruction of hazardous chemicals in the laboratory[M]. 4th ed. Hoboken, NJ: Wiley, 2023.

染料的销毁与净化

7.1 化合物概述

7.1.1 直接染料

该类染料与纤维分子之间以范德华力和氢键相结合，分子中大多含有磺酸基、羧基而溶于水，在水中以阴离子形式存在，可使纤维直接染色。直接染料主要用于纤维素纤维的染色，也可用于蚕丝、纸张、皮革的染色。直接染料因不依赖其他药剂而可以直接染着于棉、麻、丝、毛等各种纤维上而得名。直接染料的染色方法简单，色谱齐全，成本低廉。但直接染料耐洗和耐晒牢度较差，如采用适当后处理的方法，能够提高染色成品的牢度。

一些典型的直接染料基本信息如下：

直接红 23，为紫红色粉末，具有中等水溶性，溶于水呈亮红色，其水溶液加稀硫酸转淡蓝色，加浓盐酸产生酒红色沉淀，加浓碱转红光橙棕色。直接红 23 微溶于乙醇呈橙色，不溶于丙酮，于浓硫酸中呈大红至品红色，稀释后转棕橙色；于浓硝酸中有橙黄色沉淀产生；不溶于浓碱液；溶于浓氨水中呈大红色。染色时直接红 23 遇铜离子色光变暗，遇铁离子色光无变化。直接红 B 可用于棉、黏胶织物的染色和印花，但多用于黏胶织物，棉织物少用，为黄光红色。上染率好，移染性差，对盐敏感。染色后经固色剂 Y 处理，湿牢度仍不理想。可单独使用染大红、茜红，也可用于拼染黄、橙、红、棕等色。可用于染蚕丝、羊毛、麻等织物以及蚕丝织物的印花。直接红 23 用于棉、黏胶的混纺织物染色时，蚕丝、羊毛得色较浅，锦纶严重沾色，二醋酸纤维、涤纶微沾色。

直接红 28，又名刚果红和直接大红，为棕红色粉状物，易溶于热水，可溶于 10 份冷水，溶液呈黄红色。直接红 28 溶于乙醇呈橙色，微溶于丙酮，几乎不溶于醚。直接红 28 在浓硫酸中呈深蓝色，稀释后呈浅蓝色并有蓝针沉淀。直接红 28 在浓烧碱中不溶解。蓝针沉淀对酸、盐敏感，即使从空气中吸收二氧化碳，也会使色泽变蓝暗，但用稀纯碱液处理可恢复原来色泽。直接红 28 曾广泛用于棉、黏胶的染色，因其遇酸极易转变为蓝色，以及无适当处理方法使之提高其湿处理牢度，故自不溶性偶氮染料和直接耐酸大红 4BS 问世以来，该品在染色中的使用量逐渐减少，但在造纸工业中用量颇大。直接红 28 还可作为酸碱指示剂，即刚果红试纸。

直接黄 12 为黄色粉末，水溶性好，溶于水呈黄色至金黄色溶液。直接黄 12 水溶液加浓盐酸有枣红色沉淀析出；加浓碱有金橙色沉淀析出，加稀碱色光稍有变化。直接黄 12 微溶于乙醇（呈柠檬色）、乙二醇乙醚和丙酮（呈绿光黄色）。直接黄 12 于浓硫酸中呈红光紫色，稀释后析出紫至红光蓝色沉淀。直接黄 12 在浓碱中不溶解，稀释后呈白色。直接黄 12 在浓氨水中呈黄色。直接黄 12 可用于棉、麻、黏胶等织物的染色，并可用于皮革、纸浆的染色，在弱酸性浴中可染丝和羊毛。

直接黄 86，为土黄色粉末，易溶于水，高温稳定性好。直接黄 86 适用于涤黏、涤棉混纺织物的一浴法染色，尤其适用于一浴一步法染色。

具体信息见表 7-1。

表 7-1　典型直接染料基本信息一览表

化合物	mp or bp	结构式/分子式	CAS 登记号
直接红 23	N/A		[3441-14-3]
直接红 28	mp 360 °C		[573-58-0]
直接黄 12	N/A		[2870-32-8]
直接黄 86	N/A		[50925-42-3]

7.1.2　酸碱性染料

在酸性介质中，染料分子内所含的磺酸基、羧基与蛋白纤维分子中的氨基以离子键相合，故称为酸性染料。酸性染料常用于蚕丝、羊毛和聚酰胺纤维以及皮革染色。也有一些染料，其染色条件和酸性染料相似，但需要通过某些金属盐的作用，在纤维上形成螯合物才能获得良好的耐洗性能，称为酸性媒染染料。

阳离子染料是纺织染料的一种，又称碱性染料和盐基染料。碱性染料溶于水中呈阳离子状态，阳离子染料可溶于水，在水溶液中电离，生成带正电荷的有色离子的染料。染料的阳离子能与织物中第三单体的酸性基团结合而使纤维染色，是腈纶纤维染色的专用染料，具有强度高、色光鲜艳、耐光牢度好等优点。

一些典型的酸碱性染料基本信息如下：

酸性橙7，也叫橙黄Ⅱ，为金黄色粉末，溶于水呈红光黄色，加入盐酸产生棕黄色沉淀；加入氢氧化钠溶液呈深棕色；溶于乙醇呈橙色；在浓硫酸中呈品红色，稀释后产生棕黄色沉淀；在浓硝酸中呈金黄色。酸性橙7在浓氢氧化钠溶液中不溶。染色时酸性橙7遇铜离子转红暗；遇铁离子色泽浅而暗。酸性橙7主要用于蚕丝、羊毛织品的染色，也可用于皮革、纸张的染色。酸性橙7在甲酸浴中可染锦纶。酸性橙7可在毛、丝锦纶上直接印花，也可用作指示剂和生物着色。

酸性橙6，又称金莲橙O、间苯二酚磺，为棕色粉末。酸性橙6溶于水呈金黄色，溶于乙醇、丙酮和溶纤剂，不溶于其他有机溶剂。酸性橙6水溶液加浓盐酸无变化，加入浓氢氧化钠呈橙棕色。酸性橙6用作酸碱指示剂，用于分析测试，生物染色等。

酸性红27，又名苋菜红、食品红2，鸡冠花红，是一种有机化合物，一种水溶性偶氮类着色剂。我国规定苋菜红可用于果味水、果味粉、果子露、汽水、配制酒、糖果、糕点上彩装、红绿丝、罐头、浓缩果汁、青梅等的着色。酸性红27在浓硫酸中呈紫色，稀释后呈桃红色；在浓硝酸中呈亮红色；在盐酸中呈棕色，发生黑色沉淀。由于酸性红27对氧化-还原作用敏感，故不适合于在发酵食品中使用。

酸性红14，又名偶氮玉红、酸性红B，主要用于羊毛、蚕丝、锦纶的染色及其织物的直接印花，还用于皮革、纸张、电化铝、墨水、木制品、生物制品、化妆品等的着色，以及医药、食品着色，也可制成色淀颜料。

酸性红1，也称酸性红G，为红色粉末，溶于水为大红色溶液，微溶于酒精和溶纤素，不溶于其他有机溶剂。酸性红1遇浓硫酸呈蓝光红色，将其稀释后呈较黄的红色；遇浓硝酸呈橘红色溶液，后转橙色；遇浓盐酸生成红色沉淀，稀释后即溶解。酸性红1水溶液加浓盐酸呈红色；加氢氧化钠液呈橘棕色。染色时，酸性红1遇铜离子使色泽带蓝光而暗；遇铁离子色泽带蓝光而浅。酸性红1主要用于羊毛织物的染色。酸性红1拼混性强，适宜于染浅、中色，可以直接在毛织物、锦纶和蚕丝织物上印花。酸性红1还可以用来制造色淀以及化妆品、纸张、肥皂、和木材等的着色制造墨水用。其钡盐可作用有机颜料，还用于塑料和医药。

酸性黄23，又称柠檬黄，是一种橙黄色的无臭颗粒或粉末，具有良好的溶解性。酸性黄23可以溶于水、甘油和丙二醇，微溶于乙醇，但不溶于油脂。当酸性黄23溶于水时呈现黄色，其水溶液在遇到硝酸、硫酸、盐酸和氢氧化钠时仍然保持黄色，但在碱性环境下会微微变红。酸性黄23具有耐光性、耐热性、耐盐性和吸湿性强的特点。酸性黄23在酒石酸和柠檬酸中表现出较好的稳定性，但在氧化条件下容易褪色。作为一种着色剂，酸性黄23与亮蓝和食用绿S等其他色素复配使用时具有良好的匹配性。酸性黄23作为一种着色剂，在食品、饮料、医药、日用品和化妆品等领域有广泛的应用。酸性黄23被发现在饮料、冰淇淋、雪糕、果冻、酸奶、罐头和糖果包衣等产品中。

酸性蓝9，也称食品蓝2，为蓝紫色粉末。酸性蓝9易溶于水，于水中溶解度（90 ℃）为50 g/L，水溶液呈绿光蓝色，加入氢氧化钠后几乎呈无色，伴有深紫色沉淀出现。酸性蓝9可溶于乙醇。酸性蓝9于浓硫酸中为橙色，稀释后呈淡黄色。酸性蓝9染色时对铜、铁离子敏感，影响色光。酸性蓝 9 用于羊毛、蚕丝、锦纶、羊毛混纺织物的染色和羊毛、蚕丝织物的直接印花，色泽鲜艳，匀染性良好。酸性蓝 9 用于羊毛与其他纤维同浴染色时，蚕丝上染，锦纶沾色严重，醋酸纤维和纤维素纤维稍有沾色。酸性蓝 9 还作为食品染料和有机颜料。也可用于皮革、纸张等的着色。

酸性蓝 80，为蓝色粉末，易溶于水，水溶液呈浓蓝色，加入盐酸或氢氧化钠均呈品红色。酸性蓝 80 在浓硫酸中呈红光蓝色，稀释后转为绿光蓝色；于浓硝酸中呈棕色。酸性蓝 80 主要用于羊毛、蚕丝、锦纶及其混纺织物的染色，以及羊毛、蚕丝织物的直接印花。

酸性黑 1，为黑褐色粉末，可溶于水，水溶液呈蓝黑色，加入浓盐酸产生绿光蓝色沉淀；加入氢氧化钠溶液产生蓝色沉淀。酸性黑 1 溶于乙醇，呈蓝色，微溶于丙酮，不溶于其他有机溶剂。酸性黑 1 于浓硫酸中呈蓝光绿色，稀释后产生暗绿光蓝色沉淀；于浓硝酸中呈暗绿色溶液后转变为酱红色；于 10% 氢氧化钠溶液中产生蓝色沉淀。染色时，酸性黑 1 遇铜离子色泽略有变化；遇铁离子色泽略带浅绿。酸性黑 1 主要用于对聚丙烯酰胺凝胶、琼脂糖凝胶和硝酸纤维素膜上蛋白质的染色。

亚甲基蓝，也称碱性蓝 9，是一种吩噻嗪盐，为深绿色青铜光泽结晶或粉末，可溶于水和乙醇，不溶于醚类。亚甲基蓝在空气中较稳定，其水溶液呈碱性，有毒。亚甲基蓝广泛应用于化学指示剂、染料、生物染色剂和药物等方面。

罗丹明 B，又名若丹明 B、玫瑰红 B、玫瑰精 B、碱性玫瑰精，是一种具有鲜桃红色的人工合成的染料，易溶于水、乙醇，微溶于丙酮、氯仿、盐酸和氢氧化钠溶液。罗丹明 B 呈红色至紫罗兰色粉末，水溶液为蓝红色，稀释后有强烈荧光，醇溶液有红色荧光。罗丹明 B 常用作实验室中细胞荧光染色剂，广泛应用于有色玻璃、特色烟花爆竹等行业。

罗丹明 6G，又名玫瑰红 6G、碱性红 1，为红色或黄棕色粉末。罗丹明 6G 是一种水溶性阳离子荧光染料，其水溶液在紫外光照射下发出绿黄色荧光，碱性溶液显暗绿色荧光，乙醇溶液呈现红黄色带绿黄色荧光，被广泛用于荧光标记或定量分析。罗丹明 6G 是以氧杂蒽为母体，苯环间由"氧桥"相连，分子具有刚性平面结构，属呫吨类型的阳离子染料。

孔雀石绿，是人工合成的有机化合物，是一种有毒的三苯甲烷类化学物，既是染料，也是杀真菌、杀细菌、杀寄生虫的药物，长期超量使用可致癌，无公害水产养殖领域国家明令禁止添加。孔雀石绿可用作丝绸、皮革和纸张的染料。商品孔雀石绿染料，是将色素溶于热草酸溶液，冷却后得草酸盐的结晶。或用盐酸中和后，加定量的氯化锌结晶出氯化锌复盐，成为绿色碱性染料，用于染羊毛，丝，皮革等，是专职的染料。孔雀石绿可用作生物染色剂，把细胞或细胞组织染成蓝绿色，方便在显微镜下研究，可用于植物病毒感染的宿主细胞染色、细菌、芽孢染色，红细胞、蛔虫卵染色。

甲基绿是具有金属光泽的绿色微结晶或亮绿色粉末。甲基绿溶于水，显蓝绿色。甲基绿微溶于乙醇，不溶于乙醚、戊醇。甲基绿为碱性染料，它易与聚合程度高的 DNA 结合呈现绿色。甲基绿是一种用于染印织物及生物体染色的化学染料。在印染行业中，甲基绿常用于染色羊毛、蚕丝、棉花等纤维材料。此外，甲基绿也被广泛用于细菌染色、淋球菌和肥大细胞染色等生物医学领域。

甲基橙本身为弱碱性，变色范围在 pH 3.1 ~ 4.4。甲基橙的变色范围是 pH≤3.1 时呈红色，3.1 ~ 4.4 时呈橙色，pH≥4.4 时呈黄色。甲基橙在分析化学中是一种常用的酸碱滴定指示剂，不适用于作为有机酸类化合物滴定的指示剂。甲基橙适用于强酸与强碱、弱碱间的滴定，还用于分光光度测定氯、溴和溴离子，并用于生物染色等。甲基橙曾在实验室和工农业生产中用作化学反应的酸碱度控制，以及化工产品和中间体的酸碱滴定分析。甲基橙指示剂的缺点是黄红色泽较难辨认，已被广泛指示剂所代替。甲基橙也是一种偶氮染料，可用于印染纺织品。

结晶紫，又名龙胆紫、甲紫，微溶于水、乙醚，溶于乙醇、氯仿。结晶紫是一种来自苯胺的蓝色染料，具有抗真菌和抗有丝分裂特性。结晶紫分解成穿透革兰氏阳性和革兰氏阴性细菌细胞的正离子和负离子。结晶紫也是诱变剂和有丝分裂毒物。结晶紫引发由自由基机制介导的光动力作用。此外，结晶紫通过诱导渗透性而消散了对原核或真核膜的动作电位，从而导致呼吸抑制和随后的细胞死亡。

阿利新蓝 8GX 具有金属光泽的墨绿色结晶，20 °C 时于水中溶解度为 9.5%，其溶液成亮绿蓝色。阿利新蓝 8GX 溶于无水乙醇，乙二醇乙醚、乙二醇，不溶于二甲苯。阿尔新蓝 8GX是一种阳离子染料，其与酸性糖胺聚糖形成不溶性复合物，从而有助于糖胺聚糖的定量测定。阿尔新蓝 8GX 已可用于小鼠 MPC（间充质祖细胞）结节中硫酸化蛋白多糖的染色，也可用于牛关节软骨细胞中硫酸化蛋白多糖的染色。

橙黄 I，又名酸性橙 20，是一种有机化合物，溶于水成橙红色溶液，溶于醇成橙色溶液。橙黄 I 可用于染料，也可用作酸碱指示剂。乙基橙，又称橙红素，是一种化合物，其性质为红色结晶，可溶于水和醇类溶剂，具有良好的稳定性和染色性能。乙基橙主要用途包括工业染料和化妆品颜料。在工业上，乙基橙可用于染色纺织品、皮革、纸张和塑料等材料。乙基橙在化妆品中，常用于配制粉底、口红和眼影等产品，赋予其红色或橙色的颜色。

天青 A 是一种碱性阳离子染料为吩噻嗪染料。天青 A 是由亚甲基蓝氧化形成的，具有强异染性。天青 A 可用于染色剂、电化学生物传感的氧化还原介质研究。天青 A 溶于水呈蓝色溶液，微溶于乙醇。天青 A 与浓硫酸显黄绿色，稀释即为蓝到蓝紫色，水溶液加入氢氧化钠显深紫色和暗紫色沉淀。

天青 B 是一种有机物为暗绿色结晶粉末，是一种阳离子染料，是亚甲基蓝的主要代谢物，用于天青曙红染色剂以进行血液涂片染色。天青 B 是一种高效、选择性和可逆的抑制单胺氧化酶（MAO）-A 的抑制剂，对重组人的 MAO-A 和 MAO-B 的 IC_{50} 分别为 11 和 968 nmol/L。天青 B 具有显著的抗抑郁作用。

苏丹红Ⅲ易溶于苯，溶于氯仿、冰乙酸、乙醚、乙醇、丙酮、石油醚、不挥发油、热甘油和挥发油，不溶于水。苏丹红Ⅲ是一种脂肪偶氮染色剂，常用于冻结切片的甘油三酯的染色。苏丹红Ⅳ主要用于油脂、水、肥皂、蜡烛、橡胶玩具、塑料制品的着色。在药皂中，苏丹红Ⅳ可用于染色或上色，使药皂呈现出更为鲜艳的颜色。苏丹红Ⅳ为三类致癌物。

氯唑黑为棕黑色粉状物，溶于水呈绿光黑色，稍溶于乙醇，呈绿光蓝黑色，溶于溶纤素，不溶于其他有机溶剂。氯唑黑遇浓硫酸呈深红光蓝色，稀释后呈紫酱色至红光黑色沉淀；在浓硝酸中呈黄棕色溶液；在浓盐酸中呈暗红光黑色溶液。氯唑黑水溶液加浓盐酸呈紫酱色沉淀。氯唑黑加浓氢氧化钠液，则生成灰色沉淀。氯唑黑对纤维素纤维染色，染料吸尽性很好。氯唑黑主要用于棉、麻、黏胶等纤维素纤维织和的染色，也可用于蚕丝、锦纶及其混纺织物的染色，还可用于皮革、生物和木材的染色，塑料的着色及作为赤色墨水的原料等。

具体信息见表 7-2。

表 7-2　典型酸碱性染料基本信息一览表

化合物	mp or bp	结构式/分子式	CAS 登记号
酸性橙 7	mp 164 ℃		[633-96-5]
酸性橙 6	mp ＞300 ℃		[547-57-9]
酸性红 27	mp ＞300 ℃		[915-67-3]
酸性红 14	mp ＞300 ℃		[3576-69-9]
酸性红 1	N/A		[3734-67-6]
酸性红 183	N/A		[6408-31-7]
酸性黄 23	mp 300 ℃		[1934-21-0]
酸性蓝 9	mp 283 ℃		[2650-18-2]

化合物	mp or bp	结构式/分子式	CAS 登记号
酸性蓝 80	mp > 300 ℃		[4474-24-2]
酸性黑 1	N/A		[1064-48-8]
亚甲基蓝	mp 190 ℃		[61-73-4]
罗丹明 B	mp 210 ~ 211 ℃		[81-88-9]
罗丹明 6G	mp 290 ℃		[989-38-8]
孔雀石绿	mp 158 ~ 160 ℃		[569-64-2]
甲基绿	mp 233 ℃		[82-94-0]
甲基橙	mp 300 ℃		[547-58-0]

化合物	mp or bp	结构式/分子式	CAS 登记号
结晶紫	mp 205 °C		[548-62-9]
阿利新蓝 8GX	mp > 340 °C		[75881-23-1]
橙黄 I	mp 260 °C		[523-44-4]
乙基橙	mp 101 ~ 105 °C		[62758-12-7]
天青 A	mp 290 °C		[531-53-3]
天青 B	mp 205 ~ 210 °C		[531-55-5]
苏丹红 III	mp 199 °C		[85-86-9]
苏丹红 IV	mp 199 °C		[85-83-6]
氯唑黑	mp 109 ~ 110 °C		[1937-37-7]

7.1.3 活性染料

活性红 2，也被称为苯酚甲醛橙黄，呈橙黄色，具有鲜艳的颜色，对酸性和碱性环境都相对稳定。活性红 2 广泛应用于纺织品染色、食品和药品加工、化妆品和个人护理产品等方面。活性红 2 也常用于实验室中作为指示剂。

活性红 120 主要用于棉布和黏胶纤维的染色和直接印花，并适于涤/棉、涤/黏混纺织物的染色。活性红 120 主要用于染棉、黏胶纤维，上染率较高，固色率可达 78%。活性红 120 也用于棉、黏胶纤维织物的直接印花，固色率高，接近 90%。该染料色光纯正，染色性好，利用率高。活性红 120 也可用于与分散染料同浴染涤棉混纺织物。

活性红 141 为紫红色均匀粉末，易溶于水，50 ℃ 时溶解度大于 150 g/L。活性红 141 适用于棉、麻、黏胶纤维以及涤棉、涤黏混纺织物的染色，色光略显艳蓝。活性红 198，又名活性红 M-RBE、活性艳红 RB、活性红 RB，为深红色粉末。活性红 198 用于棉及其他纤维素纤维织物的染色，为蓝光红色。活性红 198 适用于浸染法和轧染法。

活性艳红 K-2BP 为红色粉末，在水中溶解度为 60 g/L（20 ℃）。活性艳红 K-2BP 水溶液呈红色，加 1 mol/L 氢氧化钠仍为红色，继加保险粉并温热成浅黄色，再加过硼酸钠不能恢复至原来色泽。活性艳红 K-2BP 于浓硫酸中呈红色，稀释后仍为红色，并微有沉淀；于浓硝酸中呈红色，稀释后仍为红色；于稀盐酸中为红色。活性艳红 K-2BP 可与活性艳橙 K-G 或活性艳橙 K-7R 拼大红色，可用于维棉混纺布的直接印花。也用于棉、黏胶纤维的染色及其织物的直接印花，还用于蚕丝、羊毛织物的印花和维纶织物的印染。

活性艳红 K-2G 为红色粉末，溶于水呈红色，加 1 mol/L 氢氧化钠溶液转大红，再加保险粉并温热，转金黄色，继加过硼酸钠转淡黄色，在淡稀硫酸或硝酸中均呈红色。活性艳红 K-2G 在水中溶解度，50 ℃ 时为 150 g/L，20 ℃ 时为 110 g/L。活性艳红 K-2G 对硬水不敏感，染色时遇铜对色光有影响。活性艳红 K-2G 属含一氯均三嗪少性基的单偶氮类活性染料。

活性黑 5，为黑色粉末，在浓硫酸中呈蓝绿色，稀释后转青灰色；在浓硝酸中呈棕色，稀释后转浅棕色。活性黑 5 用于棉、黏胶等纤维的染色和印花。

活性蓝 19 为深蓝色粉末，在水中溶解度（20 ℃）为 100 g/L。活性蓝 19 水溶液为蓝色，加 1 mol/L 氢氧化钠后色光不变，继加保险粉并温热转红棕色，并有沉淀，再加过硼酸钠变为浅紫色。活性蓝 19 于浓硫酸中呈酱红色，稀释后呈藏青色，并有沉淀；于浓硝酸中呈黄色，稀释后色泽不变。活性蓝 19 可用于棉、黏胶纤维染色，其亲和力高，匀染性优良，固色率一般，适用于各种染色方法。活性蓝 19 也用于棉、黏胶纤维织物直接印花，如富纤布、黏胶丝织物的直接印花等。活性蓝 19 还可用于维纶纤维染色。

活性蓝 21 为蓝色粉末，在水中溶解度（20 ℃）为 100 g/L。活性蓝 21 水溶液呈湖蓝色，加 1 mol/L 氢氧化钠色泽不变，继加保险粉并温热变为紫色，再加过硼酸钠恢复至原来色泽，略浅。活性蓝 21 于浓硫酸中呈蓝色，稀释后色泽不变；于浓硝酸中呈绿色，稀释后色泽略浅。活性蓝 21 用于棉、麻、黏胶、蚕丝、羊毛、锦纶、维比等纤维及织物的染色、印花。

具体信息见表 7-3。

表 7-3　典型活性染料基本信息一览表

化合物	mp or bp	结构式/分子式	CAS 登记号
活性红 2	mp > 300 °C		[17804-49-8]
活性红 45	N/A		[12226-22-1]
活性红 120	N/A		[61951-82-4]
活性红 141	N/A		[61931-52-0]
活性红 198	N/A		[145017-98-7]

化合物	mp or bp	结构式/分子式	CAS 登记号
活性艳红 K-2BP	N/A		[70210-20-7]
活性艳红 K2G	N/A		[12238-01-6]
活性黄 14	N/A		[18976-74-4]
活性黑 5	N/A		[17095-24-8]
活性蓝 19	N/A		[2580-78-1]
活性蓝 21	N/A		[12236-86-1]

7.1.4 分散染料

分散红 1 是一种非线性光学材料，它是一种用作偶氮苯染料的生色团。分散红 1 可以形成偶极子网络，并增强非线性分量的电光效应，也可以改善光折射效应。分散红 1 可以掺入羟丙基纤维素基质中，该基质可以用作光存储和光子学应用中的涂料。分散红 1 还可以对用于光学频率转换的 1,3-茚满二酮玻璃的三阶非线性磁化率进行评估。使用分散红 1 改性的聚四氟乙烯膜可在直接光照射下保持传质和扩散性能，可用于水脱盐应用。

分散红 74 为紫酱色粉末，溶于乙醇、丙酮。染色时，分散红 74 遇铜、铁离子色光无变化，最大吸收波长为 496 nm。分散红 74 用于高温高压法染涤棉混纺纱和涤纶针织用纱，也用于涤棉混纺织物直接印花。分散红 74 日晒牢度、升华牢度均较好，是高温型分散染料三原色之一，可与分散红玉 H2GFL 拼染红酱色；与分散黄棕 H2RL 拼染红棕色；与还原大红 R 同浴热熔轧染铁锈红等。分散红 74 还用于二醋酸纤维、三醋酸纤维、锦纶的染色，染腈纶只能得浅色。

分散黄 126，又名分散黄 7903、分散黄 PC-7G，为黄色粉末。分散黄 126 适用于涤纶及其混纺织物的染色和印花，尤其适用于分散染料、活性染料的涤棉印花。

具体信息见表 7-4。

表 7-4　典型分散染料基本信息一览表

化合物	mp or bp	结构式/分子式	CAS 登记号
分散红 1	mp 160~162 °C		[2872-52-8]
分散红 74	N/A		[61703-11-5]
分散黄 126	N/A	$C_{21}H_{24}N_4O_6$	[61968-70-5]

7.2　直接染料的销毁

7.2.1　直接红 23 的销毁[1]

光催化实验是在由光源和光反应器组成的装置中进行的。该装置由一个尺寸为 40 cm × 70 cm × 70 cm 的紫外线室组成，该紫外线室顶部装有一个 40 W 紫外线灯。排气扇安装在燃烧室的侧壁上，以保持温度不变。所用反应器为圆柱形，由硼硅玻璃制成，容量约为 125 mL。向反应器中加入 1×10^{-5} 直接红 23 水溶液和 2 g/L TiO_2 悬浮液，并用 0.01 mol/L NaOH 或 0.005 mol/L H_2SO_4 将反应液的 pH 调节至 6.8。在搅拌下，开启光源进行反应。定期取样 5 mL，并立即以 3500 r/min 速度离心 10 min，以完全除去催化剂颗粒。然后用紫外-可见分光光度计在 505 nm 处测定直接红 23 的吸光度。

直接红 23 的销毁情况及相关参数，见表 7-5。

表 7-5　直接红 23 的销毁相关参数

底物	浓度	催化剂 TiO_2	pH	温度	灯	时间	销毁率
直接红 23	1×10^{-5}	2 g/L	6.8	N/A	40 W UV lamp	140 min	83.58%

7.2.2 直接红 28 的销毁

7.2.2.1 光-芬顿氧化法[2]

光氧化实验是在 2.2 L 圆柱形玻璃光反应器中进行的。反应器用铝箔盖住，以避免光线漏到外面。将反应器放置在磁力搅拌器上。石英管中的紫外照射源为 16 W 低压汞灯，最大发射波长为 254 nm，紫外辐射强度为 4.98×10^{-6} E/s。紫外灯周围有一个水冷套，以维持恒定的反应温度（21~25 ℃）。将灯管浸入反应液中。向反应器中加入 250 mg/L 直接红 28 溶液、715 mg/L H_2O_2 和 71 mg/L Fe(II)，并开启光源进行反应。定期取样，并分析直接红 28 的 TOC 和颜色强度。

直接红 28 的销毁情况及相关参数，见表 7-6。

表 7-6　直接红 28 的光-芬顿氧化法销毁相关参数

底物	浓度	氧化剂	pH	温度	灯	时间	销毁率
直接红 28	250 mg/L	715 mg/L H_2O_2，71 mg/L Fe(II)	3	21~25 ℃	16 W UV lamp	5 min	100%

7.2.2.2 臭氧氧化法[3]

首先制备 0.30 g/L 刚果红（直接红 28）超纯水溶液。在 100 mL 圆柱形玻璃反应器中使用玻璃气泡扩散器进行臭氧化实验。由于反应器体积小，每次操作都是使用了 50 mL 的新鲜染料样品。使用 Triligaz 臭氧发生器从氧气原料气中产生臭氧，其流量为 2.7 g/h。臭氧尾气通入 2% 碘化钾水溶液中。定期取样，并用 Hitachi U-2000 紫外-可见分光光度计测定刚果红的残留量。通过使用邻苯二甲酸钾标准品进行校准，使用 Shimadzu-TOC-5000A 分析仪测量总有机碳。

刚果红（直接红 28）的销毁情况及相关参数，见表 7-7。

表 7-7　直接红 28 的臭氧氧化法销毁相关参数

底物	浓度	氧化剂	pH	温度	时间	销毁率
直接红 28	0.30 g/L	2.7 g/h 臭氧	8.7	N/A	5 min	100%

7.2.2.3 电化学氧化法[4]

在电流密度为 30 mA/cm^2、温度为 25 ℃、5 g/L Na_2SO_4 存在的条件下，对 0.5 g/L 刚果红（直接红 28）水溶液进行了恒流电解。使用 Shimadzu TOC-5050 分析仪监测碳浓度。使用 HACH DR2000 分析仪测定化学需氧量。使用岛津 1603 分光光度计和石英电池获得紫外-可见光谱。为了消除 pH 对紫外-可见光谱演变的影响，在绘制光谱之前，用磷酸盐缓冲溶液将溶液缓冲至 pH 7。实验表明，电解法去除率为 100%。

7.2.3 直接黄 12 的销毁[5]

向反应器中加入 50 mg/L 直接黄 12、1500 mg/L H_2O_2 和 500 mg/L $FeSO_4 \cdot 7H_2O$，并将反应液的 pH 调节至 4.0。开启 8 W 低压汞灯进行反应，反应温度为 25 ℃。实验表明，反应 8 min 后，直接黄 12 的销毁率可达 90%。

直接黄 12 的销毁情况及相关参数，见表 7-8。

表 7-8　直接黄 12 的销毁相关参数

底物	浓度	氧化剂	pH	温度	灯	时间	销毁率
直接黄 12	50 mg/L	1500 mg/L H_2O_2，500 mg/L Fe(Ⅱ)	4	25 ℃	8 W 低压汞灯	8 min	> 90%

7.2.4　直接黄 86 的销毁[6]

销毁实验是在典型环形紫外光反应器中进行的。光反应器由一个内径石英管组成，石英管内装有 UVP-XX-15S 254 nm 低压汞紫外灯，最大输出功率约为 5.3 W。紫外灯的紫外线强度由可变电压变压器调节，并由与 DIX-254 辐射传感器结合的 Spectroline 型 DRC-100X 数字辐射计进行检测，紫外线强度为 102 W/m²。使用循环水将反应温度维持在 25 ℃。向反应器中加入 50 mg/L 直接黄 86 溶液和 100 mg/L H_2O_2，并开启光源进行反应。定期取样 10 mL，并 HP 二极管阵列分光光度计测定直接黄 86 的残留浓度。

直接黄 86 的销毁情况及相关参数，见表 7-9。

表 7-9　直接黄 86 的销毁相关参数

底物	浓度	氧化剂	pH	温度	灯	时间	销毁率
直接黄 86	50 mg/L	100 mg/L H_2O_2	N/A	25 ℃	UVP-XX-15S 254 nm 低压汞灯	100 ~ 110 min	> 90%

7.3　酸碱性染料的销毁与净化

7.3.1　酸性橙 7 的销毁

7.3.1.1　UV/ZnO 法

方法一[7]。首先制备含 20 mg/L 酸性橙 7 和 160 mg/L ZnO 纳米粉末的 50 mL 溶液，并在黑暗中平衡 30 min，然后将其转移到 500 mL Pyrex 反应器中。用 30 W （UV-C，254 nm）汞灯作为光源，该灯置于光反应器的上方。反应液与紫外灯之间的距离恒定为 15 cm。用稀释的 NaOH 和 H_2SO_4 调节悬浮液的 pH，然后用 pH 计（Philips PW 9422）测量 pH。打开光源进行反应。定期取样，并用分光光度计在 485 nm 处分析酸性橙 7 的残留量。

方法二[8]。实验是在内径为 0.08 m、高度为 0.55 m 的 Pyrex 玻璃圆柱形反应器中进行的，工作体积为 2 L。开启安装在反应器底部上方 0.005 m 处的电机驱动的圆盘式涡轮叶轮（300 r/min），以保证 ZnO 粉体完全悬浮。使用 pH 计对初始溶液和样品进行 pH 监测。紫外光源为 3 支 15 W 近紫外荧光灯，辐射峰值为 352 nm（FL15T8BLB）。它们位于圆柱形光反应器周围，并从外部照射溶液，每个紫外灯的光强为 6.60 W/m。光反应器和紫外灯完全用铝箔覆盖。向反应器中加入 7.31 mg/L 酸性橙 7 和 500 mg/L ZnO，并开启光源进行反应。使用注射器定期取样，并用膜过滤器过滤，然后使用紫外-可见分光光度计在 486 nm 波长下测定酸性橙 7 的残留量。

酸性橙 7 的销毁情况及相关参数，见表 7-10。

表 7-10　酸性橙 7 的 UV/ZnO 法销毁相关参数

底物	浓度	催化剂	pH	温度	灯	时间	销毁率	文献
酸性橙 7	20 mg/L	160 mg/L ZnO	7	N/A	30 W UV-C（254 nm）汞灯	60 min	100%	7
酸性橙 7	7.31 mg/L	500 mg/L ZnO	7.7	N/A	15 W 近紫外线荧光灯	30 min	100%	8

7.3.1.2　UV/Na$_2$S$_2$O$_8$ 法[9]

实验是在总体积为 0.8 L 的玻璃水套间歇式反应器中进行的。在反应器中间放置石英管，管内垂直放置低压汞灯（254 nm），辐射强度为 4.4 mW/cm^2，光子通量为 2.34×10^{-6} E/s。有效辐照路径为 3 cm。向反应器中加入 75 mg/L 酸性橙 7 水溶液。在 60 min 的实验期间内，用蠕动泵将氧化剂（Na$_2$S$_2$O$_8$）连续引入反应器中。反应液的初始 pH 和反应器输入氧化剂速率分别为 3～10 和 0.1～0.6 mmol/L/min。反应液的初始 pH 用 0.1 mol/L NaOH 或 0.1 mol/L H$_2$SO$_4$ 进行调节。处理溶液的总体积为 0.5 L，同时用磁力搅拌对反应液进行搅拌，反应温度为 24～24.4 ℃。定期取样，然后立即进行分析。使用 Perkin Elmer Lambda EZ 201 紫外-可见分光光度计，在波长 200～800 nm 内分析酸性橙 7 的降解情况。实验表明，酸性橙 7 的销毁率可达 95% 以上。

7.3.1.3　UV/H$_2$O$_2$ 法

方法一[10]。实验是在管状连续流光反应器中进行的。光反应器包括 4 个石英管（内径 24.4 mm，外径 26 mm，长 81 cm），它们通过透明橡胶管从顶部到底部串联连接。辐射源由 4 个垂直阵列的汞紫外线灯（30 W，UV-C，254 nm）组成，它们被放置在石英管前面 5 cm 的距离处，辐射强度为 42 W/m^2。制备含 40 mg/L 酸性橙 7 和 500 mg/L H$_2$O$_2$ 的 2 L 混合溶液，然后将其转移到 Pyrex 烧杯中，并在实验期间用磁力搅拌器搅拌。用蠕动泵（PD 5001）将反应液泵送到光照的石英管中，并用紫外-可见分光光度计在 485 nm 处分析入口和出口处的酸性橙 7 的浓度。

方法二[11]。实验是在间歇式光反应器中进行的。光源为 30 W 紫外灯（UV-C），其放置在 0.5 L 光反应器的上方，光子通量为 1.5×10^{-5} E/L·s。向反应器中加入 200 mL 30 mg/L 酸性橙 7 溶液（液膜厚度为 20 mm）和 80 mg/L H$_2$O$_2$，用 NaOH 或 HCl 调节反应液的 pH 至 4.1～4.89，然后开启光源进行反应。在一定的反应间隔内，取样 2 mL，并用紫外-可见分光光度计进行分析。

酸性橙 7 的销毁情况及相关参数，见表 7-11。

表 7-11　酸性橙 7 的 UV/H$_2$O$_2$ 法销毁相关参数

底物	浓度	H$_2$O$_2$	pH	温度	灯	时间	销毁率	文献
酸性橙 7	40 mg/L	500 mg/L	5	N/A	30 W UV-C（254 nm）汞灯	N/A	>95%	10
酸性橙 7	30 mg/L	80 mg/L	4.1～4.89	20～24	30 W UV-C 汞灯	50 min	100%	11

7.3.1.4　UV/乙酰丙酮法

方法一[12]。在旋转式光反应器中进行了降解实验。将最大发光波长为 484 nm 的中压汞灯（200 W 或 300 W）垂直放置在冷却水套中。将含有 0.16 mmol/L 酸性橙 7 和 0.5 mmol/L 乙酰丙酮的溶液平行放置在紫外灯周围的样品支架中。样品管与紫外灯之间的距离为 5 cm，光强为 2.9 mW/cm^2。反应液的初始 pH 为 6.5 ~ 6.9，可根据需要用 HCl 或 NaOH 进行调节。在照射过程中，样品支架围绕灯和灯管旋转。用双光束分光光度计（UV-2550）对酸性橙 7 溶液的褪色情况进行了分析。在 Multi N/C TOC 装置上测定了总有机碳。化学需氧量用密闭回流滴定法进行测定。使用 ThermoFinnigan LCQ Advantage MAX 质谱仪进行液相色谱-质谱分析，该质谱仪配备了在负模式下操作的电喷雾电离界面源。LC 系统配有 Agilent 4.6 × 150 mm、5 μm ZORBAX Eclipse Plus C$_{18}$柱，流速为 0.2 mL/min，注射体积为 10 μL。

方法二[13]。在配有 300 W 中压汞灯的旋转式光反应器中进行了辐照实验。使用 UV-A 辐射计测定辐射率，该辐射计具有 365 nm 处峰值灵敏度的校准传感器，测得的辐射率为 6.28 mW/cm^2。向反应器中加入 0.2 mmol/L 酸性橙 7 和 0.5 mmol/L 乙酰丙酮，并开启光源进行反应。使用配有 Agilent C$_{18}$反相柱（100 mm × 4.6 mm，3.5 μm 粒径）的高效液相色谱法测定酸性橙 7 的残留浓度。使用 C$_8$反相色谱柱（150 mm × 4.6 mm，5 μm 粒径），在 274 nm 处测定乙酰丙酮的浓度，流动相为 CuCl$_2$溶液（1 mmol/L，用 CH$_3$COOH 调节至 pH 4.0）和甲醇的混合物，体积比为 60 : 40，流速为 0.6 mL/min。

酸性橙 7 的销毁情况及相关参数，见表 7-12。

表 7-12　酸性橙 7 的 UV/乙酰丙酮法销毁相关参数

底物	浓度	乙酰丙酮	pH	温度	灯	时间	销毁率	文献
酸性橙 7	0.16 mmol/L	0.5 mmol/L	5.65 ~ 6.9	N/A	484 nm 的中压汞灯	30 min	100%	12
酸性橙 7	0.2 mmol/L	0.5 mmol/L	N/A	10 ~ 40 ℃	300 W 中压汞灯	20 min	100%	13

7.3.1.5　UV/TiO$_2$ 法[14]

二氧化钛（约 80% 锐钛矿和 20% 金红石）具有 55 m^2/g 的 BET 表面积和 30 nm 的平均粒度。所使用的光源是水冷的 400 W 高压汞灯（HL400EH-5）。紫外灯的光谱辐照度范围为 253.7 ~ 577 nm，3 个主峰分别位于 365、546 和 577 nm，照射距离为 80 mm。紫外灯主要波长为 365 nm，光强为 442 W/m^2。酸性橙 7 储备溶液的浓度为 0.114 mmol/L（40 mg/L）。在光解之前，用 0.1 mol/L H$_2$SO$_4$ 或 0.1 mol/L NaOH 调节反应液的初始 pH，并用数字 pH 计（Horiba F-23）进行监测。

光解实验是在间歇式光反应器中进行的。该小型光反应器由容量为 1.0 L（内径 100 mm，高度 200 mm）的圆柱形 Pyrex 玻璃池组成。将 400 W 高压汞灯放置在直径为 50 mm 的石英管中，最大辐射波长为 365 nm。然后将灯管浸泡在光反应器电池中，光程为 80 mm。向反应器中加入 0.8 L 0.086 mmol/L 酸性橙 7 溶液和 0.5 g/L TiO$_2$，并将反应液的 pH 调节至 3.0。开启光源进行反应，反应温度为 24.8 ~ 25.2 ℃，并用磁力搅拌器以 300 r/min 速度进行搅拌。定期取样 5 mL，用 0.2 μm 过滤器过滤，以去除 TiO$_2$细粒。用 Jasco V630 紫外可见分光光度计在 482 nm 处测定酸性橙 7 的残留浓度。

酸性橙 7 的销毁情况及相关参数，见表 7-13。

表 7-13　酸性橙 7 的 UV/TiO$_2$ 法销毁相关参数

底物	浓度	TiO$_2$	pH	温度	灯	时间	销毁率
酸性橙 7	0.086 mmol/L	0.5 g/L	3	24.8 ~ 25.2 ℃	400 W 高压汞灯	20 min	100%

7.3.1.6　光-芬顿法[15]

实验是在 Pyrex 玻璃圆柱形光反应器中进行的，其工作体积为 300 mL。将光反应器安装在磁力搅拌器上，实验是在室温下进行的。用 H$_2$SO$_4$ 或 NaOH 将反应液的 pH 调节 3.0。紫外线光源是 3 个 15 W 的近紫外线荧光灯，其辐射峰值为 352 nm。向反应器中加入 60 mg/L 酸性橙 7 溶液、200 mg/L H$_2$O$_2$ 和 2.0 mg/L Fe(Ⅱ)，并开启光源进行反应。使用微型注射器定期取样，使用紫外-可见分光光度计在 486 nm 波长下测定酸性橙 7 的残留量。使用 TOC 分析仪测量样品的总有机碳。

酸性橙 7 的销毁情况及相关参数，见表 7-14。

表 7-14　酸性橙 7 的光-芬顿法销毁相关参数

底物	浓度	氧化剂	pH	温度	灯	时间	销毁率
酸性橙 7	60 mg/L	200 mg/L H$_2$O$_2$ 和 2.0 mg/L Fe(Ⅱ)	3	室温	15 W 近紫外线荧光灯	100 min	100%

7.3.1.7　过硫酸钾/Fe(Ⅱ)/羟胺法[16]

销毁实验是在一个 150 mL 玻璃烧瓶中进行的，反应温度为 24 ~ 26 ℃，用磁力搅拌器进行搅拌。将 25 μmol/L 酸性橙 7、0.15 mmol/L 羟胺和 0.7 mmol/L 过硫酸钾依次加入 150 mL 玻璃烧瓶中。用 0.1 mol/L NaOH 和 0.1 mol/L HClO$_4$ 将反应液的 pH 调节至 3 或 8，然后加入 10 μmol/L FeSO$_4$·7H$_2$O 引发反应。反应 5 min 后，用 UV-Vis 分光光度计在 484 nm 处测定酸性橙 7 的残留浓度。用 pH 计测量反应液的 pH，pH 计用标准缓冲溶液校准。采用改进的分光光度法，以 DPD 为指示剂，在 551 nm 处测定过硫酸钾的浓度。用所报道的分光光度法在 705 nm 处测定羟胺的浓度。用直接分光光度法在 300 nm 处测定 Fe(Ⅲ)的浓度。用 TOC 分析仪测定总有机碳（TOC）。

酸性橙 7 的销毁情况及相关参数，见表 7-15。

表 7-15　酸性橙 7 的过硫酸钾/Fe(Ⅱ)/羟胺法销毁相关参数

底物	浓度	过硫酸钾	Fe(Ⅱ)	羟胺	pH	温度	时间	销毁率
酸性橙 7	25 μmol/L	0.7 mmol/L	10 μmol/L	0.15 mmol/L	3 和 8	24 ~ 26 ℃	5 min	> 90%

7.3.1.8　过硫酸盐/NaOH 法[17]

用 MillieQ 水制备 0.1 mmol/L 酸性橙 7 储备溶液、60 mmol/L Oxone 溶液和 60 mmol/L 氢氧化钠溶液。将上述溶液加入 250 mL 烧瓶中，反应温度控制在 25 ℃，并快速搅拌（100 r/min）进行反应。定期取样 5 mL，并用 0.05 mol/L H$_2$SO$_4$ 淬灭，然后立即测定酸性橙 7 的残留量。使用 DR6000 紫外-可见分光光度计在 484 nm 处测量酸性橙 7 溶液的吸光度。

酸性橙 7 的销毁情况及相关参数，见表 7-16。

表 7-16　酸性橙 7 的过硫酸盐/NaOH 法销毁相关参数

底物	浓度	Oxone	NaOH	pH	温度	时间	销毁率
酸性橙 7	0.1 mmol/L	60 mmol/L	60 mmol/L	N/A	25 ℃	60 min	>85%

7.3.1.9　过硫酸盐/磷酸根阴离子法[18]

向 10 mL 烧杯中加入 0.2 mmol/L 酸性橙 7、2.5 mmol/L Oxone 和 0.1 mol/L 磷酸盐缓冲液（pH 7.0）。定期取样，用过量 NaNO₂ 淬灭，并用分光光度法测定酸性橙 7 的残留浓度。使用 Shimazu TOC-VCPH 分析仪测定溶液的总有机碳。使用 GC/MS 分析酸性橙 7 形成的中间体。

酸性橙 7 的销毁情况及相关参数，见表 7-17。

表 7-17　酸性橙 7 的过硫酸盐/磷酸根阴离子法销毁相关参数

底物	浓度	Oxone	缓冲液	pH	温度	时间	销毁率
酸性橙 7	0.2 mmol/L	2.5 mmol/L	0.1 mol/L	7	N/A	15 min	>95%

7.3.1.10　Co^{2+}/Oxone 氧化法[19]

氧化反应是在没有控制 pH 的情况下进行的。向反应器中依次加入 0.2 mmol/L 酸性橙 7、0.1 mmol/L $CoSO_4 \cdot 7H_2O$ 和 2.5 mmol/L Oxone，并用铝箔覆盖反应器以避免 Oxone 光解的干扰。定期取样，并用日立 U-2900 分光光度计监测酸性橙 7 的残留量。

酸性橙 7 的销毁情况及相关参数，见表 7-18。

表 7-18　酸性橙 7 的 Co^{2+}/Oxone 氧化法销毁相关参数

底物	浓度	Oxone	$CoSO_4 \cdot 7H_2O$	pH	温度	时间	销毁率
酸性橙 7	0.2 mmol/L	2.5 mmol/L	0.1 mmol/L	N/A	N/A	400 s	>99%

7.3.2　酸性橙 6 的销毁[20]

7.3.2.1　芬顿氧化法

芬顿实验是在间歇式反应器中进行的，反应温度为 25 ℃。向反应器中加入 0.2 g/L 酸性橙 6 溶液、58.82 mmol/L H_2O_2 和 8.93 mmol/L Fe(Ⅱ)，用 HCl 和 NaOH 将反应液的 pH 调节至 3。由于反应迅速，前 10 min 取样间隔为 1 min，后 10 min 取样间隔为 10 min。用紫外-可见分光光度计在波长 400~700 nm 检测酸性橙 6 的残留吸光度。然后使用积分吸光度单位来确定样品的颜色。

酸性橙 6 的销毁情况及相关参数，见表 7-19。

表 7-19　酸性橙 6 的芬顿氧化法销毁相关参数

底物	浓度	H_2O_2	Fe(Ⅱ)	pH	温度	时间	销毁率
酸性橙 6	0.2 g/L	58.82 mmol/L	8.93 mmol/L	3	25 ℃	5 min	100%

7.3.2.2　电解法

用盐酸和氢氧化钠将 0.2 g/L 酸性橙 6 溶液的 pH 调节至 3，并以 0.9 L/min 的进料速率泵送通过铁板之间的蛇形通道，将流出物流入反应液的存储器中。电流密度和电导率分别设定为 86.6 A/m² 和 200 μS/cm。每隔 5 min 和 10 min 采集样品。用紫外-可见分光光度计在波长 400 ~ 700 nm 检测酸性橙 6 的残留吸光度。然后使用积分吸光度单位来确定样品的颜色。

酸性橙 6 的销毁情况及相关参数,见表 7-20。

表 7-20　酸性橙 6 的电解法销毁相关参数

底物	浓度	电流密度	电导率	pH	温度	时间	销毁率
酸性橙 6	0.2 g/L	86.6 A/m²	200 μS/cm	3	25 °C	10 min	100%

7.3.3　酸性红 27 的销毁

方法一[21]。实验是在管状连续流动光反应器中进行的。光反应器含有 4 个石英管(内径 24.4 mm,外径 26 mm,长 87 cm),它们通过透明橡胶管从顶部到底部串联连接。辐射源由 4 个垂直阵列的汞紫外线灯(30 W,UV-C)组成,这些灯放置在石英管的前面。灯和石英管之间的距离为 5 cm。向 Pyrex 烧杯中加入 150 mg/L 酸性红 27 溶液和 650 mg/L H_2O_2,并用磁力搅拌器进行搅拌。用蠕动泵将反应液泵送到石英管中,流速为 43 mL/min,并启动光源进行反应。用紫外-可见分光光度计在 521 和 254 nm 处分析入口和出口处酸性红 27 的浓度。用高效液相色谱法记录高效液相色谱图。色谱柱为 Spheri-5 RP-18,柱尺寸为 220 mm × 4.6 mm,粒径为 5 μm,紫外检测器波长为 254 nm。流动相为乙腈和水的混合物,体积比为 30∶70,流速为 0.9 mL/min。

方法二[22]。实验是在间歇式光反应器中进行的。光源是发射波长为 254 nm 的汞紫外灯(30 W,UV-C),并置于容积为 0.5 L 的浴式光反应器的上方,光照强度为 8.6 W/m²。向反应器中加入 30 mg/L 酸性红 27 和 60 mg/L H_2O_2,并将反应液的 pH 调节至 5.4。开启光源进行反应,反应温度为 20 ~ 24 °C。在一定的反应时间间隔内,取样 2 mL,用分光光度计测定酸性红 27 的残留浓度。用紫外-可见分光光度计在 521 nm 处测定酸性红 27 的脱色率。

酸性红 27 的销毁情况及相关参数,见表 7-21。

表 7-21　酸性红 27 的销毁相关参数

底物	浓度	H_2O_2	灯	温度	时间	销毁率	文献
酸性红 27	150 mg/L	650 mg/L	30 W UV-C	N/A	N/A	> 95%	20
酸性红 27	30 mg/L	60 mg/L	30 W UV-C	20 ~ 24 °C	80 min	100%	21

7.3.4　酸性红 14 和酸性红 1 的销毁[23]

降解实验是在一个 1 L 的圆柱形玻璃光反应器中进行的。作为光源的 Hanovia 型低压汞灯位于反应器的中心,发射波长为 254 nm,光谱输出为 4.50 mW/cm²。向反应器中加入 150 mg/L 酸性红溶液、50 mmol/L H_2O_2 和 5 mmol/L Fe(Ⅱ),并用 0.05 mol/L H_2SO_4 或 0.1 mol/L NaOH 溶液将反应液的 pH 调节至 3。定期取样,并加入 0.5 mL 1 mol/L $Na_2S_2O_3$ 溶液淬灭,然后用 0.45 μm Millipore 膜过滤。使用 TOC 分析仪测量水溶液中有机碳的浓度。使用 Du-650 分光光度计分析溶液的颜色。将每个染料溶液从 300 至 800 nm 进行扫描,并测定其最大吸光度。颜色去除是基于最大吸光度的变化。

酸性红 14 和酸性红 1 的销毁情况及相关参数,见表 7-22。

表 7-22　酸性红 14 和酸性红 1 的销毁相关参数

底物	浓度	H₂O₂	Fe(Ⅱ)	pH	温度	灯	时间	销毁率	文献
酸性红 14	150 mg/L	50 mmol/L	5 mmol/L	3	N/A	Hanovia 型低压汞灯	2 h	64%	22
酸性红 1	150 mg/L	50 mmol/L	5 mmol/L	3	N/A	Hanovia 型低压汞灯	2 h	64%	22

7.3.5　酸性红 183 的销毁[24]

降解实验是在 erlenmeyer 烧瓶中进行的。向烧瓶中加入 1.65×10^{-4} 酸性红 183 溶液、1.3×10^{-4} mol/L Co^{2+} 和 4×10^{-4} mol/L Oxone，反应温度为 26 ℃，搅拌速度为 700 r/min。定期取样，并在 494 nm 处对酸性红 183 的残留浓度进行分光光度分析。实验表明，反应 60 min后，酸性红 183 的降解率接近 96.4%。

酸性红 183 的销毁情况及相关参数，见表 7-23。

表 7-23　酸性红 183 的销毁相关参数

底物	浓度	Oxone	Co^{2+}	温度	时间	销毁率
酸性红 183	1.65×10^{-4}	4×10^{-4} mol/L	1.3×10^{-4} mol/L	26 ℃	60 min	96.4%

7.3.6　酸性黄 23 的销毁

7.3.6.1　芬顿氧化法[25]

向反应器中加入 40 mg/L 酸性黄 23 溶液、500 mg/L H_2O_2 和 13.95 mg/L $FeSO_4 \cdot 7H_2O$，并将反应液的 pH 调节至 3。定期取样，并用分光光度计进行分析。

酸性黄 23 的销毁情况及相关参数，见表 7-24。

表 7-24　酸性黄 23 的销毁相关参数

底物	浓度	H₂O₂	Fe(Ⅱ)	pH	温度	时间	销毁率
酸性黄 23	40 mg/L	500 mg/L	13.95 mg/L	3	N/A	60 min	98%

7.3.6.2　树脂净化法[26]

用实验室间歇法研究了酸性黄 23 在 Amberlite IRA-900 和 IRA-910 上的吸附。将 0.25 g干燥树脂与 25 mL 酸性黄 23 溶液在 20 ~ 50 ℃ 下机械振荡 1 ~ 240 min，搅拌速度为170 r/min。酸性黄 23 溶液的 4 种不同初始浓度分别为 100 mg/L、200 mg/L、300 mg/L 和500 mg/L。在预定时间间隔结束时，过滤除去阴离子交换剂，并使用 UV-VIS 分光光度计在最大吸收波长（430 nm）下测定酸性黄 23 的浓度。

实验表明，使用 Amberlite IRA-900 达到平衡所需的接触时间为 20 min，随着柠檬黄初始浓度从 100 mg/L 增加到 500 mg/L，吸附容量从 9.99 mg/g 增加到 49.88 mg/g。对于初始浓度为 100 mg/L、200 mg/L、300 mg/L 和 500 mg/L 的酸性黄 23 溶液，使用 Amberlite IRA-910的吸附容量分别为 9.94 mg/g、19.93 mg/g、29.33 mg/g 和 49.96 mg/g，并在 30 min 后建立平衡。使用 Amberlite IRA-900 和 IRA-910 作为吸附树脂，当染料溶液的温度从 20 ℃ 升高到 50 ℃时，平衡吸附容量增加并不明显。

7.3.7 酸性蓝 9 的销毁[27]

7.3.7.1 UV/TiO$_2$ 法

此工艺使用了 30 W（UV-C）汞灯作为光源，并将其置于容积为 500 mL 的间歇光反应器的上方。紫外灯发射的波长为 254 nm。反应液和紫外灯之间的距离是恒定的，为 15 cm，光强为 11.2 W/m^2。向 Pyrex 反应器中加入 20 mg/L 酸性蓝 9 溶液和 150 mg/L 纳米 TiO$_2$。使用稀硫酸和氢氧化钠水溶液将反应液的 pH 调节至 2.4。在光解之前将反应液超声处理 10 min，然后打开紫外灯进行反应。定期取样，并离心去除 TiO$_2$ 颗粒，然后使用 Lightwave S2000 UV/vis 分光光度计在 625 nm 处和在校准曲线下测定酸性蓝 9 的残留量。

酸性蓝 9 的销毁情况及相关参数，见表 7-25。

表 7-25　酸性蓝 9 的销毁相关参数

底物	浓度	TiO$_2$	pH	温度	灯	时间	销毁率
酸性蓝 9	20 mg/L	150 mg/L	2.4	N/A	30 W UV-C	15 min	> 95%

7.3.7.2 电芬顿法

电解是用直流电源进行的。用 UNI-T（UT2002）数字万用表测定电池电压。电芬顿实验是在室温下在 500 mL 容量的开放的、未分开的圆柱形玻璃池中进行的。选择表面积为 9.5 cm^2 的市售石墨毡（厚度为 0.4 cm）作为阴极，面积为 1 cm^2 的铂片用作阳极，参比电极是饱和甘汞电极。向反应器中加入 20 mg/L 酸性蓝 9 溶液、0.05 mol/L NaClO$_4$ 和 1 × 10^{-4} mol/L Fe^{3+}，并进行电芬顿实验，恒定电位为 – 0.5 V，磁力搅拌速度为 200 r/min。在电解之前，将氧气鼓泡通过反应液 10 min。在电解过程中，氧气以 20 mL/min 的速率喷射。定期取样，然后使用 Lightwave S2000 UV/vis 分光光度计在 625 nm 处和在校准曲线下测定酸性蓝 9 的残留量。

酸性蓝 9 的销毁情况及相关参数，见表 7-26。

表 7-26　酸性蓝 9 的电芬顿销毁相关参数

底物	浓度	NaClO$_4$	Fe^{3+}	pH	温度	时间	销毁率
酸性蓝 9	20 mg/L	0.05 mol/L	1 × 10^{-4} mol/L	3	室温	2 h	> 90%

7.3.7.3 芬顿和类芬顿法

向反应器中加入 20 mg/L 酸性蓝 9 溶液、1 × 10^{-4} mol/L Fe^{2+}（或 Fe^{3+}）和 2 × 10^{-3} mol/L（或 1 × 10^{-4} mol/L）H$_2$O$_2$，并将反应液的 pH 调节至 3。定期取样，然后使用 Lightwave S2000 UV/vis 分光光度计在 625 nm 处和在校准曲线下测定酸性蓝 9 的残留量。

酸性蓝 9 的销毁情况及相关参数，见表 7-27。

表 7-27　酸性蓝 9 的芬顿和类芬顿法销毁相关参数

底物	浓度	H$_2$O$_2$	铁源	pH	温度	时间	销毁率
酸性蓝 9	20 mg/L	2 × 10^{-3} mol/L	1 × 10^{-4} mol/L Fe^{2+}	3	N/A	10 min	95%
酸性蓝 9	20 mg/L	1 × 10^{-4} mol/L	1 × 10^{-4} mol/L Fe^{3+}	3	N/A	70 min	> 95%

7.3.8 酸性蓝 80 的销毁[28]

降解实验是在有氧条件下、在由耐热玻璃制成的圆柱形密闭室（内径 40 mm、高 25 mm）中进行的。使用配有 340 nm 截止滤光器的 1500 W 氙灯作为光源。密闭室内的温度约为 60 ℃。向反应器中加入 20 mg/L 酸性兰 80 溶液和 400 mg/L TiO₂，在搅拌下开启光源进行反应。定期取样，并用 0.45 μm 纤维素膜过滤，然后用 HPLC 测定酸性兰 80 的残留量。洗脱液为 10 mmol/L 磷酸盐缓冲液（pH 7.0，含 15 mmol/L 四己基溴化铵）和乙腈的混合物，体积比为 40：60，检测波长为 626 nm。

酸性蓝 80 的销毁情况及相关参数，见表 7-28。

表 7-28 酸性蓝 80 的销毁相关参数

底物	浓度	TiO₂	pH	温度	灯	时间	销毁率
酸性蓝 80	20 mg/L	400 mg/L	6.4	60 ℃	1500 W 氙灯	20 min	> 90%

7.3.9 酸性黑 1 的销毁[29]

实验采用了沿反应器内壁照射的低压汞紫外灯（波长 253.7 nm，每盏灯 35 W）。在 500 mL 石英搅拌容器中可以施加总共 560 W 的输入功率。253.7 nm 紫外线强度在反应器中心分别为 12 800 μW/cm² 和 21 000 μW/cm²，光子的测量值为 1.65×10^{16} /(s·cm³)。向光氧化反应器中加入 2.758×10^{-2} mmol/L 酸性黑 1 溶液和 7.08 mmol/L H₂O₂，并开启光源进行反应。定期取样，并用 Cray DMS-300 分光光度计测定酸性黑 1 的吸光度。酸性黑 1 的特征波长为 618 nm，可用吸光度谱图测定其残留浓度。

酸性黑 1 的销毁情况及相关参数，见表 7-29。

表 7-29 酸性黑 1 的销毁相关参数

底物	浓度	H₂O₂	灯	时间	销毁率
酸性黑 1	2.758×10^{-2} mmol/L	7.08 mmol/L	350 W 低压汞灯	12 min	100%

7.3.10 亚甲基蓝的销毁

7.3.10.1 H₂O₂/Co²⁺氧化法[24]

降解实验是在 erlenmeyer 烧瓶中进行的。向烧瓶中加入 7×10^{-6} 亚甲基蓝溶液、1.3×10^{-2} mol/L Co²⁺ 和 8×10^{-2} mol/L H₂O₂，反应温度为 26 ℃，搅拌速度为 700 r/min。定期取样，并在 663 nm 处对亚甲基蓝的残留浓度进行分光光度分析。实验表明，反应 60 min 后，亚甲基蓝的降解率接近 96.4%。

亚甲基蓝的销毁情况及相关参数，见表 7-30。

表 7-30 亚甲基蓝的 H₂O₂/Co²⁺氧化法销毁相关参数

底物	浓度	H₂O₂	Co²⁺	温度	时间	销毁率
亚甲基蓝	7×10^{-6}	8×10^{-2} mol/L	1.3×10^{-2} mol/L	26 ℃	30 min	100%

7.3.10.2 KMnO₄/Fe 氧化法[30]

纳米铁的制备：在剧烈磁力搅拌下，将 100 mL 2.5 mol/L KBH₄ 溶液滴加到 200 mL 0.5 mol/L FeSO₄ 溶液中，滴毕后，将溶液再搅拌 10 min。将获得的纳米铁颗粒用 Milli-Q 水和无水乙醇漂洗 3 次，并在室温下在真空干燥炉中干燥。然后，将制备的纳米铁放入小瓶中，用于进一步的表征和降解实验。

向反应器中加入 100 mL 100 mg/L 亚甲基蓝溶液和 200 mg/L 纳米铁，反应液的 pH 为 6.39。在亚甲基蓝和纳米铁反应 20 min 后，向反应液中加入 90 mg/L KMnO₄。加毕后，立即用聚四氟乙烯内衬的橡胶隔膜盖密封烧瓶，然后将其置于转速为 150 r/min 的旋转振动器上。定期取样 2.0 mL，并用 0.45 μm 滤膜过滤，然后用 1.0 mol/L NH₂OH·HCl 淬灭。采用 UV-2450 可见光分光光度计测定亚甲基蓝的浓度，其最大特征波长为 664 nm。使用高效液相色谱/质谱法（HPLC/MS）分析降解产物。

亚甲基蓝的销毁情况及相关参数，见表 7-31。

表 7-31 亚甲基蓝的 KMnO₄/Fe 氧化法销毁相关参数

底物	浓度	纳米铁	KMnO₄	pH	温度	时间	销毁率
亚甲基蓝	100 mg/L	200 mg/L	90 mg/L	6.39	24 ~ 26 ℃	50 min	99.4%

7.3.10.3 芬顿氧化法[31]

向反应器中加入 3.13×10^{-6} mol/L 亚甲基蓝水溶液、3.58×10^{-5} mol/L FeSO₄·7H₂O 和 4.41×10^{-4} mol/L H₂O₂，并将反应液的 pH 调节至 2.4 ~ 2.5，反应温度为 26 ℃。定期取样，并用岛津 UV-160A 分光光度计在 665 nm 处测定亚甲基蓝的残留浓度。

亚甲基蓝的销毁情况及相关参数，见表 7-32。

表 7-32 亚甲基蓝的芬顿氧化法销毁相关参数

底物	浓度	FeSO₄·7H₂O	H₂O₂	pH	温度	时间	销毁率
亚甲基蓝	3.13×10^{-6} mol/L	3.58×10^{-5} mol/L	4.41×10^{-4} mol/L	2.4 ~ 2.5	26 ℃	2 h	99%

7.3.11 罗丹明 B 的销毁

7.3.11.1 过硫酸盐/磷酸根阴离子法[18]

向 10 mL 烧杯中加入 0.1 mmol/L 罗丹明 B、2.5 mmol/L Oxone 和 0.1 mol/L 磷酸盐缓冲液（pH 7.0）。定期取样，用过量 NaNO₂ 淬灭，并用分光光度法测定罗丹明 B 的残留浓度。使用 Shimazu TOC-VCPH 分析仪测定溶液的总有机碳。使用 GC/MS 分析罗丹明 B 形成的中间体。

罗丹明 B 的销毁情况及相关参数，见表 7-33。

表 7-33 罗丹明 B 的过硫酸盐/磷酸根阴离子法销毁相关参数

底物	浓度	Oxone	缓冲液	pH	温度	时间	销毁率
罗丹明 B	0.1 mmol/L	2.5 mmol/L	0.1 mol/L	7	N/A	15 min	> 95%

7.3.11.2 UV/H₂O₂ 和 UV/过硫酸盐光解法[32]

辐照实验是在石英管中进行的，反应采用了光化学反应装置，配以 300 W 中压紫外汞灯（365 nm）作为紫外光源，反应温度为 18～22 ℃。8 个管状石英反应器以紫外灯为中心，以 9.5 cm 为半径，均匀分布成一圈，平均紫外线辐照率为 2.67 mW/cm²。至少提前 20 min 打开光化学反应器和温度控制系统，以确保实验开始时条件稳定。

向反应器中加入 2.5 μmol/L 罗丹明 B 和 50 μmol/L H₂O₂（或过硫酸钾），并用 0.1 mol/L 硫酸和 0.1 mol/L 氢氧化钠将反应液的 pH 调节至 7，然后开启光源进行反应。在预定的时间间隔内取样，并立即用过量的硫代硫酸钠淬灭，然后用 0.45 μm 膜过滤，再用高效液相色谱进行分析。采用 Dionex UltiMate 3000 高效液相色谱系统测定罗丹明 B 的残留浓度，分别在 554 nm 处测定吸光度。采用 Pinnacle Ⅱ C₁₈ 色谱柱（250 mm × 4.6 mm，5 μm）进行分离。流动相为 60% 乙腈和 40% 水，流速为 1.0 mL/min。

罗丹明 B 的销毁情况及相关参数，见表 7-34。

表 7-34 罗丹明 B 的 UV/H₂O₂ 和 UV/过硫酸盐光解法销毁相关参数

底物	浓度	氧化剂	pH	温度	灯	时间	销毁率
罗丹明 B	2.5 μmol/L	50 μmol/L H₂O₂	7	18～22 ℃	300 W 中压紫外汞灯	15 min	98.8%
罗丹明 B	2.5 μmol/L	50 μmol/L 过硫酸钾	7	18～22 ℃	300 W 中压紫外汞灯	15 min	100%

7.3.11.3 芬顿氧化法[33]

实验是在暴露于空气中的 250 mL 烧瓶中进行的，反应温度为 25 ℃。向烧杯中加入 0.10 mmol/L 罗丹明 B、1.0 g/L Fe(0) 和 2.0 mmol/L H₂O₂，并用 1.0 mol/L HCl 和 1.0 mol/L NaOH 将反应液的 pH 调节至 4.0，然后开启光源进行反应。以不同的时间间隔提取悬浮液，并离心得到上清液，然后用紫外-可见分光光度法分析罗丹明 B 的残留浓度。

罗丹明 B 的销毁情况及相关参数，见表 7-35。

表 7-35 罗丹明 B 的芬顿氧化法销毁相关参数

底物	浓度	H₂O₂	Fe(0)	温度	pH	时间	销毁率
罗丹明 B	0.10 mmol/L	2.0 mmol/L	1.0 g/L	25 ℃	4	20 min	100%

7.3.11.4 Oxone/Fe(Ⅱ)氧化法[34]

降解实验是在室温下在 50 mL 间歇反应器中进行的。向反应器中加入 0.02 mmol/L 罗丹明 B 溶液、0.2 mmol/L Oxone 和 0.2 mmol/L FeSO₄·7H₂O，并用 0.10 mol/L 硝酸和 0.10 mol/L 氢氧化钠将反应液的 pH 调节至 3。定期取样，并立即用适量的甲醇淬灭。然后用高效液相色谱分析罗丹明 B 的残留浓度。高效液相色谱由 Waters 515 HPLC 泵、Waters 2489 紫外-可见分光光度计和 Water 717 plus 自动进样器组成。色谱分离采用 Pinnacle DB C₁₈ 反相柱（250 mm × 4.6 mm，5 μm）。流动相由乙腈和水组成，体积比为 60∶40，流速为 1 mL/min，进样体积为 10 μL，罗丹明 B 的保留时间为 6.0 min。紫外-可见分光光度计设置在 553 nm，这是罗丹明 B 溶液的最大吸收波长。

罗丹明 B 的销毁情况及相关参数，见表 7-36。

表 7-36　罗丹明 B 的 Oxone/Fe(Ⅱ)氧化法销毁相关参数

底物	浓度	Oxone	FeSO$_4$·7H$_2$O	温度	pH	时间	销毁率
罗丹明 B	0.02 mmol/L	0.2 mmol/L	0.2 mmol/L	21~25 ℃	3	80 min	100%

7.3.12　罗丹明 6G 的销毁[35]

光化学降解是在专门设计的双壁反应容器（体积 500 mL）中进行的，紫外室配备 5 个波长为 365 nm 紫外管（每个 30 W）。采用磁力搅拌器进行搅拌。在整个反应过程中，用在夹套壁反应器中循环水来维持温度恒定。向反应器中加入 25 mg/L 罗丹明 6G 和 0.5 g/L ZnO 催化剂，并将反应液的 pH 调节至 10，然后在搅拌下开启光源进行反应。在不同的时间间隔内，用注射器取样，然后用 0.45 μm Millipore 过滤器过滤，并分析罗丹明 6G 的残留量。

罗丹明 6G 的销毁情况及相关参数，见表 7-37。

表 7-37　罗丹明 6G 的销毁相关参数

底物	浓度	ZnO	pH	温度	灯	时间	销毁率
罗丹明 6G	25 mg/L	0.5 g/L	10	N/A	5 个 365 nm 紫外管	3 h	>99%

7.3.13　孔雀石绿的销毁

7.3.13.1　UV/TiO$_2$ 光解法[36]

将 50 mg TiO$_2$ 粉末加入 100 mL 0.05 g/L 孔雀石绿溶液中，用 NaOH 或 HNO$_3$ 溶液将悬浮液的初始 pH 调节至 9。在光解前，将反应液在黑暗中磁力搅拌约 30 min，以确保吸附/解吸平衡，然后使用 2 个 UV-365 nm 灯（15 W）进行光解。定期取样 5 mL，并离心，随后用 Millipore 过滤器（孔径 0.22 μm）过滤除去 TiO$_2$ 颗粒。采用 Waters ZQ 液相色谱/质谱系统对滤液进行分离鉴定，该系统配备二元泵、光电二极管阵列检测器、自动进样器、分馏收集器和微质量检测器。

孔雀石绿的销毁情况及相关参数，见表 7-38。

表 7-38　孔雀石绿的 UV/TiO$_2$ 光解法销毁相关参数

底物	浓度	TiO$_2$	pH	温度	灯	时间	销毁率
孔雀石绿	0.05 g/L	0.5 g/L	9	N/A	15 W UV-365 nm	8 h	100%

7.3.13.2　臭氧氧化法[37]

向 1.00 L 反应管中加入 0.50 L 磷酸盐缓冲溶液（pH 3），然后通入臭氧气体，并让其在反应管中扩散 10 min。然后，将 0.20 L 饱和缓冲溶液倒入 1.00 L Erlenmeyer 中，再加入 1 mL 0.304 mmol/L 孔雀石绿溶液。虽然孔雀石绿的颜色在 3~5 s 内消失，但仍需将混合物搅拌 5 min，使降解反应完成。然后，向反应混合物中加入 0.20 L 碘化钾溶液，并用 0.0100 mol/L Na$_2$S$_2$O$_3$ 溶液滴定，以测定臭氧的残留量。

7.3.13.3　芬顿氧化法[38]

将孔雀石绿溶解在去离子水中，制备 500 mg/L 孔雀石绿储备溶液。将该储备溶液以精确的比例稀释成不同初始浓度的溶液。向 250 mL 带塞锥形瓶中加入 20 mg/L 孔雀石绿、0.05 mmol/L FeSO$_4$ · H$_2$O 和 2 mmol/L H$_2$O$_2$，然后加入几滴 0.05 mol/L H$_2$SO$_4$ 或 0.1 mol/L NaOH 将反应液的 pH 调节至 3.4。然后将锥形瓶置于恒温水浴摇床中，并以 150 r/min 速度进行搅拌。用注射器定期取样 1 mL，并立即用双光束紫外-可见分光光度计在 618 nm 处测量孔雀石绿的吸光度。通过吸收强度和校准曲线来确定孔雀石绿的残留浓度。

孔雀石绿的销毁情况及相关参数，见表 7-39。

表 7-39　孔雀石绿的芬顿氧化法销毁相关参数

底物	浓度	H$_2$O$_2$	FeSO$_4$ · H$_2$O	pH	温度	时间	销毁率
孔雀石绿	20 mg/L	2 mmol/L	0.05 mmol/L	3.4	30 ℃	50 min	100%

7.3.14　甲基绿的销毁

7.3.14.1　UV/TiO$_2$ 光解法[39]

将 50 mg TiO$_2$ 粉末加入 100 mL 0.05 g/L 甲基绿溶液中，用 NaOH 或 HNO$_3$ 溶液将悬浮液的初始 pH 调节至 9。在光解前，将反应液在黑暗中磁力搅拌约 30 min，以确保吸附/解吸平衡，然后使用 2 个 UV-365 nm 灯（15 W）进行光解。反应液和紫外灯之间的距离为 14 cm，紫外灯的平均照射强度为 5.2 W/m^2。定期取样 5 mL，并离心，随后用 Millipore 过滤器（孔径 0.22 μm）过滤除去 TiO$_2$ 颗粒。用高效液相色谱（HPLC）测定甲基绿的残留量。调整色谱条件，使流动相与质谱仪工作条件相适应，采用 HPLC-ESI-MS 进行有机中间体分析。溶剂 A 为 25 mmol/L 醋酸铵水溶液缓冲液（pH 6.9），溶剂 B 为甲醇。色谱柱为 Atlantis d C$_{18}$ 柱（250 mm × 4.6 mm，直径 5 μm），流动相流速为 1.0 mL/min。

甲基绿的销毁情况及相关参数，见表 7-40。

表 7-40　甲基绿的 UV/TiO$_2$ 光解法销毁相关参数

底物	浓度	TiO$_2$	pH	温度	灯	时间	销毁率
甲基绿	0.05 g/L	0.5 g/L	9	N/A	15 W UV-365 nm	12 h	100%

7.3.14.2　UV/ZnO 光解法[40]

销毁实验是在间歇式反应器中进行的，该反应器配有 100 mL 烧瓶和 2 盏 15 W 可见光灯，平均辐照强度为 4.8 W/m^2。将 50 mg ZnO 粉末加入 100 mL 0.05 g/L 甲基绿溶液中，用 NaOH 或 HNO$_3$ 溶液调节反应液的初始 pH。在光解前，将反应液在黑暗中磁力搅拌约 30 min，以确保吸附/解吸平衡。然后将反应液暴露在可见光下进行搅拌。定期取样，并将样品离心去除氧化锌颗粒，用 HPLC-DAD 测定甲基绿的残留量。调整色谱条件，使流动相与质谱仪工作条件相适应，采用 HPLC-ESI-MS 进行有机中间体分析。溶剂 A 为 25 mmol/L 醋酸铵水溶液缓冲液（pH 6.9），溶剂 B 为甲醇。色谱柱为 Atlantis d C$_{18}$ 柱（250 mm × 4.6 mm，直径 5 μm），流动相流速为 1.0 mL/min。

甲基绿的销毁情况及相关参数，见表 7-41。

表 7-41　甲基绿的 UV/ZnO 光解法销毁相关参数

底物	浓度	ZnO	pH	温度	灯	时间	销毁率
甲基绿	0.05 g/L	0.5 g/L	N/A	N/A	15 W 可见光灯	16 h	100%

7.3.15　甲基橙的销毁

7.3.15.1　UV/TiO$_2$ 光解法[41]

在 400 ℃ 下煅烧的 m-TiO$_2$ 性能如下：平均粒径约 17.6 nm，晶粒尺寸约 3.1 nm，比表面积约 317.5 m^2/g。在室温下，在外照射式反应器中进行了光催化反应。将光子通量为 8.81 mW/cm^2 的 250 W 汞灯（长 100 mm，最大波长 365 nm）用作光源，并将其置于被循环水套包围的圆柱形容器内。Pyrex 玻璃容器用作光反应器。向反应器中加入 2×10^{-5} 甲基橙溶液和 1.0 g/L m-TiO$_2$ 悬浮液，再用 3 mol/L H$_2$SO$_4$ 将反应液的 pH 调节在 2.0。将反应液在黑暗中搅拌 15 min，然后将其暴露于紫外灯下进行反应。定期取样并进行离心处理，然后用 0.45 μm Millipore 膜过滤器过滤，最后用 HPLC-MS 系统分析甲基橙及其产物的浓度。

甲基橙的销毁情况及相关参数，见表 7-42。

表 7-42　甲基橙的 UV/TiO$_2$ 光解法销毁相关参数

底物	浓度	TiO$_2$	pH	温度	灯	时间	销毁率
甲基橙	2×10^{-5}	1.0 g/L	2	N/A	250 W 汞灯	45 min	>95%

7.3.15.2　UV/ZnO 光解法[35]

光化学降解是在专门设计的双壁反应容器（体积 500 mL）中进行的，紫外室配备 5 个波长为 365 nm 紫外管（每个 30 W）。采用磁力搅拌器进行搅拌。在整个反应过程中，用在夹套壁反应器中循环水来维持温度恒定。向反应器中加入 25 mg/L 甲基橙和 1 g/L ZnO 催化剂，并将反应液的 pH 调节至 8，然后在搅拌下开启光源进行反应。在不同的时间间隔内，用注射器取样，然后用 0.45 μm Millipore 过滤器过滤，并分析甲基橙的残留量。

甲基橙的销毁情况及相关参数，见表 7-43。

表 7-43　甲基橙的 UV/ZnO 光解法销毁相关参数

底物	浓度	ZnO	pH	温度	灯	时间	销毁率
甲基橙	25 mg/L	1 g/L	8	N/A	5 个 365 nm 紫外管	4 h	>99%

7.3.16　结晶紫的销毁

7.3.16.1　UV/镀铂 TiO$_2$ 光解法[42]

向 Pyrex 烧瓶中加入 100 mL 5×10^{-5} 结晶紫水悬浮液和 0.05 g 镀铂 TiO$_2$ 粉末，并用 NaOH 或 HNO$_3$ 溶液将反应液的 pH 调节至 3。在光解之前，将反应液在黑暗中磁力搅拌约 30 min，以达到吸附/解吸平衡。使用 2 个 UV-365 nm 紫外灯（15 W）进行照射。定期取样 5 mL，并进行离心处理，然后用 Millipore 过滤器过滤以去除催化剂颗粒。然后用 HPLC-ESI-MS 对滤液进行分析。

结晶紫的销毁情况及相关参数，见表7-44。

表 7-44　结晶紫的 UV/镀铂 TiO_2 光解法销毁相关参数

底物	浓度	镀铂 TiO_2	pH	温度	灯	时间	销毁率
结晶紫	5×10^{-5}	0.05 g	3	N/A	2 个 UV-365 nm 紫外灯（15 W）	8 h	100%

7.3.16.2　UV/ZnO 光解法[43]

使用 UV-LED 带（标称功率为 12 W/m，主发射波长为 365 nm）作为光源，并将其布置在光反应器的外表面周围。在圆柱形光反应器中，使用 $Zn(NO_3)_2$ 制备 ZnO 粉末，并在 450 ℃ 的空气中热处理 2 h。向 Pyrex 圆柱形反应器中加入 10 mg/L 结晶紫溶液和 3 g/L ZnO，反应液的 pH 为 5.5，然后开启光源进行反应。在光解过程中，反应液内的空气流量为 144 mL/min（标准状态下）。定期取样，并用紫外-可见分光光度计在 583 nm 波长下分析结晶紫的残留浓度。

结晶紫的销毁情况及相关参数，见表7-45。

表 7-45　结晶紫的 UV/ZnO 光解法销毁相关参数

底物	浓度	ZnO	pH	温度	灯	时间	销毁率
结晶紫	10 mg/L	3 g/L	5.5	N/A	UV-LED 带（12 W/m，365 nm）	2 h	100%

7.3.16.3　UV/乙酰丙酮光解法[44]

光解实验是在 XPA-Ⅱ型光化学反应器中进行的。光源为 300 W 中压汞灯（MP Hg），发射波长为 365 nm。向反应器中加入 0.03 mmol/L 结晶紫溶液和 1.0 mmol/L 乙酰丙酮，用 1 mmol/L H_2SO_4 和 1 mmol/L NaOH 将反应液的 pH 调节至 7，反应温度为 23～27 ℃。在光解之前，需要对紫外灯进行预热并保持稳定的辐射。定期取样，并立即用 UV-Vis 分光光度计（Hitachi U-2910）在 589 nm 处测量结晶紫的浓度。

结晶紫的销毁情况及相关参数，见表7-46。

表 7-46　结晶紫的 UV/乙酰丙酮光解法销毁相关参数

底物	浓度	乙酰丙酮	pH	温度	灯	时间	销毁率
结晶紫	0.03 mmol/L	1.0 mmol/L	7	23～27 ℃	300 W 中压汞灯	1 h	>90%

7.3.17　阿尔新蓝 8GX 的销毁[45]

实验是在容量为 500 mL 封闭 Pyrex 池中进行的，该池在顶部设有用于鼓泡反应所需的空气的端口。在光解之前，将反应混合物在黑暗中搅拌 30 min，以实现阿尔新蓝 8GX 在半导体催化剂表面上的最大吸附。用 9 W 中央灯作为光源，发射波长在 350～400 nm，最大值在 366 nm，光子通量为 7.16×10^{-4} EL·min。向反应器中加入 40 mg/L 阿尔新蓝 8GX 溶液和 0.5 g/L ZnO，并用 0.05 mol/L H_2SO_4 和 0.1 mol/L NaOH 溶液将反应液的 pH 调节至所需值，然后用 Metrohm pH 计监测溶液的 pH。开启光源进行反应，反应温度为 25 ℃。定期取样，并用 0.45 μm 的过滤器过滤以除去催化剂颗粒。然后使用紫外-可见分光光度计（Shimadzu UV-160A）分析阿尔新蓝 8GX 的残留量。

阿尔新蓝 8GX 的销毁情况及相关参数，见表7-47。

表 7-47　阿尔新蓝 8GX 的销毁相关参数

底物	浓度	ZnO	pH	温度	灯	时间	销毁率
阿尔新蓝 8GX	40 mg/L	0.5 g/L	N/A	25 °C	9 W 中央灯	20 min	> 95%

7.3.18　橙黄 I、橙黄 II 和乙基橙的销毁[46]

降解实验在有氧条件下进行的，反应温度为 20 °C。向配有 125 W 中压汞灯的圆柱形光化学反应器中，加入 20 mg/L 单一染料（橙黄 I、橙黄 II 或乙基橙）和 400 mg/L TiO₂ 水溶液。为了避免浓度梯度的形成，并有利于供氧，使反应体系处于连续搅拌状态。在紫外灯周围的夹套中的循环水将反应器内的温度维持在 20 °C。使用 Pyrex 玻璃夹套作为 300 nm 以下波长的截止滤光器。开启光源进行反应，并定期取样 5.0 mL，然后用 0.45 μm Millex HA 膜过滤。HPLC-DAD-ESI-MS 分析是用 Dionex Ultimate 3000 在梯度条件下进行的。分析方法使用了 Varian Pursuit XRs 3u C-18 柱（250 mm × 2.0 mm），流动相为乙腈和 0.1 mmol/L 乙酸铵的混合物，体积比为 5∶95 ~ 100∶0，pH 为 6.8，流速 0.2 mL/min。

橙黄 I、橙黄 II 和乙基橙的销毁情况及相关参数，见表 7-48。

表 7-48　橙黄 I、橙黄 II 和乙基橙的销毁相关参数

底物	浓度	TiO₂	pH	温度	灯	时间	销毁率
橙黄 I	20 mg/L	400 mg/L	N/A	20 °C	125 W 中压汞灯	100 min	> 99%
橙黄 II	20 mg/L	400 mg/L	N/A	20 °C	125 W 中压汞灯	150 min	100%
乙基橙	20 mg/L	400 mg/L	N/A	20 °C	125 W 中压汞灯	100 min	100%

7.3.19　天青 A、天青 B、苏丹红 III 和苏丹红 IV 的销毁[47]

光化学反应器由内径为 3.4 cm、外径为 4 cm、长度为 21 cm 的夹套石英管和内径为 5.7 cm、长度为 16 cm 的外部耐热玻璃反应器组成。紫外光由 125 W 高压汞蒸气灯提供，并放置在夹套石英管内。水循环通过石英管的环形空间，以避免由于紫外线能量的耗散损失而引起加热。向外部反应器中加入一定浓度的染料（天青 A、天青 B、苏丹红 III 或苏丹红 IV）和 1 g/L CS TiO₂，并开启光源进行反应。反应温度为 40 °C，该温度由夹套石英反应器环空中的循环水维持。定期取样，用 Millipore 膜过滤器过滤，然后离心除去催化剂颗粒。采用石英管紫外可见分光光度计在 190 ~ 700 nm 内测定染料的色强。天青 A、天青 B、苏丹红 III 和苏丹红 IV 的最大吸收波长分别为 625 nm、650 nm、512 nm 和 357 nm。

天青 A、天青 B、苏丹红 III 和苏丹红 IV 的销毁情况及相关参数，见表 7-49。

表 7-49　天青 A、天青 B、苏丹红 III 和苏丹红 IV 的销毁相关参数

底物	浓度	CS TiO₂	pH	温度	灯	时间	销毁率
天青 A	20 mg/L	1 g/L	N/A	40 °C	125 W 高压汞灯	30 min	> 95%
天青 B	20 mg/L	1 g/L	N/A	40 °C	125 W 高压汞灯	20 min	> 95%
苏丹红 III	25 mg/L	1 g/L	N/A	40 °C	125 W 高压汞灯	20 min	> 95%
苏丹红 IV	25 mg/L	1 g/L	N/A	40 °C	125 W 高压汞灯	30 min	> 95%

7.3.20　氯唑黑的销毁[48]

实验装置由玻璃水套反应器组成，总体积为 500 mL。使用低压汞灯（15 mW/cm^2，Oriel 6035）作为光源，其主要发射波长为 253.7 nm。带有石英外壳的紫外灯被放置在反应器的中心。用环绕电池的夹套循环水将光反应系统的温度维持在 24～26 ℃。降解实验是在中性 pH 下进行的。向反应器中加入 25.5 µmol/L（20 mg/L）氯唑黑水溶液和 50 mmol/L 丙酮。在磁力搅拌下开启光源进行光解反应。定期取样，并用 Jenway 6405 紫外-可见分光光度计在 578 nm 处分析氯唑黑的残留浓度。

氯唑黑的销毁情况及相关参数，见表 7-50。

表 7-50　氯唑黑的销毁相关参数

底物	浓度	丙酮	pH	温度	灯	时间	销毁率
氯唑黑	20 mg/L	50 mmol/L	7	24～26 ℃	Oriel 6035 低压汞灯	30 min	>95%

7.4　活性染料的销毁

7.4.1　活性红 2 的销毁

7.4.1.1　UV/TiO$_2$ 光解法[14]

二氧化钛（约 80% 锐钛矿和 20% 金红石）具有 55 m^2/g 的 BET 表面积和 30 nm 的平均粒度。所使用的光源是水冷的 400 W 高压汞灯（HL400EH-5）。紫外灯的光谱辐照度范围为 253.7～577 nm，3 个主峰分别位于 365、546 和 577 nm，照射距离为 80 mm。紫外灯主要波长为 365 nm，光强为 442 W/m^2。活性红 2 储备溶液的浓度为 0.17 mmol/L（105 mg/L）。在光解之前，用 0.1 mol/L H$_2$SO$_4$ 或 0.1 mol/L NaOH 调节反应液的初始 pH，并用数字 pH 计（Horiba F-23）进行监测。

光解实验是在间歇式光反应器中进行的。该小型光反应器由容量为 1.0 L（内径 100 mm，高度 200 mm）的圆柱形 Pyrex 玻璃池组成。将 400 W 高压汞灯放置在直径为 50 mm 的石英管中，最大辐射波长为 365 nm。然后将灯管浸泡在光反应器电池中，光程为 80 mm。向反应器中加入 0.8 L 0.086 mmol/L 活性红 2 溶液和 0.5 g/L TiO$_2$，并将反应液的 pH 调节至 3.0。开启光源进行反应，反应温度为 24.8～25.2 ℃，并用磁力搅拌器以 300 r/min 速度进行搅拌。定期取样 5 mL，用 0.2 µm 过滤器过滤，以去除 TiO$_2$ 细粒。用 Jasco V630 紫外可见分光光度计在 538 nm 处测定活性红 2 的残留浓度。

活性红 2 的销毁情况及相关参数，见表 7-51。

表 7-51　活性红 2 的 UV/TiO$_2$ 光解法销毁相关参数

底物	浓度	TiO$_2$	pH	温度	灯	时间	销毁率
活性红 2	0.086 mmol/L	0.5 g/L	3	24.8～25.2 ℃	400 W 高压汞灯	15 min	100%

7.4.1.2　UV/O$_3$/TiO$_2$/SnO$_2$ 光解法[49]

降解实验是在一个 3 L 中空圆柱形玻璃反应器中进行的。内管由石英制成，在其内部放置了 8 W、365 nm1 的紫外灯作为光源。紫外灯的光强度为 4.32 mW/cm^2。在非均相体系中，使用的光催化剂总量为 0.5 g/L。以 300 r/min 的速度不断搅拌反应体系，并以 500 mL/min 的流速通入空气，使光催化剂悬浮，反应温度为 25 ℃。向反应器中加入 2×10^{-5} 活性红 2 溶液和总量为 0.5 g/L 光催化剂（TiO_2 和 SnO_2），并用 HNO_3 和 NaOH 将反应液的 pH 调节至 10。开启光源进行反应，同时将 O_3 以 500 mL/min 的流速充入反应器。定期取样 15 mL，并以 5000 r/min 离心 10 min，以分离光催化剂悬浮液，最后用 0.22 μm 过滤器过滤。使用分光光度计在 538 nm 处检测活性红 2 的残留浓度。

活性红 2 的销毁情况及相关参数，见表 7-52。

表 7-52　活性红 2 的 $UV/O_3/TiO_2/SnO_2$ 光解法销毁相关参数

底物	浓度	$TiO_2 + SnO_2$	O_3	pH	温度	灯	时间	销毁率
活性红 2	2×10^{-5}	0.5 g/L	500 mL/min	10	25 ℃	8 W、365 nm 紫外灯	21 min	100%

7.4.1.3　$O_3/Mn(II)$、$O_3/Fe(II)$、$O_3/Fe(III)$、$O_3/Zn(II)$、$O_3/Co(II)$ 和 $O_3/Ni(II)$ 氧化法[50]

均相催化臭氧化实验是在鼓泡塔反应器中进行的，该反应器是圆柱形石英反应器（高 100 cm，直径 3.1 cm）。反应体系以 200 mL/min 的流速通入臭氧，活性红 2 溶液以 110 mL/min 的流速连续泵送。活性红 2 的初始浓度为 100 mg/L，并将其 pH 调节至 2。各种金属离子催化剂剂量为 0.2 mmol/L。定期从取样孔取样 15 mL，并以 5000 r/min 速度离心 10 min，然后用 0.22 μm 过滤器过滤。使用分光光度计在 538 nm 处测量活性红 2 的脱色情况。脱色效率由每次实验前后染料浓度之间的差异来确定。活性红 2 的矿化是通过总有机碳的减少来确定的，并使用 O.I.1010 TOC 分析仪进行测定。

活性红 2 的销毁情况及相关参数，见表 7-53。

表 7-53　活性红 2 的 $O_3/Mn(II)$、$O_3/Fe(II)$、$O_3/Fe(III)$、$O_3/Zn(II)$、$O_3/Co(II)$ 和 $O_3/Ni(II)$ 氧化法销毁相关参数

底物	浓度	催化剂	O_3	pH	温度	时间	销毁率
活性红 2	100 mg/L	0.2 mmol/L Mn(II)	200 mL/min	2	N/A	4 min	100%
活性红 2	100 mg/L	0.2 mmol/L Fe(II)	200 mL/min	2	N/A	5 min	100%
活性红 2	100 mg/L	0.2 mmol/L Fe(III)	200 mL/min	2	N/A	5.5 min	100%
活性红 2	100 mg/L	0.2 mmol/L Zn(II)	200 mL/min	2	N/A	5.5 min	100%
活性红 2	100 mg/L	0.2 mmol/L Co(II)	200 mL/min	2	N/A	5.5 min	100%
活性红 2	100 mg/L	0.2 mmol/L Ni(II)	200 mL/min	2	N/A	5.5 min	100%

7.4.2　活性红 45 的销毁

7.4.2.1　UV/TiO_2 和 UV/ZnO 光解法[51]

降解实验是在总容量为 0.8 L 的间歇式水夹套光反应器中进行的。光源为 125 W 汞灯（UV-C，254 nm），并将其置于反应器的内部石英管中。向反应器中加入 20 mg/L 活性红 45 溶液和 0.5 g/L TiO_2（或 2.5 g/L ZnO），用 KOH 和 H_2SO_4 将反应液的初始 pH 调节至所需值（3

或 7），并且在反应过程中不进行控制。开启光源进行反应，每个实验的持续时间为 1 h，反应温度为 25 ℃。定期取样，离心以除去固体颗粒，然后立即进行分析。使用实验室 pH/LF 便携式 pH/电导率计测量反应液的初始和最终 pH。使用 Perkin-Elmer Lambda EZ 201 分光光度计在 520 nm 处监测活性红 45 溶液的脱色情况。使用总有机碳分析仪测定总有机碳含量，以分析活性红 45 的矿化程度。

活性红 45 的销毁情况及相关参数，见表 7-54。

表 7-54　活性红 45 的销毁相关参数

底物	浓度	催化剂	灯	pH	温度	时间	销毁率
活性红 45	20 mg/L	0.5 g/L TiO$_2$	125 W 汞灯	3	25 ℃	1 h	>99%
活性红 45	20 mg/L	2.5 g/L ZnO	125 W 汞灯	7	25 ℃	1 h	>99%

7.4.2.2　光-芬顿氧化法[52]

向反应器中加入 1.0 mL 1 × 10^{-3} mol/L 活性红 45 染料溶液、1.0 mL 1 × 10^{-3} mol/L FeSO$_4$ 和 1.0 mL H$_2$O$_2$（30%），并将反应液的 pH 调节至 2.9。将反应混合物在光源（200 W 钨丝灯）下照射。pH 计测定反应液的 pH。用分光光度计在 521.9 nm 处测定活性红 45 的吸光度。实验结果表明，活性红 45 在 7 min 内矿化率可达 65.25%。

7.4.3　活性红 120 的销毁[53]

臭氧是由干燥的空气通过配有四级开关的臭氧发生器（Ozon Erzeuger 24 g，309.24.D.53 型）产生的。臭氧浓度用 "Ozon-Messgeraet" 型臭氧测量装置进行测定。向 1.2 L 圆柱形玻璃反应器中加入 200 mg/L 活性红 120 溶液，并将臭氧/空气混合物以 20 L/h 的体积流通过烧结玻璃过滤器进入染料溶液中。反应温度为 25 ℃，臭氧浓度为产生 12.8 mg/L。定期取样 30 mL，并分析活性红 120 的紫外-可见吸收率、总有机碳和 pH。

活性红 120 的销毁情况及相关参数，见表 7-55。

表 7-55　活性红 120 的销毁相关参数

底物	浓度	O$_3$	pH	温度	时间	销毁率
活性红 120	200 mg/L	12.8 mg/L	N/A	25 ℃	60 min	100%

7.4.4　活性红 141 的销毁[54]

光-芬顿氧化实验是在容量为 300 mL 的圆柱形 Pyrex 恒温池中进行的，该恒温池配备有磁力搅拌器，反应温度为 22～24 ℃。使用发射波长为 350 nm 的 6 W 飞利浦黑光荧光灯作为光源，入射光强度为 1.38 × 10^{-9} E/s。向反应器中加入 250 mg/L 活性红 141 溶液、10 mg/L Fe(Ⅱ) 和 250 mg/L H$_2$O$_2$，并将反应液的 pH 调节至 3。使用 Shimazu UV-1603 双光束分光光度计在 200～700 nm 范围内记录 UV-vis 吸收光谱。在 543.5 nm 处分析活性红 141 的残留量。

活性红 141 的销毁情况及相关参数，见表 7-56。

表 7-56 活性红 141 的销毁相关参数

底物	浓度	Fe(Ⅱ)	H₂O₂	pH	温度	灯	时间	销毁率
活性红 141	250 mg/L	10 mg/L	250 mg/L	3	22～24 ℃	350 nm 6 W 飞利浦黑光荧光灯	40 min	100%

7.4.5 活性红 198 的销毁

7.4.5.1 UV/TiO₂ 光解法[55]

光解实验使用了 Pyrex 玻璃制成的 0.8 L 浸没井光化学反应器,该反应器装备有保持 25 ℃ 温度的水循环夹套和用于供应氧气的开口。在反应器的中央放置 125 W 中压汞灯作为紫外光源。向反应器中加入 100 mg/L 活性红 198 溶液和 0.3 g/L TiO₂,反应液的 pH 为 4.6。在光解之前,将反应液在黑暗中搅拌并用分子氧鼓泡 30 min,直到达到吸附平衡。开启光源进行光解反应,反应温度为 25 ℃。定期取样 5 mL 并过滤,然后使用 Hitachi U-2001 紫外-可见分光光度计在 515 nm 处分析滤液中活性红 198 的残留量。

活性红 198 的销毁情况及相关参数,见表 7-57。

表 7-57 活性红 198 的 UV/TiO₂ 光解法销毁相关参数

底物	浓度	TiO₂	pH	温度	灯	时间	销毁率
活性红 198	100 mg/L	0.3 g/L	4.6	25 ℃	125 W 中压汞灯	45 min	99%

7.4.5.2 UV/ZnO 光解法[56]

降解实验是在 3 L 中空圆柱形玻璃反应器中进行的。将 15 W UVC 灯（254 nm）放置在石英管内部作为光源。超声浴的工作频率为 40 kHz,US 功率为 400 W。反应器底部和超声浴之间的距离固定在 2 cm。向反应器中加入 20 mg/L 活性红 198 溶液和 1 g/L ZnO,并将反应液的 pH 调节至 7。将反应系统在 260 r/min 下搅拌并连续充气,用水循环系统将反应温度控制在 30 ℃。定期取样 15 mL,并用 0.22 μm Millipore 过滤器过滤。然后使用分光光度计（Hitachi U-2001）在 520 nm 处测量活性红 198 的浓度。通过钛配合法测定光解过程中产生的 H₂O₂ 浓度。采用离子色谱法（Dionex DX-120）测定脱色过程中硫酸盐和氯离子的浓度。活性红 198 的矿化使用 O.I.1010 TOC 分析仪进行测定。

活性红 198 的销毁情况及相关参数,见表 7-58。

表 7-58 活性红 198 的 UV/ZnO 光解法销毁相关参数

底物	浓度	ZnO	pH	温度	灯	时间	销毁率
活性红 198	20 mg/L	1 g/L	7	30 ℃	15 W UVC 灯	60 min	99%

7.4.6 活性艳红 K-2BP、活性艳红 K2G 和活性黄 KD-3G 的销毁[23]

降解实验是在一个 1 L 的圆柱形玻璃光反应器中进行的。作为光源的 Hanovia 型低压汞灯位于反应器的中心,发射波长为 254 nm,光谱输出为 4.50 mW/cm²。向反应器中加入 150 mg/L 染料溶液、50 mmol/L H₂O₂ 和 5 mmol/L Fe(Ⅱ),并用 0.05 mol/L H₂SO₄ 或 0.1 mol/L NaOH 溶液将反应液的 pH 调节至 3。定期取样,并加入 0.5 mL 1 mol/L Na₂S₂O₃ 溶液淬灭,然后用 0.45 μm Millipore 膜过滤。使用 TOC 分析仪测量水溶液中有机碳的浓度。使用 Du-650 分光光度计分析溶液的颜色。将每个染料溶液从 300 ~ 800 nm 进行扫描,并测定其最大吸光度。颜色去除是基于最大吸光度的变化。

活性艳红 K-2BP、活性艳红 K2G 和活性黄 KD-3G 的销毁情况及相关参数,见表 7-59。

表 7-59　活性艳红 K-2BP、活性艳红 K2G 和活性黄 KD-3G 的销毁相关参数

底物	浓度	H_2O_2	Fe(Ⅱ)	pH	温度	灯	时间	销毁率
活性艳红 K-2BP	150 mg/L	50 mmol/L	5 mmol/L	3	N/A	Hanovia 型 低压汞灯	2 h	64%
活性艳红 K2G	150 mg/L	50 mmol/L	5 mmol/L	3	N/A	Hanovia 型 低压汞灯	2 h	64%
活性黄 KD-3G	150 mg/L	50 mmol/L	5 mmol/L	3	N/A	Hanovia 型 低压汞灯	2 h	64%

7.4.7　活性黄 14 的销毁[57]

光解实验是在 Heber multilamp 光反应器 HML-MP 88 中进行的。该反应器由 8 个 8 W 的中压汞蒸气灯并联组成。该紫外灯的发射光谱很宽,峰值波长为 365 nm。反应器有一个反应室,反应室配有专门设计的反射器,反射器由高度抛光的铝制成,底部内置冷却风扇。反应器的中心配有磁力搅拌器。反应器采用容量为 50 mL、高 40 cm、直径 20 mm 的开口硼硅玻璃管,总辐射暴露长度为 330 mm。在露天条件下,采用 4 盏并联中压汞灯(32 W)进行照射,光照强度为 1.381×10^{-6} E/min。向反应器中加入 50 mL 一定浓度的活性黄 14 溶液和 4 g/L TiO_2 悬浮液。将反应液在黑暗中搅拌 30 min,以达到吸附平衡。定期取样 2 mL,离心去除催化剂。将 1 mL 滤液稀释至 10 mL,并在 410 nm 和 254 nm 处,使用日立 U-2001 分光光度计测量活性黄 14 的吸光度。410 nm 处的吸光度是由活性黄 14 溶液的颜色引起的,其被用来监测活性黄 14 的脱色。254 nm 处的吸光度表示活性黄 14 的芳香环的含量,254 nm 处吸光度的降低表示芳香环的降解。

活性黄 14 的销毁情况及相关参数,见表 7-60。

表 7-60　活性黄 14 的销毁相关参数

底物	浓度	TiO_2	pH	温度	灯	时间	销毁率
活性黄 14	1×10^{-4} mol/L	4 g/L	5.5	N/A	4 盏中压汞灯(32 W)	10 min	100%
活性黄 14	2×10^{-4} mol/L	4 g/L	5.5	N/A	4 盏中压汞灯(32 W)	20 min	100%
活性黄 14	3×10^{-4} mol/L	4 g/L	5.5	N/A	4 盏中压汞灯(32 W)	40 min	100%
活性黄 14	5×10^{-4} mol/L	4 g/L	5.5	N/A	4 盏中压汞灯(32 W)	60 min	100%
活性黄 14	7×10^{-4} mol/L	4 g/L	5.5	N/A	4 盏中压汞灯(32 W)	80 min	100%
活性黄 14	9×10^{-4} mol/L	4 g/L	5.5	N/A	4 盏中压汞灯(32 W)	120 min	100%

7.4.8 活性黑 5、活性蓝 19 和活性蓝 21 的销毁

7.4.8.1 辣根过氧化物酶法[58]

使用辣根过氧化物酶分批对活性黑 5、活性蓝 19 和活性蓝 21 进行脱色处理，优化条件为反应温度 30 ℃，染料浓度为 50 mg/L。在室温下，采用分光光度法（型号 1601PC）在 400 ~ 800 nm 内对染料脱色进行了评价。在完全脱色后，取 20 mL 上清液，并以 10 000 r/min 速度离心 20 min 除去辣根过氧化物酶，然后分析样品的毒性。

活性黑 5、活性蓝 19 和活性蓝 21 的销毁情况及相关参数，见表 7-61。

表 7-61　活性黑 5、活性蓝 19 和活性蓝 21 的辣根过氧化物酶法销毁相关参数

	活性蓝 19	活性蓝 21	活性黑 5
酶的浓度/U · mL^{-1}	10.5	5.2	31.5
H$_2$O$_2$ 浓度/mmol · L^{-1}	1×10^{-4}	2.5×10^{-5}	5×10^{-5}
pH	6	4	4
染料脱色率	96%	90%	87%

7.4.8.2 UV/TiO$_2$ 光解法[59]

光解实验使用了汞蒸气紫外线灯（UVP-CPQ-7871）作为光源，其最大波长为 254 nm。向反应器中加入 20 ~ 100 mg/L 活性黑 5 溶液和 0.5 g/L TiO$_2$，并用 0.05 mol/L H$_2$SO$_4$ 和 0.05 mol/L NaOH 将反应液的 pH 调节至 3。将反应混合物在超声浴中超声处理，以将 TiO$_2$ 均匀地分散在反应液中。在光解过程中，将流速为 0.5 L/min 的氧气连续鼓泡到分散体中。定期取样 1 mL，并以 4000 r/min 的速度离心，然后用岛津 UV-2101 PC 扫描分光光度计在 580 nm 处分析离心物中的活性黑 5 的吸光度。使用浓度 0.10 ~ 110 mg/L 的校准曲线测定离心物中的活性黑 5 的浓度。

活性黑 5 的销毁情况及相关参数，见表 7-62。

表 7-62　活性黑 5 的 UV/TiO$_2$ 光解法销毁相关参数

底物	浓度	TiO$_2$	pH	O$_2$	灯	时间	销毁率
活性黑 5	20 mg/L	0.5 g/L	3	0.5 L/min	UVP-CPQ-7871	15 min	100%
活性黑 5	40 mg/L	0.5 g/L	3	0.5 L/min	UVP-CPQ-7871	30 min	100%
活性黑 5	60 mg/L	0.5 g/L	3	0.5 L/min	UVP-CPQ-7871	30 min	95%
活性黑 5	80 mg/L	0.5 g/L	3	0.5 L/min	UVP-CPQ-7871	30 min	90%
活性黑 5	100 mg/L	0.5 g/L	3	0.5 L/min	UVP-CPQ-7871	30 min	80%

7.5 分散染料的销毁

7.5.1 分散红 1 的销毁[60]

光-芬顿降解实验是在上流式光反应器进行的。该反应器由一个直径为 3.8 cm 的玻璃圆柱体组成，中心有一个 15 W 的黑光灯，照射体积为 280 mL。用蠕动泵以 90 mL/min 流速泵

送总容积 500 mL。向反应器中加入 0.2 mmol/L Fe(NO$_3$)$_3$ 和 5 mmol/L 过氧化氢溶液，并将反应液的 pH 调节至 2.4～2.6。在磁力搅拌的同时立即将 20 mg/L 分散红 1 溶液泵送到反应器中，同时开启光源进行反应。定期使用 Sep-Pack C$_{18}$（360 mg）固相萃取盒取样 10 mL，并用甲醇和水进行预处理。残留物用 2.5 mL 甲醇洗脱，然后用超纯水稀释，得到体积比为 60：40 的甲醇-水溶液，浓度系数为 2.4 倍。在此条件下，分散红 1 的检出限为 0.2 mg/L。回收率实验表明，当染料浓度在 1.6～21 mg/L 时，回收率在 75%～115%。然后使用 0.45 μm 再生纤维素过滤器过滤所有样品。使用配有岛津 LC 20AT 显像仪和光电二极管 SPD-M20A 检测器的高效液相色谱分析监测分散红 1 浓度的衰减。将 Hyperclone C$_8$-BDS（250 mm×4.6 mm，5 μm）柱的温度维持在 40 ℃，流动相为甲醇和 0.1% 甲酸的混合物，体积比为 60：40，流速为 1.0 mL/min。实验结果表明，光-芬顿降解法可完全去除分散红 1 的急性毒性，降解时间为 45 min。

7.5.2 分散黄 126、分散红 74 和分散蓝 139 混合液的销毁[61]

染料废水的电化学氧化是在体积为 0.7 L 的不可分割电池反应器中进行的，该反应器配有相同尺寸的 10 cm 平板阳极和平板阴极。使用了如下几种阳极材料：Ti/PdO-Co$_3$O$_4$、Ti/RhO$_x$-TiO$_2$、Ti/MnO$_2$-RuO$_2$、Ti/Pt-Ir、Ti/SnO$_2$-Sb$_2$O$_5$、Ti/RuO$_2$-TiO$_2$ 和 Ti/Pt。电化学氧化是在恒定电流条件下（2 A/dm^2）进行的，使用了直流稳定电源，电压控制在 1～10 V 内。在电解过程中使用了参考电极（饱和甘汞电极）通过高阻抗电压表连接到工作电极来监测阳极电位。电化学氧化是在 25 ℃ 下进行的。染料废水中含有 0.181 g/L 分散黄 126、0.034 g/L 分散红 74 和 0.158 g/L 分散蓝 139。

分散黄 126、分散红 74 和分散蓝 139 混合液的销毁情况及相关参数，见表 7-63。

表 7-63　分散黄 126、分散红 74 和分散蓝 139 混合液的销毁相关参数

阳极材料	表观颜色去除效率/%	COD 去除率/%
Ti/RuO$_2$-TiO$_2$	42	26
Ti/SnO$_2$-Sb$_2$O$_5$	45	23
Ti/Pt-Ir	50	39
Ti/MnO$_2$-RuO$_2$	46	10
Ti/RhO$_x$-TiO$_2$	47	29
Ti/PdO-Co$_3$O$_4$	48	25

参考文献

[1]　DOHRABI M R, GHAVAMI M. Photocatalytic degradation of Direct Red 23 dye using UV/TiO$_2$: effect of operational parameters[J]. J Hazard Mater, 2008, 153: 1235-1239.

[2]　AY F, CATALKAYA E C, KARGI F. A statistical experiment design approach for advanced oxidation of Direct Red azo-dye by photo-Fenton treatment[J]. J Hazard Mater, 2009, 162: 230-236.

[3] KHADHRAOUI M, TRABELSI H, KSIBI M, et al. Discoloration and detoxification of a Congo Red dye solution by means of ozone treatment for a possible water reuse[J]. J Hazard Mater, 2009, 161: 974-981.

[4] ELAHMADI M F, BENSALAH N, GADRI A. Treatment of aqueous wastes contaminated with Congo Red dye by electrochemical oxidation and ozonation processes[J]. J Hazard Mater, 2009, 168: 1163-1169.

[5] RATHI A, RAJOR H K, SHARMA R K. Photodegradation of direct yellow-12 using UV/H_2O_2/Fe^{2+}[J]. J Hazard Mater, 2003, B102: 231-241.

[6] SHEN Y S, WANG D K. Development of photoreactor design equation for the treatment of dye wastewater by UV/H_2O_2 process[J]. J Hazard Mater, 2002, B89: 267-277.

[7] DANESHVAR N, RASOULIFARD M H, KHATAEE A R, et al. Removal of C.I. Acid Orange 7 from aqueous solution by UV irradiation in the presence of ZnO nanopowder[J]. J Hazard Mater, 2007, 143: 95-101.

[8] NISHIO J, TOKUMURA M, ZNAD H T, et al. Photocatalytic decolorization of azo-dye with zinc oxide powder in an external UV light irradiation slurry photoreactor[J]. J Hazard Mater, 2006, B138: 106-115.

[9] KUSIC H, JOVIC M, KOS N, et al. The comparison of photooxidation for the minimization of organic load of colored wastewater applying the response surface methodology[J]. J Hazard Mater, 2010, 183: 189-202.

[10] BEHNAJADY M A, MODIRSHAHLA N. Kinetic modeling on photooxidative degradation of C.I. Acid Orange 7 in a tubular continuous-flow photoreactor[J]. Chemosphere, 2006, 62: 1543-1548.

[11] BEHNAJADY M A, MODIRSHAHLA N, SHOKRI M. Photodestruction of Acid Orange 7 (AO7) in aqueous solutions by UV/H_2O_2: influence of operational parameters[J]. Chemosphere, 2004, 55: 129-134.

[12] WANG M, LIU X, PAN B, et al. Photodegradation of Acid Orange 7 in a UV/acetylacetone process[J]. Chemosphere, 2013, 93: 2877-2882.

[13] WU B, YIN R, ZHANG G, et al. Effects of water chemistry on decolorization in three photochemical processes: pro and cons of the UV/AA process[J]. Water Res, 2016, 105: 568-574.

[14] JUANG R S, LIN S H, HSUEH P Y. Removal of binary azo dyes from water by UV-irradiated degradation in TiO_2 suspensions[J]. J Hazard Mater, 2010, 182: 820-826.

[15] MAEZONO T, TOKUMURA M, SEKINE M, et al. Hydroxyl radical concentration profile in photo-Fenton oxidation process: generation and consumption of hydroxyl radicals during the discoloration of azo-dye Orange II[J]. Chemosphere, 2011, 82: 1422-1430.

[16] LIU X, YUAN B, ZOU J, et al. Cu(II)-enhanced degradation of Acid Orange 7 by Fe(II)-activated persulfate with hydroxylamine over a wide pH range[J]. Chemosphere, 2020, 238: 124533.

[17] QI C, LIU X, MA J, et al. Activation of peroxymonosulfate by base: implications for the

degradation of organic pollutants[J]. Chemosphere, 2016, 151: 280-288.

[18] LOU X, WU L, GUO Y, et al. Peroxymonosulfate activation by phosphate anion for organics degradation in water[J]. Chemosphere, 2014, 117: 582-585.

[19] WANG Z, YUAN R, GUO Y, et al. Effects of chloride ions on bleaching of azo dyes by Co^{2+}/oxone reagent: kinetic analysis[J]. J Hazard Mater, 2011, 190: 1083-1087.

[20] HSING H J, CHIANG P C, CHANG E E, et al. The decolorization and mineralization of Acid Orange 6 azo dye in aqueous solution by advanced oxidation processes: a comparative study[J]. J Hazard Mater, 2007, 141: 8-16.

[21] DANESHVAR N, RABBANI M, MODIRSHAHLA N, et al. Photooxidative degradation of Acid Red 27 in a tubular continuous-flow photoreactor: Influence of operational parameters and mineralization products[J]. J Hazard Mater, 2005, B118: 155-160.

[22] DANESHVAR N, RABBANI M, MODIRSHAHLA N, et al. Critical effect of hydrogen peroxide concentration in photochemical oxidative degradation of C.I. Acid Red 27(AR27)[J]. Chemosphere, 2004, 56: 895-900.

[23] XU X R, LI H B, WANG W H, et al. Degradation of dyes in aqueous solutions by the Fenton process[J]. Chemosphere, 2004, 57: 595-600.

[24] LING S K, WANG S, PENG Y. Oxidative degradation of dyes in water using Co^{2+}/H_2O_2 and Co^{2+}/peroxymonosulfate[J]. J Hazard Mater, 2010, 178: 385-389.

[25] BEHNAJADY M A, MODIRSHAHLA N, GHANBARY F. A kinetic model for the decolorization of C.I. Acid Yellow 23 by Fenton process[J]. J Hazard Mater, 2007, 148: 98-102.

[26] WAWRZKIEWICZ M, HUBICKI Z. Removal of tartrazine from aqueous solutions by strongly basic polystyrene anion exchange resins[J]. J Hazard Mater, 2009, 164: 502-509.

[27] KHATAEE A R, VATANPOUR V, GHADIM A R A. Decolorization of C.I. Acid blue 9 solution by UV/Nano-TiO_2, Fenton, Fenton-like, electro-Fenton and electrocoagulation processes: a comparative study[J]. J Hazard Mater, 2009, 161: 1225-1233.

[28] PREVOT A B, BAIOCCHI C, BRUSSINO M C, et al. Photocatalytic degradation of acid blue 80 in aqueous solutions containing TiO_2 suspensions[J]. Environ Sci Technol, 2001, 35: 971-976.

[29] SHU H Y, CHANG M C, FAN H J. Decolorization of azo dye acid black 1 by the UV/H_2O_2 process and optimization of operating parameters[J]. J Hazard Mater, 2004, B113: 201-208.

[30] WANG X, LIU P, FU M, et al. Novel sequential process for enhanced dye synergistic degradation based on nano zero-valent iron and potassium permanganate[J]. Chemosphere, 2016, 155: 39-47.

[31] DUTTA K, MUKHOPADHYAY S, BHATTACHARJEE S, et al. Chemical oxidation of methylene blue using a Fenton-like reaction[J]. J Hazard Mater, 2001, B84: 57-71.

[32] DING X, GUTIERREZ L, CROUE J P, et al. Hydroxyl and sulfate radical-based oxidation of RhB dye in UV/H_2O_2 and UV/persulfate systems: kinetics, mechanisms, and comparison[J]. Chemosphere, 2020, 253: 126655.

[33]　HOU M F, LIAO L, ZHANG W D, et al. Degradation of rhodamine B by Fe(0)-based Fenton process with H_2O_2[J]. Chemosphere, 2011, 83: 1279-1283.

[34]　WANG Y R, CHU W. Degradation of a xanthene dye by Fe(II)-mediated activation of oxone process[J]. J Hazard Mater, 2011, 186: 1455-1461.

[35]　KANSAL S K, SINGH M, SUD D. Studies on photodegradation of two commercial dyes in aqueous phase using different photocatalysts[J]. J Hazard Mater, 2007, 141: 581-590.

[36]　CHEN C C, LU C S, CHUNG Y C, et al. UV light induced photodegradation of malachite green on TiO_2 nanoparticles[J]. J Hazard Mater, 2007, 141: 520-528.

[37]　KUSVURAN E, GULNAZ O, SAMIL A, et al. Decolorization of malachite green, decolorization kinetics and stoichiometry of ozone-malachite green and removal of antibacterial activity with ozonation processes[J]. J Hazard Mater, 2011, 186: 133-143.

[38]　HAMEED B H, LEE T W. Degradation of malachite green in aqueous solution by Fenton process[J]. J Hazard Mater 2009, 164: 468-472

[39]　CHEN C C, LU C S. Mechanistic studies of the photocatalytic degradation of methyl green: an investigation of products of the decomposition processes[J]. Environ Sci Technol, 2007, 41: 4389-4396.

[40]　MAI F D, CHEN C C, CHEN J L, et al. Photodegradation of methyl green using visible irradiation in ZnO suspensions. Determination of the reaction pathway and identification of intermediates by a high-performance liquid chromatography-photodiode array-electrospray ionization-mass spectrometry method[J]. J Chromatogr A, 2008, 1189: 355-365.

[41]　DAI K, CHEN H, PENG T, et al. Photocatalytic degradation of methyl orange in aqueous suspension of mesoporous titania nanoparticles[J]. Chemosphere, 2007, 69: 1361-1367.

[42]　FAN H J, LU C S, LEE W L, et al. Mechanistic pathways between P25-TiO_2 and Pt-TiO_2 mediated CV photodegradation[J]. J Hazard Mater, 2011, 185: 227-235.

[43]　SACCO O, MATARANGOLO M, VAIANO V, et al. Crystal violet and toxicity removal by adsorption and simultaneous photocatalysis in a continuous flow micro-reactor[J]. Sci Total Environ, 2018, 644: 430-438.

[44]　YANG F, SHENG B, WANG Z, et al. Performance of UV/acetylacetone process for saline dye wastewater treatment: Kinetics and mechanism[J]. J Hazard Mater, 2021, 406: 124774.

[45]　CALIMAN A F, COJOCARU C, ANTONIADIS A, et al. Optimized photocatalytic degradation of Alcian Blue 8 GX in the presence of TiO_2 suspensions[J]. J Hazard Mater, 2007, 144: 265-273.

[46]　PREVOT A B, FABBRI D, PRAMAURO E, et al. High-performance liquid chromatography coupled to ultraviolet diode array detection and electrospray ionization mass spectrometry for the analysis of intermediates produced in the initial steps of the photocatalytic degradation of sulfonated azo dyes[J]. J Chromatogr A, 2008, 1202: 145-154.

[47]　AARTHI T, NARAHARI P, MADRAS G. Photocatalytic degradation of azure and Sudan dyes using nano TiO_2[J]. J Hazard Mater, 2007, 149: 725-734.

[48] BENDJAMA H, MEROUANI S, HAMDAOUI O, et al. Using photoactivated acetone for the degradation of Chlorazol Black in aqueous solutions: Impact of mineral and organic additives[J]. Sci Total Environ, 2019, 653: 833-838.

[49] WU C H, CHANG C L. Decolorization of Reactive Red 2 by advanced oxidation processes: Comparative studies of homogeneous and heterogeneous systems[J]. J Hazard Mater, 2006, B128: 265-272.

[50] WU C H, KUO C Y, CHANG C L. Homogeneous catalytic ozonation of C.I. reactive Red 2 by metallic ions in a bubble column reactor[J]. J Hazard Mater, 2008, 154: 748-755.

[51] PETERNEL I T, KOPRIVANAC N, LONCARIC BOZIC A M, et al. Comparative study of UV/TiO_2, UV/ZnO and photo-Fenton processes for the organic reactive dye degradation in aqueous solution[J]. J Hazard Mater, 2007, 148: 477-484.

[52] SWARNKAR A K, KAKODIA A K, SHARMA B K. Use of photo-Fenton Reagent for photocatalytic degradation of reactive red 45[J]. Inter J Adv Res Chem Sci, 2015, 2: 31-36.

[53] ZHANG F, YEDILER A, LIANG X. Decomposition pathways and reaction intermediate formation of the purified, hydrolyzed azo reactive dye C.I. Reactive Red 120 during ozonation[J]. Chemosphere, 2007, 67: 712-717.

[54] [54] GARCÍA-MONTAÑO J, TORRADES F, GARCÍA-HORTAL J A, et al. Degradation of Procion Red H-E7B reactive dye by coupling a photo-Fenton system with a sequencing batch reactor[J]. J Hazard Mater, 2006, B134: 220-229.

[55] KAUR S, SINGH V. TiO_2 mediated photocatalytic degradation studies of reactive red 198 by UV irradiation[J]. J Hazard Mater, 2007, 141: 230-236.

[56] WU C H. Effect of sonication on decolorization of C.I. Reactive Red 198 in UV/ZnO system[J]. J Hazard Mater, 2008, 153: 1254-1261.

[57] MURUGANANDHAM M, SWAMINATHAN M. TiO_2-UV photocatalytic oxidation of Reactive Yellow 14: effect of operational parameters[J]. J Hazard Mater, 2006, B135: 78-86.

[58] DUARTE BAUMER J, VALÉRIO A, DE SOUZA S M A, et al. Toxicity of enzymatically decolored textile dyes solution by horseradish peroxidase[J]. J Hazard Mater, 2018, 360: 82-88.

[59] KUSVURAN E, IRMAK S, YAVUZ H I, et al. Comparison of the treatment methods efficiency for decolorization and mineralization of Reactive Black 5 azo dye[J]. J Hazard Mater, 2005, B119: 109-116.

[60] DA SILVA LEITE L, DE SOUZA MASELLI B, DE ARAGAO UMBUZEIRO G, et al. Monitoring ecotoxicity of disperse red 1 dye during photo-Fenton degradation[J]. Chemosphere, 2016, 148: 511-517.

[61] SZPYRKOWICZ L, JUZZOLINO C, KAUL S N. A comparative study on oxidation of disperse dyes by electrochemical process, ozone, hypochlorite and Fenton reagent[J]. Water Res, 2001, 35: 2129-2136.

8

毒素类、霉素类、酶抑制剂、克百威的
销毁与净化

8.1 化合物概述

8.1.1 毒素类化合物

黄曲霉毒素 B_1 为无色结晶，难溶于水，易溶于油及多种极性有机溶剂，如氯仿、甲醇、乙醇、丙醇、乙二甲基酰胺，不溶于石油醚、乙醚和己烷。黄曲霉毒素 B_1 在已知的化学物质中致癌力居首位。黄曲霉毒素 B_1 的毒性要比呕吐毒素的毒性强 30 倍，比玉米赤霉烯酮的毒性强 20 倍。黄曲霉毒素 B_1 的急性毒性是氰化钾的 10 倍，砒霜的 68 倍，慢性毒性可诱发癌变，致癌能力为二甲基亚硝胺的 75 倍，比二甲基偶氮苯高 900 倍，人的原发性肝癌也很可能与黄曲霉毒素有关。

鱼腥藻毒素 A 是从水华鱼腥藻分离的油性神经毒素。该毒素活性高，毒性大，但神经毒素不稳定，半衰期短，尤其在光照和高 pH 条件下，可迅速降解为无毒产物。

肉毒杆菌毒素也被称为肉毒毒素或肉毒杆菌素，是由肉毒杆菌在繁殖过程中所产生的一种神经毒素蛋白。肉毒毒素是 150 kD 的多肽，它由 100 kD 的重（H）链和 50 kD 轻（L）链通过一个双硫链连接起来。依其毒性和抗原性不同，分为 A、B、Ca、Cb、D、E、F、G 8 个类型。肉毒毒素是毒性最强的天然物质之一，也是世界上最毒的蛋白质之一。纯化结晶的肉毒毒素 1 mg 能杀死 2 亿只小鼠，对人的半致死量为 40 IU/kg。但是性质稳定，易于生产、提纯和精制。因而最早被利用于实验研究及临床。

柱孢藻毒素是一种天然存在的三环细胞毒性生物碱，由拟柱胞藻、束丝藻属和鱼腥藻属等物种产生。柱孢藻毒素是一种可溶于水、甲醇和二甲亚砜的白色粉末。柱孢藻毒素可以抑制蛋白质合成并共价修饰 DNA 或 RNA。

微囊藻毒素是一类具有生物活性的环状七肽化合物，为分布最广泛的肝毒素。微囊藻毒素主要由淡水藻类铜绿微囊藻产生，具有相当的稳定性，能够强烈抑制蛋白磷酸酶的活性，还是强烈的肝脏肿瘤促进剂。中国生活饮用水标准限制饮用水中该毒素含量为 1 μg/L。微囊藻毒素 LR 是微囊藻毒素的 LR 亚型。微囊藻毒素 RR 是一种有效的口服活性蛋白磷酸酶抑制剂。

赭曲霉毒素 A 是来自赭曲霉的真菌代谢物。赭曲霉毒素 A 对实验动物具有致畸性和致癌性，对人类也可能具有致癌性，是一种基因毒素。赭曲霉毒素 A 是一种白色结晶固体，其可能带静电，附着在玻璃器皿或防护服上。2017 年 10 月 27 日，世界卫生组织国际癌症研究机构公布的致癌物清单初步整理参考，赭曲霉素 A 在 2B 类致癌物清单中。

石房蛤毒素，是已知毒性最强的海洋生物毒素之一，为贝类神经麻痹中毒的主要毒素之一。石房蛤毒素，是四氢嘌呤的一种衍生物，有剧毒，为白色吸湿性很强的固体，溶于水，微溶于甲醇和乙醇。石房蛤毒素通过影响钠离子通道而抑制神经的传导。石房蛤毒素毒性极强，对成年人轻度中毒量为 110 μg，致死剂量为 540～1000 μg，LD_{50} 为 10 μg/kg（小鼠）。鉴于石房蛤毒素的高危害性和分布的广泛性，世界各国均将其列为水产品安全检验的必检项目。

短裸甲藻毒素是一组基于 10 环或 11 环聚醚主链的环状化合物，是由沟鞭藻（以前称为短裸甲藻）产生的海洋神经毒素。人类呼吸接触可能导致神经毒性贝类中毒。在纳米级物质的量浓度下，短裸甲藻毒素 B 具有鱼鳞毒性，是引起神经毒性贝类中毒的原因。

冈田酸是腹泻性贝毒 DSP 中的主要成分，因首次从冈田软海绵中分离出而得名，属聚醚类海洋生物毒素。冈田酸属于低毒类，无特效药救治，尚无致死病例。长期积累可以致畸形及致癌。

岩沙海葵毒素是一种从珊瑚岩沙海葵物种中分离的海洋毒素。在几种不同的给药途径中，岩沙海葵毒素是剧毒的，并且对皮肤和眼睛有严重的刺激性。岩沙海葵毒素可能是一种致癌物，一种可能的人类诱变剂，并且在一项青蛙胚胎试验中被发现具有致畸性。人支气管上皮细胞对岩沙海葵毒素高度敏感。岩沙海葵毒素是一种白色无定形吸湿性固体，没有明确的熔点，可溶于水、吡啶和二甲基亚砜。岩沙海葵毒素已被用于评价抗心绞痛化疗药物。

蓖麻毒素，为具有两条肽链的高毒性的植物蛋白，主要存在于蓖麻籽中。蓖麻毒素易损伤肝、肾等实质器官，发生出血、变性、坏死病变，并能凝集和溶解红细胞，抑制麻痹心血管和呼吸中枢，是致死的主要原因之一。蓖麻毒素除染毒水源和食物经消化道中毒外，还可作为国际间谍情报人员和恐怖分子进行暗害和破坏活动的毒素战剂武器。

河豚毒素是鲀鱼类及其他生物体内含有的一种生物碱。河豚毒素经腹腔注射对小鼠的 LD_{50} 为 8 μg/kg。河豚毒素曾一度被认为是自然界中毒性最强的非蛋白类毒素。河豚毒素的化学性质稳定，一般烹调手段难以破坏。

T-2 毒素，是一种有机化合物，是由多种真菌（主要是三线镰刀菌）产生的单端孢霉烯族化合物之一，常见于各种谷类作物和加工谷物中。T-2 毒素很容易代谢为 HT-2 毒素。疣孢菌素 A 是一种在疣状分枝杆菌中发现的大环毛四烯，具有多种生物活性。

具体信息见表 8-1。

表 8-1　典型毒素类化合物基本信息一览表

化合物	mp or bp	结构式/分子式	CAS 登记号
黄曲霉毒素 B$_1$	mp 268~269 ℃	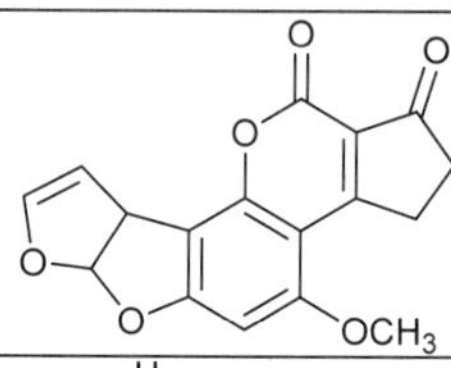	[1162-65-8]
鱼腥藻毒素 A	bp 293.09 ℃	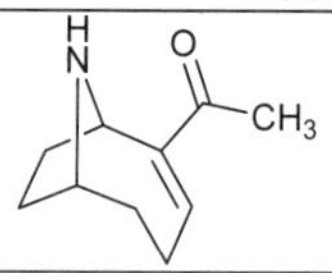	[64285-06-9]
肉毒杆菌毒素 A	N/A	N/A	[9334-43-1]
肉毒杆菌毒素 B	N/A	N/A	[9334-44-2]
肉毒杆菌毒素 C	N/A	N/A	[9334-45-3]
肉毒杆菌毒素 D	N/A	N/A	[93384-4-4]
肉毒杆菌毒素 E	N/A	N/A	[9334-47-5]
肉毒杆菌毒素 F	N/A	N/A	[107231-15-2]
肉毒杆菌毒素 G	N/A	N/A	[107231-16-3]
短杆菌毒素	N/A	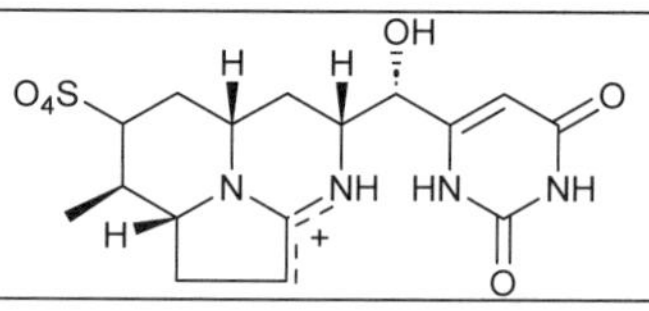	[143545-90-8]
微囊藻毒素 LR（X=亮氨酸，Z=精氨酸）	N/A	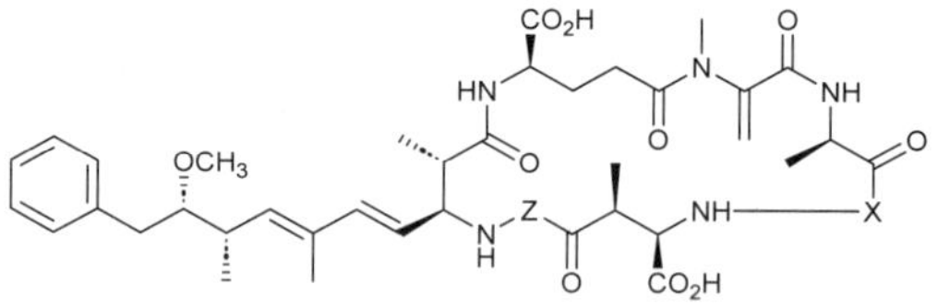	[101043-37-2]
微囊藻毒素 RR（X=Z=精氨酸）	N/A		[111755-37-4]
微囊藻毒 YR（X=酪氨酸，Z=精胺酸）	N/A		[101064-48-6]
微囊藻毒 LA（X=亮氨酸，Z=丙氨酸）	N/A		[9610-79-9]
赭曲霉素 A	mp 169 ℃，bp 632.4 ℃	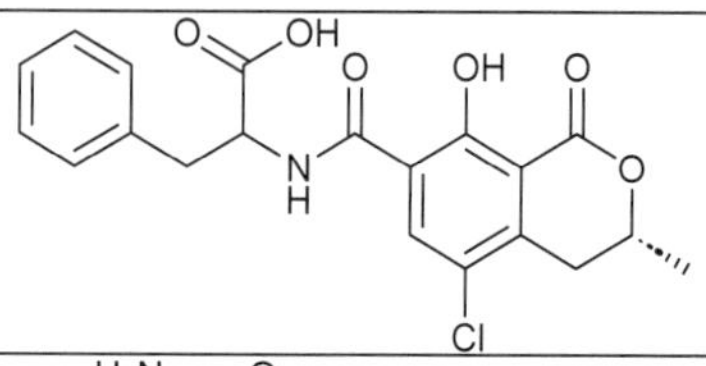	[303-47-9]
石房蛤毒素	N/A	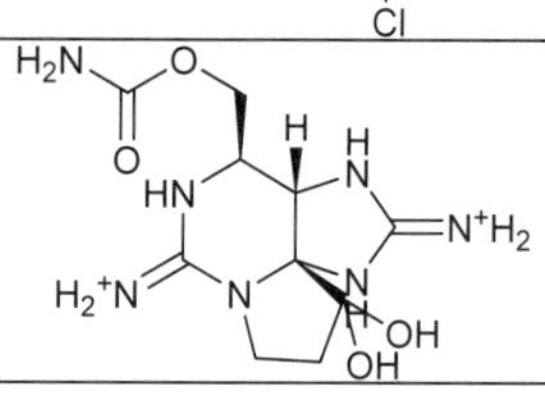	[35523-89-8]

128

化 合 物	mp or bp	结构式/分子式	CAS 登记号
短裸甲藻毒素 B	N/A		[79580-28-2]
冈 田 酸	mp 164 ~ 166 °C		[78111-17-8]
岩沙海葵毒素	N/A		[11077-03-5]
蓖麻毒素	N/A	NA	[909-86-3]
河豚毒素	mp 225 °C		[4368-28-9]
T-2 毒素	bp 544.9 °C		[21259-20-1]
HT-2 毒素	N/A		[26934-87-2]

化合物	mp or bp	结构式/分子式	CAS 登记号
疣孢菌素 A	N/A		[3148-09-2]
杆孢菌素 A	mp 198 ~ 204 °C		[14729-29-4]

8.1.2 霉素类化合物

桔霉素，又名桔青霉素，是一种有机化合物，主要用作微生物源杀虫杀螨剂，用于果树防治各种害螨。桔霉素是一种致畸性物质，也是一种严重的皮肤刺激物。桔霉素在实验动物中可能具有致癌性，但尚未发现其具有致突变性。

棒曲霉素，不溶于水，溶于乙醚、氯仿和醇，主要用作广谱抗细菌、抗真菌抗生素，并有抗肿瘤作用。

柄曲霉素，又名杂色曲霉素，是黄曲霉素的前体，是由杂色曲霉产生的一种霉菌素，不溶于水，但溶于有机溶剂，具有致畸致癌的作用，主要用于生化研究。

丝裂霉素 C，是从头状链霉菌培养液中分离提取的一种广谱抗肿瘤抗生素，对多种癌症有抗癌作用，其作用原理可使细胞的 DNA 解聚，同时阻碍 DNA 的复制，从而抑制肿瘤细胞分裂。丝裂霉素 C 临床适用于消化道癌，如胃癌、肠癌、肝癌及胰腺癌等，疗效较好。对肺癌、乳腺癌、宫颈癌及绒毛膜上皮癌等也有效。还可用于恶性淋巴瘤、癌性胸腹腔积液。2017年 10 月 27 日，世界卫生组织国际癌症研究机构公布的致癌物清单初步整理参考，丝裂霉素 C 在 2B 类致癌物清单中。

博来霉素是一种糖肽抗生素。博来霉素对一系列淋巴瘤、头颈癌和生殖细胞肿瘤具有强大的抗肿瘤活性。博来霉素可用于癌症和化疗的研究。

阿霉素，是一种抗生素类药物，其抗瘤谱较广，适用于急性白血病、恶性淋巴瘤、乳腺癌、支气管肺癌、卵巢癌、软组织肉瘤、成骨肉瘤、横纹肌肉瘤、尤文肉瘤、母细胞瘤、神经母细胞瘤、膀胱癌、甲状腺癌、前列腺癌、头颈部鳞癌、睾丸癌、胃癌、肝癌等。2017年 10 月 27 日，世界卫生组织国际癌症研究机构公布的致癌物清单初步整理参考，阿霉素在 2A 类致癌物清单中。

柔红霉素，是一种有机化合物，属抗肿瘤药，主要用于对常用抗肿瘤药耐药的急性淋巴细胞或粒细胞白血病，但缓解期短，故需与其他药物合并应用。柔红霉素作用与阿霉素相同，嵌入 DNA，可抑制 RNA 和 DNA 的合成，对 RNA 的影响尤为明显，选择性地作用于嘌呤核苷。氯脲霉素，是一种有机化合物，是在 2A 类致癌物。

丝裂霉素，是从头状链霉菌培养液中分离提取的一种广谱抗肿瘤抗生素，对多种癌症有抗癌作用，其作用原理可使细胞的 DNA 解聚，同时阻碍 DNA 的复制，从而抑制肿瘤细胞分裂。

氯霉素，是一种抗生素，易溶于甲醇、乙醇、丙醇及乙酸乙酯，微溶于乙醚及氯仿，不溶于石油醚及苯。氯霉素极稳定，其水溶液经 5 h 煮沸也不失效。由于氯霉素分子中有 2 个不对称碳原子，所以氯霉素有 4 个光学异构体，其中只有左旋异构体具有抗菌能力。

金霉素，化学名为氯四环素，是一种金色黄色晶体粉末，由金色链霉菌发酵产生，发酵液经酸化、过滤得沉淀物，溶解于乙醇后经酸析得粗品，经溶解、成盐得盐酸盐结晶。

土霉素是一种有机物，为淡黄色结晶性粉末，微溶于乙醇，极微溶于水。在空气中稳定，遇光颜色渐暗。土霉素属于酸碱两性物，能与酸或碱结合生成盐类，在水中溶解极微，易溶于稀碱和稀酸，土霉素盐在碱性水溶液中易遭破坏而失效，在酸性水溶液中较稳定。

四环素是一种有机化合物，本身及其盐类都是黄色或淡黄色的晶体，在干燥状态下极为稳定，除金霉素外，其他的四环素族的水溶液都相当稳定。四环素族能溶于稀酸、稀碱等，略溶于水和低级醇，但不溶于醚及石油醚。四环素族抗生素主要包括有金霉素、土霉素、四环素。四环素族抗生素有共同的化学结构母体。金霉素和土霉素都是四环素的衍生物，前者是氯四环素，后者是氧四环素。四环素族均为酸碱两性化合物。

红霉素，是一种大环内酯类抗生素，临床主要应用于链球菌引起的扁桃体炎、猩红热、白喉及带菌者、淋病、李斯特菌病、肺炎链球菌下呼吸道感染。红霉素还可应用于流感杆菌引起的上呼吸道感染、金黄色葡萄球菌皮肤及软组织感染、梅毒、肠道阿米巴病等。

链脲霉素，又名链脲佐菌素、链佐星，为淡黄色结晶性粉末，溶于水，低碳醇和酮。链脲霉素是由不产色链霉菌产生或人工合成的抗生素，能抑制肿瘤细胞 DNA 合成，并能抑制嘧啶核苷代谢和糖原异生的某些关键酶。在体内，链脲霉素能自发分解并产生引起 DNA 双链交联的甲基碳化离子。与其他亚硝脲类药物比较，链脲霉素的烷化活性相对较弱。

莫能菌素，又称"瘤胃素"是一种反刍动物中运用较广泛的饲料添加剂，原为链霉菌所分泌的一种物质，具有控制瘤胃中挥发性脂肪酸比例，减少瘤胃中蛋白质的降解，降低饲料干物质消耗，改善营养物质利用率和提高动物能量利用率等作用。

甲基盐霉素是由生金色链霉菌培养液中提取的聚醚类抗生素。甲基盐霉素为白色或浅黄色结晶性粉末。本品在乙醇、丙酮、二甲基亚砜、苯、氯仿、乙酸乙酯中易溶，在水中不溶。

具体信息见表 8-2。

表 8-2　典型霉素类化合物基本信息一览表

化合物	mp or bp	结构式/分子式	CAS 登记号
桔霉素	mp 175 °C		[518-75-2]
棒曲霉素	mp 108 ~ 111 °C		[149-29-1]
柄曲霉素	mp 246 °C		[10048-13-2]
丝裂霉素 C	mp > 360 °C		[50-07-7]
博来霉素	N/A		[11056-06-7]
阿霉素	mp 205 °C		[23214-92-8]
柔红霉素	mp 155 °C		[20830-81-3]

化合物	mp or bp	结构式/分子式	CAS 登记号
氯脲霉素	mp 147～148 ℃		[54749-90-5]
丝裂霉素	mp 360 ℃		[50-07-0]
氯霉素	mp 148～150 ℃		[56-75-7]
金霉素	mp 168.5 ℃		[57-62-5]
土霉素	mp 183 ℃		[79-57-2]
四环素	mp 175～177 ℃		[60-54-8]
红霉素	mp 138～140 ℃		[114-07-8]

化合物	mp or bp	结构式/分子式	CAS 登记号
链脲霉素	mp 121 ℃		[18883-66-4]
莫能菌素	mp 103 ~ 105 ℃		[17090-79-8]
甲基盐霉素	mp 98 ~ 100 ℃		[55134-13-9]

8.1.3 酶抑制剂化合物

Na-*P*-甲苯磺酰基-L-赖氨酸氯甲基酮（TLCK）和 *N*-对糖基-L-苯丙氨酸氯甲基酮（TPCK）被广泛用作酶抑制剂。TLCK 和 TPCK 都是有毒的，并表现出生殖毒性。化合物 TLCK 通常以盐酸盐的形式提供，其为白色固体，mp 160 ~ 161 ℃。化合物 TPCK 为白色固体，mp 106 ~ 108 ℃。

苯甲基磺酰氟（PMSF）是一种丝氨酸蛋白酶抑制剂，在生物化学领域，常被用来制备细胞裂解液。苯甲基磺酰氟在水中会迅速降解，所以一般会用无水酒精，异丙醇或者二甲亚砜来制备储备溶液。一般苯甲基磺酰氟执行蛋白水解抑制作用的浓度为 0.1 ~ 1 mmol/L。苯甲基磺酰氟会特异性结合到丝氨酸蛋白酶的活性丝氨酸残基，但不会结合到非活性丝氨酸残基。4-（2-氨基乙基）-苯磺酰氟（AEBSF）、（4-脒苯基）甲磺酰氟（APMSF）是广泛应用的酶抑制剂。

具体信息见表 8-3。

表 8-3　酶抑制剂类化合物基本信息一览表

化合物	mp or bp	结构式/分子式	CAS 登记号
Na-*P*-甲苯磺酰基-L-赖氨酸氯甲基酮（TLCK）	mp 165 ℃		[2364-87-6]

化合物	mp or bp	结构式/分子式	CAS 登记号
N-对糖基-L-苯丙氨酸氯甲基酮（TPCK）	Mp 106～108 °C	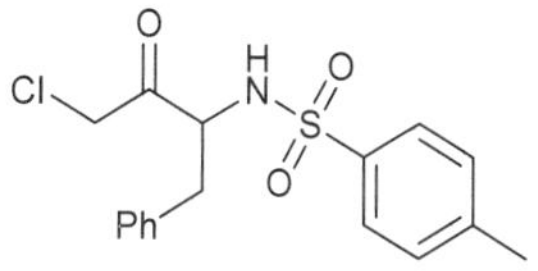	[402-7-11]
苯甲基磺酰氟（PMSF）	mp 92～95 °C	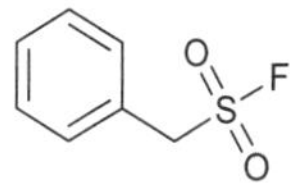	[329-98-6]
4-(2-氨基乙基)-苯磺酰氟（AEBSF）	bp 292.5 °C（760 mmHg）	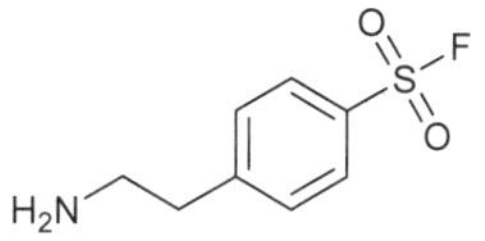	[34284-75-8]
(4-脒苯基)甲磺酰氟（APMSF）	mp 205 °C	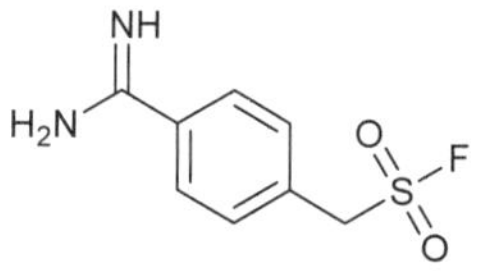	[74938-88-8]

8.1.4 克百威

克百威（呋喃丹）是一种白色结晶固体，mp 150～153 °C，CAS 登记号 1563-66-2，结构如下，微溶于水。它是一种致畸物和诱变剂，吸入、摄入和皮肤接触后会中毒。该化合物用作杀虫剂，并具有胆碱酯酶抑制剂的功能。2019 年 12 月 27 日，克百威被列入食品动物中禁止使用的药品及其他化合物清单。

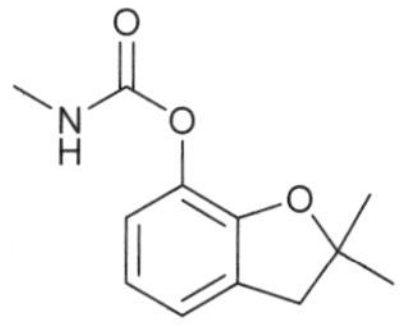

8.2 毒素类化合物的销毁与净化

8.2.1 黄曲霉毒素 B_1 的销毁与净化

8.2.1.1 库存黄曲霉毒素 B_1 的销毁

1. NaOCl 氧化法[1]

添加足够的甲醇溶解黄曲霉毒素 B_1，并润湿玻璃器皿。然后为每微克黄曲霉毒素 B_1 添加 2 mL 5.25% NaOCl 溶液。静置过夜后，添加 3 倍体积的水和相当于总稀释体积 5% 的丙酮。30 min 后，检查销毁的完整性，并将其丢弃。

2. KMnO₄/H₂SO₄ 氧化法[1]

加入足够的水溶解黄曲霉毒素 B_1，使其浓度不超过 2 μg/mL。然后，对于每 100 mL 溶液，加入 10 mL 浓 H_2SO_4。向每升所得溶液中再加入 16 g $KMnO_4$。反应 3 h 后，用焦亚硫酸钠脱色，加入 10 mol/L KOH 使反应液呈强碱性，用水稀释，过滤，测试滤液的破坏完整性，并将其丢弃。

3. $KMnO_4$/NaOH 氧化法[2]

首先制备在 2 mol/L NaOH 中的 0.3 mol/L $KMnO_4$ 溶液。将 300 μg 黄曲霉毒素 B_1 溶解在 5 mL 乙腈中，并添加 10 mL $KMnO_4$/NaOH 溶液，搅拌至少 3 h。对于每 10 mL $KMnO_4$/NaOH 溶液，添加 0.8 g 焦亚硫酸钠进行脱色，再用等体积的水稀释，并过滤以去除锰盐。检查破坏的完全性，并适当丢弃固体和滤液。

8.2.1.2　水溶液中黄曲霉毒素 B_1 的销毁

1. NaOCl 氧化法[1]

对于每微克黄曲霉毒素 B_1，添加 2 mL 5.25% NaOCl 溶液。静置过夜后，然后添加 3 倍体积的水和相当于总稀释体积 5% 的丙酮。30 min 后，检查销毁的完整性，并将其丢弃。

2. $KMnO_4$/H_2SO_4 氧化法[1]

对于每 100 mL 溶液，加入 10 mL 浓 H_2SO_4。向每升所得的溶液中加入 16 g $KMnO_4$。反应 3 h 后，用焦亚硫酸钠脱色，加入 10 mol/L KOH 使反应液呈强碱性，用水稀释，过滤，测试滤液破坏的完整性，并将其丢弃。

3. $KMnO_4$/NaOH 氧化法[2]

如有必要，用水稀释，使黄曲霉毒素 B_1 的浓度不超过 200 μg/mL。在搅拌下加入足量的 NaOH，使浓度为 2 mol/L，然后加入足量的固体 $KMnO_4$，使浓度为 0.3 mol/L。搅拌至少 3 h 后，对于每 10 mL $KMnO_4$/NaOH 溶液，添加 0.8 g 焦亚硫酸钠进行脱色，再用等体积的水稀释，过滤以去除锰盐，检查破坏的完全性，并适当丢弃固体和滤液。

4. 臭氧氧化法[3]

将臭氧发生器中的臭氧（含 20% 的氧气）通过 32 μmol/L 的黄曲霉毒素 B_1 水溶液中，检查是否完全销毁，并丢弃溶液。

8.2.1.3　挥发性有机溶剂中黄曲霉毒素 B_1 的销毁

1. NaOCl 氧化法[1]

使用旋转蒸发器在减压下蒸发至干，然后将残留的黄曲霉毒素 B_1 溶解在少量甲醇中（约 1 mL）。对于每微克黄曲霉毒素 B_1，添加 2 mL 5.25% NaOCl 溶液。静置过夜后，添加 3 倍体积的水和相当于总稀释体积 5% 的丙酮。30 min 后，检查销毁的完整性，并将其丢弃。

2. $KMnO_4$/H_2SO_4 氧化法[1]

用旋转蒸发器减压蒸发至干，然后每 20 μg 黄曲霉毒素 B_1 用 10 mL 水溶解。对于每 100 mL 该溶液，加入 10 mL 浓 H_2SO_4。向每升所得溶液中加入 16 g $KMnO_4$。反应 3 h 后，用焦亚硫酸钠脱色，加入 10 mol/L KOH 溶液使其呈强碱性，用水稀释，过滤，测试滤液是否完全破坏，并将其丢弃。

3. KMnO$_4$/NaOH 氧化法[2]

首先制备 0.3 mol/L KMnO$_4$ 在 2 mol/L NaOH 中的溶液。使用旋转蒸发器在减压下除去有机溶剂。将 300 μg 黄曲霉毒素溶解在 5 mL 乙腈中，并加入 10 mL KMnO$_4$/NaOH 溶液中，使其反应至少 3 h。每 10 mL KMnO$_4$/NaOH 溶液，添加 0.8 g 焦亚硫酸钠进行脱色，再用等体积的水稀释，过滤以去除锰盐，检查破坏的完全性，并适当丢弃固体和滤液。

8.2.1.4　油中的黄曲霉毒素的销毁[1]

对于每微克黄曲霉毒素 B$_1$，添加 2 mL 5.25% NaOCl 溶液，在机械振荡器上摇动混合物至少 2 h。对于每 1 体积 NaOCl，添加 3 体积的水，然后添加体积等于总稀释体积 5% 的丙酮。30 min 后，检查销毁的完整性，并将其丢弃。

花生干烤和油烤过程中黄曲霉毒素的破坏

8.2.1.5　花生干烤和油烤过程中黄曲霉毒素的破坏[4]

在花生的干烤过程中，黄曲霉毒素 B$_1$ 和 G$_1$ 的含量平均减少了 45% ~ 83%。204.4 ℃ 下油烤 5 min，花生中的黄曲霉毒素含量可减少 92% ~ 98%。

8.2.1.6　设备和薄层色谱板的去污[1]

首先，用少量甲醇冲洗设备以溶解黄曲霉毒素 B$_1$。然后将设备、薄层色谱板、防护服和吸水纸浸入 5.25% NaOCl 溶液和水的 1 : 3 混合物中，并浸泡至少 2 h。最后添加相当于总体积 5% 的丙酮，使混合物反应至少 30 min，并将其丢弃。

8.2.1.7　黄曲霉毒素 B$_1$ 泄漏的处理[1]

首先尽可能多地清除溢出物，然后用少量甲醇冲洗该区域以溶解黄曲霉毒素。用吸水纸吸干冲洗液。将吸水纸浸入 5.25% NaOCl 溶液和 H$_2$O 的 1 : 3 混合物中，并浸泡至少 2 h。然后添加相当于总体积 5% 的丙酮，让混合物反应至少 30 min，然后将其丢弃。用 5.25% NaOCl 溶液清洗已去除溢出物的表面，并在添加 5% 的丙酮水溶液之前静置 10 min。

8.2.2　鱼腥藻毒素 A 的销毁

8.2.2.1　臭氧氧化法[5]

向 20 μg/L 鱼腥藻毒素 A 水溶液中通入臭氧，使臭氧浓度达到 2 mg/L。剧烈摇动 5 min 后，检查破坏完整性，并将其丢弃。

8.2.2.2　高锰酸钾氧化法[6]

将 10 mmol/L 高锰酸钾水溶液添加到 166 μg/L 鱼腥藻毒素 A 水溶液中，使高锰酸钾的最终浓度为 0.5 mg/L，检查破坏的完全性，并将其丢弃。

8.2.3　肉毒杆菌毒素的销毁方法

8.2.3.1　蒸汽高压灭菌器灭活[7]

在 121 ℃ 下高压灭菌 1 h，确保有足够的热量穿透，使毒素完全失活，并杀死所有存在的孢子。大于 1 L 的容积应高压灭菌 2 h。

8.2.3.2 通过加热失活[8,9]

将内部温度加热至 85 ℃ 并持续 5 min 以上，以使毒素失活。

8.2.3.3 使用次氯酸钠溶液灭活

使用浓度为 0.1% 或以上的 NaOCl 溶液处理肉毒杆菌神经毒素 30 min。

8.2.3.4 使用氢氧化钠溶液处理溢出物[7]

用吸水纸封住溢出物，并用至少 5 倍于溢出物体积的 0.1 mol/L NaOH 湿润吸水纸。几分钟后，取出吸水纸进行高压灭菌。工作表面也可以用氢氧化钠处理。

8.2.4 柱孢藻毒素的销毁方法

8.2.4.1 臭氧氧化法[10]

向 415 µg/L 的柱孢藻毒素水溶液中添加臭氧，以达到 0.5 mg/L 的臭氧浓度，测试破坏的完全性，并将其丢弃。

8.2.4.2 iO₂/UV 氧化法[11,12]

用氧气吹扫 5 mL 含有 10 mg/L 柱孢藻毒素和 200 mg/L Degussa P25 TiO_2 的水溶液 20 min，然后用 4 个 F15 W/T8 黑光管（Sylvania）在 365 nm 下照射 30 min，然后检查销毁是否完全，并将其丢弃。

8.2.4.3 II₂O₂/UV 氧化法[13]

在 254 nm 紫外灯下，对含有 20 µmol/L 柱孢藻毒素和 0.5 mmol/L 过氧化氢的水进行光解约 2 h。检查破坏的完全性，并将其丢弃。销毁率为 95% 左右。

8.2.4.4 Oxone®氧化法[14]

让含有 10 µmol/L 柱孢藻毒素、80 µmol/L Oxone®和 40 µmol/L 硫酸钴的溶液在 20 ℃ 下反应 15 min。用乙醇淬灭后，检查销毁情况，并丢弃。

8.2.5 微囊藻毒素的销毁方法

8.2.5.1 NaOCl 氧化法[15]

向每毫升微囊藻毒素溶液中加入 9 mL 1% NaOCl 溶液，并静置 30 min。微囊藻毒素 LR 的破坏率大于 99%。

8.2.5.2 光/NaOCl 氧化法[16]

向 pH 为 8.0 的 1 µmol/L（1 mg/L）微囊藻毒素 LR 溶液中，加入次氯酸钠溶液（游离氯：42 µmol/L、3 mg/L）。用自然或模拟（大于 290 nm 的氙灯）阳光照射 5 min，测试其破坏的完整性并丢弃，降解率为 94.6%。

8.2.5.3 二氧化氯氧化法[17]

向 10 µg/L 微囊藻毒素 LR 溶液中加入二氧化氯，使二氧化氯浓度达到 1.0 mg/L。10 min 后，测试破坏的完全性，并将其丢弃。破坏率约为 95%。将 50 mL 10%硫酸缓慢加入 500 mL

2.5% 亚氯酸钠（NaClO$_2$）溶液中，即可制得二氧化氯。

8.2.5.4 臭氧氧化法[18]

0.2 mg/L 臭氧在 4 min 内可完全降解（＞95%）水溶液（166 μg/mL）中的微囊藻毒素 LR。当存在有机物时，则需要更多的臭氧，但 1.0 mg/L 臭氧在 5 min 内几乎完全去除有毒藻类提取物中的微囊藻毒素（220 μg/L）。

8.2.5.5 高铁酸钾氧化法[19]

向 pH 为 7.0～8.0 的 25 μg/L 微囊藻毒素 LR 水溶液中加入高铁酸钾，使 FeO$_4^{2-}$ 浓度达到 5 mg/L，并搅拌 30 min。检查销毁的完整性，并将其丢弃。破坏率大于 99.0%。

8.2.5.6 芬顿氧化法[20]

向 201 μg/L（0.2 μmol/L）微囊藻毒素 LR 溶液中，加入 100 μmol/L 硫酸亚铁、500 μmol/L 四聚磷酸钠和 250 μmol/L 过氧化氢，微囊藻毒素的破坏几乎是瞬间完成。检查破坏的完整性，并将其丢弃。破坏率大于 95%。

8.2.5.7 高锰酸钾氧化法[21]

向 10 μg/L 微囊藻毒素 LR 溶液中，加入足够的高锰酸钾，使高锰酸钾浓度达到 1 mg/L。90 min 后，微囊藻毒素 LR 的浓度小于 1 μg/L。

8.2.5.8 过氧单硫酸钾氧化法[22]

向含有 1000 μg/L 微囊藻毒素 LR 的 5 mmol/L pH 7.4 磷酸盐缓冲液中，添加过氧单硫酸钾（Oxone 的活性成分），使过氧单硫酸钾浓度达到 100 μmol/L。100 min 后，破坏率大于 95%。

8.2.5.9 UV/过乙酸氧化法[23]

在含有约 7.5 mg/L 过乙酸和 0.7 mg/L H$_2$O$_2$ 水溶液中制备 25 mL 100 μg/L 微囊藻毒素溶液，并使用 10 mmol/L 磷酸盐缓冲液将反应液的 pH 缓冲至 7.7。开启光源进行反应，并定期取样分析微囊藻毒素的残留量。

微囊藻毒素的销毁情况及相关参数，见表 8-4。

表 8-4　微囊藻毒素的 UV/过乙酸氧化法销毁相关参数

底物	浓度	添加的试剂	pH	温度	灯	时间	销毁率
微囊藻毒素	100 μg/L	7.5 mg/L 过乙酸（在 10 mmol/L 磷酸盐缓冲液中）	7.7	N/A	40 W LP Hg	1 h	＞90%

8.2.6　赭曲霉素 A 的销毁方法[2]

8.2.6.1　大量赭曲霉素 A 的销毁

1. NaOCl 氧化法

向 200 mL 水中加入 100 mL 5.25% NaOCl 溶液，以制备 NaOCl 稀溶液。将每毫克赭曲霉素 A 溶解在 1 mL 乙醇中。对于每 1 mL 溶液，添加 50 mL 稀 NaOCl 溶液。超声处理以提高溶解性，使其反应至少 30 min，检查破坏的完全性，并丢弃反应混合物。

2. NaOH/KMnO₄ 氧化法

首先制备 2 mol/L NaOH/0.3 mol/L KMnO₄溶液。将 2 mg 赭曲霉素 A 溶解在 5 mL 乙腈中，并添加 10 mL 2 mol/L NaOH/0.3 mol/L KMnO₄ 溶液。搅拌至少 3 h 后，对于每 10 mL KMnO₄/NaOH，添加 0.8 g 焦亚硫酸钠进行脱色，用等体积的水稀释，过滤以去除锰盐，检查破坏的完全性，丢弃固体，并适当过滤。

8.2.6.2 赭曲霉素 A 在水溶液中的破坏

1. NaOCl 氧化法

向 200 mL 水中加入 100 mL 5.25% NaOCl 溶液，以制备 NaOCl 稀溶液。如有必要，将赭曲霉毒素 A 溶液的 pH 调节至中性或碱性。对于每毫克赭曲霉毒素 A，加入 1 mL 乙醇。对于每毫克赭曲霉毒素 A，添加 50 mL 稀释的 NaOCl 溶液。超声处理以提高溶解性，使其反应至少 30 min，检查破坏的完全性，并丢弃反应混合物。

2. KMnO₄ 氧化法

如有必要，用水稀释，使赭曲霉毒素 A 的浓度不超过 200 μg/mL。在搅拌下加入足量的 NaOH，使浓度为 2 mol/L，然后加入足量的固体 KMnO₄，使浓度为 0.3 mol/L。搅拌至少 3 h 后，对于每 10 mL KMnO₄/NaOH 溶液，添加 0.8 g 焦亚硫酸钠进行脱色，再用等体积的水稀释，过滤除去锰盐，检查破坏的完整性，丢弃固体，并适当过滤。

3. 臭氧氧化法

将臭氧发生器中的臭氧（含 20% 的氧气）通入 322 μmol/L 赭曲霉毒素 A 水溶液中，检查破坏的完整性，并丢弃溶液。

8.2.6.3 赭曲霉毒素 A 在挥发性有机溶剂中的破坏

1. NaOCl 氧化法

向 200 mL 水中加入 100 mL 5.25% NaOCl 溶液，以制备 NaOCl 稀溶液。使用旋转蒸发仪在减压下除去溶剂。每 1 mg 赭曲霉毒素 A 至少加入 1 mL 乙醇。对于每 1 mL 溶液，添加 50 mL 稀 NaOCl 溶液。超声处理以提高溶解性，使其反应至少 30 min，检查破坏的完全性，并丢弃反应混合物。

2. NaOH/KMnO₄ 氧化法

首先制备 2 mol/L NaOH/0.3 mol/L KMnO₄溶液。使用旋转蒸发仪在减压下除去溶剂。将 2 mg 赭曲霉毒素 A 溶解在 5 mL 乙腈中，并添加 10 mL KMnO₄/NaOH 溶液。搅拌至少 3 h 后，对于每 10 mL KMnO₄/NaOH 溶液，添加 0.8 g 焦亚硫酸钠进行脱色，用等体积的水稀释，过滤以去除锰盐，检查破坏的完全性，丢弃固体，并适当过滤。

8.2.6.4 二甲基亚砜或 *N,N*-二甲基甲酰胺中赭曲霉毒素 A 的破坏

向 200 mL 水中加入 100 mL 5.25% NaOCl 溶液，以制备 NaOCl 稀溶液。用 2 倍体积的水稀释 DMSO 或 DMF 溶液，并用等体积的二氯甲烷萃取 3 次，合并萃取液，并用无水硫酸钠干燥。过滤除去硫酸钠，并用 1 倍体积的二氯甲烷洗涤。蒸发至干，加入足够的乙醇润湿玻璃，每 1 mg 赭曲霉毒素 A 至少加入 1 mL 乙醇。对于每 1 mL 溶液，添加 50 mL 稀

NaOCl 溶液。超声处理以提高溶解性，使其反应至少 30 min，检查破坏的完全性，并丢弃反应混合物。

8.2.6.5　玻璃器皿的去污

1. NaOCl 氧化法

向 200 mL 水中加入 100 mL 5.25% NaOCl 溶液，以制备 NaOCl 稀溶液。添加足够的乙醇湿润玻璃器皿，并将其浸入稀释的 NaOCl 溶液中至少 30 min，检查破坏的完整性，并丢弃去污溶液。

2. NaOH/KMnO₄ 氧化法

首先制备 2 mol/L NaOH/0.3 mol/L KMnO$_4$ 溶液。用少量二氯甲烷冲洗玻璃器皿 5 次。合并冲洗液，并使用旋转蒸发仪在减压下除去二氯甲烷。对于每 2 mg 赭曲霉毒素 A，加入 5 mL 乙腈，再加入 10 mL KMnO$_4$/NaOH 溶液，并搅拌至少 3 h。对于每 10 mL KMnO$_4$/NaOH 溶液，添加 0.8 g 焦亚硫酸钠进行脱色，用等体积的水稀释，过滤以去除锰盐，检查破坏的完全性，并适当丢弃固体和滤液。

8.2.6.6　防护服的去污

向 200 mL 水中加入 100 mL 5.25% NaOCl 溶液，以制备 NaOCl 稀溶液。添加足够的乙醇润湿防护服，并将其浸入稀 NaOCl 溶液中至少 30 min，检查破坏的完整性，并丢弃去污溶液。

8.2.6.7　赭曲霉毒素 A 泄漏物的净化

1. NaOCl 氧化法

向 200 mL 水中加入 100 mL 5.25% NaOCl 溶液，以制备 NaOCl 稀溶液。用干布收集溢出的液体，用蘸有碳酸氢钠溶液（5% *W/V*）的纸巾收集溢出的固体。用蘸有碳酸氢钠溶液（5% *W/V*）的布擦拭该区域。将所有布料浸入稀释的 NaOCl 溶液中，让其反应至少 30 min，检查去污的完整性，并丢弃去污溶液。

2. NaOH/KMnO₄ 氧化法

首先制备 2 mol/L NaOH/0.3 mol/L KMnO$_4$ 溶液。用干纸巾收集液体溢出物，用二氯甲烷浸湿的纸巾收集固体溢出物。将所有纸巾浸泡在 KMnO$_4$ 的 NaOH 溶液中。反应至少 3 h。对于每 10 mL KMnO$_4$/NaOH 溶液，添加 0.8 g 焦亚硫酸钠进行脱色，用等体积的水稀释，过滤以去除锰盐，检查破坏的完全性，并适当丢弃固体和滤液。

8.2.6.8　薄层色谱板的去污

向 200 mL 水中加入 100 mL 5.25% NaOCl 溶液，以制备 NaOCl 稀溶液。用稀 NaOCl 溶液喷洒该板，并使其反应至少 30 min。通过刮擦平板，并用合适的溶剂洗脱任何残留的赭曲霉毒素 A，检查破坏的完整性。

8.2.7　石房蛤毒素的销毁方法

8.2.7.1　次氯酸钠灭活法[15]

向每毫升毒素溶液中加入 9 mL 1% NaOCl 溶液，并静置 30 min。该方法将石房蛤毒素的毒性降低了 2 个数量级以上。

该方法也被推荐用于设备、动物笼和溢出物上的石房蛤毒素的灭活。

8.2.7.2　次氯酸钠/氢氧化钠灭活法[24]

用 NaOCl 和 NaOH 联合处理被认为是降解石房蛤毒素的一种方法。在采用这种方法之前，应确定其破坏石房蛤毒素的程度。

8.2.8　短裸甲藻毒素的销毁方法

8.2.8.1　次氯酸钠灭活法[15]

向每毫升短裸甲藻毒素溶液中加入 9 mL 1% NaOCl 溶液，并静置 30 min。该方法将溶液的短裸甲藻毒素毒性降低了约 2 个数量级。

该方法也被推荐用于设备、动物笼和溢出物上短裸甲藻毒素的灭活。

8.2.8.2　次氯酸钠/氢氧化钠灭活法[24]

使用 NaOCl 和 NaOH 处理策略被认为是降解短杆菌毒素的一种方法。在使用该方法之前，应确定其破坏短裸甲藻毒素的程度，以确定是否足够。还需要鉴定反应产物并测试反应混合物的残余活性。

8.2.9　冈田酸的销毁方法[25]

将 10 mL 10 µg/mL 的冈田酸水溶液（含 0.1% 二氧化钛）搅拌 5 min，然后用 4 盏紫外线灯（飞利浦 PL-L 36 W/09/4P UVA 315～380 nm）照射混合物 30 min。检查销毁的完整性，并将其丢弃。

8.2.10　岩沙海葵毒素

8.2.10.1　次氯酸钠灭活法[15]

每毫升岩沙海葵毒素溶液添加 9 mL 1% NaOCl 溶液，并静置 30 min。该方法将溶液的岩沙海葵毒素的毒性降低了 2 个数量级以上。该方法也被推荐用于设备、动物笼和溢出物上的岩沙海葵毒素的灭活。

8.2.10.2　次氯酸钠/氢氧化钠灭活法

NaOCl 与 NaOH 的联合处理被认为是降解岩沙海葵毒素的一种方法。在使用此方法之前，应确定沙海葵毒素破坏的程度。此外，还需要鉴定反应产物，并测试反应混合物的残余活性。

8.2.11　蓖麻毒素的销毁方法

8.2.11.1　加热灭活法[26]

将含有 100 µg/mL 蓖麻毒素的重组婴儿配方奶粉暴露于 60～90 ℃下长达 5 h。用酶联免疫吸附试验（ELISA）检测残留的蓖麻毒素，并用细胞毒性试验评估热处理配方奶粉的生物效力。两种测定技术都显示，在 90 ℃下暴露 20 min 后，活性降低 99%。

8.2.11.2 次氯酸钠灭活法[27]

将 0.2 ~ 40 mmol/L NaOCl 加入 4 μg/mL 蓖麻毒素中，在 37 ℃ 下放置 48 h。NaOCl 浓度大于 3 mmol/L 时，未观察到细胞毒活性。

8.2.11.3 次氯酸钠/氢氧化钠灭活法[24]

NaOCl 和 NaOH 联合处理已被认为是降解蓖麻毒素的一种方法。在使用该方法之前，应确定其破坏蓖麻毒素的程度。

8.2.12 河豚毒素的销毁方法

8.2.12.1 次氯酸钠灭活法[15]

每毫升河豚毒素溶液加入 9 mL 1% NaOCl 溶液，并静置 30 min。该方法将溶液的河豚毒素毒性降低了 2 个数量级以上。该方法也被推荐用于设备、动物笼子和泄漏物上的河豚毒素灭活。

8.2.12.2 次氯酸钠/氢氧化钠灭活[24]

NaOCl/NaOH 处理被认为是降解河豚毒素的一种方法。在使用该方法之前，应确定其导致河豚毒素破坏的程度。

8.2.13 T-2 毒素、HT-2 毒素、疣孢菌素 A 和杆孢菌素 A 的销毁方法

将液体样品和不燃的废物在含有 0.25 mol/L NaOH 的 2.5% NaOCl 中浸泡 4 h 后，处理物将"完全失活"[15]。采用类似的方法，使用较低浓度的试剂可处理动物笼子和床上用品[15]。

将 200 μL 2 mg/mL T-2 毒素的甲醇溶液与 9 mL 含 0.25% NaOCl 的 25 mmol/L NaOH 溶液混合 72 h，其破坏率大于 98%[28]。

向 10 μg 疣孢菌素 A 或杆孢菌素 A 中加入 5 mL 含 1×10^{-3} 二氧化氯的水溶液[29]。24 h 后，检查是否完全销毁，并丢弃。

8.3 霉素类化合物的销毁与净化

8.3.1 桔霉素的销毁与净化[30]

8.3.1.1 大量桔霉素的销毁

（1）向 200 mL 水中加入 100 mL 5.25% NaOCl 溶液，制备 NaOCl 稀溶液。将每毫克桔霉素溶解在 2 mL 甲醇中。对于每 2 mL 溶液，添加 50 mL 稀 NaOCl 溶液。超声处理以提高溶解性，使其反应至少 30 min，检查破坏的完全性，并丢弃反应混合物。

（2）首先制备 0.3 mol/L KMnO₄ 在 2 mol/L NaOH 中的溶液。将 2 mg 桔霉素溶解在 5 mL 乙腈中，并添加 10 mL KMnO₄/NaOH 溶液。搅拌至少 3 h 后，添加 0.8 g 焦亚硫酸钠进行脱色，用等体积的水稀释，过滤以去除锰盐，检查破坏的完全性，并适当丢弃固体和滤液。

8.3.1.2 水溶液中桔霉素的销毁

（1）向 200 mL 水中加入 100 mL 5.25% NaOCl 溶液，制备 NaOCl 稀溶液。如有必要，将

桔霉素溶液的 pH 调节至中性或碱性。对于每毫克桔霉素，添加 2 mL 甲醇、50 mL 稀 NaOCl 溶液。超声处理以提高溶解性，使其反应至少 30 min，检查破坏的完全性，并丢弃反应混合物。

（2）如有必要，用水稀释，使桔霉素的浓度不超过 200 μg/mL。在搅拌下加入足够的 NaOH，使浓度达到 2 mol/L，然后加入足够的固体 KMnO₄，使浓度为 0.3 mol/L。搅拌至少 3 h 后，对于每 10 mL NaOH/KMnO₄ 溶液，添加 0.8 g 焦亚硫酸钠进行脱色，用等体积的水稀释，过滤以去除锰盐，检查破坏的完全性，并适当丢弃固体和滤液。

8.3.1.3 挥发性有机溶剂中桔霉素的销毁

（1）向 200 mL 水中加入 100 mL 5.25% NaOCl 溶液，制备 NaOCl 稀溶液。使用旋转蒸发仪在减压下除去溶剂。每毫克桔霉素至少添加 2 mL 甲醇。对于每 2 mL 溶液，添加 50 mL 稀 NaOCl 溶液。超声处理以提高溶解性，使其反应至少 30 min，检查破坏的完全性，并丢弃反应混合物。

（2）首先制备 0.3 mol/L KMnO₄ 在 2 mol/L NaOH 中的溶液。使用旋转蒸发仪在减压下除去溶剂。对于每 2 mg 桔霉素，添加 5 mL 乙腈，并旋转直至其溶解。然后，加入 10 mL KMnO₄/NaOH 溶液。搅拌至少 3 h 后，对于每 10 mL KMnO₄/NaOH 溶液，添加 0.8 g 焦亚硫酸钠进行脱色，用等体积的水稀释，过滤以去除锰盐，检查破坏的完全性，并适当丢弃固体和滤液。

8.3.1.4 二甲基亚砜或 N,N-二甲基甲酰胺中桔霉素的销毁

向 200 mL 水中加入 100 mL 5.25% NaOCl 溶液，制备 NaOCl 稀溶液。用 2 倍体积的水稀释二甲基亚砜或 N,N-二甲基甲酰胺溶液，并用等体积的二氯甲烷萃取 3 次，合并萃取物，并用无水硫酸钠干燥。过滤除去硫酸钠，并用 1 倍体积的二氯甲烷洗涤。蒸发至干后，每毫克桔霉素至少添加 2 mL 甲醇。对于每 2 mL 溶液，添加 50 mL 稀 NaOCl 溶液。超声处理以提高溶解性，使其反应至少 30 min，检查破坏的完全性，并丢弃反应混合物。

8.3.1.5 玻璃器皿的去污

（1）向 200 mL 水中加入 100 mL 5.25% NaOCl 溶液，制备 NaOCl 稀溶液。添加足够的甲醇润湿玻璃器皿，并将其浸入稀释的 NaOCl 溶液中至少 30 min，检查破坏的完整性，并丢弃去污溶液。

（2）首先制备 0.3 mol/L KMnO₄ 在 2 mol/L NaOH 中的溶液。用少量二氯甲烷冲洗玻璃器皿 5 次。合并冲洗液，使用旋转蒸发仪在减压下除去二氯甲烷。将 2 mg 桔霉素溶解在 5 mL 乙腈中，并添加 10 mL KMnO₄/NaOH 溶液。搅拌至少 3 h 后，对于每 10 mL KMnO₄/NaOH 溶液，添加 0.8 g 焦亚硫酸钠进行脱色，用等体积的水稀释，过滤以去除锰盐，检查破坏的完全性，并适当丢弃固体和滤液。

8.3.1.6 防护服的去污

向 200 mL 水中加入 100 mL 5.25% NaOCl 溶液，制备 NaOCl 稀溶液。添加足够的甲醇浸湿防护服，并将其浸入稀的 NaOCl 溶液中至少 30 min，检查是否完全破坏，并丢弃去污溶液。

8.3.1.7　溢出物的净化

（1）向 200 mL 水中加入 100 mL 5.25% NaOCl 溶液，制备 NaOCl 稀溶液。用干布收集溢出的液体，用蘸有碳酸氢钠溶液（5% W/V）的纸巾收集溢出的固体。用蘸有碳酸氢钠溶液（5% W/V）的布擦拭该区域。将所有布浸入稀释的 NaOCl 溶液中，让其反应至少 30 min，检查去污的完整性，并丢弃去污溶液。

（2）首先制备 0.3 mol/L KMnO₄ 在 2 mol/L NaOH 中的溶液。用干纸巾收集液体溢出物，用二氯甲烷浸湿的纸巾收集固体溢出物。将所有收集物浸入 KMnO₄/NaOH 溶液中。反应至少 3 h 后，对于每 10 mL KMnO₄/NaOH 溶液，添加 0.8 g 焦亚硫酸钠进行脱色，用等体积的水稀释，过滤以去除锰盐，检查破坏的完全性，并适当丢弃固体和滤液。

8.3.1.8　薄层色谱板的去污

向 200 mL 水中加入 100 mL 5.25% NaOCl 溶液，制备 NaOCl 稀溶液。用稀 NaOCl 溶液喷洒该板，并使其反应至少 30 min。通过刮擦平板并用合适的溶剂洗脱任何残留的桔霉素来检查破坏的完整性。

8.3.2　棒曲霉素的销毁与净化[2,31]

8.3.2.1　大量棒曲霉素的销毁

（1）首先制备 0.3 mol/L KMnO₄ 在 2 mol/L NaOH 中的溶液。将 400 µg 棒曲霉素溶解在 5 mL 乙腈中，并加入 10 mL KMnO₄/NaOH 溶液，搅拌至少 3 h。对于每 10 mL KMnO₄/NaOH 溶液，添加 0.8 g 焦亚硫酸钠进行脱色，用等体积的水稀释，过滤以去除锰盐，检查破坏的完全性，丢弃固体，并适当过滤。

（2）对于每 100 µg 棒曲霉素，添加至少 10 mL 5%（W/W）的氨水溶液。超声处理 1 min 以提高溶解性。用铝箔盖住容器，但不要紧紧地封闭容器。将容器放入高压釜中，在 120 °C 下加热 15 min。冷却后，测试降解的完全性，并丢弃反应混合物。

8.3.2.2　水溶液中棒曲霉素的销毁

（1）如有必要，用水稀释，使棒曲霉素浓度不超过 200 µg/mL。在搅拌下加入足量的 NaOH，使浓度为 2 mol/L，然后加入足量的固体 KMnO₄，使浓度为 0.3 mol/L。搅拌至少 3 h 后，对于每 10 mL KMnO₄/NaOH 溶液，添加 0.8 g 焦亚硫酸钠进行脱色，用等体积的水稀释，过滤以去除锰盐，检查破坏的完全性，丢弃固体，并适当过滤。

（2）如有必要，用水稀释，使棒曲霉素的浓度不超过 20 µg/mL，然后加入等体积的 10%（W/W）氨水溶液。超声处理 1 min 以提高溶解性。用铝箔盖住容器，但不要紧紧地封闭容器。将容器放入高压釜中，在 120 °C 下加热 15 min。冷却后，测试降解的完全性，并丢弃反应混合物。

8.3.2.3　挥发性有机溶剂中棒曲霉素的销毁

（1）首先制备 0.3 mol/L KMnO₄ 在 2 mol/L NaOH 中的溶液。使用旋转蒸发仪在减压下除去有机溶剂。将 400 µg 棒曲霉素溶解在 5 mL 乙腈中，并加入 10 mL KMnO₄/NaOH 溶液。搅拌至少 3 h 后，对于每 10 mL KMnO₄/NaOH 溶液，添加 0.8 g 焦亚硫酸钠进行脱色，用等体积的水稀释，过滤以去除锰盐，检查破坏的完全性，丢弃固体，并适当过滤。

（2）使用旋转蒸发仪在减压下除去有机溶剂。对于每 100 µg 棒曲霉素，添加至少 10 mL 5%（*W*/*W*）的氨水溶液。超声处理 1 min 以提高溶解性。用铝箔盖住容器，但不要紧紧地封闭容器。将容器放入高压釜中，在 120 ℃ 的压力下加热 15 min。冷却后，测试降解的完全性，并丢弃反应混合物。

8.3.2.4 用臭氧销毁棒曲霉素

将臭氧发生器中的臭氧（20% 的氧气）通入 32 µmol/L 的棒曲霉素水溶液中，检查破坏的完整性，并丢弃溶液。此破坏过程在 15 s 内即可完成。

8.3.2.5 动物垃圾的净化

将被污染的垃圾铺在合适的托盘上，最大深度为 5 cm，每 10 g 垃圾添加 16 mL 5%（*W*/*W*）氨水溶液。在 128～130 ℃ 下高压灭菌 20 min，但不要预抽真空，这样会去除氨。冷却至室温，分析垃圾的去污完整性，并将其丢弃。

8.3.2.6 玻璃器皿的去污

（1）首先制备 0.3 mol/L $KMnO_4$ 在 2 mol/L NaOH 中的溶液。用少量二氯甲烷冲洗玻璃器皿 5 次。合并冲洗液，使用旋转蒸发仪在减压下除去二氯甲烷。将 400 µg 棒曲霉素溶解在 5 mL 乙腈中，并加入 10 mL $KMnO_4$/NaOH 溶液。搅拌至少 3 h 后，对于每 10 mL $KMnO_4$/NaOH 溶液，添加 0.8 g 焦亚硫酸钠进行脱色，用等体积的水稀释，过滤以去除锰盐，检查破坏的完整性，丢弃固体，并适当过滤。

（2）用乙酸乙酯冲洗玻璃器皿 5 次，并使用旋转蒸发仪在减压下去除乙酸乙酯。对于每 100 µg 棒曲霉素，添加至少 10 mL 5%（*W*/*W*）的氨水溶液。超声处理 1 min 以提高溶解性。用铝箔盖住容器，但不要紧紧地封闭容器。将容器放入高压釜中，在 120 ℃ 下加热 15 min。冷却后，测试降解的完全性，并丢弃反应混合物。

8.3.2.7 泄漏物的净化

首先制备 0.3 mol/L $KMnO_4$ 在 2 mol/L NaOH 中的溶液。用干纸巾收集液体溢出物，用二氯甲烷浸湿的纸巾收集固体溢出物。将所有收集物浸泡在 $KMnO_4$/NaOH 溶液中，反应至少 3 h。对于每 10 mL $KMnO_4$/NaOH 溶液，添加 0.8 g 焦亚硫酸钠进行脱色，用等体积的水稀释，过滤以去除锰盐，检查破坏的完全性，丢弃固体，并适当过滤。

8.3.3 柄曲霉素的销毁与净化[2]

8.3.3.1 大量柄曲霉素的销毁

（1）向 200 mL 水中加入 100 mL 5.25% NaOCl 溶液，制备 NaOCl 稀溶液。将每毫克柄曲霉素溶解在 20 mL 甲醇中。对于每 20 mL 溶液，添加 25 mL 稀 NaOCl 溶液。反应 1 h 后，加入相当于总反应体积 5% 的丙酮。5 min 后，检查破坏的完整性，并丢弃反应混合物。

（2）首先制备 0.3 mol/L $KMnO_4$ 的 2 mol/L NaOH 溶液。将 300 µg 柄曲霉素溶解在 5 mL 乙腈中，并添加 10 mL $KMnO_4$/NaOH 溶液，搅拌至少 3 h。对于每 10 mL $KMnO_4$/NaOH 溶液，添加 0.8 g 焦亚硫酸钠进行脱色，用等体积的水稀释，过滤以去除锰盐，检查破坏的完全性，并适当丢弃固体和滤液。

8.3.3.2　水溶液中柄曲霉素的销毁

（1）向 200 mL 水中加入 100 mL 5.25% NaOCl 溶液，制备 NaOCl 稀溶液。对于每 1 体积的水溶液，添加 2 体积的稀 NaOCl 溶液。反应 1 h 后，加入体积等于总反应体积 5% 的丙酮。5 min 后，检查破坏的完整性，并丢弃反应混合物。

（2）如有必要，用水稀释，使柄曲霉素的浓度不超过 200 μg/mL。在搅拌下加入足量的 NaOH，使浓度为 2 mol/L，然后加入足量的固体 $KMnO_4$，使浓度为 0.3 mol/L。搅拌至少 3 h 后，对于每 10 mL $KMnO_4$/NaOH 溶液，添加 0.8 g 焦亚硫酸钠进行脱色，用等体积的水稀释，过滤以去除锰盐，检查破坏的完整性，并适当丢弃固体和滤液。

8.3.3.3　柄曲霉素在挥发性有机溶剂中的销毁

（1）向 200 mL 水中加入 100 mL 5.25% NaOCl 溶液，制备 NaOCl 稀溶液。使用旋转蒸发仪在减压下除去有机溶剂。将每 1 mg 柄曲霉素溶解于 20 mL 甲醇中。每 20 mL 溶液加入 25 mL 稀释 NaOCl 溶液。反应 1 h 后，加入相当于总反应体积 5% 的丙酮。5 min 后，检查反应混合物是否完全破坏，并丢弃。

（2）首先制备 0.3 mol/L $KMnO_4$ 在 2 mol/L NaOH 中的溶液。使用旋转蒸发仪在减压下除去有机溶剂。将 300 μg 柄曲霉素溶解在 5 mL 乙腈中，并加入 10 mL $KMnO_4$/NaOH 溶液。搅拌至少 3 h 后，对于每 10 mL $KMnO_4$/NaOH 溶液，添加 0.8 g 焦亚硫酸钠进行脱色，用等体积的水稀释，过滤以去除锰盐，检查破坏的完整性，并适当丢弃固体和滤液。

8.3.3.4　二甲基亚砜或 N,N-二甲基甲酰胺中柄曲霉素的销毁

向 200 mL 水中加入 100 mL 5.25% NaOCl 溶液，制备 NaOCl 稀溶液。用 2 体积的水稀释二甲亚砜或 N,N-二甲基甲酰胺溶液，用等体积的二氯甲烷提取 3 次，合并提取液，用无水硫酸钠干燥。过滤除去硫酸钠，用 1 体积二氯甲烷洗涤。蒸发至干后，将每毫克柄曲霉素溶解于 20 mL 甲醇中。每 20 mL 溶液加入 25 mL 稀释的 NaOCl 溶液。反应 1 h 后，加入相当于总反应体积 5% 的丙酮。5 min 后，检查反应混合物是否完全破坏，并丢弃。

8.3.3.5　玻璃器皿的净化

（1）向 200 mL 水中加入 100 mL 5.25% NaOCl 溶液，制备 NaOCl 稀溶液。用少量甲醇冲洗玻璃器皿，并将甲醇蒸发至干。将每毫克柄曲霉素溶解在 20 mL 甲醇中。对于每 20 mL 溶液，添加 25 mL 稀 NaOCl 溶液。反应 1 h 后，加入相当于总反应体积 5% 的丙酮。5 min 后，检查破坏的完整性，并丢弃反应混合物。将玻璃器皿浸入稀 NaOCl 溶液中。1 h 后，加入相当于总反应体积 5% 的丙酮。5 min 后，检查破坏的完整性，并丢弃反应混合物。

（2）首先制备 0.3 mol/L $KMnO_4$ 在 2 mol/L NaOH 中的溶液。用少量二氯甲烷冲洗玻璃器皿 5 次。合并冲洗液，使用旋转蒸发仪在减压下去除二氯甲烷。将 300 μg 柄曲霉素溶解在 5 mL 乙腈中，并加入 10 mL $KMnO_4$/NaOH 溶液。搅拌至少 3 h 后，对于每 10 mL $KMnO_4$/NaOH 溶液，添加 0.8 g 焦亚硫酸钠进行脱色，用等体积的水稀释，过滤以去除锰盐，检查破坏的完全性，并适当丢弃固体和滤液。

8.3.3.6　防护服去污

向 200 mL 水中加入 100 mL 5.25% NaOCl 溶液，制备 NaOCl 稀溶液。将防护服浸入稀释

的 NaOCl 溶液中。反应 1 h 后，加入相当于总反应体积 5% 的丙酮。5 min 后，检查反应混合物是否完全破坏，并丢弃。

8.3.3.7　泄漏物的净化

（1）向 200 mL 水中加入 100 mL 5.25% NaOCl 溶液，制备 NaOCl 稀溶液。用干纸巾收集溢出的液体，用甲醇浸湿的纸巾收集溢出的固体。将所有收集物浸入稀释的 NaOCl 溶液中。反应 1 h 后，加入相当于总反应体积 5% 的丙酮。5 min 后，检查破坏的完整性，并丢弃反应混合物。用稀 NaOCl 溶液覆盖溢出区域。1 h 后，将液体收集，并将收集物浸入 5% 丙酮水溶液中，检查破坏的完整性，并丢弃反应混合物。

（2）首先制备 0.3 mol/L KMnO$_4$ 在 2 mol/L NaOH 中的溶液。用干燥的纸巾收集溢出的液体，用二氯甲烷浸湿的纸巾收集溢出的固体。将所有收集物浸泡在 NaOH/KMnO$_4$ 溶液中。反应至少 3 h。对于每 10 mL 的 KMnO$_4$/NaOH 溶液，加入 0.8 g 焦亚硫酸钠进行脱色，用等体积的水稀释，过滤去除锰盐，检查破坏是否完全，丢弃固体并适当过滤。

8.3.3.8　薄层色谱板的去污

向 200 mL 水中加入 100 mL 5.25% NaOCl 溶液，制备 NaOCl 稀溶液。用稀释的 NaOCl 溶液喷洒平板，静置 1 h。然后用 5% 的丙酮水溶液喷洒，反应 5 min。通过刮擦平板并用合适的溶剂洗脱任何残留的柄曲霉素来检查破坏的完整性。

8.3.4　丝裂霉素的销毁

8.3.4.1　丝裂霉素在水溶液中的破坏作用[32]

如有必要，稀释丝裂霉素溶液，使其浓度不超过 0.5 mg/mL。对于每 10 mL 溶液，添加 4.55 mg 高锰酸钾。当混合物变得均匀时，加入过量的 1% 亚硫酸氢钠溶液，直到 KMnO$_4$ 的颜色消失。离心去除锰盐，检查破坏的完整性，并将其丢弃。

8.3.4.2　尿液中丝裂霉素的销毁[38]

含有丝裂霉素的尿液（0.5 mL/5 mL 尿）立即用 5.25% NaOCl 溶液氧化灭活。添加 70 mg 亚硫酸氢钠去除过量的 NaOCl，并测定混合物的致突变性。

8.3.5　注射液中博来霉素的销毁[32]

在注射溶液中，每毫克博来霉素加入 0.34 mg KMnO$_4$。在反应混合物变得均匀后，加入 1% 亚硫酸氢钠溶液，直至紫色消失。用离心机除去锰盐，检查破坏的完整性，并丢弃。

8.3.6　阿霉素和柔红霉素的销毁[33]

8.3.6.1　大量阿霉素和柔红霉素的销毁

将阿霉素或柔红霉素溶解在 3 mol/L H$_2$SO$_4$ 中，使浓度不超过 3 mg/mL，然后向每 10 mL 溶液中添加 1 g KMnO$_4$，并搅拌 2 h。用焦亚硫酸钠脱色，再用 10 mol/L 氢氧化钾溶液使其呈强碱性，用水稀释，过滤以去除锰化合物，中和滤液，检查破坏的完整性，并将其丢弃。

8.3.6.2 水溶液中阿霉素和柔红霉素的销毁

如有必要，用水稀释，使浓度不超过 3 mg/mL，然后添加足够的浓 H_2SO_4 以获得 3 mol/L 溶液，并冷却至室温。对于每 10 mL 溶液，添加 1 g $KMnO_4$，并搅拌 2 h。用焦亚硫酸钠脱色，用 10 mol/L KOH 溶液使其呈强碱性，用水稀释，过滤以去除锰化合物，中和滤液，检查破坏的完整性，并将其丢弃。

8.3.6.3 阿霉素和柔红霉素固体制剂的销毁

将固体制剂溶解在水中，使浓度不超过 3 mg/mL，然后添加足够的浓 H_2SO_4，以获得 3 mol/L 溶液，并冷却至室温。对于每 10 mL 溶液，分批添加 2 g $KMnO_4$，并搅拌 2 h。用焦亚硫酸钠脱色，用 10 mol/L KOH 溶液使其呈强碱性，用水稀释，过滤以去除锰化合物，中和滤液，检查破坏的完整性，并将其丢弃。

8.3.6.4 阿霉素和柔红霉素液体制剂的销毁

如有必要，用水稀释，使浓度不超过 3 mg/mL，然后添加足够的浓 H_2SO_4 以获得 3 mol/L 溶液，并冷却至室温。对于每 10 mL 溶液，分批添加 2 g $KMnO_4$，并搅拌 2 h。用焦亚硫酸钠脱色，用 10 mol/L KOH 溶液使其呈强碱性，用水稀释，过滤以去除锰化合物，中和滤液，检查破坏的完整性，并将其丢弃。

8.3.6.5 阿霉素和柔红霉素在挥发性有机溶剂中的销毁

使用旋转蒸发仪在减压下去除溶剂，并将残余物溶解在 3 mol/L H_2SO_4 中，以使浓度不超过 3 mg/mL。对于每 10 mL 溶液，添加 1 g $KMnO_4$，并搅拌 2 h。用焦亚硫酸钠脱色，用 10 mol/L KOH 溶液使其呈强碱性，用水稀释，过滤以去除锰化合物，中和滤液，检查破坏的完整性，并将其丢弃。

8.3.6.6 阿霉素和柔红霉素二甲基亚砜溶液的销毁

用水稀释，使二甲基亚砜的浓度不超过 20%，且药物的浓度不超过 3 mg/mL，然后添加足够的浓 H_2SO_4 以获得 3 mol/L 溶液，并冷却至室温。对于每 10 mL 溶液，添加 2 g $KMnO_4$，并搅拌 2 h。用焦亚硫酸钠脱色，用 10 mol/L KOH 溶液使其呈强碱性，用水稀释，过滤以去除锰化合物，中和滤液，检查破坏的完整性，并将其丢弃。

8.3.6.7 阿霉素或柔红霉素污染玻璃器皿的去污

将玻璃器皿浸入 0.3 mol/L $KMnO_4$ 的 3 mol/L H_2SO_4 溶液中。2 h 后，再浸入焦亚硫酸钠溶液中清洗。用焦亚硫酸钠脱色，用 10 mol/L KOH 溶液使其呈强碱性，用水稀释，过滤以去除锰化合物，中和滤液，检查残渣的完整性，并将其丢弃。

8.3.6.8 阿霉素或柔红霉素泄漏的净化

让所有有机溶剂蒸发，然后用 0.3 mol/L $KMnO_4$/3 mol/L H_2SO_4 溶液覆盖该区域 2 h。如果颜色变淡，则添加更多溶液。用焦亚硫酸钠溶液使该区域脱色，并添加固体碳酸钠进行中和。

8.3.6.9 阿霉素的 UV/TiO_2 光解法[39]

光解实验是在 Pyrex 玻璃池中进行的，池中含有 5 mL 15 mg/L 阿霉素溶液和 200 mg/L

TiO$_2$悬浮液。使用最大发射波长为 360 nm 的 40 W 飞利浦 TLK/05 灯，对反应液进行照射。照射期间达到的温度为 26 ℃。反应结束后，用 0.45 μm 过滤器过滤，然后进行分析。所有样品均采用 HPLC/HRMS 进行分析。使用 MS 分析仪监测色谱分离，使用配有 Phenomenex Luna 150 mm × 2.1 mm 色谱柱的 Ultimate 3000 HPLC 仪器进行分析。注射体积为 20 μL，流速为 200 μL/min。梯度流动相为甲醇/0.05% 甲酸水溶液（5/95 ~ 100/0，40 min）。

阿霉素的销毁情况及相关参数，见表 8-5。

表 8-5 阿霉素的 UV/TiO$_2$ 光解法销毁相关参数

底物	浓度	TiO$_2$	pH	温度	灯	时间	销毁率
阿霉素	15 mg/L	200 mg/L	N/A	26 ℃	40 W Philips TLK/05 360 nm Pyrex	30 min	> 95%

8.3.7 氯脲霉素的销毁[34]

8.3.7.1 大量氯脲霉素的销毁

将氯脲霉素溶解在甲醇中，使浓度不超过 10 mg/mL，然后加入等体积的 2 mol/L KOH 溶液。对于每 20 mL 碱性溶液，分批添加 1 g 镍铝合金。将混合物搅拌过夜，然后过滤。测试滤液的破坏完整性，中和并丢弃。让废镍在远离易燃溶剂的金属托盘上干燥 24 h，然后与固体废物一起丢弃。

8.3.7.2 氯脲霉素药物制剂的销毁

氯脲霉素制剂由 5 mL 盐溶液和 50 mg 氯脲霉素组成。向氯脲霉素制剂中加入等体积的 2 mol/L KOH 溶液。对于每 20 mL 溶液，分批添加 1 g 镍铝合金。将混合物搅拌过夜，然后过滤。中和滤液，检查破坏的完整性，并将其丢弃。让废镍在远离易燃溶剂的金属托盘上干燥 24 h，然后与固体废物一起丢弃。

8.3.8 金霉素的销毁

8.3.8.1 臭氧氧化法[40]

在柱式半间歇反应器（37 cm × 7.5 cm）中，金霉素水溶液用连续的臭氧流进行臭氧化。在去离子水中制备 0.5 mmol/L 金霉素溶液，并用 8 mmol/L 磷酸盐缓冲液或 2.5 mL 磷酸调节溶液的 pH。加入氯化钠将离子强度调节至 0.1 mol/L。使用 Ozonia 臭氧发生器制备臭氧，以 2 L/min 的流量向反应器中提供 10 mg/min 臭氧，并用烧结管鼓泡。烟气中的臭氧用硫代硫酸钠溶液处理。将与水浴相连的橡胶管缠绕在反应器周围。用 NaNO$_2$ 淬灭氧化反应。在 pH 7.0 时，用氧气喷射金霉素溶液，以检查去除情况。实验表明，在 pH 2.2 和 7.0 的水相中，分别反应 8 min 和 4 min，可完全降解金霉素。

8.3.8.2 过硫酸钠氧化法[41]

所有实验均在 250 mL 玻璃烧瓶中进行，总溶液体积为 100 mL，温度为(20 ± 2) ℃。过硫酸钠/Fe^{2+} 降解实验是在 500 r/min 的磁力搅拌下进行的。对于过硫酸钠/铁粉工艺，使用 500 r/min 的均化器将过硫酸钠和铁粉混合 2 h。

金霉素销毁的最佳工艺参数，参考表 8-6。

表 8-6 金霉素的过硫酸钠氧化法销毁相关参数

底物	浓度	过硫酸盐	pH	温度	时间	销毁率
金霉素	1 μmol/L	1000 μmol/L 铁粉与 500 μmol/L 过硫酸钠	3	18 ~ 22 ℃	2 h	94%

8.3.8.3 UV/过乙酸氧化法[42]

实验是在配有 10 W 低压汞蒸气灯的旋转光化学反应器中进行的。将低压汞灯浸入循环水冷却石英井中。低压汞灯和反应柱之间的距离固定为 15 cm，其在 254 nm 处的辐射强度为 0.30 mW/cm²。向反应器中加入 0.15 ng/L 金霉素和 4 mg/L 过乙酸，并开启光源反应 6 min。反应结束后，加入 $Na_2S_2O_3$ 溶液淬灭，并用 0.22 μm 玻璃纤维过滤器过滤，然后分析金霉素的残留量。

金霉素的销毁情况及相关参数，参考表 8-7。

表 8-7 金霉素的 UV/过乙酸氧化法销毁相关参数

底物	浓度	添加的试剂	pH	温度	灯	时间	销毁率
金霉素	0.15 ng/L	4 mg/L 过乙酸	6.8 ~ 7.3	N/A	10 W NbeT Model PhchemIIII LP Hg 254 nm 0.3 mW/cm²	6 min	> 95%

8.3.9 土霉素的销毁

8.3.9.1 臭氧氧化法[43]

相关文献研究了在不同 pH（3、7 和 11）下臭氧氧化对 100 mg/L 土霉素水溶液降解的影响。考虑到臭氧的快速反应和分解速度，选择了 11 mg/L 的臭氧。土霉素浓度、化学需氧量（COD）、生化需氧量（BOD）和 BOD_5/COD 比值是评价臭氧氧化工艺效率的参数。在 pH 为 11 时，100 mg/L 和 200 mg/L 土霉素水溶液臭氧化 60 min 后，BOD_5/COD 比值分别为 0.69 和 0.52，土霉素的销毁率均大于 95%。还表明 COD 去除率随着 pH 的增加而增加，这是因为 pH 升高时臭氧分解率增加的结果。

8.3.9.2 UV/H_2O_2 氧化法[44]

将 1.5 L 20 mg/L 土霉素溶液加入反应釜中，并将恒温槽的温度设定为 (25 ± 1) ℃。用 H_2SO_4/NaOH 溶液将反应液的 pH 调节至 7.5。在加入 200 mg/L H_2O_2 之后，打开紫外灯进行反应。定期取样，并用 HPLC 分析土霉素的残留量。

土霉素的销毁情况及相关参数，参考表 8-8。

表 8-8 土霉素的 UV/H_2O_2 氧化法销毁相关参数

底物	浓度	氧化剂	pH	温度	灯	时间	销毁率
土霉素	20 mg/L	200 mg/L H_2O_2	7.5	25 ℃	2 个 Philips G6 T5 4 W	2 h	> 99%

8.3.9.3 UV/过硫酸盐氧化法

方法一[45]。实验是在配有 2 个低压汞灯（15 W，Cole-Parmer）的光化学实验装置上进行的，单色发光最大波长为 254 nm，紫外通量为 0.1 mW/cm²。将 40 μmol/L 土霉素和 1 mmol/L

过硫酸钠加入反应器中，并开启光源进行反应。定期取样，并使用 Agilent 1100 系列高效液相色谱系统测定土霉素的残留浓度。

方法二[46]。实验是在台式准直光束系统中进行的，该系统含有 2 个低压汞柱紫外灯（15 W，Cole-Parmer），最大发射波长为 254 nm，紫外线通量为 0.1 mW/cm^2。向反应器中加入 10 μmol/L 土霉素、1 mmol/L 过硫酸钠、1 μmol/L 铜和 3 mmol/L NaHCO$_3$，并将反应液的 pH 调节至 8.5。开启光源进行反应，并定期取样进行分析。

土霉素的销毁情况及相关参数，参考表 8-9。

表 8-9　土霉素的 UV/过硫酸盐氧化法销毁相关参数

底物	浓度	氧化剂	pH	温度	灯	时间	销毁率	文献
土霉素	40 μmol/L	1 mmol/L 过硫酸钠	7	N/A	2 个 15 W Cole-Parmer LP Hg 254 nm	10 h	> 95%	45
土霉素	10 μmol/L	1 mmol/L 过硫酸钠+1 μmol/L 铜+3 mmol/L NaHCO$_3$	8.5	N/A	2 个 15 W Cole-Parmer LP Hg 254 nm	13 min	> 95%	46

8.3.9.4　UV/过氧乙酸氧化法[47]

降解实验是在具有 10 W 低压汞蒸气灯的旋转光化学反应器中进行的。在 254 nm 处的辐射强度为 0.062 mW/cm^2。紫外灯和反应柱之间的距离固定在 15 cm，反应时间为 0 ~ 60 min，紫外线剂量为 0 ~ 223.2 mJ/cm^2。向反应器中加入 5 mg/L 土霉素和 5 mg/L 过乙酸，并将反应液的 pH 调节至 7.1。定期取样 2 mL，并用硫代硫酸钠溶液淬灭。使用高效液相色谱法测定土霉素的残留量，紫外检测波长为 352 nm。分析方法使用了 ZORBAX Eclipse-C$_{18}$ 色谱柱（250 mm × 4.6 mm，5 μm），洗脱液为乙腈和超纯水（含 0.01 mol/L 草酸）的混合物，体积比为 25 : 75，流速为 1 mL/min，柱温控制在 30 ℃，样品进样量为 20 μL。

土霉素的销毁情况及相关参数，参考表 8-10。

表 8-10　土霉素的 UV/过氧乙酸氧化法销毁相关参数

底物	浓度	添加的试剂	pH	温度	灯	时间	销毁率
土霉素	5 mg/L	5 mg/L 过乙酸	7.1	N/A	10 W Heraeus LP Hg 254 nm 0.062 mW/cm^2	45 min	100%

8.3.10　氯霉素的销毁[48]

在 200 mL 50 mg/L 氯霉素溶液中，加入适量的黄铁矿，加入或不加入一定剂量的 Na$_2$S，然后用 NaOH 和 HCl 调节溶液的 pH。加入 H$_2$O$_2$ 后，开启磁力搅拌器。在特定的时间间隔内，取样 1 mL，并加入 10 mL 甲醇终止反应。样品用 0.45 μm 过滤器过滤。所有实验都进行了 3 次，并对数据取平均值。除非另有说明，标准差均在 6% 以内。氯霉素采用配有四元溶剂输送系统、自动采样器和 DAD 检测器的安捷伦 1260 液相色谱系统进行测定。分析方法使用了 Agilent Eclipse XDB C$_{18}$ 色谱柱（5 μm，4.6 mm × 250 mm），甲醇/H$_2$O（50 : 50，V/V）为流动相，流速为 0.6 mL/min，紫外检测波长为 270 nm。实验结果表明，氯霉素的去除率可达 100%。

8.3.11 四环素的销毁

8.3.11.1 臭氧氧化法[49,50]

（1）在 pH 为 2.2 时，臭氧氧化 6 min 后，四环素可被完全去除；但在 pH 为 7.0 时，4 min 后四环素可被完全去除。仅氧气鼓泡不能去除四环素。pH 较高时，反应速率的增加可能是由于四环素的去质子化和解离，但也可能受到臭氧化过程中自由基生成的影响。

（2）在臭氧化实验中，制备了新鲜的四环素缓冲溶液，以保持稳定的 pH。缓冲溶液由 0.025 mol/L Na_2HPO_4 和 KH_2PO_4 组成。四环素的初始浓度设定为 2.08 mmol/L。使用梅特勒-托利多 FE20 酸度计测量溶液的 pH。半间歇实验是在含有 500 mL 溶液的内部环流反应器中进行的。该反应器由内径和外径分别为 56 mm 和 100 mm 的同轴圆筒组成，这 2 个圆筒的高度分别为 250 mm 和 340 mm。内圆筒位于距离反应器底部 5 mm 处。设计了一块多孔板，位于提升管的底部。在实验过程中，臭氧-氧气混合物通过多孔板连续鼓泡进入溶液。

四环素的具体销毁效果及相关参数，参考表 8-11。

表 8-11 四环素的臭氧氧化法销毁相关参数

底物	浓度	过硫酸盐	pH	温度	时间	销毁率
四环素	2.08 mmol/L	1.13 mmol/L 臭氧（在 30 L/h 的氧气中）	7.8	N/A	25 min	> 95%

8.3.11.2 过氧化氢/辣根过氧化物酶氧化法[51]

将含有 112.5 μmol/L 四环素、100 μmol/L H_2O_2、25 μmol/L ABTS（2,2′-联氮-双-3-乙基苯并噻唑啉-6-磺酸）和含有 0.6 U/mL 辣根过氧化物酶（EC 1.11.1.7）的 50 mmol/L pH 9 磷酸盐缓冲液的混合物，在旋转振荡器中以 120 r/min 摇动 30 min。加入 2200 U/mL 过氧化氢酶-琼脂糖（EC 1.11.1.6）以终止反应，检查降解的完整性，并将其丢弃。

8.3.11.3 光-芬顿氧化法[52]

用于光化学实验的紫外系统配有 5 个波长为 254 nm 的 4 W 低压汞紫外灯和磁力搅拌器。使用 KI/KIO_3 光度计法计算出紫外光通量为 0.84 mW/cm^2。四环素的初始浓度为 100 mg/L，Fe^{2+} 的浓度为 10 mg/L，H_2O_2 的浓度为 20 mg/L。将溶液的 pH 调节为 5.5 ~ 5.6，并开启光源进行光解实验。定期取样 1 mL，用硫代硫酸钠溶液淬灭，并测定四环素的残留量。

四环素的具体销毁效果及相关参数，参考表 8-12。

表 8-12 四环素的光-芬顿氧化法销毁相关参数

底物	浓度	铁	氧化剂	pH	温度	灯	时间	销毁率
四环素	100 mg/L	10 mg/L Fe^{2+}	20 mg/L H_2O_2	5.5 ~ 5.6	N/A	5 个 4 W LP Hg Osram Puritec HNS G5 254 nm	1 h	87.1%

8.3.12 红霉素的销毁

8.3.12.1 臭氧氧化法[53]

O_3/O_2 混合物由臭氧发生器以 5.3%（V/V）臭氧和 1.6 L/min 的速度提供。可用碘化物法和靛蓝法测定气态臭氧和水溶液中臭氧的浓度。红霉素溶液的初始 pH 为 4.2 ~ 5.7。定期取样，并分析销毁的完整性。

红霉素的具体销毁效果及相关参数，参考表 8-13。

表 8-13　红霉素的臭氧氧化法销毁相关参数

底物	浓度	臭氧	pH	温度	时间	销毁率
红霉素	200 mg/L	1.6 L/min 氧气（含 5.3%臭氧）	4.2 ~ 5.7	23 ~ 25 ℃	20 min	> 99%

8.3.12.2　UV/过硫酸盐氧化法[54]

实验是在光化学设备中进行的，该光化学设备是由 600 mL 浸渍井、间歇式台式圆柱形反应器和 9 W 低压汞灯（UVC-LPS 9，254 nm）组成的。将 100 μg/L 红霉素溶液和 10 mg/L 过硫酸钠溶液加入反应器中，并将带有石英玻璃套筒的 UV-C 灯浸入溶液中。反应器的外部用铝箔包裹，并用黑布覆盖，以防止实验期间外部光线穿透。使用循环冷却水将反应温度维持在 20 ~ 24 ℃。开启光源进行反应，并定期取样，然后用甲醇淬灭，然后分析红霉素的残留量。

红霉素的具体销毁效果及相关参数，参考表 8-14。

表 8-14　红霉素的 UV/过硫酸盐氧化法销毁相关参数

底物	浓度	氧化剂	pH	温度	灯	时间	销毁率
红霉素	100 μg/L	10 mg/L 过硫酸钠	8	20 ~ 24 ℃	Radium Puritec UVC-LPS 9 W LP Hg 254 nm quartz	1.5 h	> 95%

8.3.12.3　UV/Cl 氧化法[55]

氧化反应是在发射波长为 275 nm 的 UV-LED 反应器中进行的。在 PCB 板上插入了 46 个 UV-LED 芯片，并用石英瓶覆盖以作为冷却系统，光子通量为 996 μE/L。向反应器中加入 10 mg/L 红霉素和 15 mg/L 游离氯（来自 NaOCl），并用 5 mmol/L 磷酸盐缓冲液维持反应溶液的 pH。开启光源进行反应，反应温度为 20 ℃。定期取样，并用 0.1 mol/L $Na_2S_2O_3$ 溶液快速淬灭残留的氯。用超高效液相色谱法（UPLC）和串联质谱法（MS/MS）分析红霉素的残留量，色谱柱为 Synchronix C_{18}（1.7 μm，2.1 mm × 50 mm）。烘箱温度为 40 ℃，流速为 0.3 mL/min，进样量为 10 μL。

红霉素具体销毁效果及相关参数，参考表 8-15。

表 8-15　红霉素的 UV/Cl 氧化法销毁相关参数

底物	浓度	氯源	pH	温度	灯	时间	销毁率
红霉素	10 mg/L	15 mg/L 游离氯（来自 NaOCl）	7	20 ℃	46 UV-LED chips 275 nm	60 min	98%

8.3.13　链脲霉素的销毁与净化

8.3.13.1　$NaHCO_3$ 法[56]

加入大量的水，使其浓度不超过 100 mg/mL。必要时，用水稀释药物制剂，使其不超过

100 mg/mL。每 1 体积链脲霉素溶液，加入 5 倍体积的饱和 NaHCO$_3$ 溶液，静置过夜，检查破坏是否完全，丢弃。在容器中混合 NaHCO$_3$ 和水，制备饱和 NaHCO$_3$ 溶液。偶尔摇晃一下容器。如果固体仍然存在，则溶液饱和；如果没有，请添加更多的 NaHCO$_3$。

8.3.13.2　Amberlite XAD-16 树脂净化法[57]

如有必要，稀释使药物浓度不超过 100 μg/mL。加入所需量的 Amberlite XAD-16 树脂，搅拌 18 h，过滤，检查滤液是否完全去污，然后将其丢弃。

链脲霉素的具体销毁情况，参考表 8-16。

表 8-16　链脲霉素的 Amberlite XAD-16 树脂净化法销毁相关参数

化合物	溶剂	残留量/%	每克树脂净化的体积/mL
链脲霉素	水	< 0.5	20
链脲霉素	NaCl（0.9% *W/V*）	< 0.5	20
链脲霉素	葡萄糖（5% *W/V*）	< 0.5	20

8.3.14　莫能菌素和甲基盐霉素的销毁[58]

光解实验是在 60 mL 圆柱形石英反应器中进行的，该反应器具有 254 nm 的 4 W 低压 UV 灯（G4T5 Hg 灯，Philips TUV 4 W），入射光强度为 2.0 mW/cm^2。分别制备 0.8 ~ 3.0 μmol/L 莫能菌素和甲基盐霉素溶液。使用 1 mmol/L 磷酸钠将溶液的 pH 缓冲至 7.0。然后加入 30 mg/L H$_2$O$_2$，并开启光源进行光解。定期取样，分析莫能菌素或甲基盐霉素的残留量。

莫能菌素和甲基盐霉素的销毁情况及相关参数，参考表 8-17。

表 8-17　莫能菌素和甲基盐霉素的销毁相关参数

底物	浓度	氧化剂	pH	温度	灯	时间	销毁率
莫能菌素	0.8 ~ 3.0 μmol/L	30 mg/L H$_2$O$_2$	7	N/A	Philips 4 W TUV4W G8T5 LP Hg 254 nm 2 mW/cm^2	5 min	> 95%
甲基盐霉素	0.8 ~ 3.0 μmol/L	30 mg/L H$_2$O$_2$	7	N/A	Philips 4 W TUV4 W G8T5 LP Hg 254 nm 2 mW/cm^2	5 min	> 95%

8.3.15　螺旋霉素的销毁[59]

螺旋霉素的降解实验是在装有 10 W 低压汞蒸气灯的旋转光化学反应器中进行的。照射时间为 0 ~ 60 min，紫外线剂量为 0 ~ 223.2 mJ/cm^2，辐射强度为 0.062 mW/cm^2。向反应器中加入 10 mg/L 螺旋霉素、20 mg/L 纳米级 Fe 和 3 mg/L 过乙酸，并将反应液的 pH 调节至 4。开启光源进行反应，并定期取样。使用配有紫外检测器和 C$_{18}$ 柱（250 mm × 4.6 mm，5 μm）的高效液相色谱检测螺旋霉素的残留量。流动相为 0.1 mol/L 乙酸铵和乙腈，体积比为 40：60，流速为 1 mL/min，柱温为 30 ℃，进样体积为 10 μL，吸收波长控制在 232 nm。

螺旋霉素的销毁情况及相关参数，参考表 8-18。

表 8-18　螺旋霉素的销毁相关参数

底物	浓度	添加的试剂	pH	温度	灯	时间	销毁率
螺旋霉素	10 mg/L	20 mg/L 纳米级 Fe + 3 mg/L 过乙酸	4	N/A	NbeT Group PhchemIII 10 W LP Hg 0.062 mW/cm^2	20 min	100%

8.4　酶抑制剂的销毁

8.4.1　蛋白酶抑制剂 TLCK 和 TPCK 的销毁[35]

8.4.1.1　缓冲溶液中 TLCK 和 TPCK 的销毁

对于每 10 mL 含有 1 mmol/L TLCK 或 TPCK 的缓冲液,加入 1 mL 1 mol/L NaOH 溶液,确保 pH 大于或等于 12。18 h 后,用 1 mL 醋酸中和,测试破坏的完整性,并丢弃反应混合物。

8.4.1.2　TLCK 原液在水中的销毁

如有必要,稀释溶液,使 TLCK 的浓度不超过 5 mmol/L（1.85 mg/mL）。对于每 10 mL 溶液,加入 1 mL 1 mol/L NaOH 溶液,摇晃以确保完全混合,并静置 18 h。用 1 mL 乙酸中和,测试破坏的完整性,并丢弃反应混合物。

8.4.1.3　TLCK 原液在 DMSO 中的销毁

必要时将溶液稀释,使 TLCK 的浓度不超过 5 mmol/L（1.85 mg/mL）。每 1 mL 溶液加入 5 mL 1 mol/L NaOH 溶液,摇匀至完全混合,静置 18 h。用 0.5 mL 醋酸中和,检验破坏完全,丢弃反应混合物。

8.4.1.4　大量 TLCK 的销毁

将 TLCK 溶于水,使其浓度不超过 5 mmol/L（1.85 mg/mL）。每 10 mL 溶液加入 1 mL 1 mol/L NaOH 溶液,摇匀至完全混合,静置 18 h。用 1 mL 醋酸中和,检验破坏是否完全,丢弃反应混合物。

8.4.1.5　异丙醇或二甲基亚砜中 TPCK 原液的销毁

必要时将溶液稀释,使 TPCK 浓度不超过 1 mmol/L（352 μg/mL）。每 10 mL 溶液加入 1 mL 1 mol/L NaOH 溶液,摇匀至完全混合,静置 18 h。用 1 mL 醋酸中和,检验破坏是否完全,丢弃反应混合物。

8.4.1.6　大量 TPCK 的销毁

将 TPCK 溶于异丙醇中,使其浓度不超过 1 mmol/L（352 μg/mL）。每 10 mL 溶液加入 1 mL 1 mol/L NaOH 溶液,摇匀至完全混合,静置 18 h。用 1 mL 醋酸中和,检验破坏是否完全,丢弃反应混合物。

8.4.2　磺酰氟酶抑制剂 PMSF、AEBSF 和 APMSF 的销毁[35]

8.4.2.1　缓冲溶液中 PMSF、AEBSF 或 APMSF 的销毁

对于每 10 mL 含有 10 mmol/L PMSF、1 mmol/L AEBSF 或 2.5 mmol/L APMSF 的缓冲液,

加入 1 mL 1 mol/L NaOH 溶液，并确保 pH 大于或等于 12。用 1 mL 乙酸中和，测试破坏的完整性，并丢弃反应混合物。

8.4.2.2 异丙醇或二甲基亚砜中 PMSF 的销毁

必要时将溶液稀释，使 PMSF 的浓度不超过 100 mmol/L（17.4 mg/mL）。每 1 mL 溶液加入 5 mL 1 mol/L NaOH 溶液，摇匀使其完全混合，静置 24 h。用 1 mL 醋酸中和，检验破坏完全，丢弃反应混合物。

8.4.2.3 异丙醇或二甲基亚砜中 AEBSF 的销毁

必要时稀释溶液，使 AEBSF 浓度不超过 20 mmol/L（4.06 mg/mL）。每 1 mL 溶液加入 10 mL 1 mol/L NaOH 溶液，摇匀至完全混合，静置 24 h。用 1 mL 醋酸中和，检验破坏是否完全，丢弃反应混合物。

8.4.2.4 异丙醇-pH 3 缓冲液（1∶1）或二甲基亚砜中 APMSF 的销毁

必要时稀释溶液，使 APMSF 浓度不超过 25 mmol/L（6.25 mg/mL）。每 1 mL 溶液加入 5 mL 1 mol/L NaOH 溶液，摇匀使其完全混合，静置 24 h。用 1 mL 醋酸中和，检验破坏完整性，丢弃反应混合物。

8.4.2.5 大量 PMSF 的销毁

将 PMSF 溶解在异丙醇中，使其浓度不超过 100 mmol/L（17.4 mg/mL）。每 1 mL 溶液加入 5 mL 1 mol/L NaOH 溶液，摇匀使其完全混合，静置 24 h。用 1 mL 醋酸中和，检验破坏完整性，丢弃反应混合物。

8.4.2.6 大量 AEBSF 的销毁

将 AEBSF 溶于异丙醇中，使其浓度不超过 20 mmol/L（4.06 mg/mL）。每 1 mL 溶液加入 10 mL 1 mol/L NaOH 溶液，摇匀至完全混合，静置 24 h。用 1 mL 醋酸中和，检验破坏是否完全，丢弃反应混合物。

8.4.2.7 大量 APMSF 的销毁

将 APMSF 溶解于水中，使 APMSF 的浓度不超过 100 mmol/L（25 mg/mL）。每 1 mL 溶液加入 5 mL 1 mol/L NaOH 溶液，摇匀使其完全混合，静置 24 h。用 1 mL 醋酸中和，检验破坏完整性，丢弃反应混合物。

8.5 克百威的销毁

8.5.1 芬顿/UV 氧化法[36]

用氢氧化钠或磷酸将 452 μmol/L 克百威水溶液的 pH 调节至 3，加入过氧化氢至最终浓度为 5 mmol/L，加入硫酸亚铁至最终浓度为 500 μmol/L，并在全石英仪器中使用 Hanau TQ150 高压汞蒸气灯或具有水冷功能的同等设备进行光解 10 min。结束后，检查降解的完整性，并将其丢弃。

8.5.2 TiO$_2$/光氧化法[36]

将浓度为 1.43 g/L 的二氧化钛(Degussa,表面积 50 m^2/g,粒度 20 ~ 30 nm)添加到 pH 7.60 的克百威水溶液（ 55 mg/L ）中。在搅拌的同时，用氙灯（ 350 W/m^2 ）或太阳能照射 160 min。结束后，检查降解的完全性，并将其丢弃。

参考文献

[1] CASTEGNARO M, HUNT D C, SANSONE E B, et al. Laboratory decontamination and destruction of aflatoxins B$_1$, B$_2$, G$_1$, and G$_2$ in laboratory wastes[J]. IARC Scientific Publications, 1980.

[2] CASTEGNARO M, BAREK J, FRÉMY J M, et al. Laboratory decontamination and destruction of carcinogens in laboratory wastes: some mycotoxins[J]. IARC Scientific Publications, 1991.

[3] MCKENZIE K S, SARR A B, MAYURA K, et al. Oxidative degradation and detoxification of mycotoxins using a novel source of ozone[J]. Food Chem Toxicol, 1997, 35: 807-820.

[4] LEE L S, CUCULLU A F, FRANZ A O, et al. Destruction of aflatoxins in peanuts during dry and oil roasting[J]. J Agric Food Chem, 1969, 17: 451-453.

[5] ROSITANO J, NEWCOMBE G, NICHOLSON B, et al. Ozonation of NOM and algal toxins in four treated waters[J]. Water Res, 2001, 35: 23-32.

[6] RODRÍGUEZ E, ONSTAD G D, KULL T P J, et al. Oxidative elimination of cyanotoxins: comparison of ozone, chlorine, chlorine dioxide and permanganate[J]. Water Res, 2007, 41: 3381-3393.

[7] HATHEWAY C L. Botulism in laboratory diagnosis of infectious diseases: principles and practice[M]//BALOWS A, HAUSLER W J, Jr, OHASHI M, et al, Eds. Bacterial, mycotic, and parasitic diseases. New York: Springer-Verlag, 1988: 124.

[8] World Health Organization. Public health response to biological and chemical weapons[R]. 2nd ed. 2004: 220.

[9] SIEGEL L S. Destruction of botulism toxins in food and water[M]//HAUSCHILD A H W, DODDS K L, Eds. Clostridium botulinum: ecology and control in foods. New York: Marcel Dekker, 1993: 323-341.

[10] RODRÍGUEZ E, ONSTAD G D, KULL T P J, et al. Oxidative elimination of cyanotoxins: comparison of ozone, chlorine, chlorine dioxide and permanganate[J]. Water Res, 2007, 41: 3381-3393.

[11] FOTIOU T, TRIANTIS T M, KALOUDIS T, et al. Assessment of the roles of reactive oxygen species in the UV and visible light photocatalytic degradation of cyanotoxins and water taste and odor compounds using C-TiO$_2$[J]. Water Res, 2016, 90: 52-61.

[12] FOTIOU T, TRIANTIS T, KALOUDIS T, et al. Photocatalytic degradation of cylindrospermopsin under UV-A, solar and visible light using TiO$_2$. Mineralization and

intermediate products[J]. Chemosphere, 2015, 119: S89-S94.

[13]　HE X, ZHANG G, DE LA CRUZ A A, et al. Degradation mechanism of cyanobacterial toxin cylindrospermopsin by hydroxyl radicals in homogeneous UV/H_2O_2 process[J]. Environ Sci Technol, 2014, 48: 4495-4504.

[14]　SCHNEIDER M, GROSSI M F, GADARA D, et al. Treatment of cylindrospermopsin by hydroxyl and sulfate radicals: does degradation equal detoxification?[J]. J Hazard Mater, 2022, 424: 127447.

[15]　WANNEMACHER R W, Jr, BUNNER D L, DINTERMAN R E. Inactivation of low molecular weight agents of biological origin[M]//Proceedings of the symposium on agents of biological origin. Aberdeen Proving Ground, Maryland: U.S. Army Research, Development, and Engineering Center, 1989: 115-122.

[16]　ZHANG X, HE J, LEI Y, et al. Combining solar irradiation with chlorination enhances the photochemical decomposition of microcystin-LR[J]. Water Res, 2019, 159: 324-332.

[17]　ZHOU S, SHAO Y, GAO N, et al. Effect of chlorine dioxide on cyanobacterial cell integrity, toxin degradation and disinfection by-product formation[J]. Sci Total Environ, 2014, 482-483: 208-213.

[18]　ROSITANO J, NICHOLSON B C, PIERONNE P. Destruction of cyanobacterial toxins by ozone[J]. Ozone Sci Eng, 1998, 20: 223-238.

[19]　JIANG W, CHEN L, BATCHU S R, et al. Oxidation of microcystin-LR by ferrate(VI): kinetics, degradation pathways, and toxicity assessments[J]. Environ Sci Technol, 2014, 48: 12164-12172.

[20]　KIM M S, KIM H H, LEE K M, et al. Oxidation of microcystin-LR by ferrous-tetrapolyphosphate in the presence of oxygen and hydrogen peroxide[J]. Water Res, 2017, 114: 277-285.

[21]　LASZAKOVITS J R, MACKAY A A. Removal of cyanotoxins by potassium permanganate: incorporating competition from natural water constituents[J]. Water Res, 2019, 155: 86-95.

[22]　HE X, DE LA CRUZ A A, HISKIA A, et al. Destruction of microcystins (cyanotoxins) by UV-254 nm-based direct photolysis and advanced oxidation processes (AOPs): influence of variable amino acids on the degradation kinetics and reaction mechanisms[J]. Water Res, 2015, 74: 227-238.

[23]　ALMUHTARAM H, HOFMANN R. Evaluation of ultraviolet/peracetic acid to degrade M. aeruginosa and microcystins -LR and -RR[J]. J Hazard Mater, 2022, 424: 127357.

[24]　U.S. Department of Health and Human Services. Biosafety in microbiological and biomedical laboratories[M]. 5th ed. 2007: 480.

[25]　CAMACHO-MUÑOZ D, LAWTON L A, EDWARDS C. Degradation of okadaic acid in seawater by UV/TiO_2 photocatalysis[J]. Proof of concept Sci Total Environ, 2020, 733(139): 346.

[26]　JACKSON L S, TOLLESON W H, CHIRTEL S J. Thermal inactivation of ricin using infant formula as a food matrix[J]. J Agric Food Chem, 2006, 54: 7300-7304.

[27] MACKINNON P J, ALDERTON M R. An investigation of the degradation of the plant toxin, ricin, by sodium hypochlorite[J]. Toxicon, 2000, 38: 287-291.

[28] FAIFER G C, VELAZCO V, GODOY H M. Adjustment of the conditions required for complete decontamination of T-2 toxin residues with alkaline sodium hypochlorite[J]. Bull Environ Contam Toxicol, 1994, 52(1): 102-108.

[29] WILSON S C, BRASEL T L, MARTIN J M, et al. Efficacy of chlorine dioxide as a gas and in solution in the inactivation of two trichothecene mycotoxins[J]. Int J Toxicol, 2005, 24(3): 181-186.

[30] LUNN G, SANSONE E B. Destruction of hazardous chemicals in the laboratory[M]. 4th ed. Hoboken, NJ: Wiley, 2023.

[31] FRÉMY J M, CASTEGNARO M J J, GLEIZES E, et al. Procedures for destruction of patulin in laboratory wastes[J]. Food Addit Contam, 1995, 12: 331-336.

[32] BENVENUTO J A, CONNOR T H, MONTEITH D K, et al. Degradation and inactivation of antitumor drugs[J]. J Pharm Sci, 1993, 82: 988-991.

[33] CASTEGNARO M, ADAMS J, ARMOUR M A, et al. Laboratory decontamination and destruction of carcinogens in laboratory wastes: some antineoplastic agents[J]. IARC Scientific Publications, 1985.

[34] LUNN G, SANSONE E B, ANDREWS A W, et al. Degradation and disposal of some antineoplastic drugs[J]. J Pharm Sci, 1989, 78: 652-659.

[35] LUNN G, SANSONE E B. Degradation and disposal of some enzyme inhibitors[J]. Appl Biochem Biotechnol, 1994, 48: 57-59.

[36] JAVIER BENITEZ F, ACERO J L, REAL F J. Degradation of carbofuran by using ozone, UV radiation and advanced oxidation processes[J]. J Hazard Mater, 2002, B89: 51-65.

[37] LOPEZ-ALVAREZ B, TORRES-PALMA R A, PEÑUELA G. Solar photocatalitycal treatment of carbofuran at lab and pilot scale: effect of classical parameters, evaluation of the toxicity and analysis of organic by-products[J]. J Hazard Mater, 2011, 191: 196-203.

[38] MONTEITH D K, CONNOR T H, BENVENUTO J A, et al. Stability and inactivation of mutagenic drugs and their metabolites in the urine of patients administered antineoplastic therapy[J]. Environ Mol Mutagen, 1987, 10: 341-356.

[39] CALZA P, MEDANA C, SARRO M, et al. Photocatalytic degradation of selected anticancer drugs and identification of their transformation products in water by liquid chromatography-high resolution mass spectrometry[J]. J Chromatogr A, 2014, 1362: 135-144.

[40] KHAN M H, JUNG J Y. Ozonation of chlortetracycline in the aqueous phase: degradation intermediates and pathway confirmed by NMR[J]. Chemosphere, 2016, 152: 31-38.

[41] PULICHARLA R, DROUINAUD R, BRAR S, et al. Activation of persulfate by homogeneous and heterogeneous iron catalyst to degrade chlortetracycline in aqueous solution[J]. Chemosphere, 2018, 207: 543-551.

[42] PING Q, YAN T, WANG L, et al. Insight into using a novel ultraviolet/peracetic acid

combination disinfection process to simultaneously remove antibiotics and antibiotic resistance genes in wastewater: mechanism and comparison with conventional processes[J]. Water Res, 2022, 210: 118019.

[43] LI K, YEDILER A, YANG M, et al. Ozonation of oxytetracycline and toxicological assessment of its oxidation by-products[J]. Chemosphere, 2008, 72: 473-478.

[44] ESPÍNDOLA J C, CRISTÓVAO R O, MAYER D A, et al. Overcoming limitations in photochemical UVC/H_2O_2 systems using a mili-photoreactor (NETmix): oxytetracycline oxidation[J]. Sci Total Environ, 2019, 660: 982-992.

[45] LIU Y, HE X, FU Y, et al. Kinetics and mechanism investigation on the destruction of oxytetracycline by UV-254 nm activation of persulfate[J]. J Hazard Mater, 2016, 305: 229-239.

[46] LIU Y, HE X, DUAN X, et al. Significant role of UV and carbonate radical on the degradation of oxytetracycline in UV-AOPs: kinetics and mechanism[J]. Water Res, 2016, 95: 195-204.

[47] YAN T, PING Q, ZHANG A, et al. Enhanced removal of oxytetracycline by UV-driven advanced oxidation with peracetic acid: insight into the degradation intermediates and N-nitrosodimethylamine formation potential[J]. Chemosphere, 2021, 274: 129726.

[48] ZHAO L, CHEN Y, LIU Y, et al. Enhanced degradation of chloramphenicol at alkaline conditions by S(-II) assisted heterogeneous Fenton-like reactions using pyrite[J]. Chemosphere, 2017, 188: 557-566.

[49] KHAN M H, BAE H, JUNG J Y. Tetracycline degradation by ozonation in the aqueous phase: proposed degradation intermediates and pathway[J]. J Hazard Mater, 2010, 181: 659-665.

[50] WANG Y, ZHANG H, ZHANG J, et al. Degradation of tetracycline in aqueous media by ozonation in an internal loop-lift reactor[J]. J Hazard Mater, 2011, 192: 35-43.

[51] LENG Y, BAO J, XIAO H, et al. Transformation mechanisms of tetracycline by horseradish peroxidase with/without redox mediator ABTS for variable water chemistry[J]. Chemosphere, 2020, 258: 127306.

[52] HAN C H, PARK H D, KIM S B, et al. Oxidation of tetracycline and oxytetracycline for the photo-Fenton process: Their transformation products and toxicity assessment[J]. Water Res, 2020, 172: 115514.

[53] LIN A Y C, LIN C F, CHIOU J M, et al. O_3 and O_3/H_2O_2 treatment of sulfonamide and macrolide antibiotics in wastewater[J]. J Hazard Mater, 2009, 171: 452-458.

[54] MICHAEL-KORDATOU I, IACOVOU M, FRONTISTIS Z, et al. Erythromycin oxidation and ERY-resistant Escherichia coli inactivation in urban wastewater by sulfate radical-based oxidation process under UV-C irradiation[J]. Water Res, 2015, 85: 346-358.

[55] KIM T K, KIM T, CHA Y, et al. Energy-efficient erythromycin degradation using UV-LED(275 nm)/chlorine process: Radical contribution, transformation products, and toxicity evaluation[J]. Water Res, 2020, 185: 116159.

[56]   LUNN G, SANSONE E B, ANDREWS A W, et al. Degradation and disposal of some antineoplastic drugs[J]. J Pharm Sci, 1989, 78: 652-659.

[57]   LUNN G, RHODES S W, SANSONE E B, et al. Photolytic destruction and polymeric resin decontamination of aqueous solutions of pharmaceuticals[J]. J Pharm Sci, 1994, 83: 1289-1293.

[58]   YAO H, SUN P, MINAKATA D, et al. Kinetics and modeling of degradation of ionophore antibiotics by UV and UV/H_2O_2[J]. Environ Sci Technol, 2013, 47: 4581-4589.

[59]   WANG L, YAN T, TANG R, et al. Motivation of reactive oxidation species in peracetic acid by adding nanoscale zero-valent iron to synergic removal of spiramycin under ultraviolet irradiation: mechanism and *N*-nitrosodimethylamine formation potential assessment[J]. Water Res, 2021, 205: 117684.

9

抗肿瘤药物的销毁与净化

9.1 化合物概述

美法仑，又名左旋苯丙氨酸氮芥，是一种有机化合物，属于 1 类致癌物。美法仑为烷化剂类抗肿瘤药，用于多发性骨髓瘤、乳腺癌、卵巢癌、慢性淋巴细胞和粒细胞型白血病、恶性淋巴瘤、多发性骨髓瘤有效。对动脉灌注治疗肢体恶性肿瘤如恶性黑色素瘤、软组织肉瘤和骨肉瘤有较好的疗效。消旋体对睾丸精原细胞瘤疗效较好。美法仑制剂有片剂、注射剂。

甲氨蝶呤，是一种有机化合物，易溶于稀碱、酸或碱金属的碳酸盐溶液，微溶于稀盐酸，几乎不溶于水、乙醇、氯仿、乙醚。甲氨蝶呤主要用作抗叶酸类抗肿瘤药，通过对二氢叶酸还原酶的抑制而达到阻碍肿瘤细胞的合成，而抑制肿瘤细胞的生长与繁殖。

巯嘌呤，又名 6-巯基嘌呤，为黄色结晶性粉末，在水和乙醇中微溶，在乙醚中几乎不溶。巯嘌呤主要用作抗肿瘤药，适用于绒毛膜上皮癌、恶性葡萄胎、急性淋巴细胞白血病及急性非淋巴细胞白血病、慢性粒细胞性白血病的急变期。巯嘌呤为 3 类致癌物。

6-硫鸟嘌呤为黄色针状晶体，易溶于稀碱溶液，不溶于水、乙醇、氯仿，无臭、无味，由鸟嘌呤经置换反应制得。6-硫鸟嘌呤为抗肿瘤药，对急性白血病和慢性粒细胞白血病有缓解作用，大剂量对绒癌有较好的疗效。

硫唑嘌呤，是巯嘌呤的咪唑衍生物，在体内分解为巯嘌呤而起作用。硫唑嘌呤免疫作用机制与巯嘌呤相同，即具有嘌呤拮抗作用，由于免疫活性细胞在抗原刺激后的增殖期需要嘌呤类物质，此时给予嘌呤拮抗即能抑制 DNA、RNA 及蛋白质的合成，从而抑制淋巴细胞的增殖，阻止抗原敏感淋巴细胞转化为免疫母细胞，产生免疫作用。

硫酸长春碱，主要用作抗肿瘤药，用于治疗何杰金氏病和绒毛膜上皮癌，对淋巴肉瘤、急性白血病、乳腺癌等也有一定疗效。硫酸长春碱为 3 类致癌物。硫酸长春新碱是夹竹桃科植物长春花生物碱类的细胞周期特异性抗肿瘤药物，抗肿瘤作用靶点是微管，主要抑制微管蛋白的聚合而影响纺锤体微管的形成，使有丝分裂停止于中期。

氮芥，是一种有机化合物，是最早用于临床并取得突出疗效的抗肿瘤药物，为双氯乙胺类烷化剂的代表，属细胞毒性药物。氮芥进入体内后，通过分子内成环作用，形成高度活泼的乙烯亚胺离子，在中性或弱碱条件下迅速与多种有机物质的亲核基团（如蛋白质的羧基、氨基、巯基、核酸的氨基和羟基、磷酸根）结合，进行烷基化作用。氮芥最重要的反应是与鸟嘌呤第7位氮共价结合，产生DNA的双链内的交叉联结或DNA的同链内不同碱基的交叉联结。G1期及M期细胞对氮芥的细胞毒作用最为敏感，由G1期进入S期延迟。

苯丁酸氮芥主要用于慢性淋巴细胞白血病、卵巢癌和低度恶性非霍奇金淋巴瘤。苯丁酸氮芥进入人体内后丙酸侧链在β位氧化成苯乙酸氮芥。虽然苯乙酸氮芥的抗肿瘤作用低于苯丁酸氮芥，但脱氯乙基作用缓慢，所以作用时间较长。

达卡巴嗪，是一种有机化合物，为黄色结晶性粉末，易溶于酸，微溶于甲醇，乙醇，不溶于水，主要用作抗肿瘤药，临床上用于恶性黑色素瘤。达卡巴嗪为2B类致癌物。

卡莫司汀，又名双氯乙亚硝脲、卡氮芥，是一种有机化合物，为亚硝脲类烷化剂，由于能透过血脑屏障，故常用于脑瘤和颅内转移瘤。

洛莫司汀（CCNU），化学名称为1-（2-氯乙基）-3-环己基-1-亚硝基脲，是一种有机化合物，是一种烷化剂类抗癌药，为细胞周期非特异性药，对处于G1-S边界或S早期的细胞最敏感，对G2期亦有抑制作用。

司莫司汀为洛莫司汀的甲基衍生物，是一种抗肿瘤药，为淡黄色略带微红的结晶性粉末，对光敏感，在三氯甲烷中极易溶解，在乙醇或环己烷中溶解，在水中几乎不溶。司莫司汀很可能在进入体内后水解成为近似洛莫司汀的环己基起作用。司莫司汀对恶性黑色素瘤、恶性淋巴瘤、脑瘤、肺癌等有较好的疗效，与氟尿嘧啶合用时，对直肠癌、胃癌和肝癌均有疗效。司莫司汀中毒剂量为225 mg/m^2。司莫司汀主要损害骨髓、消化道及肝肾脏。

乌拉莫司汀，又名尿嘧啶氮芥，是一种有机化合物，主要用于慢性粒细胞及淋巴细胞白血病、恶性淋巴瘤。乌拉莫司汀作用方式与氮芥相似。乌拉莫司汀对造血系统的抑制作用与剂量有关。乌拉莫司汀抗癌谱与其他烷化剂相似，但烷化反应速率较慢。乌拉莫司汀现已被一些更有效的药物所取代。乌拉莫司汀为2B类致癌物。

环磷酰胺是进入人体内被肝脏或肿瘤内存在的过量磷酰胺酶或磷酸酶水解，变为活化作用型的磷酰胺氮芥而起作用的氮芥类衍生物。环磷酰胺抗瘤谱广，是第一个所谓"潜伏化"广谱抗肿瘤药，对白血病和实体瘤都有效。环磷酰胺在体外无活性，主要通过肝脏P450酶水解成醛磷酰胺再运转到组织中形成磷酰胺氮芥而发挥作用。环磷酰胺可由脱氢酶转变为羧磷酰胺而失活，或以丙烯醛形式排出，导致泌尿道毒性。环磷酰胺属于周期非特异性药，作用机制与氮芥相同。环磷酰胺为1类致癌物。

异环磷酰胺的抗瘤谱较广，主要适用于软组织肿瘤、睾丸肿瘤、恶性淋巴瘤、肺癌、乳腺癌、卵巢癌、子宫颈癌及儿童肿瘤。

安吖啶，化学名称为N-[4-（9-吖啶基氨基）-3-甲氧基苯基]甲磺酰胺，为细胞抑制剂，主要用作抗癌药，主要用于急性淋巴细胞和骨髓细胞的白血病的治疗。

噻替哌，又名三胺硫磷、三亚乙基硫代磷酰胺，为白色结晶性粉末，易溶于乙醇，溶于苯、乙醚、氯仿。噻替哌化学结构中的乙撑亚胺基能与细胞内DNA核碱基，如鸟嘌呤结合，从而使DNA变性，影响癌细胞的分裂，为细胞周期非特异性药物，对乳腺癌、卵巢癌有较好的疗效，对消化道腺癌、宫颈癌、甲状腺癌、肺癌和亚性黑色素瘤等也有一定疗效。

依托泊苷，是一种有机化合物，是一种细胞周期特异性抗肿瘤药物，作用于DNA拓扑异构酶Ⅱ，形成药物-酶-DNA 稳定的可逆性复合物，阻碍 DNA 修复。实验发现这复合物可随药物的清除而逆转，使损伤的 DNA 得到修复，降低了细胞毒作用。因此，延长药物的给药时间，依托泊苷可能提高抗肿瘤活性。

替尼泊苷，又名鬼臼噻吩甙，是一种有机化合物，主要用作抗肿瘤药物，用于白血病、恶性淋巴瘤、神经母细胞瘤、膀胱癌和小细胞肺癌。

顺铂，又名顺式-二氯二氨合铂，是一种含铂的抗癌药物，呈橙黄色或黄色结晶性粉末，微溶于水、易溶于二甲基甲酰胺，在水溶液中可逐渐转化成反式和水解。临床上对卵巢癌、前列腺癌、睾丸癌、肺癌、鼻咽癌、食道癌、恶性淋巴瘤、头颈部鳞癌、甲状腺癌及成骨肉瘤等多种实体肿瘤均能显示疗效。

卡培他滨，西药名，常用剂型为片剂。卡培他滨为抗肿瘤药，用于结肠癌辅助化疗，用于 Dukes C 期、原发肿瘤根治术后、适于接受氟嘧啶类药物单独治疗的结肠癌患者的单药辅助治疗等。

氟尿嘧啶，又名 5-氟尿嘧啶，白色结晶性粉末，溶于水，微溶于乙醇，在氯仿中几乎不溶，在稀盐酸或氢氧化钠溶液中溶解。氟尿嘧啶是一种嘧啶类似物，属于抗代谢药的一种，临床主要用于结肠癌、直肠癌、胃癌、乳腺癌、卵巢癌、绒毛膜上皮癌、恶性葡萄胎、头颈部鳞癌、皮肤癌、肝癌、膀胱癌等。

伊马替尼，酪氨酸激酶抑制剂，是一种小分子蛋白激酶抑制剂，它具有阻断一种或多种蛋白激酶的作用。伊马替尼临床用于治疗慢性髓性白血病和恶性胃肠道间质肿瘤。

培美曲塞为白色至淡黄色或绿黄色冷冻干燥固体，是一种结构上含有核心为吡咯嘧啶基团的抗叶酸制剂，通过破坏细胞内叶酸依赖性的正常代谢过程，抑制细胞复制，从而抑制肿瘤的生长。培美曲塞联合顺铂用于治疗无法手术的恶性胸膜间皮瘤。

具体信息见表 9-1。

表 9-1　典型抗肿瘤药物基本信息一览表

化合物	mp or bp	结构式/分子式	CAS 登记号
美法仑	mp 177 °C		[148-82-3]
甲氨蝶呤	mp 195 °C		[59-05-2]
巯嘌呤	mp 241~244 °C		[50-44-2]

化合物	mp or bp	结构式/分子式	CAS 登记号
6-硫鸟嘌呤	mp ＞360 ℃		[154-42-7]
硫唑嘌呤	mp 243～244 ℃		[446-86-6]
硫酸长春碱	mp 267 ℃		[143-67-9]
硫酸长春新碱	mp 300 ℃		[2068-78-2]
氮芥	mp －60 ℃, bp 110.3 ℃		[51-75-2]
苯丁酸氮芥	mp 64 ℃		[305-03-3]
达卡巴嗪	mp 199～205 ℃		[4342-03-4]

化合物	mp or bp	结构式/分子式	CAS 登记号
卡莫司汀	mp 30 °C		[154-93-8]
洛莫司汀	mp 88～90 °C		[13010-47-4]
司莫司汀	mp 71～75 °C		[13909-09-6]
螺莫司汀	mp 125.5 °C		[56605-16-4]
乌拉莫司汀	NA		[66-75-1]
环磷酰胺	mp 41～45 °C		[50-18-0]
异环磷酰胺	mp 48 °C		[3778-73-2]
安吖啶	mp 230～240 °C		[51264-14-3]
噻替哌	mp 54～57 °C		[52-24-4]

化合物	mp or bp	结构式/分子式	CAS 登记号
依托泊苷	mp 236～251 ℃		[33419-42-0]
替尼泊苷	mp 274～277 ℃		[29767-20-2]
顺铂	mp 270 ℃		[15663-27-1]
卡培他滨	mp 110～121 ℃		[154361-50-9]
氟尿嘧啶	mp 282～286 ℃		[51-21-8]
伊马替尼	mp 113 ℃		[152459-95-5]
培美曲塞	N/A		[137281-23-3]

9.2 美法仑的销毁

9.2.1 高锰酸钾氧化法[1]

将 20 mg 美法仑溶解在 20 mL 2 mol/L NaOH 溶液中，并加入 0.2 g KMnO$_4$。搅拌 1 h，用亚硫酸氢钠脱色，用等体积的水稀释，过滤除去锰化合物，中和滤液，检查破坏的完整性，并将其丢弃。

9.2.2 镍铝合金还原法[3]

（1）将美法仑溶解在甲醇中，使浓度不超过 10 mg/mL，然后加入等体积的 2 mol/L KOH 溶液。对于每 20 mL 碱性溶液，分批添加 1 g 镍铝合金。将混合物搅拌过夜，然后过滤。测试滤液的破坏完整性，中和并丢弃。让废镍在远离易燃溶剂的金属托盘上干燥 24 h，然后与固体废物一起丢弃。

（2）将 100 mg 美法仑制剂溶解于所提供的 10 mL 稀释剂中，并加入等体积的 2 mol/L KOH 溶液。对于每 20 mL 碱性溶液，分批添加 1 g 镍铝合金。将混合物搅拌过夜，然后过滤。测试滤液的破坏完整性，中和并丢弃。让废镍在远离易燃溶剂的金属托盘上干燥 24 h，然后与固体废物一起丢弃。

9.3 甲氨蝶呤、二氯甲氨蝶呤、硫酸长春碱和硫酸长春新碱的销毁[2,4]

9.3.1 大量二氯甲氨蝶呤、硫酸长春碱和硫酸长春新碱的销毁方法

将药物溶解在 3 mol/L H$_2$SO$_4$ 中，使浓度不超过 1 mg/mL，然后向每 10 mL 溶液中添加 0.5 g KMnO$_4$，并搅拌 2 h。用焦亚硫酸钠脱色，再用 10 mol/L KOH 溶液使其呈强碱性，用水稀释，过滤以去除锰化合物，中和滤液，检查破坏的完整性，并将其丢弃。

9.3.2 水溶液中二氯甲氨蝶呤、硫酸长春碱和硫酸长春新碱的销毁

如有必要，用水稀释，使浓度不超过 1 mg/mL，然后添加足够的浓 H$_2$SO$_4$，以获得 3 mol/L 溶液，并冷却至室温。对于每 10 mL 溶液，添加 0.5 g KMnO$_4$ 并搅拌 2 h。用焦亚硫酸钠脱色，再用 10 mol/L KOH 使其呈强碱性，用水稀释，过滤以去除锰化合物，中和滤液，检查破坏的完整性，并将其丢弃。

9.3.3 硫酸长春碱和硫酸长春新碱药物制剂的销毁

制剂含有 1.275 mg 对羟基苯甲酸甲酯、1.225 mg 对羟基苯甲酸丙酯和 100 mg 甘露醇。

将制剂溶解在 3 mol/L H$_2$SO$_4$ 中，获得 0.1 mg/mL 药物浓度的溶液。然后每 10 mL 溶液添加 0.5 g KMnO$_4$，并搅拌 2 h。用焦亚硫酸钠脱色，再用 10 mol/L KOH 溶液使其呈强碱性，用水稀释，过滤以去除锰化合物，中和滤液，检查破坏的完整性，并将其丢弃。

9.3.4 二氯甲氨蝶呤注射液的销毁

注射液含 2%~5% 葡萄糖和 0.45% 盐水。

用水稀释，使浓度不超过 2.5 mg/mL，然后添加足够的浓 H_2SO_4，以获得 3 mol/L 溶液，并冷却至室温。对于每 10 mL 溶液，分批添加 1 g $KMnO_4$，并搅拌 1 h。用焦亚硫酸钠脱色，再用 10 mol/L KOH 溶液使其呈强碱性，用水稀释，过滤以去除锰化合物，中和滤液，检查破坏的完整性，并将其丢弃。

9.3.5　挥发性有机溶剂中二氯甲氨蝶呤、硫酸长春碱和硫酸长春新碱的销毁

使用旋转蒸发仪在减压下除去溶剂，并将残余物溶解在 3 mol/L H_2SO_4 中，以使浓度不超过 1 mg/mL。对于每 10 mL 溶液，添加 0.5 g $KMnO_4$ 并搅拌 2 h。用焦亚硫酸钠脱色，再用 10 mol/L KOH 溶液使其呈强碱性，用水稀释，过滤以去除锰化合物，中和滤液，检查破坏的完整性，并将其丢弃。

9.3.6　二甲基亚砜或 *N,N*-二甲基甲酰胺中的二氯甲氨蝶呤、硫酸长春碱和硫酸长春新碱的销毁

用水稀释，使 DMSO 或 *N,N*-二甲基甲酰胺（DMF）的浓度不超过 20%，且药物的浓度不超过 1 mg/mL，然后添加足够的浓 H_2SO_4 以获得 3 mol/L 溶液，并冷却至室温。对于每 10 mL 溶液，分批添加 1 g $KMnO_4$，并搅拌 2 h。用焦亚硫酸钠脱色，再用 10 mol/L KOH 溶液使其呈强碱性，用水稀释，过滤以去除锰化合物，中和滤液，检查破坏的完整性，并将其丢弃。

9.3.7　二氯甲氨蝶呤、硫酸长春碱和硫酸长春新碱污染玻璃器皿的去污

将玻璃器皿浸泡在 0.3 mol/L $KMnO_4$/3 mol/L H_2SO_4 溶液中 2 h，然后再浸泡在焦亚硫酸钠溶液中进行清洁。用焦亚硫酸钠脱色，再用 10 mol/L KOH 溶液使其呈强碱性，用水稀释，过滤以去除锰化合物，中和滤液，检查破坏的完整性，并将其丢弃。

9.3.8　硫酸长春碱和硫酸长春新碱泄漏物的净化

首先尽可能多地清除溢出物，然后用水冲洗该区域。用吸收剂吸收冲洗液，并与 0.3 mol/L $KMnO_4$/3 mol/L H_2SO_4 溶液反应 2 h。用焦亚硫酸钠对高锰酸钾溶液脱色，再用 10 mol/L KOH 溶液使其呈强碱化，用水稀释，过滤去除锰化合物，中和滤液，检查破坏的完整性，并丢弃。

9.3.9　二氯甲氨蝶呤泄漏物的净化

首先尽可能多地清除溢出物，然后用 3 mol/L H_2SO_4 冲洗该区域。用吸收剂吸收冲洗液，并与 3 mol/L H_2SO_4/0.3 mol/L $KMnO_4$ 溶液反应 1 h。用焦亚硫酸钠脱色，再用 10 mol/L KOH 溶液使其呈强碱性，用水稀释，过滤以去除锰化合物，中和滤液，检查破坏的完整性，并将其丢弃。

9.3.10　大量甲氨蝶呤的销毁

（1）将甲氨蝶呤溶解在 3 mol/L H_2SO_4 中，使浓度不超过 5 mg/mL，然后向每 10 mL 溶液中添加 0.5 g $KMnO_4$，并搅拌 1 h。用焦亚硫酸钠脱色，再用 10 mol/L KOH 溶液使其呈强碱性，用水稀释，过滤以去除锰化合物，中和滤液，检查破坏的完整性，并将其丢弃。

（2）将甲氨蝶呤溶解在 1 mol/L 氢氧化钠溶液中，使浓度不超过 1 mg/mL。对于每 50 mL 该溶液，添加 5.5 mL 1%（W/V）KMnO$_4$ 水溶液并搅拌。用焦亚硫酸钠脱色，再用水稀释，过滤除去锰化合物，中和滤液，检查破坏的完整性，并将其丢弃。

9.3.11　水中甲氨蝶呤的销毁

（1）如有必要，用水稀释，使浓度不超过 5 mg/mL，然后添加足够的浓 H$_2$SO$_4$，以获得 3 mol/L 溶液，并冷却到室温。对于每 10 mL 溶液，添加 0.5 g KMnO$_4$，并搅拌 1 h。用焦亚硫酸钠脱色，再用 10 mol/L KOH 使其呈强碱性，用水稀释，过滤以去除锰化合物，中和滤液，检查破坏的完整性，并将其丢弃。

（2）添加至少等体积的 2 mol/L NaOH 溶液，必要时则添加更多，使浓度不超过 1 mg/mL。对于每 50 mL 该溶液，添加 5.5 mL 1%（W/V）的 KMnO$_4$ 溶液并搅拌。用焦亚硫酸钠脱色，再用水稀释，过滤除去锰化合物，中和滤液，检查破坏的完整性，并将其丢弃。

（3）将 500 mg 二氯异氰尿酸钠与 1 mL 25 mg/mL 甲氨蝶呤水溶液混合。3 h 后，添加 2 g 硫代硫酸钠，将 pH 调节至 6～8，分析破坏的完全性，并将其丢弃。

9.3.12　甲氨蝶呤注射液的销毁

注射液含 2%～5% 葡萄糖和 0.45% 盐水。

（1）用水稀释，使浓度不超过 2.5 mg/mL，然后添加足够的浓 H$_2$SO$_4$，以获得 3 mol/L 溶液，并冷却到室温。对于每 10 mL 溶液，分批添加 1 g KMnO$_4$，并搅拌 1 h。用焦亚硫酸钠脱色，再用 10 mol/L KOH 形成强碱性，用水稀释，过滤以去除锰化合物，中和滤液，检查破坏的完整性，并将其丢弃。

（2）添加至少等体积的 2 mol/L NaOH 溶液，必要时则添加更多，使浓度不超过 1 mg/mL。对于每 50 mL 该溶液，添加 5.5 mL 1%（W/V）的 KMnO$_4$ 水溶液并搅拌。用焦亚硫酸钠脱色，再用水稀释，过滤除去锰化合物，中和滤液，检查破坏的完整性，并将其丢弃。

9.3.13　挥发性有机溶剂中甲氨蝶呤的销毁

（1）使用旋转蒸发仪在减压下除去溶剂，并将残余物溶解在 3 mol/L H$_2$SO$_4$ 中，使浓度不超过 5 mg/mL。对于每 10 mL 溶液，添加 0.5 g KMnO$_4$，并搅拌 1 h。用焦亚硫酸钠脱色，再用 10 mol/L KOH 使其呈强碱性，用水稀释，过滤以去除锰化合物，中和滤液，检查破坏的完整性，并将其丢弃。

（2）使用旋转蒸发仪在减压下除去溶剂，并将残余物溶解在 1 mol/L NaOH 溶液中，使浓度不超过 1 mg/mL。对于每 50 mL 该溶液，添加 5.5 mL 1%（W/V）的 KMnO$_4$ 水溶液并搅拌。用焦亚硫酸钠脱色，再用水稀释，过滤除去锰化合物，中和滤液，检查破坏的完整性，并将其丢弃。

9.3.14　二甲基亚砜或 N,N-二甲基甲酰胺中甲氨蝶呤的销毁

用水稀释，使 DMSO 或 DMF 的浓度不超过 20%，药物的浓度不超过 2.5 mg/mL，然后添加足够的浓 H$_2$SO$_4$，以获得 3 mol/L 溶液，并冷却到室温。对于每 10 mL 溶液，添加 1 g

KMnO$_4$，并搅拌 1 h。用焦亚硫酸钠脱色，再用 10 mol/L KOH 使其呈强碱性，用水稀释，过滤以去除锰化合物，中和滤液，检查破坏的完整性，并将其丢弃。

9.3.15 甲氨蝶呤污染玻璃器皿的去污

（1）将玻璃器皿浸入 0.3 mol/L KMnO$_4$/3 mol/L H$_2$SO$_4$ 溶液中 1 h。用焦亚硫酸钠脱色后，取出并清洁玻璃器皿。用 10 mol/L KOH 使溶液呈强碱性，用水稀释，过滤以去除锰化合物，中和滤液，检查破坏的完整性，并将其丢弃。

（2）将玻璃器皿浸入 50 mL 1 mol/L NaOH 溶液和 5.5 mL KMnO$_4$ 溶液的混合物中。30 min 后，用 0.1 mol/L 亚硫酸氢钠溶液清洗玻璃器皿。用焦亚硫酸钠脱色，再用水稀释，过滤以去除锰化合物，中和滤液，检查破坏的完整性，并将其丢弃。

9.3.16 甲氨蝶呤泄漏物的净化

（1）首先尽可能多地清除溢出物，然后用 3 mol/L H$_2$SO$_4$ 冲洗该区域。用吸收剂吸收冲洗液，并与 3 mol/L H$_2$SO$_4$/0.3 mol/L KMnO$_4$ 溶液反应 1 h。用焦亚硫酸钠使 KMnO$_4$ 溶液脱色，再用 10 mol/L KOH 使其呈强碱性，用水稀释，过滤以去除锰化合物，中和滤液，检查破坏的完整性，并将其丢弃。

（2）首先尽可能多地清除溢出物，然后用 1 mol/L NaOH 溶液冲洗该区域。用吸收剂吸收冲洗液，并与 50 mL 1 mol/L NaOH 溶液和 5.5 mL KMnO$_4$ 溶液的混合物反应。使用蘸有 0.1 mol/L NaOH 溶液的抹布检查去污的完整性。分析擦拭物中是否有药物。用焦亚硫酸钠使 KMnO$_4$ 溶液脱色，再用水稀释，过滤以去除锰化合物，中和滤液，检查破坏的完整性，并将其丢弃。

（3）将 25 mg 二氯异氰尿酸钠加入 1 mL 2.5 mg/mL 的甲氨蝶呤水溶液中。3 h 后，添加硫代硫酸钠，将 pH 调节至 6~8，分析破坏的完整性，并将其丢弃。使用蘸有 0.1 mol/L NaOH 溶液的抹布检查去污的完整性。分析擦拭物中是否有药物。

9.4 6-硫鸟嘌呤和巯嘌呤的销毁[2]

9.4.1 大量 6-硫鸟嘌呤和巯嘌呤的销毁

将 6-硫鸟嘌呤或巯嘌呤溶解在 3 mol/L H$_2$SO$_4$ 中，使浓度不超过 0.9 mg/mL，然后向每 80 mL 溶液中添加 0.5 g KMnO$_4$，并搅拌过夜。用焦亚硫酸钠脱色，再用 10 mol/L KOH 溶液使其呈强碱性，用水稀释，过滤以去除锰化合物，中和滤液，检查破坏的完整性，并将其丢弃。

9.4.2 6-硫鸟嘌呤和巯嘌呤水溶液的销毁

如有必要，用水稀释，使浓度不超过 0.9 mg/mL，然后添加足够的浓 H$_2$SO$_4$ 以获得 3 mol/L 溶液，并冷却至室温。对于每 80 mL 溶液，添加 0.5 g KMnO$_4$，并搅拌过夜。用焦亚硫酸钠脱色，再用 10 mol/L KOH 使其呈强碱性，用水稀释，过滤以去除锰化合物，中和滤液，检查破坏的完整性，并将其丢弃。

9.4.3　6-硫鸟嘌呤和巯嘌呤药物制剂的销毁

向 7.5 mg 6-硫鸟嘌呤（50 mL 5% 葡萄糖溶液）或 10 mg 巯嘌呤（10 mL 5% 葡萄糖溶液）中，添加足够的浓 H_2SO_4 以获得 3 mol/L 溶液，并冷却至室温。将 6-硫鸟嘌呤和巯嘌呤的口服制剂溶解在 3 mol/L H_2SO_4 中。对于每 80 mL 上述溶液，分批添加 4 g $KMnO_4$，并搅拌混合物过夜。用焦亚硫酸钠脱色，再用 10 mol/L KOH 使其呈强碱性，用水稀释，过滤以去除锰化合物，中和滤液，检查破坏的完整性，并将其丢弃。

9.4.4　挥发性有机溶剂中 6-硫鸟嘌呤和巯嘌呤的销毁

使用旋转蒸发仪在减压下除去溶剂，并将残留物溶解在 3 mol/L H_2SO_4 中，使药物浓度不超过 0.9 mg/mL。对于每 80 mL 溶液，添加 0.5 g $KMnO_4$，并搅拌过夜。用焦亚硫酸钠脱色，再用 10 mol/L KOH 使其呈强碱性，用水稀释，过滤以去除锰化合物，中和滤液，检查破坏的完整性，并将其丢弃。

9.4.5　二甲基亚砜或 *N,N*-二甲基甲酰胺中 6-硫鸟嘌呤和巯嘌呤的销毁

用水稀释，使 DMSO 或 DMF 的浓度不超过 20%，且药物的浓度不超过 0.9 mg/mL，然后添加足够的浓 H_2SO_4 以获得 3 mol/L 溶液，并冷却至室温。对于每 80 mL 溶液，分批加入 4 g $KMnO_4$，并搅拌过夜。用焦亚硫酸钠脱色，再用 10 mol/L KOH 使其呈强碱性，用水稀释，过滤以去除锰化合物，中和滤液，检查破坏的完整性，并将其丢弃。

9.4.6　6-硫鸟嘌呤和巯嘌呤污染玻璃器皿的净化

将玻璃器皿浸泡在 0.3 mol/L $KMnO_4$/3 mol/L H_2SO_4 溶液中 10 ~ 12 h，然后加入焦亚硫酸钠进行脱色，再用 10 mol/L KOH 使其呈强碱性，用水稀释，过滤以去除锰化合物，中和滤液，检查破坏的完整性，并将其丢弃。

9.4.7　6-硫鸟嘌呤和巯嘌呤泄漏物的净化

首先尽可能多地清除溢出物，然后用 0.1 mol/L H_2SO_4 冲洗该区域。用吸收剂吸收冲洗液，并与 3 mol/L H_2SO_4/0.3 mol/L $KMnO_4$ 溶液反应过夜。用焦亚硫酸钠脱色，再用 10 mol/L KOH 使其呈强碱性，用水稀释，过滤以去除锰化合物，中和滤液，检查破坏的完整性，并将其丢弃。使用蘸有 0.1 mol/L 氢氧化钠溶液的抹布检查去污的完整性。分析擦拭物中是否有药物。

9.5　氮芥、苯丁酸氮芥、环磷酰胺、异环磷酰胺、达卡巴嗪的销毁

9.5.1　大量氮芥、苯丁酸氮芥、环磷酰胺、异环磷酰胺、达卡巴嗪的还原销毁方法[5]

将药物溶解在水中，使浓度不超过 10 mg/mL。如有必要，用水稀释溶液和药物制剂，使浓度不超过 10 mg/mL。添加等体积的 2 mol/L KOH 溶液（1 mol/L KOH 用于达卡巴嗪）。对于每 20 mL 溶液，分批添加 1 g 镍铝合金。将混合物搅拌过夜，然后过滤。测试滤液的破坏完整性，中和并丢弃。让废镍在远离易燃溶剂的金属托盘上干燥 24 h，然后与固体废物一起丢弃。

9.5.2 氮芥和苯丁酸氮芥的碱液销毁方法[6]

如有必要，用水稀释药物制剂，使其浓度不超过 10 mg/mL。苯丁酸氮芥在水中可能不完全溶解，但加入碱后会促进溶解。向每 1 体积的水溶液中加入 5 体积的饱和 $NaHCO_3$ 溶液，让混合物静置过夜，检查破坏的完整性，并将其丢弃。在容器中混合 $NaHCO_3$ 和水，制备饱和 $NaHCO_3$ 溶液。偶尔摇晃容器。如果固体持续存在，溶液是饱和的；如果没有，添加更多的碳酸氢钠。

9.5.3 氮芥、环磷酰胺和苯丁酸氮芥药物制剂的销毁[5]

将 10 mg 氮芥制剂溶解在 10 mL 水中，并加入等体积的 2 mol/L KOH 溶液。

环磷酰胺制剂由 100 mg 环磷酰胺和 10 mL 生理盐水溶液组成。向其中加入等体积的 2 mol/L KOH 溶液。

将 2 mg 的苯丁酸氮芥药片溶解在 10 mL 1 mol/L 氢氧化钾溶液中。

对于每 20 mL 上述溶液，分批添加 1 g 镍铝合金。将混合物搅拌过夜，然后过滤。测试滤液的破坏完整性，中和并丢弃。让废镍在远离易燃溶剂的金属托盘上干燥 24 h，然后与固体废物一起丢弃。

9.5.4 环磷酰胺、异环磷酰胺和达卡巴嗪的销毁

9.5.4.1 环磷酰胺片剂的销毁[5]

对于每 50 mg 片剂，添加 10 mL 1 mol/L 盐酸，并将混合物回流 1 h，冷却。然后加入等体积的 2 mol/L KOH 溶液并搅拌。对于每 20 mL 碱性溶液，分批添加 1 g 镍铝合金。将混合物搅拌过夜，然后过滤。测试滤液的破坏完整性，中和并丢弃。让废镍在远离易燃溶剂的金属托盘上干燥 24 h，然后与固体废物一起丢弃。

9.5.4.2 环磷酰胺和异环磷酰胺溶液的销毁[7]

（1）用 5 mol/L KOH 将环磷酰胺溶液的 pH 调为碱性，并加入一定比例的 $KMnO_4$。反应 2.4 h 后，加入过量的 1% $NaHSO_4$，离心除去 MnO_2。如果溶液不是碱性的，则再加入 5 mol/L KOH。加入硫代硫酸钠（1.5 g/250 mg 药物），反应 30 min 后，用盐酸中和，并分析破坏的完整性。

（2）向 5 mL 5 mg/mL 环磷酰胺无菌水溶液中加入 1.5 mL 0.5 mol/L KOH 甲醇溶液。将溶液在室温下静置 24 h 后，中和，然后进行分析。向 10 mL 5 mg/mL 异环磷酰胺无菌水溶液中加入 1.5 mL 0.5 mol/L KOH 甲醇溶液。将反应物在室温下静置 24 h 后，中和，然后进行分析。

9.5.4.3 环磷酰胺和异环磷酰胺的直接光解法销毁[9]

在 150 mL 水中加入 10 mg/L 环磷酰胺或异环磷酰胺溶液，然后将溶液的 pH 调节至 7.5。用 Hanovia 450 W MP 汞灯作为光源。在光解过程中，定期取样，并离心和过滤，然后进行进一步分析。

环磷酰胺和异环磷酰胺的销毁信息，见表 9-2。

表 9-2　环磷酰胺和异环磷酰胺的直接光解法销毁相关参数

底物	浓度	pH	温度	灯	时间	销毁率
环磷酰胺、异环磷酰胺	10 mg/L	7.5	N/A	Hanovia 450 W MP 汞灯	2 h	> 95%

9.5.4.4　酰胺和异环磷酰胺的 UV/TiO₂ 光解法销毁[10]

光催化实验是在 2 L 的间歇式反应器中进行的。使用市售的 Degussa P25 型 TiO₂ 作为光催化剂，其平均粒径为 21 nm，比表面积为 (50 ± 15) m²/g，晶体形式为 75% 锐钛矿和 25% 金红石。将 UV-A 灯（Sankyo，8W，352 nm）装在石英套管中，并垂直插入反应器中心。环磷酰胺和异环磷酰胺的浓度分别为 20 mg/L 和 100 μg/L，TiO₂ 浓度为 100 mg/L。用氢氧化钠和硫酸调节溶液的 pH。将磁性搅拌棒放置在反应器的底部，以保持溶液的均匀混合。使用冷冻循环浴将温度维持在 25 ℃。在光照之前，将悬浮液在黑暗中搅拌 30 min，以达到吸附平衡。定期取样，用 0.22 μm 注射过滤器过滤，并进行分析。

环磷酰胺和异环磷酰胺的销毁情况及相关参数，见表 9-3。

表 9-3　环磷酰胺和异环磷酰胺的 UV/TiO₂ 光解法销毁相关参数

底物	浓度	TiO₂	pH	温度	灯	时间	销毁率
环磷酰胺	20 mg/L	100 mg/L	5.5	25 ℃	Sankyo 8 W 352 nm 3.0 mW/cm²	3 h	> 95%
异环磷酰胺	100 μg/L	100 mg/L	5.5	25 ℃	Sankyo 8 W 352 nm 3.0 mW/cm²	10 min	> 95%
异环磷酰胺	20 mg/L	100 mg/L	5.5	25 ℃	Sankyo 8 W 352 nm 3.0 mW/cm²	3 h	> 95%

9.5.4.5　环磷酰胺的 UV/Cl 法[11]

使用配有 UV-B 汞灯（312 nm，6 W）的间歇式光反应器进行 UV/Cl 销毁反应，反应温度为 21 ~ 25 ℃。单个 UV-B 灯的强度为 2.2 mW/cm²，波长为 312 nm。向反应器中加入 100 μg/L 环磷酰胺溶液和 6 mg/L NaOCl，并开启光源进行反应。定期取样，并立即用过量的硫代硫酸钠（即 1.5 倍于残留氯浓度）淬灭。使用配备 Luna phenyl-hexyl 柱（100 mm × 4.6 mm，3 μm）的超高效液相色谱-串联质谱仪（LC-MS/MS）分析环磷酰胺的残留量。流动相由 0.1% 甲酸溶液和 0.1% 甲酸甲醇溶液组成，体积比为 25∶75，流速为 0.3 mL/min，样品注入体积为 10 μL，柱温为 40 ℃。

环磷酰胺的销毁情况及相关参数，见表 9-4。

表 9-4　环磷酰胺的 UV/Cl 法销毁相关参数

底物	浓度	氯源	pH	温度	灯	时间	销毁率
环磷酰胺	100 μg/L	6 mg/L NaOCl	7	21 ~ 25 ℃	6 W Sankyo Hg 312 nm 2.2 mW/cm²	30 min	> 95%

9.5.4.6　尿液中环磷酰胺的销毁[12]

环磷酰胺治疗患者的尿液通过碱性水解和 KMnO₄ 氧化灭活，然后在碱性条件下用硫代硫酸钠捕获活性降解产物。向 20 mL 尿液中加入 0.5 mL 5 mol/L KOH，然后加入 1.2 g KMnO₄（最终浓度为 0.2 mol/L）。反应 2 h 后，用 NaHSO₃ 去除过量的 KMnO₄，并向 1 mL 5 mol/L KOH 中加入 0.66 g 硫代硫酸钠。反应 20 min 后，用酸中和，并测定诱变性。

9.5.4.7　达卡巴嗪浓溶液的光解[13]

在含有 10 mg/mL 柠檬酸和 5 mg/mL 甘露醇的水中，加入大量的达卡巴嗪，以使达卡巴嗪的浓度不超过 10 mg/mL。如有必要，稀释达卡巴嗪溶液，使浓度不超过 10 mg/mL。向每毫升溶液中，加入 56 μL 30% H_2O_2。在水冷却下，在全石英仪器中，使用 200 W 中压汞灯进行光解 1 h。反应结束后，过滤除去暗红色不溶产物。将滤液再光解 1 h，再加入焦亚硫酸钠中和多余的氧化力，检查降解是否完全，并将其丢弃，其破坏率大于 99.9%。

9.6　洛莫司汀、司莫司汀、螺莫司汀、乌拉莫司汀和卡莫司汀的销毁与净化

9.6.1　大量洛莫司汀、司莫司汀、螺莫司汀和乌拉莫司汀的销毁

将药物溶解在甲醇中，使浓度不超过 10 mg/mL，然后加入等体积的 2 mol/L KOH 溶液。对于每 20 mL 碱性溶液，分批添加 1 g 镍铝合金。将混合物搅拌过夜，然后过滤。测试滤液的破坏完整性，中和并丢弃。让废镍在远离易燃溶剂的金属托盘上干燥 24 h，然后与固体废物一起丢弃。

9.6.2　大量卡莫司汀的销毁[7]

（1）将 100 mg 卡莫司汀溶解在 3 mL 乙醇中，再加入 27 mL 水。向该溶液中加入 30 mL 2 mol/L KOH 溶液和 3 g 镍铝合金。将混合物搅拌过夜，然后过滤。中和滤液，检查破坏的完整性，并将其丢弃。让废镍在远离易燃溶剂的金属托盘上干燥 24 h，然后与固体废物一起丢弃。

（2）将 100 mg 卡莫司汀溶于 3.0 mL 乙醇中。然后取该溶液 1.5 mL，用 11 mL 无菌水稀释，并缓慢加入 20.8 mL 3 mol/L H_2SO_4 和 2 g $KMnO_4$。24 h 后，用 10 mol/L KOH 中和反应混合物，并加入 1% $NaHSO_4$ 破坏过量的 $KMnO_4$。剩余的 1.5 mL 卡莫司汀乙醇溶液，用蒸馏水适当稀释并静置 24 h。分析破坏的完整性，并适当丢弃。

9.6.3　大量洛莫司汀的销毁[7]

将 100 mg 洛莫司汀溶于 3.6 mL 二甲基甲酰胺中。向 1.8 mL 该溶液中缓慢加入 21 mL 3 mol/L H_2SO_4 和 2 g $KMnO_4$。加入 14.5 mL 10 mol/L KOH 中和反应混合物，并加入过量的 1% $NaHSO_4$ 还原过量的 $KMnO_4$。离心除去所形成的 MnO_2。将剩余的 1.8 mL（对照）用 50% 乙醇适当稀释。分析破坏的完整性，并适当丢弃。

9.6.4　卡莫司汀、洛莫司汀药物制剂的销毁

卡莫司汀制剂由 3 mL 乙醇和 100 mg 卡莫司汀组成。向卡莫司汀制剂中加入 27 mL 水。打开洛莫司汀胶囊，让外壳留在反应容器中。对于每粒胶囊（100 mg），加入 10 mL 甲醇。

向每种溶液中加入等体积的 2 mol/L KOH 溶液。对于每 20 mL 碱性溶液，分批添加 1 g 镍铝合金。将混合物搅拌过夜，然后过滤。中和滤液，检查破坏的完整性，并将其丢弃。让废镍在远离易燃溶剂的金属托盘上干燥 24 h，然后与固体废物一起丢弃。

9.6.5 Amberlite XAD-16 树脂净化方法[14]

如有必要，稀释使药物浓度不超过 100 μg/mL。加入所需量的 Amberlite XAD-16 树脂，搅拌 18 h，过滤，检查滤液是否完全去污，然后将其丢弃。

卡莫司汀和洛莫司汀销毁信息，见表 9-5。

表 9-5　卡莫司汀和洛莫司汀的 Amberlite XAD-16 树脂净化方法销毁相关参数

化合物	溶剂	残留量/%	每克树脂净化的体积/mL
卡莫司汀	水	< 0.17	40
卡莫司汀	NaCl（0.9% *W/V*）	< 0.16	40
卡莫司汀	葡萄糖（5% *W/V*）	< 0.16	40
洛莫司汀	水	< 0.5	200

9.7　安吖啶、天门冬酰胺酶、硫唑嘌呤和噻替哌的销毁[8]

9.7.1　次氯酸钠降解法

将 1 mL 抗肿瘤药物的储备溶液与 1 mL 5% 次氯酸钠溶液混合，并在磁力搅拌器上分别搅拌 1、2 或 16 h。然后，逐滴加入浓盐酸，直到达到 pH 3～4，同时用氮气冲洗氯。然后，用氮气将溶液再鼓泡 10 min，以除去所有残留的痕量氯。

9.7.2　过氧化氢降解法

将 1 mL 抗肿瘤药物的储备溶液与 1 mL 30% 过氧化氢溶液混合，并在磁力搅拌器上分别搅拌 1、4 或 16 h。然后，在冰浴中冷却下加入 1.2 g $Na_2S_2O_5$。

9.7.3　芬顿试剂降解法

将 1 mL 抗肿瘤药物的储备溶液与 1 mL 2 mol/L 盐酸混合，并加入 0.3 g $FeCl_2 \cdot 2H_2O$。然后，在搅拌的同时缓慢加入 10 mL 30% 过氧化氢溶液。然后将溶液冷却 30 min。

注意：降解必须在比所用溶液和试剂的最终体积至少大 5 倍的玻璃瓶中进行，反应容器必须放在冰浴中，以避免放热反应的问题。所有降解也在空白溶液（不含抗肿瘤剂）中进行，作为 HPLC 和致突变性测试的对照。

9.8　依托泊苷和替尼泊苷的销毁[7]

（1）用 5 mol/L KOH 将依托泊苷或替尼泊苷溶液的 pH 调为碱性，并加入一定比例的 $KMnO_4$。反应 2.4 h 后，加入过量的 1% $NaHSO_4$，离心除去 MnO_2。如果溶液不是碱性的，则再加入 5 mol/L KOH。加入硫代硫酸钠（1.5 g/250 mg 药物），反应 30 min 后，用盐酸中和，并分析破坏的完整性。

（2）用 10% $Na_2S_2O_3$ 与依托泊苷或替尼泊苷在室温下反应 24 h，具体效果见表 9-6。

表 9-6　依托泊苷和替尼泊苷的销毁相关参数

药物	比例（mL Na$_2$S$_2$O$_3$/g 药物）	反应时间/h	药物残留量/%	反应后的致突变性/%
依托泊苷	13.4	24	82	109
替尼泊苷	48.2	24	50	155

9.9　顺铂的销毁

9.9.1　大量顺铂的销毁[7,12,15]

9.9.1.1　DDTC 销毁方法

方法一：将 10% DDTC 溶液（0.1 mol/L NaOH）和 2.0 mL 饱和 NaNO$_3$ 溶液加入 3 mL 尿液中，反应 10 min。中和后，测定混合物的致突变性。

方法二：将顺铂溶解在水中，对于每 100 mg 顺铂，添加 30 mL 0.68 mol/L 二乙基二硫代氨基甲酸钠在 0.1 mol/L 氢氧化钠中的溶液。添加 30 mL 饱和硝酸钠（NaNO$_3$）水溶液（可能会形成黄色沉淀），检查破坏的完整性，并丢弃混合物。

9.9.1.2　锌粉还原法[14]

将顺铂溶解在 2 mol/L 硫酸溶液中，使其浓度不超过 0.6 mg/mL。搅拌反应混合物，并向每 100 mL 溶液中分批加入 3 g 锌粉以避免起泡。将反应混合物搅拌过夜，检查破坏的完整性，中和并丢弃。

9.9.2　5% 葡萄糖或 0.9% 盐水和可注射药物制剂中顺铂的破坏[15]

（1）用水稀释溶液，使药物浓度不超过 0.6 mg/mL，并在搅拌下加入浓 H$_2$SO$_4$，直到获得 2 mol/L 溶液。冷却后，搅拌反应混合物，并向每 100 mL 溶液中分批加入 3 g 锌粉以避免起泡。将反应混合物搅拌过夜，检查破坏的完整性，中和并丢弃。

（2）对于每 100 mg 顺铂，添加 30 mL 0.68 mol/L 二乙基二硫代氨基甲酸钠在 0.1 mol/L NaOH 中的溶液。然后，添加 30 mL 饱和 NaNO$_3$ 水溶液（可能会形成黄色沉淀），检查破坏是否完全，并丢弃混合物。

9.9.3　顺铂在与水混溶的有机溶剂中的破坏[15]

添加至少等体积的 4 mol/L H$_2$SO$_4$，如果需要，可添加更多，以使药物浓度不超过 0.6 mg/mL。搅拌反应混合物，并向每 100 mL 溶液中分批加入 3 g 锌粉以避免起泡。将反应混合物搅拌过夜，中和，检查是否完全破坏，并将其丢弃。

9.9.4　顺铂在尿液中的破坏[16]

对于每 3 mL 含有顺铂的尿液，添加 1 mL 10% 二乙基二硫代氨基甲酸钠的 0.1 mol/L NaOH 溶液和 2 mL 饱和 NaNO$_3$ 水溶液。10 min 后，检查破坏的完整性并丢弃混合物。

9.9.5　顺铂污染玻璃器皿的净化[15]

（1）用足够的水冲洗玻璃器皿至少 4 次，以完全润湿玻璃器皿。如有必要，合并冲洗液并用水稀释，使顺铂的浓度不超过 0.6 mg/mL。在搅拌下加入浓 H_2SO_4，直到获得 2 mol/L 溶液。冷却后，搅拌反应混合物，并向每 100 mL 溶液中分批加入 3 g 锌粉以避免起泡。将反应混合物搅拌过夜，检查破坏的完整性，中和并丢弃。

（2）将玻璃器皿浸入等体积的二乙基二硫代氨基甲酸钠溶液（0.68 mol/L 在 0.1 mol/L NaOH 中）和 $NaNO_3$ 溶液（饱和水溶液）的混合物中。检查销毁的完整性，并将其丢弃。

9.9.6 顺铂泄漏物的净化[15]

首先尽可能多地清除溢出物，然后用水冲洗该区域。用吸收材料吸收冲洗液，并使冲洗液和任何使用的吸收材料与等体积的二乙基二硫代氨基甲酸钠溶液（0.68 mol/L，0.1 mol/L NaOH 溶液）和 $NaNO_3$ 溶液（饱和水溶液）的混合物反应。使用蘸有水的抹布检查去污的完整性。分析擦拭物中是否有药物。

9.10 卡培他滨、环磷酰胺和异环磷酰胺的销毁[17]

首次制备 19 ~ 21 mg/L 臭氧饱和溶液。将所需量的卡培他滨、环磷酰胺和异环磷酰胺储备溶液加入 12 mL 琥珀色瓶中，并蒸干有机溶剂（MeOH）。之后，将其重新溶解在超纯水中，并加入臭氧饱和溶液。一旦臭氧达到峰值，密封反应器，并进行反应。实验表明，将臭氧用量从 1 mg O_3/mg DOC 增加到 3 mg O_3/mg DOC，卡培他滨和异环磷酰胺可被完全去除，180 min 后环磷酰胺去除率超过 90%。

9.11 氟尿嘧啶的销毁

9.11.1 UV/H_2O_2 氧化法[18]

为确定最佳过氧化氢的初始浓度，分别采用 9.8 mmol/L、14.7 mmol/L 和 19.6 mmol/L 三种不同初始浓度进行了预筛选实验。为了避免光解前的降解，先打开紫外灯再加入 H_2O_2。在整个实验过程中监测反应液的 pH。光解结束后，用 0.1 mol/L NaOH 调节 pH 至 6 ~ 8，并加入牛肝过氧化氢酶去除残留和未反应的 H_2O_2，将样品在 – 20 ℃ 下保存，待进一步分析。使用液相色谱-串联质谱法分析氟尿嘧啶的残留量。

氟尿嘧啶的销毁信息及相关参数，见表 9-7。

表 9-7 氟尿嘧啶的 UV/H_2O_2 氧化法销毁相关参数

底物	浓度	氧化剂	pH	温度	灯	时间	销毁率
氟尿嘧啶	20 mg/L	1 g/L H_2O_2	7	19 ~ 21 ℃	UV Consulting TQ150 15 W LP Hg 200 ~ 400 nm	15 min	> 95%

9.11.2 UV/TiO_2 光解法[19]

在太阳模拟器 Atlas Suntest CPS+ 中进行了光催化实验。采用 1.5 kW 氙灯模拟太阳光，辐照度为 500 W/m²。向 Pyrex 玻璃反应器中，加入 10 mg/L 氟尿嘧啶水溶液和 100 mg/L TiO_2 催化剂。用 0.01 mol/L HCl 和 0.01 mol/L NaOH 调节反应液的 pH。将悬浮液在黑暗中搅拌

30 min，以达到吸附平衡。开启光源进行光解实验，并在不同的时间间隔内采集样品，用 0.22 μm 尼龙过滤后，用 LC-MS 进行分析。

氟尿嘧啶的销毁信息及相关参数，见表 9-8。

表 9-8　氟尿嘧啶的 UV/TiO$_2$ 光解法销毁相关参数

底物	浓度	TiO$_2$	pH	温度	灯	时间	销毁率
氟尿嘧啶	10 mg/L	100 mg/L	6	N/A	1.5 kW xenon lamp 500 W/m^2 Pyrex	15 min	>95%

9.12　伊马替尼的销毁[20]

光解实验是在配有氙灯的 QSUN-XE-1 光室中进行的，该光室模拟波长 300 ~ 800 nm 波长范围内的自然阳光。光解温度为 24.5 ~ 25.5 °C。向反应器中，加入 100 μg/mL 伊马替尼溶液和 500 μg/mL TiO$_2$ 悬浮液。开启光源进行光解实验，并在不同的时间间隔内取样 2 mL，立即用醋酸纤维素膜（0.45 μm 孔径，25 mm 直径）过滤，并离心（4000 r/min，5 min）以除去颗粒。使用 Kinetex™-C$_{18}$ 柱（5 μm，250 mm × 4.6 mm d.i）分离伊马替尼。色谱系统由 Dionex UltiMate 3000 HPLC 系统组成，配备恒温自动进样器和四元泵。最终优化条件为：柱箱温度为 35 °C，流速为 1 mL/min，进样量为 50 μL。

伊马替尼的销毁信息及相关参数，见表 9-9。

表 9-9　伊马替尼的销毁相关参数

底物	浓度	TiO$_2$	pH	温度	灯	时间	销毁率
伊马替尼	100 μg/mL	500 μg/mL	5.7 ~ 6.0	24.5 ~ 25.5 °C	Xenon lamp with Daylight-Q filter 1.5 W/m^2 at 420 nm Simulating sunlight	4 h	>95%

9.13　培美曲塞的销毁[21]

光解实验是在配有氙灯的 QSUN-XE-1 光室中进行的，波长范围为 300 ~ 800 nm，辐射度为 1.5 W/m^2，反应温度为 25 °C。向反应器中加入 100 μg/mL 培美曲塞和 100 μg/mL 二氧化钛悬浮液。随后开启光源进行光解实验，并定期取样 2 mL。将所取样品立即用醋酸纤维素膜（0.45 μm 孔径，25 mm 直径）过滤，并离心（4000 r/min，5 min）以除去颗粒。使用 Kinetex™-C$_{18}$ 柱（5 μm，250 mm × 4.6 mm d.i）分析滤液中培美曲塞的残留量。色谱系统由 Dionex UltiMate 3000 HPLC 系统组成，该系统由 Chromeleon® 软件版本 6.80 SR11 进行控制。最终优化条件为：柱式烘箱温度为 35 °C，流速为 1 mL/min，注射量 50 μL。

培美曲塞的销毁信息及相关参数，见表 9-10。

表 9-10　培美曲塞的销毁相关参数

底物	浓度	TiO$_2$	pH	温度	灯	时间	销毁率
培美曲塞	100 μg/mL	100 μg/mL	N/A	25 °C	Xenon arc 300 ~ 800 nm 1.5 W/m^2	2 h	>95%

参考文献

[1] BAREK J, CASTEGNARO M, MALAVEILLE C, et al. A method for the efficient degradation of melphalan into nonmutagenic products[J]. Microchem J, 1987, 36: 192-197.

[2] CASTEGNARO M, ADAMS J, ARMOUR M A, et al. Laboratory decontamination and destruction of carcinogens in laboratory wastes: some antineoplastic agents[J]. IARC Scientific Publications, 1985.

[3] LUNN G, SANSONE E B, ANDREWS A W, et al. Degradation and disposal of some antineoplastic drugs[J]. J Pharm Sci, 1989, 78: 652-659.

[4] WREN A E, MELIA C D, GARNER S T, et al. Decontamination methods for cytotoxic drugs. 1. Use of a bioluminescent technique to monitor the inactivation of methotrexate with chlorine-based agents[J]. J Clin Pharm Ther, 1993, 18: 133-137.

[5] LUNN G, SANSONE E B. Destruction of hazardous chemicals in the laboratory[M]. 4th ed. Hoboken, NJ: Wiley, 2023.

[6] LUNN G, SANSONE E B, ANDREWS A W, et al. Degradation and disposal of some antineoplastic drugs[J]. J Pharm Sci, 1989, 78: 652-659.

[7] BENVENUTO J A, CONNOR T H, MONTEITH D K, et al. Degradation and inactivation of antitumor drugs[J]. J Pharm Sci, 1993, 82: 988-991.

[8] BAREK J, CVACKA J, ZIMA J, et al. Chemical degradation of wastes of antineoplastic agents amsacrine, azathioprine, asparaginase and thiotepa[J]. Ann Occup Hyg, 1998, 42: 259-266.

[9] OSAWA R A, BARROCAS B T, MONTEIRO O C, et al. Photocatalytic degradation of cyclophosphamide and ifosfamide: effects of wastewater matrix, transformation products and in silico toxicity prediction[J]. Sci Total Environ, 2019, 692: 503-510.

[10] LAI W W P, LIN H H H, LIN A C. TiO$_2$ photocatalytic degradation and transformation of oxazaphosphorine drugs in an aqueous environment[J]. J Hazard Mater, 2015, 287: 133-141.

[11] LEE J Y, LEE Y M, KIM T K, et al. Degradation of cyclophosphamide during UV/chlorine reaction: kinetics, byproducts, and their toxicity[J]. Chemosphere, 2021, 268: 128817.

[12] MONTEITH D K, CONNOR T H, BENVENUTO J A, et al. Stability and inactivation of mutagenic drugs and their metabolites in the urine of patients administered antineoplastic therapy[J]. Environ Mol Mutagenesis, 1987, 10: 341-356.

[13] LUNN G, RHODES S W, SANSONE E B, et al. Photolytic destruction and polymeric resin decontamination of aqueous solutions of pharmaceuticals[J]. J Pharm Sci, 1994, 83: 1289-1293.

[14] LUNN G, RHODES S W, SANSONE E B, et al. Photolytic destruction and polymeric resin decontamination of aqueous solutions of pharmaceuticals[J]. J Pharm Sci, 1994, 83: 1289-1293.

[15] CASTEGNARO M, ADAMS J, ARMOUR M A, et al. Laboratory decontamination and

destruction of carcinogens in laboratory wastes: some antineoplastic agents[J]. IARC Scientific Publications, 1985.

[16] MONTEITH D K, CONNOR T H, BENVENUTO J A, et al. Stability and inactivation of mutagenic drugs and their metabolites in the urine of patients administered antineoplastic therapy[J]. Environ Mol Mutagenesis, 1987, 10: 341-356.

[17] GARCIA-COSTA A L, GOUVEIA T I A, PEREIRA M F, et al. Ozonation of cytostatic drugs in aqueous phase[J]. Sci Total Environ, 2021, 795: 148855.

[18] LUTTERBECK C A, WILDE M L, BAGINSKA E, et al. Degradation of 5-FU by means of advanced (photo)oxidation processes: UV/H_2O_2, UV/Fe^{2+}/H_2O_2 and UV/TiO_2-Comparison of transformation products, ready biodegradability and toxicity[J]. Sci Total Environ, 2015, 527-528: 232-245.

[19] KOLTSAKIDOU A, ANTONOPOULOU M, EVGENIDOU E, et al. Photocatalytical removal of fluorouracil using TiO_2-P25 and N/S doped TiO_2 catalysts: a kinetic and mechanistic study[J]. Sci Total Environ, 2017, 578: 257-267.

[20] SECRÉTAN P H, KAROUI M, SADOU-YAYE H, et al. Imatinib: major photocatalytic degradation pathways in aqueous media and the relative toxicity of its transformation products[J]. Sci Total Environ, 2019, 655: 547-556.

[21] SECRÉTAN P H, KAROUI M, LEVI Y, et al. Pemetrexed degradation by photocatalytic process: kinetics, identification of transformation products and estimation of toxicity[J]. Sci Total Environ, 2018, 624: 1082-1094.

10

抗菌及抗生素药物的销毁与净化

10.1 化合物概述

10.1.1 抗菌药物

环丝氨酸，学名右旋-4-氨基-3-四氢异噁唑酮，为白色或淡黄色结晶性粉末。环丝氨酸有吸湿性，无臭，味苦，易溶于水，略溶于乙醇，微溶于氯仿、乙醚。环丝氨酸水溶液 pH 约为 6。环丝氨酸可与酸或碱成盐。环丝氨酸在中性或酸性溶液不稳定，可由 3-羟基-2-氨基丙酸甲酯盐酸盐为原料经氯化、环合、拆分制得。抗生素类药物，除抗结核杆菌外，对革兰氏阳性菌、阴性菌，立克次菌也有抑制作用。临床上主要用于治耐药结核杆菌的感染。

磺胺甲噁唑，为白色结晶性粉末，临床上主要用于敏感菌引起的尿路感染、呼吸系统感染、肠道感染、胆道感染及局部软组织或创面感染等。

磺胺地索辛，别名磺胺二甲氧嘧啶、高效磺胺、磺胺间二甲氧基嘧啶，属于长效磺胺类，有很强的抗细菌及原虫感染的作用，可用于上呼吸道及尿路感染。目前磺胺地索辛广泛用于畜禽疾病的治疗和预防，此外，磺胺地索辛对畜禽生长有促进作用，又作为饲料添加剂被广泛应用。

磺胺嘧啶，为白色或类白色结晶或粉末，无臭，无味，遇光渐渐变暗色。磺胺嘧啶几乎不溶于水，溶于沸水，微溶于乙醇和丙酮，不溶于氯仿和乙醚，易溶于稀盐酸、氢氧化钠溶液或氨溶液。磺胺嘧啶钠盐为白色结晶性粉末，无臭，味微苦。遇光渐变棕色。磺胺嘧啶久置潮湿空气中，即缓缓吸收二氧化碳，析出磺胺嘧啶。

磺胺多辛，别名磺胺二甲氧嘧啶，为白色或类白色结晶性粉末，无臭或几乎无臭，味微苦，遇光渐变色。磺胺多辛在丙酮中略溶，在乙醇中微溶，在水中几乎不溶，在稀盐酸或氢氧化钠溶液中易溶。磺胺多辛用于溶血性链球菌、肺炎球菌及志贺菌属等细菌感染，现已少用。磺胺多辛与乙胺嘧啶联合可用于防治耐氯喹的恶性疟原虫所致的疟疾，也可用于疟疾的预防。

磺胺间甲氧嘧啶是磺胺药中抗菌作用最强的药物之一。磺胺间甲氧嘧啶外观为白色或类白色的结晶性粉末，无臭、几乎无味，遇光色渐变暗。磺胺间甲氧嘧啶在丙酮中略溶，在乙醇中微溶，在水中不溶，在稀盐酸或氢氧化钠溶液中易溶。磺胺间甲氧嘧啶用于抑制大多数革兰氏阳性及阴性细菌。

磺胺二甲嘧啶，是一种广谱抑菌剂，在结构上类似对氨基苯甲酸（PABA），可与 PABA 竞争性作用于细菌体内的二叶酸合成酶，从而阻止 PABA 作为原料合成细菌所需要叶酸的过程，减少了具有代谢活性的四氢叶酸的量，而后者则是细菌合成嘌呤、胸腺嘧啶核苷和脱氧核糖核酸的必需物质，因此抑制了细菌的生长繁殖。

甲氧苄啶（TMP），是一种有机化合物，为白色或至淡黄色结晶性粉末，无臭，味苦，在氯仿中略溶，在乙醇或丙酮中微溶，在水中几乎不溶，在冰醋酸中易溶。甲氧苄啶为合成的广谱抗菌剂，单独用于呼吸道感染、泌尿道感染、肠道感染等病症，可用于治疗敏感菌所致的败血症、脑膜炎、中耳炎、伤寒、志贺菌病等。

氟甲喹为白色粉末，无臭、无味，不溶于水，能在有机溶剂中互溶。氟甲喹是一种抗菌药，适用于畜禽类，海水，淡水鱼类，虾蟹类。

替硝唑，为白色至淡黄色结晶或结晶性粉末，味微苦，在丙酮或三氯甲烷中溶解，在水或乙醇中微溶。替硝唑能迅速消除口腔厌氧菌所致炎症，减轻症状，疗效较对照药物好。替硝唑被用作抗滴虫药，多用于妇科。替硝唑广泛用于厌氧菌感染和原虫疾病的预防和治疗、优于甲硝唑。

罗硝唑，为乳白色结晶，无特殊气味。罗硝唑在水中的溶解度为 0.25%，微溶于甲醇、乙酸乙酯，不溶于苯、异辛烷、四氯化碳。罗硝唑具有抗寄生虫、抗熏浆菌及抗细菌作用。罗硝唑特别对引起猪赤痢的密螺旋体非常有效。此外，罗硝唑也是一种较好的生长促进剂，有增重和提高饲料转化率的作用。罗硝唑其稳定性及相容性好，可与其他饲料添加剂如杆菌肽锌、硝呋烯腙、土霉素、金霉素、维吉霉属、泰洛星及微量元素铜、锌等混合，无不良影响。

甲硝唑，是一种有机化合物，主要用作一种抗生素和抗原虫剂，用于治疗或预防厌氧菌引起的系统或局部感染，如腹腔、消化道、女性生殖系、下呼吸道、皮肤及软组织、骨和关节等部位的厌氧菌感染，对败血症、心内膜炎、脑膜感染以及使用抗生素引起的结肠炎也有效，治疗破伤风常与破伤风抗毒素联用，还可用于口腔厌氧菌感染。

氯咪巴唑，也叫甘宝素，为白色或灰白色结晶或结晶性粉末，易溶于甲苯、醇中，难溶于水。氯咪巴唑具有广谱杀菌性能，主要用于止痒去屑调理型洗发、护发香波，也可用于抗菌香皂，沐浴露、药物牙膏、漱口液等高档洗涤用品中。

噁喹酸，是一种固体，25 ℃ 时在丙酮、乙酸乙酯、甲醇中溶解度小于 1.0%，水中溶解度 0.003 mg/L，是一种喹啉酮类杀菌剂，用于水稻种子处理，成为对水稻难治病害——谷枯细菌病具有卓效的第一个杀菌剂。

柳氮磺吡啶，是一种有机化合物，主要用作磺胺类抗菌药，属口服不易吸收的磺胺药，吸收部分在肠微生物作用下分解成 5-氨基水杨酸和磺胺吡啶。5-氨基水杨酸与肠壁结缔组织络合后较长时间停留在肠壁组织中起到抗菌消炎和免疫抑制作用，如减少大肠埃希菌和梭状芽孢杆菌，同时抑制前列腺素的合成以及其他炎症介质白三烯的合成。因此，目前认为柳氮磺吡啶对炎症性肠病产生疗效的主要成分是 5-氨基水杨酸，由柳氮磺吡啶分解产生的磺胺吡啶对肠道菌群显示微弱的抗菌作用。

三氯生为微具芳香的高纯度白色结晶性粉末，微溶于水，在稀碱中溶解度适中，在很多有机溶剂中都有较高的溶解度，在水溶性溶剂或表面活性剂中溶解后可制成透明的浓缩液体产品。三氯生是一种广谱抗菌剂，被广泛应用于肥皂、牙膏等日用化学品之中，是医疗消毒及卫生保健产品的活性成分，也会在人母乳或尿液中检测到。

具体信息见表 10-1。

表 10-1　典型抗菌药物基本信息一览表

化合物	mp or bp	结构式/分子式	CAS 登记号
环丝氨酸	mp 155～156 ℃		[339-72-0]
磺胺甲噁唑	mp 166 ℃		[723-46-6]
磺胺地索辛	mp 200 ℃		[122-11-2]
磺胺嘧啶	mp 253 ℃		[68-35-9]
磺胺多辛	mp 190～194 ℃		[2447-57-6]
磺胺间甲氧嘧啶	mp 204～206 ℃		[1220-83-3]
磺胺二甲嘧啶	mp 197 ℃		[57-68-1]

化合物	mp or bp	结构式/分子式	CAS 登记号
甲氧苄啶	mp 199～203 °C		[738-70-5]
氟甲喹	mp 253～255 °C		[42835-25-6]
替硝唑	mp 117～121 °C		[19387-91-8]
罗硝唑	mp 168～169 °C		[7681-76-7]
甲硝唑	mp 159～161 °C		[443-48-1]
氯咪巴唑	mp 96.5～99.0 °C		[38083-17-9]
噁喹酸	mp 310 °C		[14698-29-4]
柳氮磺吡啶	mp 260～265 °C		[599-79-1]
三氯生	mp 56～60 °C		[3380-34-5]

10.1.2 抗生素药物

恩诺沙星又名乙基环丙沙星、恩氟沙星。恩诺沙星属于氟喹诺酮类化学合成抑菌剂，易溶于氢氧化钠溶液、甲醇及氰甲烷等有机溶剂。恩诺沙星是一种微黄色或淡黄色结晶性粉末，味苦，被国家指定为动物专用药。

诺氟沙星，又名氟哌酸，为第三代喹诺酮类抗菌药，会阻碍消化道内致病细菌的 DNA 旋转酶的作用，阻碍细菌 DNA 复制，对细菌有抑制作用，是治疗肠炎痢疾的常用药。但诺氟沙星对未成年人骨骼形成有延缓作用，会影响到发育，故禁止未成年人服用。

环丙沙星，为合成的第三代喹诺酮类抗菌药物，具广谱抗菌活性，杀菌效果好，几乎对所有细菌的抗菌活性均较诺氟沙星及依诺沙星强 2~4 倍，对肠杆菌、绿脓杆菌、流感嗜血杆菌、淋球菌、链球菌、军团菌、金黄色葡萄球菌具有抗菌作用。

氧氟沙星，是一种有机化合物，是一种人工合成、广谱抗菌的氟喹诺酮类药物，主要用于革兰阴性菌所致的呼吸道、咽喉、扁桃体、泌尿道、皮肤及软组织、胆囊及胆管、中耳、鼻窦、泪囊、肠道等部位的急、慢性感染。

阿莫西林，是一种抗生素药物，又称为羟氨苄青霉素，属于青霉素家族的氨基青霉素类。阿莫西林为白色或类白色的结晶型粉末，稍有特异的气味和苦味，是第二代青霉素的主要品种，系广谱半合成抗生素，能抑制细菌细胞壁的合成，具有高效的广谱抗菌作用，而且毒副作用很小，常用于治疗细菌感染，如中耳感染、链球菌性喉炎、肺炎、皮肤感染和尿路感染。世界卫生组织推荐本品作为首选的 β-内酰胺类口服抗生素，在口服抗生素中占有重要的位置。

氨苄西林，又称氨苄青霉素，是一种 β-内酰胺类抗生素，可治疗多种细菌感染。氨苄西林适应证包含呼吸道感染、泌尿道感染、脑膜炎、沙门氏菌感染症，以及心内膜炎。氨苄西林也能用于预防新生儿的 B 群链球菌感染，可经由口服、肌肉注射以及静脉注射给药。

氯唑西林为白色粉末或结晶性粉末，微臭，味苦，有引湿性。氯唑西林在水中易溶，在乙醇中溶解，在醋酸乙酯中几乎不溶。氯唑西林临床上为窄谱半合成青霉素，其抗菌作用及抗菌谱与苯唑西林相似，临床适应证同苯唑西林。氯唑西林临床主要用于产酶金黄色葡萄球菌或其他葡萄球菌所致的败血症、肺炎、心内膜炎、骨髓炎或皮肤软组织感染等。氯唑西林毒性极低，不良反应发生率低。肾功能严重减退时，氯唑西林不宜大剂量静脉给药。

头孢泊肟酯，为白色或接近白色结晶性粉末，极易溶于甲醇或乙腈，易溶于乙醇，微溶于乙醚，极微溶于水，适用于治疗肺炎、急性、慢性支气管炎、咽喉炎、扁桃体炎、支气管扩张症、慢性呼吸道疾患继发感染、膀胱炎、淋菌性尿道炎、毛囊炎、疖、疖肿症、痈、丹毒、蜂窝组织炎、淋巴管炎、化脓性甲沟炎、皮下脓肿、汗腺炎、簇状痤疮、感染性粉瘤、肛门周围脓肿、前庭大腺炎、前庭大腺脓肿。

头孢美唑，是一种白色至微黄色粉末，无臭，有引湿性。头孢美唑临床上适用于治疗敏感菌所致的肺炎、支气管炎、胆道感染、腹膜炎、泌尿系感染、子宫及附件感染等。

头孢氨苄，是一种半合成的第一代口服头孢霉素类抗生素药物，能抑制细胞壁的合成，使细胞内容物膨胀至破裂溶解，杀死细菌。头孢氨苄适用于敏感菌所致的急性扁桃体炎、咽峡炎、中耳炎、鼻窦炎、支气管炎、肺炎等呼吸道感染、尿路感染及皮肤软组织感染等。

具体信息见表 10-2。

表 10-2　典型抗生素药物基本信息一览表

化合物	mp or bp	结构式/分子式	CAS 登记号
恩诺沙星	mp 225 °C		[93106-60-6]
诺氟沙星	mp 220 °C		[70458-96-7]
环丙沙星	mp 255～257 °C		[85721-33-1]
氧氟沙星	mp 270～275 °C		[82419-36-1]
阿莫西林	mp 140 °C		[26787-78-0]
氨苄西林	mp 198～200 °C		[69-53-4]
氯唑西林	N/A		[61-72-3]

化合物	mp or bp	结构式/分子式	CAS 登记号
头孢泊肟酯	mp 111 ~ 113 °C		[87239-81-4]
头孢美唑	mp 163 ~ 165 °C		[56796-20-4]
头孢氨苄	mp 196 ~ 198 °C		[15686-71-2]
他卡培南匹酯	mp 188 ~ 190 °C		[157542-49-9]

10.2 抗菌药物的销毁

10.2.1 环丝氨酸的销毁[1]

将 100 mg 环丝氨酸溶解在 20 mL 3 mol/L H_2SO_4 中,并在搅拌下分批加入 0.96 g $KMnO_4$。在室温下搅拌反应混合物 18 h,然后用焦亚硫酸钠脱色,用 10 mol/L 氢氧化钾溶液使其呈强碱性,用水稀释,过滤除去锰盐,并中和滤液。测试销毁的完整性,并将其丢弃。

10.2.2 磺胺甲噁唑的销毁

10.2.2.1 氯气和高锰酸盐氧化法[2]

相关文献研究了氯气、臭氧和高锰酸盐等氧化剂对磺胺甲噁唑的氧化降解作用。氧化实验在室温的 250 mL 烧瓶中进行。对于氯气和高锰酸盐的实验,首先在溶液中加入磺胺甲噁唑,得到所需的初始浓度(0.5 ~ 5.0 mg/L)。然后,加入 2 mg/L 的氯气或高锰酸盐。对于臭氧化实验,首先将臭氧鼓泡到溶液中以获得所需浓度(2 mg/L),之后立即加入 0.5 ~ 5 mg/L 磺胺甲噁唑溶液。反应溶液用磁力搅拌器进行搅拌。在实验过程中，每隔一段时间取出 10 mL 样品，用 $NaHSO_3$ 对氯气和高锰酸盐进行淬灭，用 $Na_2S_2O_3$ 对臭氧进行淬灭。淬灭后的样品先用 0.45 μm 膜过滤，然后用高效液相色谱法（HPLC）定量分析残余的磺胺甲噁唑。

10.2.2.2　臭氧氧化法[3]

在含有 3×10^{-4} mol/L 磺胺甲噁唑溶液的玻璃反应器中，采用 A2Z 臭氧发生器产生臭氧鼓泡（6 mg/min）进行臭氧氧化。必要时，用浓盐酸调整初始 pH，并定期测量（Accumet 15 pH 计）。上清液经臭氧氧化和离心脱除催化剂后，采用紫外可见分光光度法和标准化学需氧量法（COD）进行分析。总 COD 去除对应于完全矿化。

液相色谱-质谱分析（LC-MS）使用安捷伦 1200 HPLC 系统进行，该系统配有二元泵、在线脱气器、高性能自动采样器和恒温柱分区。使用了安捷伦 $SB-C_{18}$ 柱（2.1 mm × 30 mm；粒径 3.5 μm），乙腈-0.1% HCOOH 在水中的线性梯度为 5% ~ 85%（V/V），流速为 0.4 mL/min，柱温为 25 ℃。实验结果表明，在 pH 为 2.88 时，臭氧化 40 min，0.3 mmol/L 磺胺甲噁唑的去除率大于 95%。

10.2.2.3　高铁酸盐氧化法[4]

在 pH 为 6 ~ 9 的缓冲溶液中，分别制备 1 L 100 μg/L 和 1 L 10 μg/L 磺胺甲噁唑溶液。所用的缓冲溶液分别为 0.05 mol/L KH_2PO_4/0.005 ~ 0.05 mol/L NaOH（pH 6 ~ 8）和 0.0125 mol/L $Na_2B_4O_7 \cdot 10H_2O$/0.005 mol/L HCl（pH 9）。采用六单元搅拌器，在以下条件下进行了一系列试验：在 400 r/min 下快速搅拌 1 min；以 40 r/min 慢速搅拌 60 ~ 180 min；然后沉淀 60 min。高铁酸盐的用量为 0 ~ 5 mg/L（以铁计）。所有实验都是重复进行的。沉淀后，用 1.2 μm 玻璃纤维过滤器和 0.45 μm 膜过滤器依次过滤特定量的上清液。用 1 mol/L H_2SO_4 将滤液的 pH 调节至 2.5，然后进行固相萃取，并用高效液相色谱-紫外分光光度计进一步分析。实验结果表明，高铁酸盐可以有效地去除试验溶液中的磺胺甲噁唑。在最佳条件下，去除率超过 80%。

10.2.2.4　过硫酸盐氧化法[5]

氧化实验是在 400 mL 玻璃烧杯中进行的，反应温度为(30 ± 1) ℃。将 5 μg/L Co^{2+} 加入 20 mmol/L H_3BO_3 和 2 mg/L 磺胺甲噁唑的 150 mL 溶液中。随后，向上述溶液中加入 0.6 mmol/L 过硫酸盐，并进行机械搅拌（300 r/min）。在反应过程中，用 0.1 mol/L NaOH 和 H_2SO_4 调节反应液的 pH，使其始终保持在固定值，并且 pH 变化小于 0.2。每隔一段时间，取样，并过滤。将过滤后的溶液注入 20 μL 0.1 mol/L $Na_2S_2O_3$ 溶液中，再用高效液相色谱法测定磺胺甲噁唑的浓度。

实验结果表明，磺胺甲噁唑的销毁率可达 100%。具体参数，见表 10-3。

表 10-3　磺胺甲噁唑的过硫酸盐氧化法销毁相关参数

底物	浓度	过硫酸盐	pH	温度	时间	销毁率
磺胺甲噁唑	2 mg/L	0.6 mmol/L Oxone® + 5 μg/L $CoSO_4$ + 20 mmol/L 硼酸	8	30 ℃	8 min	100%

10.2.2.5　UV/过硫酸盐氧化法[6]

降解实验是在 80 mL 血清瓶中进行的，反应温度为 25 ℃，搅拌速度为 160 r/min。向反应器中加入 0.04 mmol/L 磺胺甲噁唑和 1.2 mmol/L Oxone®，并将反应液的 pH 调节为 3.4。开启光源进行反应，并定期取样。用配有 C_{18} 柱（5 mm，4.6 mm × 150 mm）（Agilent 1200）和二极管阵列检测器的高效液相色谱分析磺胺甲噁唑的残留量。LC-MS 用于鉴定磺胺甲噁唑的产物。

磺胺甲噁唑的销毁情况及具体参数，见表 10-4。

表 10-4　磺胺甲噁唑的 UV/过硫酸盐氧化法销毁相关参数

底物	浓度	氧化剂	pH	温度	灯	时间	销毁率
磺胺甲噁唑	0.04 mmol/L	1.2 mmol/L Oxone®	3.4	25 °C	21 W 254 nm	1 h	100%

10.2.2.6　光-芬顿氧化法[7]

光化学反应器是一个耐热玻璃夹套的 2 L 恒温容器（Philips TL 8W-08 FAM），在其中心装有 3 盏黑-浅蓝色灯（长 30 cm），每盏标称功率为 8 W，辐射波长在 350 ~ 400 nm，最大辐射波长为 365 nm。反应温度为 24.2 ~ 25.8 °C。向反应器中加入 200 mg/L 磺胺甲噁唑水溶液和 10 mg/L Fe^{2+}。用稀 H_2SO_4 将反应液 pH 调节至 2.8。最后，在剧烈的磁力搅拌下，加入 300 mg/L H_2O_2，同时打开紫外灯。定期取样，并分析磺胺甲噁唑的残留量。

磺胺甲噁唑的销毁情况及具体参数，见表 10-5。

表 10-5　磺胺甲噁唑的光-芬顿氧化法销毁相关参数

底物	浓度	铁	氧化剂	pH	温度	灯	时间	销毁率
磺胺甲噁唑	200 mg/L	10 mg/L Fe^{2+}	300 mg/L H_2O_2	2.8	24.2 ~ 25.8 °C	3 cm × 30 cm Philips TL 8 W-08 FAM UV lamps P	1 h	> 95%

10.2.2.7　UV/ZnO 光解法[8]

以 10 W UVC 灯作为光源，紫外辐射的强度为 3.5 mJ/cm^2。将空气连续鼓泡到溶液中，使用外部冷却套将溶液温度维持在 20 ~ 22 °C。将 1 mmol/L 磺胺甲噁唑和 1.48 g/L 氧化锌加入反应器中，并用 0.1 mol/L HCl 或 0.1 mol/L NaOH 将溶液 pH 调节至所需值。在光解之前，将反应液在黑暗中搅拌 30 min，以达到吸附/解吸平衡。开启光源进行光解实验，并定期取样，并用 0.22 μm 过滤器去除光催化剂颗粒，滤液用于随后的分析。

磺胺甲噁唑的销毁情况及具体参数，见表 10-6。

表 10-6　磺胺甲噁唑的 UV/ZnO 光解法销毁相关参数

底物	浓度	ZnO	pH	温度	灯	时间	销毁率
磺胺甲噁唑	1 mmol/L	1.48 g/L，空气以 2.5 L/min 通过	4.72	20 ~ 22 °C	10 W Troja Technologies UVC 30 mJ/cm^2	30 min	96%

10.2.3　磺胺地索辛的销毁[9]

芬顿试剂可有效去除猪场废水中磺胺地索辛（初始浓度为 1.0 mg/L）。芬顿试剂的最佳操作条件为：H_2O_2、Fe^{2+} 物质的量之比为 1.5 : 1（[H_2O_2] = 1.37 mmol/L，[Fe^{2+}] = 0.91 mmol/L），初始 pH 为 5.0。分析销毁的完整性，并适当丢弃。

10.2.4 臭氧氧化法去除水溶液中的磺胺嘧啶和磺胺甲噁唑[10]

该实验装置由氧气罐、臭氧气体发生器、反应容器以及用于流入和流出臭氧气体和臭氧水溶液测量的装置组成。反应容器具有 13 cm 的内径和 30 cm 的高度，并且在每次实验中用 2.5 L 的溶液填充。该反应容器配有用于臭氧气体入口和出口、含水臭氧探针和取样收集的开口。使用 2 个玻璃扩散器以 1.2 L/min 的恒定流速向溶液中喷射臭氧气体。反应器以半间歇模式操作，使用磁力搅拌器连续搅拌反应物。实验在室温下进行，温度为（22 ± 1）℃。

在去离子水中制备磺胺嘧啶或磺胺甲噁唑溶液，然后使用 0.50 mol/L 硫酸或 1.0 mol/L 氢氧化钠将溶液的 pH 调节至所需值。使用 1.0 mol/L 碳酸氢钠溶液调节碳酸氢根离子的浓度。最后，将臭氧气体引入溶液中，并定期取出 2.0 mL 等分样品，分析磺胺嘧啶或磺胺甲噁唑的残留浓度。用 0.5 mmol/L 的硫代硫酸钠猝灭残留的臭氧，并进行分析。

实验结果表明，浓度为 1 mg/L 磺胺嘧啶或磺胺甲噁唑的销毁率均大于 90%。具体参数，见表 10-7。

表 10-7 磺胺嘧啶和磺胺甲噁唑的销毁相关参数

底物	浓度	臭氧	pH	温度	时间	销毁率
磺胺嘧啶	1 mg/L	1.2 L/min 氧气中含有 2.3 mg/L 臭氧	7.0	21 ~ 23 ℃	2 min	> 90%
磺胺甲噁唑	1 mg/L	1.2 L/min 氧气中含有 2.3 mg/L 臭氧	7.0	21 ~ 23 ℃	2 min	> 90%

10.2.5 磺胺多辛的销毁[11]

用超纯水制备 10 mmol/L $KMnO_4$ 储备溶液。由于磺胺多辛在水中溶解度低，故 80.0 mg 磺胺多辛先用 1 mL 0.1 mol/L NaOH 溶液溶解，然后用超纯水稀释至 1 mmol/L。用超纯水制备 10 mmol/L $Na_2S_2O_3$ 储备溶液。将溶液储存在 4 ℃ 的棕色瓶中。

所有实验均在 25 ℃ 的 50 mL 烧瓶中进行，并由 SHA-B 水浴振荡器控制，该振荡器配有避光的盖子。向含有 20 mL 10 μmol/L 磺胺多辛溶液的烧瓶中，加入不同剂量的 $KMnO_4$（50 ~ 800 μmol/L）。用 10 mmol/L 的乙酸和乙酸钠缓冲溶液 pH。加入 0.1 mol/L NaOH 和 0.1 mol/L HAc 调节溶液的初始 pH。在预定的时间内（0 min、5 min、10 min、30 min、60 min、90 min、120 min、240 min），取样 500 μL，并在含有 100 μL 甲醇的离心管中，用 100 μL $Na_2S_2O_3$ 溶液淬灭。离心 5 min 后，将上清液转移到 HPLC 自动进样瓶中。

采用配备二极管阵列检测器（DAD）的 Hitachi 2100 高效液相色谱仪（HPLC）和 C_{18} 反相柱（25 cm × 4.6 mm，5 μm 颗粒），在 30 ℃ 下分析磺胺多辛的浓度。流动相为甲醇-纯水（0.3% 甲酸），等度洗脱为 70：30（V/V），流速为 1 mL/min，进样量为 20 μL，检测波长为 278 nm。实验结果表明，在酸性条件（pH < 4）下，磺胺多辛可被完全销毁。

10.2.6 磺胺间甲氧嘧啶的销毁[12]

磺胺间甲氧嘧啶的降解是在室温[（25 ± 1）℃]、pH 6.4 和机械搅拌下进行的。将 Fe_3O_4 磁性纳米粒子加入 50 mL 0.06 mmol/L 磺胺间甲氧嘧啶溶液中，并搅拌 20 min，以达到吸附-解吸平衡。然后加入过硫酸盐立即引发反应。在规定的时间间隔内，取样 2.0 mL，并用 0.22 μm

滤膜过滤。用高效液相色谱和液相色谱-质谱（LC-MS）测定磺胺间甲氧嘧啶和中间体的浓度。实验结果表明，磺胺间甲氧嘧啶的销毁率可达 95% 以上。具体参数，见表 10-8。

表 10-8　磺胺间甲氧嘧啶的销毁相关参数

底物	浓度	过硫酸盐	pH	温度	时间	销毁率
磺胺间甲氧嘧啶	60 μmol/L	2.40 mmol/L Fe$_3$O$_4$ 磁性纳米粒子与 1.20 mmol/L 过硫酸钾	6.4	25 ℃	15 min	> 95%

10.2.7　磺胺二甲嘧啶和磺胺吡啶的销毁

10.2.7.1　磺胺二甲嘧啶的高锰酸盐氧化法[13]

所有光化学实验都是在 150 mL 石英烧杯中，在磁力搅拌（400 r/min）下进行的。光化学实验使用了 300 W Xe 灯（λ > 420 nm），光强度约为 300 mW/cm^2。开启 300 W Xe 灯 5 min，确保其在光照实验中输出相对稳定。向 10 mg/L 磺胺二甲嘧啶溶液中，加入 50 μmol/L 高锰酸盐溶液。在预定的时间内（0 min、10 min、20 min、30 min、45 min、60 min、90 min），取样 1 mL，用 0.22 μm 滤膜过滤后，将其迅速转移到 100 μL 1 mol/L 盐酸羟胺中。用 0.1 mol/L HAc 和 0.1 mol/L NaOH 调节溶液的 pH。所有实验至少一式三份，采用平均值以确保实验结果的再现性。

磺胺二甲嘧啶的浓度使用配有 UV-vis 检测器的高效液相色谱法进行分析。分析柱为 C$_{18}$ 柱（4 μm 粒径，4.6 mm × 250 mm），温度为 30 ℃。流动相为 65% 水和 35% 乙腈，流速为 1 mL/min，进样体积为 20 μL，检测波长为 266 nm。残余高锰酸盐的浓度用 TU-1810 UV-Vis 分光光度计在 525 nm 处测定，磺胺二甲嘧啶的矿化用 TOC-5000A 型分析仪测定。实验证明高锰酸盐和可见光的结合是一种有效的磺胺二甲嘧啶降解方法。

10.2.7.2　磺胺二甲嘧啶和磺胺吡啶的光解法[14]

HPLC 级水和污水处理厂净化水被用作光降解实验的介质。将 20 mL 水加入 40 mg/L 磺胺二甲嘧啶或磺胺吡啶溶液中。将溶液转移到石英反应管中，并夹紧密封。光解前，取 1 mL 加标样品，并在室温下置于黑暗中（铝包裹的小瓶）。使用 Atlas SunTest CPS 仪器模拟自然光，该仪器配有氙弧灯（紫外线模拟器）。辐照度设定为 450 W/m，发射波长范围为 200 ~ 800 nm。样品在 SunTest 中照射 100 h。定期取出 0.5 mL 的等分试样，分析药物的残留量。

磺胺二甲嘧啶和磺胺吡啶的销毁效果及参数，见表 10-9。

表 10-9　磺胺二甲嘧啶和磺胺吡啶的销毁相关参数

底物	浓度	pH	温度	灯	时间	销毁率
磺胺二甲嘧啶	40 mg/L	N/A	N/A	Atlas Suntest CPS 氙弧灯（450 W/m^2 200 ~ 800 nm）	30 h	100%
磺胺吡啶	40 mg/L	N/A	N/A	Atlas Suntest CPS 氙弧灯（450 W/m^2 200 ~ 800 nm）	30 h	100%

10.2.8　磺酰胺类药物的过硫酸盐销毁方法[15]

将 30 mmol/L 磺酰胺类药物和 2 mmol/L 过硫酸盐加入在 33 mL 反应瓶中，温度设定为

30～60 ℃。用 0.1 mol/L H₂SO₄ 或 NaOH，将溶液 pH 调节至所需值。在预定的时间点取样（1.0 mL），并在冰浴中冷却 10 min，然后保存在 4 ℃ 的冰箱中，直到进一步处理和分析。磺酰胺类药物采用配备 L-2455 二极管阵列检测器的 Hitachi L-2000 高效液相色谱法进行分析。

实验结果表明，磺酰胺类药物的销毁率均大于 95%。具体参数，见表 10-10。

表 10-10　磺酰胺类药物的销毁相关参数

底物	浓度	过硫酸盐	pH	温度	时间	销毁率
磺胺嘧啶	30 μmol/L	2 mmol/L 过硫酸钾	7	50 ℃	8 h	> 95%
磺胺二甲基嘧啶	30 μmol/L	2 mmol/L 过硫酸钾	7	50 ℃	8 h	> 95%
磺胺甲噁唑	30 μmol/L	20 mmol/L 碳酸氢盐中的 2 mmol/L 过硫酸钾	8.5	50 ℃	8 h	> 95%
磺胺吡啶	30 μmol/L	2 mmol/L 过硫酸钾	7	50 ℃	8 h	> 95%
磺胺异噁唑	30 μmol/L	2 mmol/L 过硫酸钾	7	50 ℃	8 h	> 95%

10.2.9　甲氧苄啶的销毁

10.2.9.1　芬顿氧化法[16]

首先制备 1 mmol/L 甲氧苄啶去离子水储备溶液。此降解方法使用的甲氧苄胺的初始浓度为 0.05 mmol/L，过硫酸盐和亚铁储备溶液的溶液浓度为 20 mmol/L。为了制备亚铁储备溶液，添加少量硫酸以防止 Fe(Ⅱ)沉淀。所有实验都是在 25 ℃ 下进行的。振动筛速度为 160 r/min，初始 pH 被调节到 3，这是芬顿反应的最佳 pH。为了在芬顿法和过硫酸盐法之间提供合理的比较，在 Fe(Ⅱ)活化的过硫酸盐法中使用了相同的 pH。实验期间不需要调节 pH。将甲氧苄啶储备溶液和氧化剂（过氧化氢或过硫酸盐）加入 150 mL 反应器中，然后加入 Fe(Ⅱ)，并开始降解实验。反应时间为 6 h，并在规定的时间间隔取样。向样品中加入 100 mL 甲醇淬灭自由基。为了测量总有机碳，在实验结束时取 5 mL 样品。然后，立即向该样品中加入 200 mL 饱和亚硝酸钠，终止氧化反应。然后将样品通过 0.45 mm 的滤膜，并储存在 4 ℃ 下等待分析。使用与 C₁₈ 反相柱（5 mm，4.6 mm × 150 mm）和波长为 237 nm 的二极管阵列检测器耦合的高效液相色谱法测量甲氧苄啶浓度。

10.2.9.2　臭氧氧化法[17]

储存液中甲氧苄啶的浓度为 50 mmol/L，并用约 8 mmol/L 磷酸盐缓冲。在以下 4 种不同的 pH 条件下进行臭氧氧化实验：pH 3，不含 t-BuOH；pH 7，不含 t-BuOH；pH 10，不含 t-BuOH；pH 7，含 30 mmol/L t-BuOH。将一系列 100 mL 锥形瓶用作反应器，并将 50 mL 甲氧苄啶储存溶液连同（50 ～ Vᵢ）mL 超纯水加入 1 号锥形瓶中。然后，将 Vᵢ mL 臭氧溶液加入 1 号锥形瓶中，同时用磁力搅拌器搅拌。这里 Vᵢ 是臭氧剂量，范围从 0 ～ 10。将混合溶液搅拌 5 min 后，静置 24 h，再进行毒性试验和化学分析，以确保反应完全且臭氧完全消耗。

采用 515 高效液相色谱泵、717 自动取样器和 2487 双波长吸光度检测器组成的高效液相色谱-紫外分光光度计测定甲氧苄啶的浓度。使用反相 TC-C₁₈ 柱（150 mm × 4.6 mm，5 μm），流动相由 70% 水和 30% 甲醇组成，用 2 mmol/L 乙酸铵和 0.01% 甲酸将流动相的 pH 调节至 4。烘箱温度设定为 35 ℃，注射体积为 100 mL。流动相的流速为 1.0 mL/min，检测波长设置为 240 nm。浓度用外标法定量。

实验结果表明，甲氧苄啶的销毁率大于 95%。具体参数，见表 10-11。

表 10-11　甲氧苄啶的臭氧氧化法销毁相关参数

底物	浓度	臭氧	pH	温度	时间	销毁率
甲氧苄啶	N/A	臭氧的物质的量过量 3 倍。臭氧以 720 µmol/L 水溶液的形式添加	3	N/A	24 h	> 95%

10.2.9.3　UV/TiO₂ 光解法[18]

反应器以分批模式运行，由 12 根 Pyrex 玻璃管组成的 2 个模块组成，总面积为 3 m²，总体积为 35 L，其中 22 L 被紫外光照射。将 20 mg/L 甲氧苄啶溶液直接加入光反应器中，并在均化后取样。之后，将 200 mg/L TiO₂ 加入光反应器中，并充分均化 15 min。然后开启光源进行光解反应，并定期取样。使用高效液相色谱-紫外分光光度计分析样品中甲氧苄啶的残留量。C₁₈ 分析柱（5 µm，3 mm × 150 mm）以等度模式（0.5 mL/min）使用，流动相为 25 mmol/L 甲酸-水-甲醇，体积比为 50/40/10，检测波长为 254 nm。

甲氧苄啶的销毁情况及具体参数，见表 10-12。

表 10-12　甲氧苄啶的 UV/TiO₂ 光解法销毁相关参数

底物	浓度	TiO₂	pH	温度	灯	时间	销毁率
甲氧苄啶	20 mg/L	200 mg/L	N/A	22 ~ 35 °C	Solar（ca. 30 W/m²）	29 min	> 95%

10.2.9.4　UV/Cl 氧化法[19]

在进行实验之前，将 LP-UV 灯预热 15 ~ 20 min。光化学实验是在 25 mL 培养皿中进行的，培养皿与磁力搅拌器相连，以便在底部快速混合。使用石英板覆盖培养皿的顶部以防止辐射过程中的蒸发。254 nm UV-LED 275 系统放置在培养皿的中线和正上方，平均紫外线通量为 0.247 mW/cm²，反应温度为 25 °C。向反应器中加入 0.2 mg/L 甲氧苄啶和 3 mg/mL Cl₂（来自 NaOCl），并开启光源进行反应。定期取样 0.5 mL，并用 Na₂S₂O₃ 溶液淬灭。用液相色谱-双质谱（LC-MS/MS）系统分析甲氧苄啶的残留量，该系统配有 Shimpack FC-ODS 柱（150 mm × 2 mm，粒径 3 µm），温度为 40 °C。流动相由 0.1% 甲酸水溶液和甲醇组成，流速为 0.3 mL/min，甲氧苄啶的保留时间为 4.53 min，进样量为 10 µL。

甲氧苄啶的销毁情况及具体参数，见表 10-13。

表 10-13　甲氧苄啶的 UV/Cl 氧化法销毁相关参数

底物	浓度	氯源	pH	温度	灯	时间	销毁率
甲氧苄啶	0.2 mg/L	3 mg/mL Cl₂（来自 NaOCl）	8	25 °C	Taoyuan LED 275 nm 0.256 mW/cm²	3 min	> 95%

10.2.10　氟甲喹的销毁

10.2.10.1　臭氧氧化法[20]

将 50 mL 20 mg/L 氟甲喹溶液引入 100 mL 半间歇玻璃反应器中。用 DJ-Q2020A 电解型臭氧发生器从纯水中生产臭氧。产生的臭氧气体通过具有烧结端的 0.5 m 玻璃管以恒定流速（36 mL/min）连续鼓泡进入反应器底部。通过改变发生器的电流来设定气相中的入口臭氧浓度，并通过碘量法测量为 140.6 mg/L。用磁力搅拌器进行搅拌。出口处的臭氧用 5% $Na_2S_2O_3$ 溶液进行吸收。反应温度保持在(25.0 ± 0.1) ℃。溶液最初 pH 用 0.1 mol/L H_2SO_4 或 NaOH 进行调节，臭氧化无需进一步调节 pH。以规定的时间间隔收集臭氧化溶液的等分试样（2 mL），并立即用纯氮气鼓泡冲洗 3 min，以去除残留的臭氧。为了研究各种环境因素的潜在影响，将初始氟甲喹溶液调整到不同的 pH，或者预先添加无机阴离子（Cl^-、NO_3^-、SO_4^{2-}）、阳离子（K^+、Ca^{2+}、Mg^{2+}）、有机物提取物（稻草、河流沉积物、猪粪）、不同类型的水和 TBA（羟基自由基清除剂）。

使用配备有四元泵和二极管阵列检测器(DAD)的安捷伦 1200 高效液相色谱仪在 236 nm 处测量氟甲喹的浓度。在评估不同类型的水对臭氧氧化过程影响的实验中，通过安捷伦 1260 无限高效液相色谱仪和 API 4000 三重四极质谱仪测量氟甲喹的浓度（初始浓度：20 μg/L）。使用 Agilent 1260 无穷远高效液相色谱仪和高分辨率混合四极飞行时间质谱仪分析氟甲喹的转化产物。实验结果见表 10-14。

表 10-14　氟甲喹的臭氧氧化法销毁相关参数

底物	浓度	臭氧	pH	温度	时间	销毁率
氟甲喹	20 mg/L	30.6 mL/min 气体含有 140.6 mg/L 臭氧	7.5 ~ 7.9	25 ℃	3 min	100%

10.2.10.2　高铁酸钾氧化法[21]

批量降解实验在配有磁力搅拌器（500 r/min）的 100 mL 棕色玻璃瓶中进行，温度为(25.0 ± 0.2) ℃。在大多数情况下，使用 10 mmol/L 磷酸盐缓冲液将溶液 pH 缓冲至 7.0 ± 0.2。为了评估水基质的影响，溶液 pH 由 20 mmol/L 硼酸盐缓冲液缓冲至 8.0 ± 0.2。将过滤后的标准 Fe(Ⅵ)原液等分加入 50 mL 30 μmol/L 氟甲喹溶液中。在规定的时间间隔内，取样 1.0 mL，并将其与 ABTS 溶液混合，在 415 nm 处测定 Fe(Ⅵ)的残余浓度。取样 0.8 mL，并立即用 0.22 μm 过滤器过滤，并用 0.2 mL 100 mmol/L $NaNO_2$ 淬灭。所得溶液用高效液相色谱进行分析。

实验结果表明，氟甲喹的销毁率大于 95%。具体参数，见表 10-15。

表 10-15　氟甲喹的高铁酸钾氧化法销毁相关参数

底物	浓度	高铁酸盐	pH	温度	时间	销毁率
氟甲喹	20 μg/L（在 20 mmol/L pH 8.0 硼酸盐缓冲液中）	240 μmol/L 高铁酸钾（K_2FeO_4）	8	25 ℃	30 min	> 95%

10.2.10.3　UV/过硫酸盐氧化法[22]

氧化反应是在配有旋转装置的 XPA-7 光化学反应器中进行的。采用 300 W 汞灯作为光源，光强为 4.15 mW/cm^2。在实验之前，将汞灯预热 30 min。将 40 mL 76 μmol/L 氟甲喹溶液和 76 μmol/L Oxone®溶液加入石英管中。用 0.1 mol/L HCl 或 0.1 mol/L NaOH 将反应溶液的 pH 调节至所需值，并使用 FE28 pH 计测量。开启光源进行反应，并定期取样 980 μL，用 20 μL

0.15 mol/L NaNO$_2$溶液淬灭。氟甲喹的残留浓度用配有 L-2480 荧光检测器、L-2200 自动进样器和 L-2130 二元泵的 L-2000 高效液相色谱法进行测定。

氟甲喹的销毁情况及具体参数，见表 10-16。

表 10-16　氟甲喹的 UV/过硫酸盐氧化法销毁相关参数

底物	浓度	氧化剂	pH	温度	灯	时间	销毁率
氟甲喹	76 μmol/L	76 μmol/L Oxone®	7	23 ~ 27 ℃	Beijing Electric Light Source Institute 300 W Hg 4.15 mW/cm^2	1 h	100%

10.2.11　替硝唑的销毁[23]

替硝唑的静态臭氧氧化实验系统主要由臭氧发生器、带搅拌的 2 L 反应器和 UV-Vis Genesys 5 分光光度计组成。臭氧由氧气生成，臭氧发生器的最大容量为 76 mg/min。在每个实验中，在适当的 pH（pH 7）下，将 2 L 50 mmol/L 磷酸盐缓冲溶液加入反应器中。在调节臭氧压力和温度后，通入臭氧流 35 min，直到水溶液饱和。然后，注入 15 ~ 30 mL 替硝唑浓溶液。在臭氧和活性炭同时使用的系统中，要同时加入 0.25 ~ 0.5 g/L 的颗粒活性炭。以固定的时间间隔从反应器中取样，并检测替硝唑的浓度。

10.2.12　罗硝唑的销毁[24]

此销毁方法使用了体积为 400 mL 石英管的 UV 反应器。4 个带有石英套管的 LP Hg UV 灯（TUV 11 W T5 4P-SE）对称地固定在反应器的中心。使用连续循环系统将温度控制在 24 ~ 26 ℃，通过打开不同数量的紫外线灯来控制紫外线强度。向反应器中加入 5.0 μmol/L 罗硝唑和 100 μmol/L NaOCl，用 10 mmol/L 磷酸盐将反应 pH 从 5 缓冲到 9。开启光源进行反应，并定期取样，然后用 10 mmol/L Na$_2$S$_2$O$_3$（Na$_2$S$_2$O$_3$、HOCl 的物质的量之比为 2）淬灭。使用配有 XTerraR MS C$_{18}$柱（250 mm × 2.1 mm，i.d.5 μm）的高效液相色谱（UPLC）分析罗硝唑的残留量。紫外检测器波长为 312 nm，流动相为乙腈和 0.1% 甲酸溶液的混合物，体积比为 20 ∶ 80，流速为 0.30 mL/min，进样量为 10 μL，检出限为 0.5 μg/L。

罗硝唑的销毁情况及具体参数，见表 10-17。

表 10-17　罗硝唑的销毁相关参数

底物	浓度	氯源	pH	温度	灯	时间	销毁率
罗硝唑	5.0 μmol/L	100 μmol/L NaOCl	7	24 ~ 26 ℃	2 个 Philips TUV 11 W T5 4P-SE LP Hg quartz 3.02 mW/cm^2	15 min	95.8%

10.2.13　甲硝唑的销毁[25]

将 2 个低压汞紫外灯（GPH 212T5L/4，10 W）固定在底部有圆柱形管的百叶窗盒的中心，以产生 254 nm 紫外光束，紫外辐照率约为 0.47 mW/cm^2。向反应器中加入 10 mg/L 甲硝唑和 0.5 mmol/L NaOCl。反应液的初始 pH 用 5 mmol/L 磷酸盐缓冲液来实现，并在反应过程中用

1 mol/L H_2SO_4 或 NaOH 进行调节。开启光源进行反应，并定期取样，然后用 20 μL 0.05 mol/L $Na_2S_2O_3$ 溶液淬灭。甲硝唑的残留浓度用反相高效液相色谱系统进行测定，该系统配有 CNW Athena C_{18}-WP 柱（4.6 mm × 250 mm，5 μm）和二极管阵列检测器（DAD），检测波长为 318 nm。流动相由乙腈和水的混合物组成，流速为 1.0 mL/min，注射量为 20 μL。

甲硝唑的销毁情况及具体参数，见表 10-18。

表 10-18　甲硝唑的销毁相关参数

底物	浓度	氯源	pH	温度	灯	时间	销毁率
甲硝唑	10 mg/L（在 5 mmol/L pH 7 磷酸盐缓冲液中）	0.5 mmol/L 氯（来自 NaOCl）	7	N/A	2 个 Heraeus 10 W GPH 212T5L/4 254 nm 0.47 mW/cm²	45 min	90%

10.2.14　氯咪巴唑的销毁[26]

在氯咪巴唑的光降解实验中，使用了配有 10 W 低压汞灯（λ = 254 nm）的光反应器，光强度为 (4.36 ± 0.14) mW/cm²，循环水用于维持恒温 $[(25 \pm 1)$ °C]。氯咪巴唑的初始浓度为 585.5 μg/L，用温和的氮气流干燥氯咪巴唑原液中的甲醇，然后再将其溶解在 400 mL 超纯水、天然水或磷酸盐溶液（680 mg/L 磷酸一钾和 1141 mg/L 磷酸二钾的等体积混合物）中。用适当浓度的 HCl 和 NaOH 调节溶液 pH。使用 pH 计准确测定溶液的 pH。在不同的反应时间间隔（0、2、5、8、12、16、20、30、40、50 和 60 min）内，取样 1 mL，用配备二极管阵列检测器的高效液相色谱系统（HPLC-DAD，Agilent 1200）测定氯咪巴唑的残留浓度。

实验结果表明，氯咪巴唑的销毁率大于 95%。具体参数，见表 10-19。

表 10-19　氯咪巴唑的销毁相关参数

底物	浓度	pH	温度	灯	时间	销毁率
氯咪巴唑	585.5 μg/L	5~9	24~26 °C	10 W 北京 Cel Scitech LP 汞灯（254 nm，quartz 4.36 mW/cm²）	1 h	>95%

10.2.15　恶喹酸的销毁

方法一[27]。光催化实验是在环形反应器中进行的。反应器灯的内部长度（75 cm）被 TiO_2 浸渍的 SGC 完全包围。在灯周围总共放置了 13 个圆柱体，总共有 8.97 g 二氧化钛均匀地分布在这些圆柱体上。实验采用了黑光灯（360 nm，36 W）。将 pH 为 9 的恶喹酸溶液（7×10^{-5} mol/L，1.8×10^{-5}）用蠕动泵以 155 mL/min 流速泵入反应器中。在黑暗中循环 30 min 后，再开灯进行光解。定期取样，并分析恶喹酸的残留量。

方法二[28]。使用 Luxtech 圆柱形黑光灯（14 W/m²，最大发射波长为 365 nm）进行反应。向反应器中加入 20 mg/L 恶喹酸和 1000 mg/L TiO_2 悬浮液。在光解之前，将反应液在黑暗中搅拌 30 min，以达到吸附平衡。然后，开启光源进行光解反应，并定期取样，用 0.45 μm 尼龙过滤器过滤，再用液相色谱法分析恶喹酸的残留量。

恶喹酸的销毁情况及具体参数，见表 10-20。

表 10-20　噁喹酸的销毁相关参数

底物	浓度	TiO$_2$	pH	温度	灯	时间	销毁率	文献
噁喹酸	1.8×10^{-5}（将氧气鼓入溶液）	1000 mg/L	9	N/A	36 W blacklight P	40 min	> 98%	27
噁喹酸	20 mg/L	1000 mg/L	7.5	N/A	Luxtech black light 365 nm（14 W/m^2）	1 h	> 95%	28

10.2.16　柳氮磺吡啶的销毁[29]

销毁实验是在配有 15 W 低压汞灯的光反应器中进行的，该灯在 254 nm 处主要发射单色光，光子强度为 4.68×10^{-7} E/(L·s)。向反应器中加入 29.1 μmol/L 柳氮磺吡啶和 1 mmol/L 过硫酸钠，并用 0.1 mol/L NaOH 或 HClO$_4$ 将溶液的初始 pH 调节至预设值。开启光源进行反应，并定期取样，立即用 0.1 mL 甲醇淬灭。柳氮磺吡啶的残留浓度用配有 L-2200 自动进样器、L-2130 二元泵和 L-2455 二极管阵列检测器的 Hitachi L-2000 高效液相色谱法进行分析。

柳氮磺吡啶的销毁情况及具体参数，见表 10-21。

表 10-21　柳氮磺吡啶的销毁相关参数

底物	浓度	氧化剂	pH	温度	灯	时间	销毁率
柳氮磺吡啶	29.1 μmol/L	1 mmol/L 过硫酸钠	7	20 ℃	15 W LP Hg 254 nm quartz（800 mJ/cm^2）	N/A	> 95%

10.2.17　三氯生的销毁[30]

将发射波长为 254 nm 的低压汞灯（10 W）放置在反应器的中心，并配有石英管套作为保护，光子通量为 2.3×10^{-6} E/(L·s)。向反应器中加入用 5 mmol/L 磷酸盐缓冲液缓冲至 pH 7.0 的 700 mL 100 ng/L 三氯生溶液，然后再加入 3 mg/mL Cl$_2$（来自 NaOCl）。使用水浴将反应温度维持在 25 ℃，然后开启光源进行反应。定期取样，并分析三氯生的残留量。

三氯生的销毁情况及具体参数，见表 10-22。

表 10-22　三氯生的销毁相关参数

底物	浓度	氯源	pH	温度	灯	时间	销毁率
三氯生	100 ng/L（在 5 mmol/L pH 7.0 磷酸盐缓冲液中）	3 mg/mL Cl$_2$（来自 NaOCl）	7	25 ℃	Heraeus 10 W LP quartz 254 nm 1.05 mW/cm^2	3 min	> 95%

10.3　抗生素药物的销毁与净化

10.3.1　恩诺沙星的销毁

10.3.1.1　高锰酸盐氧化法[31]

向 10 μmol/L 恩诺沙星溶液中，加入 500 μmol/L Mn(Ⅶ) 试剂。反应结束后，采用 Agilent 1100 高效液相色谱-荧光检测器（FLD）分析恩诺沙星的残留浓度和氧化中间体的丰度。

10.3.1.2 K_2FeO_4 氧化法[32]

在 150 mL 反应溶液中，恩诺沙星的初始浓度为 5 μmol/L，Fe(Ⅵ)的浓度为 100 μmol/L。实验在一个装有磁力搅拌器（200 r/min）的 200 mL 玻璃烧杯中进行，室温为(24 ± 1) °C。每隔 7 min，取反应液 5 mL，在 415 nm 处用 2,2-联氮-二（3-乙基-苯并噻唑-6-磺酸）二铵盐（ABTS）法测定 Fe(Ⅵ)的残余浓度。取反应液 1 mL，用 0.1 mL 5 mmol/L 硫代硫酸钠溶液淬灭，用高效液相色谱法测定恩诺沙星的残留浓度。

实验结果表明，恩诺沙星的销毁率大于 95%。具体参数，见表 10-23。

表 10-23 恩诺沙星的 K_2FeO_4 氧化法销毁相关参数

底物	浓度	高铁酸盐	pH	温度	时间	销毁率
恩诺沙星	5 μmol/L	100 μmol/L K_2FeO_4	7	23 ~ 25 °C	200 s	> 95%

10.3.1.3 光解法[33]

太阳辐射是在帕维亚进行的，气温为 25 ~ 30 °C。用 HD 9221（450 ~ 950 nm）和万用表（295 ~ 400 nm）辐射计测量入射功率（W/m²）。将 5 μg/L 恩诺沙星溶液置入开放式玻璃容器中，并进行光解。定期取样 1 mL，并在 0.45 μm 过滤器过滤后，立即注入 HPLC 系统进行分析。

实验结果表明，恩诺沙星的销毁率大于 95%。具体参数，见表 10-24。

表 10-24 恩诺沙星的光解法销毁相关参数

底物	浓度	pH	温度	灯	时间	销毁率
恩诺沙星	5 μg/L	8	25 ~ 30 °C	自然太阳能	2 h	> 95%

10.3.2 诺氟沙星的销毁

10.3.2.1 H_2O_2 氧化法[34]

将 50 mL 10 mmol/L Fe^{2+}溶液、200 mL 100 mmol/L 羟胺溶液和 500 mL 100 mmol/L H_2O_2 溶液依次加入 50 mL 10 mg/L 诺氟沙星溶液中。用 0.1 mol/L NaOH 或 HCl 调节诺氟沙星溶液的初始 pH。以预定的间隔，取样 1 mL，并立即分析。随后，立即将 100 mL 甲醇加入取样溶液中，并进行诺氟沙星浓度检测。在以下条件下，诺氟沙星的去除率为 96%：10 mg/L 诺氟沙星、10 mmol/L Fe^{2+}、1.0 mmol/L H_2O_2、0.4 mmol/L 羟胺和 pH 5.0。诺氟沙星在羟胺-芬顿体系中的降解速率（0.23/min）是芬顿体系（0.021/min）的 10.9 倍。

10.3.2.2 过硫酸盐氧化法[35]

向反应器中加入 300 mL 5 mg/L 诺氟沙星溶液。加入 0.2 mmol/L 固体过硫酸盐并充分混合后，将 0.5 g/L 方解石加入混合溶液中。在预设的时间间隔内，取样 1.5 mL，并用 0.22 μm 过滤器过滤。立即用 HPLC 分析滤液中诺氟沙星的残留浓度。可用 0.1 mol/L HCl 和 0.1 mol/L NaOH 调节初始溶液的 pH。可用便携式 pH 计监测整个反应过程中溶液 pH 的变化。

实验结果表明，诺氟沙星的销毁率可达 99.7%。具体参数，见表 10-25。

表 10-25　诺氟沙星的过硫酸盐氧化法销毁相关参数

底物	浓度	过硫酸盐	pH	温度	时间	销毁率
诺氟沙星	5 mg/L	0.5 g/L 方解石（或碳酸钙）与 1.0 mmol/L Oxone®	7	N/A	1 h	99.7%

10.3.2.3　光-芬顿法

方法一[36]。向光反应器中加入 45 μmol/L 诺氟沙星。用 0.2 mmol/L HCl 和 0.2 mmol/L NaOH 调节溶液的初始 pH。将预先定量的 H_2O_2 和 Fe^{2+} 依次加入光反应器中，然后同时打开光源和定时器，开始实验。定期取样，用 20 μL 过氧化氢酶（160 g/L）淬灭，并用 0.45 μm 滤膜过滤，用 HPLC 检测诺氟沙星的残留浓度。

方法二[37]。向光反应器中加入 45 μmol/L 诺氟沙星。用 0.1 mmol/L HCl 和 0.1 mmol/L NaOH 调节溶液的初始 pH。然后依次加入 3 mmol/L H_2O_2 和 90 μmol/L $FeCl_3$，并开启光源启动反应。定期取样，用 20 μL 过氧化氢酶（160 g/L）淬灭，并用 0.45 μm 滤膜过滤，用 HPLC 检测诺氟沙星的残留浓度。

诺氟沙星的销毁情况及具体参数，见表 10-26。

表 10-26　诺氟沙星的光-芬顿法销毁相关参数

底物	浓度	铁/H_2O_2	pH	温度	灯	时间	销毁率	文献
诺氟沙星	45 μmol/L	90 μmol/L Fe^{2+}，3 mmol/L H_2O_2	7	25 °C	8 W VUV （185 nm + 254 nm） quartz	4 min	>95%	36
诺氟沙星	45 μmol/L	90 μmol/L $FeCl_3$，3 mmol/L H_2O_2	7	25 °C	8 W Vacuum UV 185 nm + 254 nm	4 min	>95%	37

10.3.2.4　UV-过乙酸氧化法[38]

含有 18.1%（质量分数，下同）过乙酸 17.8% H_2O_2 的过乙酸储备溶液，使用碘量法和高锰酸钾滴定相结合的方法进行定期校准。稀释上述过乙酸储备溶液，制备较低浓度（10 mg/L）的过乙酸工作溶液，然后在 4 °C 下储存。诺氟沙星的降解实验是在配有 2.8 kW MP 汞蒸气灯的装置中进行的。在实验之前，将紫外灯加热至少 30 min 以保持稳定的光强度。使用带校准紫外线检测器（SED 240 W）的辐射计监测紫外灯的辐照度。紫外灯与水面之间的距离为 60 cm，样品深度为 0.71 cm。向反应器中加入 2 mg/L 诺氟沙星和 10 mg/L 过乙酸，并开启紫外灯进行反应。定期取样 1 mL，并用过量的硫代硫酸钠溶液淬灭。使用配有 ZORBAX Eclipse Plus C_{18} 柱（4.6 mm × 250 mm，5 μm）的 HPLC 系统（LD-20AT）测定诺氟沙星的残留浓度。

诺氟沙星的销毁情况及具体参数，见表 10-27。

表 10-27　诺氟沙星的 UV-过乙酸氧化法销毁相关参数

底物	浓度	添加的试剂	pH	温度	灯	时间	销毁率
诺氟沙星	2 mg/L	10 mg/L 过乙酸	9	25 °C	Philips 2.8 kW MP Hg	50 min	97.2%

10.3.3 环丙沙星的销毁

10.3.3.1 臭氧氧化法[39]

环丙沙星的臭氧化在温度控制[(27.5 ± 0.1) ℃]的鼓泡塔中进行，该鼓泡塔的高度为 41.8 cm，内径和外径分别为 10.3 cm 和 14.1 cm。在干燥的空气中，由 LAB2B 臭氧发生器产生体积分数为 2.5×10^{-3} 的臭氧，并将流量调节至 120 mL/min 后，通过反应器底部的烧结玻璃板通入。鼓泡塔中的臭氧传质系数（k_{La}）为 5.5 /h。

将 2.4 L 医院废水加入反应器中，该废水含有 45.3 μmol/L（15 mg/L）环丙沙星（>98%）。用 NaOH 和 HCl 调节流出物的 pH，并用 10.12 mmol/L 磷酸盐缓冲液（pH 3 和 7）或 2.53 mmol/L 硼砂缓冲液（pH 10）进行缓冲。每次臭氧实验 pH 变化均小于 0.15。流出物在 4 ℃ 和 pH < 2 下最多储存 2 周。对于所研究的每个参数，在同一批流出物中进行实验，避免基质相关的差异。在每次臭氧化实验前 24 h，在封闭的琥珀色玻璃瓶中配制最终的反应器溶液，并在 27.5 ℃ 的水浴中控制温度 24 h，以便在每次实验开始时达到环丙沙星的吸附平衡。在 pH 为 7 的医院污水中，进行了 3 次标准实验。其他实验只做了 1 次。对臭氧化液体进行取样，并立即用氮气在 15 mL/min 下冲洗 3 min，以去除残余臭氧。

实验结果表明，在 pH 为 7 时，臭氧氧化最慢，环丙沙星半衰期为 29 min。而在 pH 为 10 和 3 时，环丙沙星半衰期分别为 19 和 27 min。添加 10~1000 μmol/L H_2O_2 可使环丙沙星的半衰期延长至 38 min。

10.3.3.2 K_2FeO_4 氧化法[32]

在 150 mL 反应溶液中，环丙沙星的初始浓度为 5 μmol/L，Fe(Ⅵ)的浓度为 100 μmol/L。实验在一个装有磁力搅拌器（200 r/min）的 200 mL 玻璃烧杯中进行，室温为(24 ± 1) ℃。每隔 7 min，取反应液 5 mL，在 415 nm 处用 2,2-联氮-二（3-乙基-苯并噻唑-6-磺酸）二铵盐（ABTS）法测定 Fe(Ⅵ)的残余浓度。取反应液 1 mL，用 0.1 mL 5 mmol/L 硫代硫酸钠溶液淬灭，用高效液相色谱法测定环丙沙星的残留浓度。

实验结果表明，环丙沙星的销毁率大于 95%。具体参数，见表 10-28。

表 10-28　环丙沙星的 K_2FeO_4 氧化法销毁相关参数

底物	浓度	高铁酸盐	pH	温度	时间	销毁率
环丙沙星	5 μmol/L	100 μmol/L K_2FeO_4	7	23~25 ℃	200 s	>95%

10.3.3.3 过硫酸盐氧化法[40]

在热活化之前，将 4 mL 150 mmol/L 环丙沙星储备溶液和 0.4 mL 100 mmol/L 过硫酸盐储备溶液转移到 33 mL 圆柱形玻璃瓶中，并加入 15.6 mL 水获得总共 20 mL 反应溶液。用 0.01 mol/L H_2SO_4 或 NaOH 将初始 pH 调节至所需值。用移液管在预定的时间点取样 1 mL，然后立即在冰浴中冷却。之后，将样品保存在 4 ℃ 的冰箱中，直到进一步分析。使用配有 L-2455 二极管阵列检测器、L-2200 自动取样器和 L-2130 二元泵的 L-2000 高效液相色谱法测定环丙沙星的浓度。

实验结果表明，环丙沙星的销毁率为 100%。具体参数，见表 10-29。

表 10-29　环丙沙星的过硫酸盐氧化法销毁相关参数

底物	浓度	过硫酸盐	pH	温度	时间	销毁率
环丙沙星	30 μmol/L	2.0 mmol/L 过硫酸钾	7	70 ℃	8 h	100%

10.3.3.4　UV/过硫酸盐氧化法

方法一[41]。实验是在 0.5 L 圆柱形浸没型光反应器进行的，该光反应器配有石英水冷却套，反应温度为 23 ~ 27 ℃。使用标称功率为 15 W 的低压汞单色灯（LP Hg 灯）作为光源，该灯发射波长为 254 nm，辐射路径长度为 2.15 cm，光子通量为 9.3×10^{-7} E/(L·s)。向反应器中加入 50 μmol/L 环丙沙星和 1 mmol/L Oxone，并开启光源进行反应。在指定的时间间隔内取样，并分析环丙沙星的残留量。

方法二[42]。采用 HAAS-3000 光谱辐照仪测量了 UV-LED 的辐照强度。280 nm UV-LED 芯片在反应溶液表面的平均辐照强度为 0.023 mW/cm^2。将 20 mL 1 mg/L（3 μmol/L）环丙沙星溶液和 210 μmol/L 过硫酸钠加入反应器中。反应温度为 23 ~ 27 ℃，pH 为 6.8 ~ 7.2，搅拌速度为 60 r/min。开启光源进行反应，并定期取样，并用抗坏血酸溶液淬灭。然后，分析环丙沙星的残留量。

方法三[43]。实验是在一个圆柱形光反应器中进行的。石英管位于反应器的中央，其中装有低压紫外汞灯（253.4 nm）。向反应器中加入 60.42 μmol/L 环丙沙星和 1.1 mmol/L 过硫酸钾，并开启光源进行反应。在指定的时间间隔内取样，并分析环丙沙星的残留量。

环丙沙星的销毁情况及具体参数，见表 10-30。

表 10-30　环丙沙星的 UV/过硫酸盐氧化法销毁相关参数

底物	浓度	氧化剂	pH	温度	灯	时间	销毁率	文献
环丙沙星	50 μmol/L	1 mmol/L Oxone	7	23 ~ 27 ℃	Heraeu Noblelight TNN 15/32 254 nm quartz	1 h	> 95%	41
环丙沙星	3 μmol/L	210 μmol/L 过硫酸钠	6.8 ~ 7.2	23 ~ 27 ℃	280 nm LED quartz	20 min	97%	42
环丙沙星	60.42 μmol/L	1.1 mmol/L 过硫酸钾	6	N/A	18 W Phillips TUV PL-L LP Hg 254 nm quartz	10 min	100%	43

10.3.3.5　光解法

方法一[44]。实验在配有磁力搅拌和冷却系统的 2.5 L 间歇光反应器中进行。借助于石英浸没管，使用 Heraeus 150 W 中压汞灯（长度为 384 mm，浸没为 297 mm，主发光距离最低点 41 mm）。每次实验前，将灯加热 2 min。用 0.1 mol/L KOH 将溶液的 pH 调节至 9。所有实验都在 30 ℃ 下进行，使用 Milli-Q 纯净水制备所有溶液。实验表明，光解 4 min，0.1 mg/L 环丙沙星的销毁率大于 95%。

方法二[45]。光解实验是在配备氙灯和温度传感器的 Suntest CPS+模拟器中进行的。该装置发射的辐射波长范围在 300 ~ 800 nm。实验过程中，辐射强度为 500 W/m，反应温度为 (25 ± 2) ℃。环丙沙星的初始浓度为 100 μg/L。实验表明，光解 10 min，环丙沙星的销毁率大于 95%。

方法三[46]。7 月份在室外进行照射（上午 10 点至下午 4 点），温度范围为 27 ~ 30 ℃，太阳光功率范围为 290 ~ 470 W/m。用 HD 9221（450 ~ 950 nm）和万用表（295 ~ 400 nm）热辐射计进行测量。将 50 μg/L 环丙沙星置于开放玻璃容器中进行光解。定期取样 1 mL，过滤后立即用 HPLC-FD 进行分析。实验表明，光解 20 min，环丙沙星的销毁率大于 95%。

方法四[47]。光降解实验是在 1 L 浸没式反应器中进行的。环丙沙星浓度为 20 mg/L。使用功率为 150 W 的中压汞灯（TQ 150 W，MP）进行照射。该灯辐射通量为 Φ 47 W，辐射范围为 200 ~ 600 nm。反应温度保持在 20 ~ 22 ℃，pH 为中性。实验表明，光解 128 min，环丙沙星的销毁率为 98%。

方法五[48]。光降解实验是在自制的 600 mL pyrex 反应器中进行的，反应器配有 3.8 cm × 48 cm 的矩形玻璃板。首先制备 500 mL 60 μmol/L 环丙沙星水溶液，然后用 HCl 或 NaOH 调节溶液的 pH。然后使用蠕动泵以 0.5 L/min 的流速将溶液泵送到玻璃板上。在实验过程中，板上的溶液层厚度小于 5 mm。将发射波长为 254 nm 的 15W UV-C 灯放置在玻璃板附近。在开始光催化实验之前，溶液在涂层玻璃板上循环 30 min，以达到吸附平衡。实验表明，光解 2 h，环丙沙星的销毁率大于 95%。

以上 5 种光解参数，见表 10-31。

表 10-31　环丙沙星的光解法销毁相关参数

底物	浓度	pH	温度	灯	时间	销毁率	文献
环丙沙星	0.1 mg/L	9	30 ℃	150 W MP Q	4 min	>95%	44
环丙沙星	100 μg/L	4 ~ 8	23 ~ 27 ℃	Suntest CPS+氙气灯（300 ~ 800 nm 500 W/m²）	10 min	>95%	45
环丙沙星	50 μg/L	7.7	27 ~ 30 ℃	太阳能（可见光 290 ~ 470 W/m²；紫外线 20 ~ 30 W/m²）	20 min	>95%	46
环丙沙星	20 mg/L	7	20 ~ 22 ℃	TQ 150 W MP 汞灯（200 ~ 600 nm）	128 min	98%	47
环丙沙星	60 μmol/L	9	N/A	15 W UV-C New NEC Light F15T8/UV Pyrex	2 h	>95%	48

10.3.3.6　UV/TiO₂ 光解法

方法一[49]。光催化间歇反应是在与循环水浴相连的 250 mL 水夹套玻璃烧杯中进行的，温度为 25 ℃。使用 NaOH 滴定剂的自动 pH 计维持 pH 为 6.0。向反应器中加入 100 μmol/L 环丙沙星和 0.5 g/L 二氧化钛。在光照前，环丙沙星在黑暗条件下与二氧化钛悬浮液预先平衡 30 min。然后开启紫外灯引发反应。定期取样 5 mL 并用高效液相色谱系统进行分析。流动相由体积比 85：15 的水相与乙腈组成，流速为 1.5 mL/min。水相为 2.5 mmol/L 1-庚烷磺酸钠溶液，用 H_3PO_4 调节 pH 为 2。Novapak 柱（C_{18}，3.9 mm × 150 mm，4 μm 粒径）和保护柱（20 mm）用作固定相。

方法二[50]。光催化实验是在 250 mL 玻璃夹套烧杯中进行的，反应温度为 25 ℃。向反应器中加入 100 μmol/L 环丙沙星和 500 mg/L TiO_2。用 $HClO_4$ 将反应液的 pH 调节至 3.0。然后开启紫外灯引发反应。定期取样，并分析环丙沙星的残留量。

环丙沙星的销毁情况及具体参数，见表 10-32。

表 10-32　环丙沙星的 UV/TiO$_2$ 光解法销毁相关参数

底物	浓度	TiO$_2$	pH	温度	灯	时间	销毁率	文献
环丙沙星	100 μmol/L	0.5 g/L	6	25 ℃	450 W Xe（UV > 324 nm）	20 min	> 99%	49
环丙沙星	100 μM（光解前用空气喷射）	500 mg/L	3	25 ℃	450 W Xe（UV > 400 nm）	1 h	> 95%	50

10.3.3.7　UV/ZnO 光解法[51]

光反应器是在连续流模式下进行光解反应的。150 mL 管状玻璃被用作光反应器，石英盖用于保护辐射源。将功率为 11 W、波长为 254 nm、波长为 87 mW/cm^2 的汞蒸气灯固定在距离管状玻璃 1 cm 处的位置。将 200 mg/L 环丙沙星、0.036 mmol/L ZnO 和 0.012 mmol/L 碘化物泵入反应器中。开启光源进行光解实验，并定期取样进行分析。使用高效液相色谱柱（Eclipse C$_{18}$，3.5 mm × 4.6 mm × 100 mm）和 UV-Vis 检测器，测定环丙沙星的残留浓度。分光光度计的激发波长设定为 280 nm，HPLC 系统的入口流速为 0.4 mL/min，流动相为乙腈和水的混合物，体积比为 30：70，注射体积为 20 μL。

环丙沙星的销毁情况及具体参数，见表 10-33。

表 10-33　环丙沙星的 UV/ZnO 光解法销毁相关参数

底物	浓度	ZnO	pH	温度	灯	时间	销毁率
环丙沙星	200 mg/L	0.036 mmol/L（含有 0.012 mmol/L 碘化物）	7	N/A	11 W Hg 254 nm quartz 87 μW/cm^2	20 min	> 95%

10.3.4　氧氟沙星的销毁与净化

10.3.4.1　臭氧氧化法[52]

氧氟沙星的降解和矿化反应是在 0.6 L 玻璃反应器中进行的。该反应器含有 500 mL 氧氟沙星水溶液（初始浓度为 20 mg/L）和一定剂量的 H$_2$O$_2$。使用具有纯氧源的臭氧发生器产生臭氧气体，并使用 BMT 964 臭氧分析仪监测其在气相中的浓度。臭氧气体以 0.3 L/min 的流速从反应器底部连续泵入反应溶液中，尾气中残留的臭氧用硫代硫酸钠溶液去除。以规定的时间间隔从反应器中收集一定体积的样品，并用 0.22 μm 过滤器过滤并进行进一步分析。所有实验均在环境温度下进行。

使用具有二极管阵列检测器的高效液相色谱测定氧氟沙星和对羟基苯甲酸。在 25 ℃ 下，使用反相 C$_{18}$ 柱（250 mm × 4.6 mm）进行测定。对于氧氟沙星和对羟基苯甲酸，分别使用 0.8 mL/min 和 1.0 mL/min 的乙腈和去离子水（0.1% 甲酸）（15：85）进行洗脱。在 288 和 255 nm 波长处，分别对氧氟沙星和对羟基苯甲酸进行测量。使用多 TOC/TN 2100 分析仪测量水溶液中的总有机碳的含量。溶液中臭氧和 H$_2$O$_2$ 的浓度，分别用靛蓝法和草酸钛钾法进行检测。

实验结果表明，臭氧化对氧氟沙星的降解非常有效。在臭氧氧化和臭氧/H$_2$O$_2$ 氧化中，20 mg/L 氧氟沙星均可在 7 min 内被快速完全氧化。H$_2$O$_2$ 的加入对氧氟沙星的降解并没有促进作用。

10.3.4.2 过硫酸盐氧化法[53]

氧化实验是在 150 mL 锥形烧瓶中进行的，反应温度为(25 ± 1) ℃。将一定量的过硫酸盐溶液加入氧氟沙星溶液中。定期取样，用硫代硫酸钠或抗坏血酸淬灭，然后用 HPLC-UV 或 HPLC-MSMS 进行分析。

实验结果表明，氧氟沙星的销毁率大于 95%。具体参数，见表 10-34。

表 10-34 氧氟沙星的过硫酸盐氧化法销毁相关参数

底物	浓度	过硫酸盐	pH	温度	时间	销毁率
左氧氟沙星	1 μmol/L	50 μmol/L Oxone®	7	24 ~ 26 ℃	90 min	> 95%

10.3.4.3 UV/过硫酸盐氧化法[54]

氧化反应是在紫外线光化学反应器中进行的。氧氟沙星的初始浓度为 0.05 mmol/L。将 20 mL 氧氟沙星溶液和 1 mL 8 μmol/L 过硫酸钠溶液混合，并开启光源引发反应。定期取样，并加入适量的甲醇淬灭。用配有 Zorbax RRHD Eclipse plus C_{18} 柱（2.1 mm × 100 mm，1.8 μm 粒径）、紫外二极管阵列检测器、四元梯度泵和荧光检测器的超高效液相色谱测定氧氟沙星的残留量。流动相为 0.025 mol/L 磷酸溶液（pH 3）和乙腈的混合物，体积比为 87∶13，流速为 0.3 mL/min，检测波长为 298 nm。

氧氟沙星的销毁情况及具体参数，见表 10-35。

表 10-35 氧氟沙星的 UV/过硫酸盐氧化法销毁相关参数

底物	浓度	氧化剂	pH	温度	灯	时间	销毁率
氧氟沙星	50 μmol/L	8 μmol/L 过硫酸钠	7	25 ℃	240 W Ultraviolet	5 min	> 95%

10.3.5 喹诺酮类抗生素的销毁

10.3.5.1 臭氧氧化法[55]

在 1 mg/L 剂量臭氧的存在下，诺氟沙星、环丙沙星、左氧氟沙星、恩诺沙星、司帕沙星、达氟沙星、沙拉沙星、培氟沙星等药物的去除率大约为 50%，洛美沙星的去除率约为 40%。当臭氧剂量增加到 3 mg/L 或在恒定臭氧浓度下处理 5 min，所有这些抗生素几乎可完全降解。

10.3.5.2 高铁酸钾氧化法[21]

批量降解实验在配有磁力搅拌器（500 r/min）的 100 mL 棕色玻璃瓶中进行，温度为 (25.0 ± 0.2) ℃。在大多数情况下，使用 10 mmol/L 磷酸盐缓冲液将溶液 pH 缓冲至 7.0 ± 0.2。为了评估水基质的影响，溶液 pH 由 20 mmol/L 硼酸盐缓冲液缓冲至 8.0 ± 0.2。将过滤后的标准 Fe(Ⅵ)原液等分加入 50 mL 30 μmol/L 恩诺沙星、马波沙星或氟沙星溶液中。在规定的时间间隔内，取样 1.0 mL，并将其与 ABTS 溶液混合，在 415 nm 处测定 Fe(Ⅵ)的残余浓度。取样 0.8 mL，并立即用 0.22 μm 过滤器过滤，用 0.2 mL 100 mmol/L $NaNO_2$ 淬灭。所得溶液用高效液相色谱进行分析。

实验结果表明,恩诺沙星、马波沙星和氟沙星的销毁率均大于 95%。具体参数,见表 10-36。

表 10-36　喹诺酮类抗生素的高铁酸钾氧化法销毁相关参数

底物	浓度	高铁酸盐	pH	温度	时间	销毁
恩诺沙星	20 µg/L（在 20 mmol/L pH 8.0 硼酸盐缓冲液中）	40 µmol/L 高铁酸钾（K_2FeO_4）	8	25 ℃	30 min	> 95%
马波沙星	20 µg/L（在 20 mmol/L pH 8.0 硼酸盐缓冲液中）	40 µmol/L 高铁酸钾（K_2FeO_4）	8	25 ℃	30 min	> 95%
氟沙星	20 µg/L（在 20 mmol/L pH 8.0 硼酸盐缓冲液中）	40 µmol/L 高铁酸钾（K_2FeO_4）	8	25 ℃	30 min	> 95%

10.3.5.3　Amberlite XAD-4/1090 树脂净化法[56]

将 1 mL 5 µg/mL 的环丙沙星、克林沙星、氧氟沙星、司帕沙星和替马沙星溶液与 1 g Amberlite XAD-4/1090 树脂混合，涡旋 15 s，然后测试澄清液体的去污完整性，并将其丢弃。去污程度见表 10-37。

表 10-37　喹诺酮类抗生素的 Amberlite XAD-4/1090 树脂净化法去污程度

化合物	残留量
环丙沙星	2.8
环丙沙星	0.4
氟沙星	< 0.2
司帕沙星	< 0.2
替马沙星	0.8

10.3.5.4　UV/H_2O_2 法[57]

光解实验采用旋转式光化学反应器 NAI-GHY-DGNGH，外加 8 根石英管。石英管的总容积为 80 mL，管径为 35 mm，管壁厚度为 1 mm。紫外线由 300 W 高压汞灯提供，其主波长为 253.7 nm。反应器内温度保持恒定（18～22 ℃）。向恩诺沙星、培氟沙星或沙拉沙星溶液中加入一定量的 H_2O_2，并开启光源。定期取样，用 0.22 µm 过滤器过滤，并用于后续的仪器分析。

实验结果表明，恩诺沙星、培氟沙星和沙拉沙星的销毁率均大于 95%。具体参数，见表 10-38。

表 10-38　喹诺酮类抗生素的 UV/H_2O_2 法销毁相关参数

底物	浓度	氧化剂	pH	温度	灯	时间	销毁率
恩诺沙星	1 g/L	40 mmol/L H_2O_2	N/A	18～22 ℃	300 W HP 253.7 nm	3 h	> 95%
培氟沙星	1 g/L	40 mmol/L H_2O_2	N/A	18～22 ℃	300 W HP 253.7 nm	3 h	> 95%
沙拉沙星	4 mg/L	5 mmol/L H_2O_2	N/A	18～22 ℃	300 W HP 253.7 nm	1.5 h	> 95%

10.3.6　阿莫西林的销毁

方法一[58]。此实验系统由 4 个 1 L 烧杯组成的广口瓶试验装置组成。在每个实验开始时，将 1 L 阿莫西林溶液加入烧杯中，并将预定量的氧化剂（H_2O_2）和催化剂[Fe(Ⅱ)]注入搅拌反应器中。在加入过氧化氢溶液之前，将铁盐与羟氨苄青霉素水溶液充分混合。烧杯在室温下对大气开放。反应过程中的温度变化可以忽略不计。初始 pH 被调到 3.5，因为这是最适合芬顿试剂的 pH。实验表明，当 Fe(Ⅱ)剂量为 25 mg/L 时，阿莫西林的去除率随着过氧化物和阿莫西林剂量的增加而增加。高浓度的过氧化物和 Fe(Ⅱ)导致较低的阿莫西林清除率，这是由于高剂量的过氧化物和铁(Ⅱ)对羟基自由基的清除作用。完全去除阿莫西林的最佳过氧化物/Fe/阿莫西林的比例为 255/25/105 mg/L。

方法二[59]。所有实验都在容量为 250 mL 的间歇恒温反应器（内径 7.5 cm，高 11.5 cm）中进行。反应器的外部用铝箔覆盖以避光，并在反应器的顶部安置一个用于测量温度的入口。使用磁力搅拌器进行搅拌，并使用恒温槽保持温度恒定。对于每个实验，在反应器中加入 100 mL 浓度为 450 μg/L 的阿莫西林水溶液。然后，用 H_2SO_4 或 NaOH 溶液调节 pH。将所需量的硫酸铁(Ⅱ)加入反应器中，并加入一定量的 H_2O_2 溶液。以选定的时间间隔从反应器中取出等分试样用于液相色谱分析。为了确保芬顿反应的终止，加入了过量的无水亚硫酸钠。在过氧化氢浓度为 3.50 ~ 4.28 mg/L、亚铁离子浓度为 255 ~ 350 μg/L、反应温度为 20 ~ 30 ℃的条件下，反应 30 min 后，可完全降解阿莫西林。

方法三[60]。UV/H_2O_2 高级氧化实验是在圆柱形反应器（Pyrex，500 mL）中进行的。采用单色波长为 254 nm 的低压汞弧紫外灯作为光源，以 0.3 mmol/L 和 10 mmol/L H_2O_2 为氧化剂（溶液在 pH 7 下用 1 mmol/L 磷酸盐缓冲液缓冲）。反应器内的温度用水冷夹套恒定保持在 (20 ± 2) ℃。阿莫西林的初始浓度为 100 μmol/L，并用 1 mmol/L 磷酸盐缓冲液调节 pH 至 7。对于 UV/H_2O_2 实验，在开启紫外灯之前加入 H_2O_2 溶液（0.4、2、3、4、5 和 10 mmol/L）。定期取样，并立即用 0.2 ~ 2 mg/L 牛肝过氧化氢酶淬灭。为了确定 H_2O_2 被完全淬灭，在加入淬灭剂 30 min 和 60 min 后，使用 H_2O_2 测定试剂盒检测样品中的残留浓度。

采用反相色谱柱（Waters 5 μm ODS2 4.6 mm × 250 mm，C_{18}）和可变紫外-可见波长检测器对阿莫西林浓度进行分析。流动相为 1% 醋酸-乙腈（70 : 30，V/V），流速为 1 mL/min。在 254 nm 处可检测到阿莫西林。

阿莫西林的销毁情况及具体参数，见表 10-39。

表 10-39　阿莫西林的销毁相关参数

底物	浓度	氧化剂	pH	温度	灯	时间	销毁率
阿莫西林	100 μmol/L	10 mmol/L H_2O_2	7	20 ℃	Pan-ray UVP LP Hg 254 nm	20 min	99%

10.3.7　水溶液中阿莫西林、氨苄西林和氯唑西林的销毁[61]

在最佳操作条件下（COD、过氧化氢、Fe^{2+} 的物质的量之比为 1 : 3 : 0.30，pH 为 3），水溶液中阿莫西林（104 mg/L）、氨苄青霉素（105 mg/L）和氯唑西林（103 mg/L），可在 2 min 内完全降解。

10.3.8　氨苄西林溶液的销毁与净化

10.3.8.1　芬顿氧化法[62]

光化学反应器由磁力搅拌的 120 mL 硼硅酸盐玻璃瓶组成，并用日光浴室照射。在没有光照的情况下，将相同的反应器用于芬顿反应。在反应之前，将 20 mg/L 氨苄西林溶液用硫酸进行酸化。在磁力搅拌下，将 $FeSO_4 \cdot 7H_2O$ 加入氨苄西林溶液中，直到完全溶解。然后加入过氧化氢溶液。实验结果表明，芬顿反应的最佳条件是：pH 3.7、Fe^{2+} 87 μmol/L 和 H_2O_2 373 μmol/L。光-芬顿反应的最佳条件是：pH 3.5、Fe^{2+} 87 μmol/L 和 H_2O_2 454 μmol/L。氨苄西林的销毁率可达 95% 以上。

10.3.8.2　Amberlite XAD-16 树脂净化法[63]

如有必要，稀释使药物浓度不超过 100 μg/mL。加入所需量的 Amberlite XAD-16 树脂，搅拌 18 h，过滤，检查滤液是否完全去污，然后将其丢弃。

氨苄西林的净化信息，见表 10-40。

表 10-40　氨苄西林溶液的 Amberlite XAD-16 树脂净化法销毁相关参数

化合物	溶剂	残留量/%	每克树脂净化的体积/mL
氨苄西林	水	< 1	20

10.3.9　β-内酰胺类抗生素和固体头孢泊肟酯的销毁[64]

β-内酰胺类抗生素溶液的制备。将每种 β-内酰胺抗生素分别溶解在乙腈或乙腈和水的混合物（1∶1，V/V）中，制备 1.0 mg/mL β-内酰胺抗生素溶液。

降解试剂的制备。用水分别将 5 mL 0.1 mol/L 盐酸和 0.1 mol/L 氢氧化钠稀释至 50 mL 体积，制备 0.01 mol/L 盐酸和 0.01 mol/L 氢氧化钠溶液。0.1% 过氧化氢溶液是用水将 0.33 mL 30% 过氧化氢稀释到 100 mL 体积来制备的。1.0% 羟胺溶液是用水将 2 mL 50% 羟胺稀释到 100 mL 体积来制备的。0.5% 和 0.1% 羟胺溶液是用水分别将 1 mL 和 0.2 mL 50% 羟胺稀释到 100 mL 来制备的。这些溶液被用作 β-内酰胺类抗生素的降解剂。为了研究 pH 对羟胺降解 β-内酰胺类抗生素的影响，用乙酸或氢氧化钠溶液将羟胺溶液的 pH 调节至 4.0、5.0、6.0、7.0、8.0、9.0 和 10.0，然后用水稀释至 0.1% 的浓度。这些 pH 调节的羟胺溶液用于降解 β-内酰胺类抗生素。

β-内酰胺类抗生素的销毁。分别向 1 mL β-内酰胺抗生素溶液中加入 9 mL 降解试剂。加入降解剂后，立即剧烈摇晃溶液混合物。然后将混合溶液静置 5、10 和 20 min，然后进行 HPLC 测定。其降解效果见表 10-41。

固体头孢泊肟酯的销毁。向 10 mg 头孢泊肟酯中加入 50 mL 羟胺溶液，并反应 5、10 和 20 min。降解后，加入 20 mL 0.1 mol/L 盐酸猝灭反应，并加入乙腈溶解剩余的头孢泊肟。然后用乙腈将溶液稀释至 100 mL。另外，用 10% 乙醇将羟胺溶液稀释至 1.0% 的浓度，并进行评估。将所得溶液进行 HPLC 分析。其降解效果见表 10-41。

表 10-41　β-内酰胺类抗生素与各种降解剂反应后的残留量

降解剂	时间/min	残留量/%			
		青霉素 G	头孢泊肟酯	头孢美唑	他卡培南匹酯
0.01 mol/L 盐酸	5	82.5	99.8	99.9	99.6
	10	74.7	100.1	100.6	98.8
	20	60.5	100.5	99.7	98.0

降解剂	时间/min	残留量/%			
		青霉素 G	头孢泊肟酯	头孢美唑	他卡培南匹酯
0.01 mol/L 氢氧化钠	5	78.9	5.9	86.8	0.0
	10	70.3	0.0	75.3	0.0
	20	54.5	—	60.3	0.0
0.1% 过氧化氢	5	96.1	99.6	97.6	96.0
	10	94.0	99.4	99.6	93.6
	20	91.2	99.5	98.6	88.4
1.0% 羟胺	5	0.0	0.0	41.4	0.0
	10	—	—	18.9	—
	20	—	—	2.3	—

10.3.9.1 β-内酰胺类抗生素的高铁酸盐氧化法[65]

β-内酰胺对 Fe(VI)的显著反应性表明，在用 Fe(VI)处理废水的过程中，β-内酰胺类抗生素可能被有效地去除。为了证实这一点，在废水流出物中进行了消除青霉素 G、氯唑西林、阿莫西林和头孢氨苄的实验。在 pH 为 7 和 8.5 并含有 2 μmol/L β-内酰胺抗生素的废水中（DOC = 7.3 mgC/L），铁(VI)剂量分别为 13、33、66 和 100 mmol/L，分别对应于 0.1、0.25、0.50 和 0.75 g Fe/g DOC 的特定剂量。在 0.5（= 3.7 mg Fe/L）的特定 Fe(VI)剂量下，除氯唑西林之外的所有 β-内酰胺的去除率均为 98%。与其他 β-内酰胺相比，在 pH 8.5 时，氯唑西林的去除率略低[例如，在特定 Fe(VI)剂量为 0.5 时，去除率为 93%]。

10.3.9.2 β-内酰胺类抗生素的过乙酸氧化法[66]

用 10 mmol/L 磷酸盐缓冲液将溶液 pH 分别控制在 5、7 和 9。向含有缓冲液和 10 μmol/L β-内酰胺的溶液中加入适量的过乙酸。过乙酸的初始浓度为 5~20 mg/L，即 66~263 μmol/L。定期取样 1 mL，并用 10 μL 10 mmol/L 硫代硫酸钠淬灭。将淬灭的样品在 5 ℃下储存，并在 24 h 内进行分析。

所有 β-内酰胺均用配有二极管阵列紫外可见检测器的安捷伦 1100 高效液相色谱进行分析。进样量为 20 μL，并在 Zorbax RX-C$_{18}$色谱柱（4.6 mm × 250 mm，5 μm）上进行分离，流速为 0.3 mL/min。流动相由 0.1% 甲酸水溶液和甲醇组成，体积比分别为 80：20（头孢氨苄、头孢羟氨苄）、70：30（头孢噻吩）、60：40（青霉素 G），检测波长为 220 nm。

β-内酰胺的具体销毁效果及相关参数，参考表 10-42。

表 10-42 β-内酰胺类抗生素的过乙酸氧化法销毁相关参数

底物	浓度	反应条件	pH	温度	时间	销毁率
氨苄西林	10 μmol/L	10 mg/L （131 μmol/L）过乙酸	6.63	25 ℃	10 min	> 95%
头孢羟氨苄	10 μmol/L	10 mg/L （131 μmol/L）过乙酸	6.63	25 ℃	10 min	> 95%
头孢氨苄	10 μmol/L	10 mg/L （131 μmol/L）过乙酸	6.63	25 ℃	10 min	> 95%

10.3.9.3 β-内酰胺类抗生素的光解法[67]

紫外光解实验是在直径为 6 cm、容量为 200 mL 的玻璃柱装置中进行的。光解反应系统的温度用循环水来控制。使用 4 W 低压汞灯作为光源，其初级光发射波长为 λ_{max} = 254 nm，平均强度为 5.6 mW/cm。β-内酰胺类抗生素的初始浓度为 100 mg/L。用装有反相 C_{18} 分析柱（5 μm d，4.6 mm × 250 mm）的 HPLC 在 35 °C 下对 β-内酰胺类抗生素进行分析。进样体积为 10 μL，流速为 1.0 mL/min。

β-内酰胺的具体销毁效果及相关参数，参考表 10-43。

表 10-43　β-内酰胺类抗生素的光解法销毁相关参数

底物	浓度	pH	温度	灯	时间	销毁率
阿莫西林	100 mg/L	7	25 °C	4 W LP 汞灯（254 nm，5.6 mW/cm^2）	3 h	>95%
氨苄西林	100 mg/L	7	25 °C	4 W LP 汞灯（254 nm，5.6 mW/cm^2）	3 h	>95%
头孢氨苄	100 mg/L	7	25 °C	4 W 低压汞灯（254 nm，5.6 mW/cm^2）	40 min	>95%

10.3.9.4 β-内酰胺类抗生素的光-芬顿法

方法一[68]。在 600 mL Pyrex 反应器中，分别加入 500 mL 103 ~ 105 mg/L β-内酰胺类抗生素水溶液、1.1 mmol/L $FeSO_4 \cdot 7H_2O$ 和 22.5 mmol/L H_2O_2。然后用 H_2SO_4 或 NaOH 调节 pH 至所需值，并在室温（20 ~ 24 °C）下进行紫外线照射。紫外光源为 6 W 紫外灯，发射波长为 365 nm。定期用注射器取样，并用 0.20 μm 过滤器过滤，然后用 HPLC 测定 β-内酰胺类抗生素的残留浓度。

方法二[69]。向 20 mg/L 氨苄西林溶液中加入一定量的硫酸，使 pH 达到 3.5。在搅拌下将 87 μmol/L $FeSO_4 \cdot 7H_2O$ 加入抗生素溶液中，直到完全溶解。然后加入 454 μmol/L 过氧化氢溶液，并开启光源进行反应。定期取样，并分析氨苄西林的残留量。

β-内酰胺的具体销毁效果及相关参数，参考表 10-44。

表 10-44　β-内酰胺类抗生素的光-芬顿法销毁相关参数

底物	浓度	铁/H$_2$O$_2$	pH	温度	灯	时间	销毁率	文献
阿莫西林	103 ~ 105 mg/L	1.1 mmol/L Fe^{2+}，22.5 mmol/L H_2O_2	3	20 ~ 24 °C	6 W Spectroline model EA-160/FE UV P	50 min	100%	68
氨苄西林	103 ~ 105 mg/L	1.1 mmol/L Fe^{2+}，22.5 mmol/L H_2O_2	3	20 ~ 24 °C	6 W Spectroline model EA-160/FE UV P	50 min	100%	68
氯唑西林	103 ~ 105 mg/L	1.1 mmol/L Fe^{2+}，22.5 mmol/L H_2O_2	3	20 ~ 24 °C	6 W Spectroline model EA-160/FE UV P	50 min	100%	68
氨苄西林	20 mg/L	87 μmol/L Fe^{2+}，454 μmol/L H_2O_2	3.5	N/A	6 Philips HB311 20 W UV P	3 min	>95%	69

10.3.10 氨苄西林和头孢氨苄的销毁

10.3.10.1 光-过硫酸盐法[70]

该销毁方法是在自制的铝反射反应器中进行的，该反应器含有发射波长为 254 nm 的 UV-C 紫外灯（Osram HNS），功率为 60 W，辐射强度为 398 μW/cm^2。将 40 μmol/L 氨苄西林或头孢氨苄溶液加入反应器中，然后再加入 500 μmol/L 过硫酸钾，在不断搅拌下开启光源，并定期取样进行分析。使用 UHPLC 对氨苄西林和头孢氨苄进行分析。Thermoscientic Dionex UltiMate 3000 仪器配有 AcclaimTM 120 RP C_{18} 柱（5 μm，4.6 mm × 150 mm）和二极管阵列检测器。流动相为甲酸（10 mmol/L，pH 3.0）/乙腈的混合物，注射体积为 20 μL。

氨苄西林和头孢氨苄的具体销毁效果及相关参数，参考表 10-45。

表 10-45　氨苄西林和头孢氨苄的光-过硫酸盐法销毁相关参数

底物	浓度	氧化剂	pH	温度	灯	时间	销毁率
氨苄西林	40 μmol/L	500 μmol/L 过硫酸钾	6.5	N/A	Osram HNS 254 nm 398 μW/cm²	10 min	> 95%
头孢氨苄	40 μmol/L	500 μmol/L 过硫酸钾	6.5	N/A	Osram HNS 254 nm 398 μW/cm²	15 min	> 95%

10.3.10.2　头孢氨苄的过硫酸盐氧化法[71]

在 60 ℃ 下，用磁力搅拌不断混合反应溶液。使用 10 mmol/L 磷酸盐缓冲液将溶液 pH 控制在 7。将 1.1 mmol/L 过硫酸盐加入含有 100 μmol/L 头孢氨苄和磷酸盐缓冲液的溶液中。以预定的时间间隔取样，并立即用过量的硫代硫酸钠淬灭。将淬灭的样品储存在 4 ℃ 的 2 mL 琥珀色小瓶中，并在 24 h 内进行分析。

实验结果表明，头孢氨苄的销毁率可达 100%。具体参数，见表 10-46。

表 10-46　头孢氨苄的过硫酸盐氧化法销毁相关参数

底物	浓度	过硫酸盐	pH	温度	时间	销毁率
头孢氨苄	100 μmol/L	1.1 mmol/L 过硫酸盐	7	65 ℃	4 h	100%

10.3.11　青霉素的 UV/过乙酸氧化法销毁[72]

实验是在配有 10 W 低压汞蒸气灯的旋转光化学反应器中进行的。将低压汞灯浸入循环水冷却石英井中。低压汞灯和反应柱之间的距离固定为 15 cm，其在 254 nm 处的辐射强度为 0.30 mW/cm²。向反应器中加入 2.2 ng/L 青霉素和 4 mg/L 过乙酸，并开启光源反应 6 min。反应结束后，加入 $Na_2S_2O_3$ 溶液淬灭，并用 0.22 μm 玻璃纤维过滤器过滤，然后分析青霉素的残留量。

青霉素的具体销毁效果及相关参数，参考表 10-47。

表 10-47　青霉素的 UV/过乙酸氧化法销毁相关参数

底物	浓度	添加的试剂	pH	温度	灯	时间	销毁率
青霉素	2.2 ng/L	4 mg/L 过乙酸	6.8 ~ 7.3	N/A	10 W NbeT Model PhchemIIII LP Hg 254 nm 0.3 mW/cm²	6 min	> 95%

参考文献

[1]　LUNN G, SANSONE E B. Validated methods for degrading hazardous chemicals: some alkylating agents and other compounds[J]. J Chem Educ, 1990, 67: A249-A251.

[2] GAO S, ZHAO Z, XU Y, et al. Oxidation of sulfamethoxazole (SMX) by chlorine, ozone and permanganate — a comparative study[J]. J Hazard Mater, 2014, 274: 258-269.

[3] SHAHIDI D, MOHEB A, ABBAS R, et al. Total mineralization of sulfamethoxazole and aromatic pollutants through Fe^{2+}-montmorillonite catalyzed ozonation[J]. J Hazard Mater, 2015, 298: 338-350.

[4] ZHOU Z, JIANG J Q. Treatment of selected pharmaceuticals by ferrate(VI): Performance, kinetic studies and identification of oxidation products[J]. J Pharm Biomed Anal, 2015, 106: 37-45.

[5] HUANG B, XIONG Z, ZHOU P, et al. Ultrafast degradation of contaminants in a trace cobalt(II) activated peroxymonosulfate process triggered through borate: indispensable role of intermediate complex[J]. J Hazard Mater, 2022, 424: 127641.

[6] WANG S, WANG J. Successive non-radical and radical process of peroxymonosulfate-based oxidation using various activation methods for enhancing mineralization of sulfamethoxazole[J]. Chemosphere, 2021, 263: 127964.

[7] GONZÁLEZ O, SANS C, ESPLUGAS S. Sulfamethoxazole abatement by photo-Fenton. Toxicity, inhibition and biodegradability assessment of intermediates[J]. J Hazard Mater, 2007, 146: 459-464.

[8] MIRZAEI A, YERUSHALMI L, CHEN Z, et al. Enhanced photocatalytic degradation of sulfamethoxazole by zinc oxide photocatalyst in the presence of fluoride ions: optimization of parameters and toxicological evaluation[J]. Water Res, 2018, 132: 241-251.

[9] BEN W, QIANG Z, PAN X, et al. Removal of veterinary antibiotics from sequencing batch reactor (SBR) pretreated swine wastewater by Fenton's reagent[J]. Water Res, 2009, 43: 4392-4402.

[10] GAROMA T, UMAMAHESHWAR S K, MUMPER A. Removal of sulfadiazine, sulfamethizole, sulfamethoxazole, and sulfathiazole from aqueous solution by ozonation[J]. Chemosphere, 2010, 79: 814-820.

[11] ZHUANG J, WANG S, TAN Y, et al. Degradation of sulfadimethoxine by permanganate in aquatic environment: influence factors, intermediate products and theoretical study[J]. Sci Total Environ, 2019, 671: 705-713.

[12] YAN J, LEI M, ZHU L, et al. Degradation of sulfamonomethoxine with Fe_3O_4 magnetic nanoparticles as heterogeneous activator of persulfate[J]. J Hazard Mater, 2011, 186: 1398-1404.

[13] ZHANG C, TIAN S, QIN F, et al. Catalyst-free activation of permanganate under visible light irradiation for sulfamethazine degradation: experiments and theoretical calculation[J]. Water Research, 2021, 194: 116915.

[14] GARCÍA-GALÁN M J, DÍAZ-CRUZ M S, BARCELÓ D. Kinetic studies and characterization of photolytic products of sulfamethazine, sulfapyridine and their acetylated metabolites in water under simulated solar irradiation[J]. Water Res, 2012, 46: 711-722.

[15] JI Y, FAN Y, LIU K, et al. Thermo activated persulfate oxidation of antibiotic

sulfamethoxazole and structurally related compounds[J]. Water Res, 2015, 87: 1-9.

[16] WANG S, WANG J. Trimethoprim degradation by Fenton and Fe(II)-activated persulfate processes[J]. Chemosphere, 2018, 191: 97-105.

[17] KUANG J, HUANG J, WANG B, et al. Ozonation of trimethoprim in aqueous solution: identification of reaction products and their toxicity[J]. Water Res, 2013, 47: 2863-2872.

[18] SIRTORI C, AGÜERA A, GERNJAK W, et al. Effect of water-matrix composition on trimethoprim solar photodegradation kinetics and pathways[J]. Water Res, 2010, 44: 2735-2744.

[19] TEO Y S, JAFARI I, LIANG F, et al. Investigation of the efficacy of the UV/Chlorine process for the removal of trimethoprim: effects of operational parameters and artificial neural networks modelling[J]. Sci Total Environ, 2022, 812: 152551.

[20] FENG M, YAN L, ZHANG X, et al. Fast removal of the antibiotic flumequine from aqueous solution by ozonation: influencing factors, reaction pathways, and toxicity evaluation[J]. Sci Total Environ, 2016, 541: 167-175.

[21] FENG M, WANG X, CHEN J, et al. Degradation of fluoroquinolone antibiotics by ferrate(VI): effects of water constituents and oxidized products[J]. Water Res, 2016, 103: 48-57.

[22] QI Y, QU R, LIU J, et al. Oxidation of flumequine in aqueous solution by UV-activated peroxymonosulfate: kinetics, water matrix effects, degradation products and reaction pathways[J]. Chemosphere, 2019, 237: 124484.

[23] RIVERA-UTRILLA J, SÁNCHEZ-POLO M, PRADOS-JOYA G, et al. Removal of tinidazole from waters by using ozone and activated carbon in dynamic regime[J]. J Hazard Mater, 2010, 174: 880-886.

[24] QIN L, LIN Y L, XU B, et al. Kinetic models and pathways of ronidazole degradation by chlorination, UV irradiation and UV/chlorine processes[J]. Water Res, 2014, 65: 271-281.

[25] PAN Y, LI X, FU K, et al. Degradation of metronidazole by UV/chlorine treatment: efficiency, mechanism, pathways and DBPs formation[J]. Chemosphere, 2019, 224: 228-236.

[26] LIU W R, YING G G, ZHAO J L, et al. Photodegradation of the azole fungicide climbazole by ultraviolet irradiation under different conditions: kinetics, mechanism and toxicity evaluation[J]. J Hazard Mater, 2016, 318: 794-801.

[27] PALOMINOS R A, MORA A, MONDACA M A, et al. Oxolinic acid photo-oxidation using immobilized TiO_2[J]. J Hazard Mater, 2008, 158: 460-464.

[28] GIRALDO A L, PEÑUELA G A, TORRES-PALMA R A, et al. Degradation of the antibiotic oxolinic acid by photocatalysis with TiO_2 in suspension[J]. Water Res, 2010, 44: 5158-5167.

[29] JI Y, YANG Y, ZHOU L, et al. Photodegradation of sulfasalazine and its human metabolites in water by UV and UV/peroxydisulfate processes[J]. Water Res, 2018, 133: 299-309.

[30] YANG X, SUN J, FU W, et al. PPCP degradation by UV/chlorine treatment and its impact on DBP formation potential in real waters. Water Res. 2016, 98, 309-318.

[31] XU Y, LIU S, GUO F, et al. Evaluation of the oxidation of enrofloxacin by permanganate and the antimicrobial activity of the products[J]. Chemosphere, 2016, 144: 113-121.

[32] YANG B, KOOKANA R S, WILLIAMS M, et al. Oxidation of ciprofloxacin and enrofloxacin by ferrate(VI): products identification, and toxicity evaluation[J]. J Hazard Mater, 2016, 320: 296-303.

[33] STURINI M, SPELTINI A, MARASCHI F, et al. Photochemical degradation of marbofloxacin and enrofloxacin in natural waters[J]. Environ Sci Technol, 2010, 44: 4564-4569.

[34] WANG C, YU G, CHEN H, et al. Degradation of norfloxacin by hydroxylamine enhanced Fenton system: kinetics, mechanism and degradation pathway[J]. Chemosphere, 2021, 270: 129408.

[35] CHU Z, CHEN T, LIU H, et al. Degradation of norfloxacin by calcite activating peroxymonosulfate: performance and mechanism[J]. Chemosphere, 2021, 282: 131091.

[36] WANG C, ZHANG J, DU J, et al. Rapid degradation of norfloxacin by $VUV/Fe^{2+}/H_2O_2$ over a wide initial pH: process parameters, synergistic mechanism, and influencing factors[J]. J Hazard Mater, 2021, 416: 125893.

[37] WANG C, DU J, DENG X, et al. High-efficiency oxidation of norfloxacin by Fe^{3+}/H_2O_2 process enhanced via vacuum ultraviolet irradiation: role of newly formed Fe^{2+}[J]. Chemosphere, 2022, 286: 131964.

[38] AO X, WANG W, SUN W, et al. Degradation and transformation of norfloxacin in medium-pressure ultraviolet/peracetic acid process: an investigation of the role of pH[J]. Water Res, 2021, 203: 117458.

[39] DE WITTE B, VAN LANGENHOVE H, DEMEESTERE K, et al. Ciprofloxacin ozonation in hospital wastewater treatment plant effluent: Effect of pH and H_2O_2. Chemosphere 2010, 78, 1142-1147.

[40] JIANG C, JI Y, SHI Y, et al. Sulfate radical-based oxidation of fluoroquinolone antibiotics: kinetics, mechanisms and effects of natural water matrices[J]. Water Res, 2016, 106: 507-517.

[41] MAHDI-AHMED M, CHIRON S. Ciprofloxacin oxidation by UV-C activated peroxymonosulfate in wastewater[J]. J Hazard Mater, 2014, 265: 41-46.

[42] YE J, LIU J, OU H, et al. Degradation of ciprofloxacin by 280 nm ultraviolet-activated persulfate: degradation pathway and intermediate impact on proteome of Escherichia coli[J]. Chemosphere 2016, 165: 311-319.

[43] MILH H, YU X, CABOOTER D, et al. Degradation of ciprofloxacin using UV-based advanced removal processes: comparison of persulfate-based advanced oxidation and sulfite-based advanced reduction processes[J]. Sci Total Environ, 2021, 764: 144510.

[44] VASCONCELOS T G, HENRIQUES D M, KÖNIG A, et al. Photo-degradation of the antimicrobial ciprofloxacin at high pH: identification and biodegradability assessment of the primary by-products[J]. Chemosphere, 2009, 75: 487-493.

[45] BABIC S, PERISA M, SKORIC I. Photolytic degradation of norfloxacin, enrofloxacin and

ciprofloxacin in various aqueous media[J]. Chemosphere, 2013, 91: 1635-1642.

[46] STURINI M, SPELTINI A, MARASCHI F, et al. Photodegradation of fluoroquinolones in surface water and antimicrobial activity of the photoproducts[J]. Water Res, 2012, 46: 5575-5582.

[47] HADDAD T, KÜMMERER K. Characterization of photo-transformation products of the antibiotic drug Ciprofloxacin with liquid chromatography-tandem mass spectrometry in combination with accurate mass determination using an LTQ-Orbitrap[J]. Chemosphere, 2014, 115: 40-46.

[48] SALMA A, THORÖE-BOVELETH S, SCHMIDT T C, et al. Dependence of transformation product formation on pH during photolytic and photocatalytic degradation of ciprofloxacin[J]. J Hazard Mater, 2016, 313: 49-59.

[49] PAUL T, DODD M C, STRATHMANN T J. Photolytic and photocatalytic decomposition of aqueous ciprofloxacin: transformation products and residual antibacterial activity[J]. Water Res, 2010, 44: 3121-3132.

[50] PAUL T, MILLER P L, STRATHMANN T J. Visible-light-mediated TiO_2 photocatalysis of fluoroquinolone antibacterial agents[J]. Environ Sci Technol, 2007, 41: 4720-4727.

[51] SARKHOSH M, SADANI M, ABTAHI M, et al. Enhancing photo-degradation of ciprofloxacin using simultaneous usage of e_{aq}^- and •OH over $UV/ZnO/I^-$ process: efficiency, kinetics, pathways, and mechanisms[J]. J Hazard Mater, 2019, 377: 418-426.

[52] MIAO H F, CAO M, XU D Y, et al. Degradation of phenazone in aqueous solution with ozone: influencing factors and degradation pathways[J]. Chemosphere, 2015, 119: 326-333.

[53] ZHOU Y, GAO Y, JIANG J, et al. A comparison study of levofloxacin degradation by peroxymonosulfate and permanganate: kinetics, products and effect of quinone group[J]. J Hazard Mater, 2021, 403: 123834.

[54] ZHU Y, WEI M, PAN Z, et al. Ultraviolet/peroxydisulfate degradation of ofloxacin in seawater: kinetics, mechanism and toxicity of products[J]. Sci Total Environ, 2020, 705: 135960.

[55] LIU C, NANABOINA V, KORSHIN G. Spectroscopic study of the degradation of antibiotics and the generation of representative EfOM oxidation products in ozonated wastewater[J]. Chemosphere, 2012, 86: 774-782.

[56] ZABINSKI R A, LARSSON A J, WALKER K J, et al. Elimination of quinolone antibiotic carryover through use of antibiotic-removal beads[J]. Antimicrob Agents Chemother, 1993, 37: 1377-1379.

[57] QIU W, ZHENG M, SUN J, et al. Photolysis of enrofloxacin, pefloxacin and sulfaquinoxaline in aqueous solution by UV/H_2O_2, UV/Fe(II), and $UV/H_2O_2/Fe(II)$ and the toxicity of the final reaction solutions on zebrafish embryos[J]. Sci Total Environ, 2019, 651: 1457-1468.

[58] AY F, KARGI F. Advanced oxidation of amoxicillin by Fenton's reagent treatment[J]. J Hazard Mater, 2010, 179: 622-627.

[59] HOMEM V, ALVES A, SANTOS L. Amoxicillin degradation at ppb levels by Fenton's

oxidation using design of experiments[J]. Sci Total Environ, 2010, 408: 6272-6280.

[60] JUNG Y J, KIM W G, YOON Y, et al. Removal of amoxicillin by UV and UV/H$_2$O$_2$ processes[J]. Sci Total Environ, 2012, 420: 160-167.

[61] ELMOLLA E, CHAUDHURI M. Optimization of Fenton process for treatment of amoxicillin, ampicillin and cloxacillin antibiotics in aqueous solution[J]. J Hazard Mater, 2009, 170: 666-672.

[62] ROZAS O, CONTRERAS D, MONDACA M A, et al. Experimental design of Fenton and photo-Fenton reactions for the treatment of ampicillin solutions[J]. J Hazard Mater, 2010, 177: 1025-1030.

[63] LUNN G, RHODES S W, SANSONE E B, et al. Photolytic destruction and polymeric resin decontamination of aqueous solutions of pharmaceuticals[J]. J Pharm Sci, 1994, 83: 1289-1293.

[64] FUKUTSU N, KAWASAKI T, SAITO K, et al. An approach for decontamination of -lactam antibiotic residues or contaminants in the pharmaceutical manufacturing environment[J]. Chem Pharm Bull, 2006, 54: 1340-1343.

[65] [65] KARLESA A, DE VERA G A D, DODD M C, et al. Ferrate(VI) oxidation of -lactam antibiotics: reaction kinetics, antibacterial activity changes, and transformation products[J]. Environ Sci Technol, 2014, 48: 10380-10389.

[66] ZHANG K, ZHOU X, DU P, et al. Oxidation of -lactam antibiotics by peracetic acid: reaction kinetics, product and pathway evaluation[J]. Water Res, 2017, 123: 153-61.

[67] DING Y, JIANG W, LIANG B, et al. UV photolysis as an efficient pretreatment method for antibiotics decomposition and their antibacterial activity elimination[J]. J Hazard Mater, 2020, 392: 122321.

[68] ELMOLLA E S, CHAUDHURI M. Degradation of the antibiotics amoxicillin, ampicillin and cloxacillin in aqueous solution by the photo-Fenton process[J]. J Hazard Mater, 2009, 172: 1476-1481.

[69] ROZAS O, CONTRERAS D, MONDACA M A, et al. Experimental design of Fenton and photo-Fenton reactions for the treatment of ampicillin solutions[J]. J Hazard Mater, 2010, 177: 1025-1030.

[70] SERNA-GALVIS E A, FERRARO F, SILVA-AGREDO J, et al. Degradation of highly consumed fluoroquinolones, penicillins and cephalosporins in distilled water and simulated hospital wastewater by UV254 and UV254/persulfate processes[J]. Water Res, 2017, 122: 128-138.

[71] QIAN Y, XUE G, CHEN J, et al. Oxidation of cefalexin by thermally activated persulfate: kinetics, products, and antibacterial activity change[J]. J Hazard Mater, 2018, 354: 153-160.

[72] Ping Q, Yan T, Wang L, et al. Insight into using a novel ultraviolet/peracetic acid combination disinfection process to simultaneously remove antibiotics and antibiotic resistance genes in wastewater: mechanism and comparison with conventional processes[J]. Water Res, 2022, 210: 118019.

11

解热镇痛抗炎药、精神类药物、心血管疾病药物的销毁

11.1 化合物概述

11.1.1 解热镇痛抗炎药

对乙酰氨基酚溶于甲醇、乙醇、二氯乙烯、丙酮和乙酸乙酯，微溶于乙醚和热水，几乎不溶于冷水，不溶于石油醚、戊烷和苯。对乙酰氨基酚用于感冒发热、关节痛、神经痛及偏头痛、癌性痛及手术后止痛。还可用于对阿司匹林过敏、不耐受或不适于应用阿司匹林的患者（水痘、血友病以及其他出血性疾病等）。2017 年 10 月 27 日，世界卫生组织国际癌症研究机构公布的致癌物清单初步整理参考，对乙酰氨基酚在 3 类致癌物清单中。

双氯芬酸，属于非甾体抗炎药，具有抗炎、镇痛及解热作用。双氯芬酸在临床上用于风湿性关节炎、粘连性脊椎炎、非炎性关节痛、关节炎、非关节性风湿病、非关节性炎症引起的疼痛，各种神经痛、癌症疼痛、创伤后疼痛及各种炎症所致发热等。双氯芬酸对于某些动物来说，有毒害作用，如秃鹫。

布洛芬在乙醇、丙酮、三氯甲烷或乙醚中易溶，在水中几乎不溶，在氢氧化钠或碳酸钠试液中易溶。布洛芬为解热镇痛类、非甾体抗炎药，用于缓解轻至中度疼痛如头痛、关节痛、偏头痛、牙痛、肌肉痛、神经痛、痛经。也用于普通感冒或流行性感冒引起的发热。布洛芬通过抑制环氧化酶，减少前列腺素的合成，产生镇痛、抗炎作用；通过下丘脑体温调节中枢而起解热作用。

吲哚美辛，为类白色至微黄色结晶性粉末，几乎无臭，溶于乙醇、乙醚、丙酮和蓖麻油，几乎不溶于水。吲哚美辛，主要用作解热镇痛、非甾体抗炎药。

安替比林是一种有机化合物，外观为无色结晶或白色结晶性粉末，无臭，味微苦。安替

比林易溶于水，乙醇，氯仿。微溶于乙醚。用作硝酸、亚硝酸及碘的分析试剂。安替比林测定能形成配合阳离子的元素（如铋、锡、锑和汞等）。安替比林为解热镇痛药，这类非甾抗炎药具有较强的解热镇痛、抗炎及抗风湿作用。

氨基比林为白色或几乎白色的结晶性粉末，无臭，味微苦，遇光可变质，水 溶液显碱性反应。氨基比林在乙醇或氯仿中易溶，在水或乙醚中溶解。氨基比林，是一种解热镇痛药，用于发热、头痛、关节痛、神经痛、痛经及活动性风湿症等。

非诺洛芬，具解热、镇痛、抗炎作用，可用于镇痛、解热、类风湿性、风湿性关节炎。非诺洛芬口服吸收完全，血浆蛋白结合率高，易与华法林类竞争血浆蛋白，从而增加后者的作用与毒性。

美沙酮，是一种有机化合物，为 μ 阿片受体激动剂，药效与吗啡类似，具有镇痛作用，并可产生呼吸抑制、缩瞳、镇静等作用。美沙酮与吗啡比较，具有作用时间较长、不易产生耐受性、药物依赖性低的特点。20 世纪 60 年代初期发现此药具有治疗海洛因依赖脱毒和替代维持治疗的药效作用。

尼美舒利，为非甾体抗炎药和抗风湿药。尼美舒利适用于慢性关节炎症，如类风湿性关节炎和骨关节炎等。尼美舒利常用制剂有片剂、胶囊、颗粒、凝胶、干混悬剂等。

可待因，是用于治疗轻、中度疼痛的阿片类药物，适用于各种原因引起的剧烈干咳和刺激性咳嗽，尤适用于伴有胸痛的剧烈干咳。由于可待因能抑制呼吸道腺体分泌和纤毛运动，故对有少量痰液的剧烈咳嗽，应与祛痰药并用。可待因可用于中等度疼痛的镇痛，可用于局部麻醉或全身麻醉时的辅助用药，具有镇静作用。

萘普生，是一种非甾体抗炎药，具有抗炎、解热、镇痛作用，为 PG 合成酶抑制剂，对于风湿性关节炎及骨关节炎的疗效，类似阿司匹林，对因贫血、胃肠系统疾病或其他原因不能耐受阿司匹林、吲哚美辛等消炎镇痛药患者，本品可获得满意效果，同时抑制血小板的作用较小。

具体信息见表 11-1。

表 11-1　典型解热镇痛抗炎药基本信息一览表

化合物	mp or bp	结构式/分子式	CAS 登记号
对乙酰氨基酚	mp 168 ~ 172 ℃	HO—⟨⟩—NHCOCH₃	[103-90-2]
双氯芬酸	mp 156 ~ 158 ℃		[15307-86-5]
布洛芬	mp 75 ~ 78 ℃		[15687-27-1]

化合物	mp or bp	结构式/分子式	CAS 登记号
吲哚美辛	mp 155～162 °C		[53-86-1]
安替比林	mp 109～111 °C		[60-80-0]
氨基比林	mp 107～109 °C		[58-15-1]
非诺洛芬	mp 168～171 °C		[31879-05-7]
美沙酮	bp 423.6 °C		[76-99-3]
尼美舒利	mp 140～146 °C		[51803-78-2]
可待因	mp 154～156 °C		[76-57-3]
萘普生	mp 152～154 °C		[22204-53-1]

11.1.2　精神类药物

卡马西平，化学名称为 5H-二苯并[b,f]氮杂卓-5-甲酰胺，是一种有机化合物，为白色或类白色结晶性粉末，溶于乙醇、丙酮、丙二醇，不溶于水。卡马西平可以抑制癫痫病灶及其周围神经元的异常高频放电，临床主要用于抗癫痫，对复杂部分性发作、简单部分性发作，以及原发或继发性全身强直阵挛性发作均可使用。卡马西平可以单独使用，也可以和其他的抗惊厥药物合并服用，但它对失神发作和肌阵挛性发作无效。卡马西平还可用于多发性硬化病引起的三叉神经痛，以及原发性的神经痛和原发性舌咽神经痛。

奥卡西平为白色至灰白色结晶粉末。奥卡西平，是一种神经性药物，可用于局限性及全身性癫痫发作。奥卡西平在临床上主要用于对卡马西平有过敏反应者，可作为卡马西平的替代药物应用临床。

地西泮，是一种有机化合物，被列为第二类精神药品管控。地西泮临床上用于治疗焦虑症及各种功能性神经症；失眠，尤对焦虑性失眠疗效极佳；可与其他抗癫痫药合用，治疗癫痫大发作或小发作，控制癫痫持续状态时应静脉注射；各种原因引起的惊厥，如子痫、破伤风、小儿高烧惊厥等；脑血管意外或脊髓损伤性中枢性肌强直或腰肌劳损、内镜检查等所致肌肉痉挛。

氯氮平，常温下为淡黄色结晶性粉末，无臭，无味，在三氯甲烷中易溶，在乙醇中溶解，在水中几乎不溶，对精神分裂症的阳性或阴性症状产生较好的疗效。氯氮平不仅对精神病阳性症状有效，对阴性症状也有一定效果。氯氮平适用于急性与慢性精神分裂症的各个亚型，对幻觉妄想型、青春型效果好。氯氮平也可以减轻与精神分裂症有关的情感症状。氯氮平也用于治疗躁狂症或其他精神病性障碍的兴奋躁动和幻觉妄想。

氟西汀，为临床广泛应用的选择性 5-HT 再摄取抑制剂，可选择性地抑制 5-HT 转运体，阻断突触前膜对 5-HT 的再摄取，延长和增加 5-HT 的作用，从而产生抗抑郁作用。氟西汀对肾上腺素能、组胺能、胆碱能受体的亲和力低，作用较弱，因而产生的不良反应少。氟西汀口服后吸收良好，生物利用度 70%，易通过血脑屏障，另有少量可分泌入乳汁。

文拉法辛为苯乙胺衍生物，是二环类非典型抗抑郁药。文拉法辛及其活性代谢物 O-去甲基文法拉辛能有效地拮抗 5-HT 和 NA 的再摄取，对 DA 的再摄取也有一定的作用，具有抗抑郁作用。文拉法辛镇静作用较弱，口服吸收良好，进食不影响药物的吸收。文拉法辛在肝脏内广泛代谢，并主要通过肾脏排泄，亦可从乳汁中泌出。

地昔帕明为抗抑郁药，有阻滞单胺类神经介质作用，可用于治疗内因性、更年期、反应性及神经性抑郁症，可缓解多种慢性神经痛。

氯丙嗪，是吩噻嗪类代表药物，为中枢多巴胺受体的拮抗药，具有多种药理活性。氯丙嗪用于精神分裂症、躁狂症或其他精神病性障碍的治疗，用于治疗各种原因引起的呕吐和顽固性呃逆。氯丙嗪几乎对各种原因引起的呕吐，如尿毒症、胃肠炎、癌症、妊娠及药物引起的呕吐均有效。也可治疗顽固性呃逆。但对晕动病呕吐无效。

舒必利，是一种典型抗精神病药物，是主要用于治疗精神病与精神分裂症和抑郁症相关疾病的苯甲酰胺类药物。舒必利呈白色或类白色结晶性粉末，无臭，味微苦，在乙醇或丙醇中微溶、在氯仿中极微溶解、在水中几乎不溶，在氢氧化钠溶液中极易溶解。

泰必利为抗精神失常药物，其特点为对感觉运动方面神经系统疾病及精神运动行为障具有良效。泰必利具有抗精神病、镇静作用，可纠正精神运动障碍，与此药抗中脑边缘系统多巴胺能活动有关。泰必利具有镇痛作用，可阻滞疼痛冲动经脊髓丘脑束向网状结构的传导，有人认为镇痛作用可能与丘脑的中枢整合作用有关。泰必利临床用于治疗舞蹈病、抽动一秽语综合征、各种疼痛、酒精中毒等。

坦度螺酮作用于 5-HT 受体，在脑内与 5-HT1A 受体选择性结合，主要作用部位集中在情感中枢的海马、杏仁核等大脑边缘系统以及投射 5-HT 能神经的中缝核。坦度螺酮适应于各种神经症所致的焦虑状态，如广泛性焦虑症，也适应于原发性高血压、消化性溃疡等躯体疾病伴发的焦虑状态。

水合氯醛，又名水合三氯乙醛是一种具有刺鼻的辛辣气味，味微苦的有机化合物，有毒。水合氯醛常用作农药、医药中间体，也用于制备氯仿、三氯乙醛。水合氯醛适用于入睡困难的患者，作为催眠药，短期应用有效，连续服用超过两周则无效。麻醉前、手术前、CT 及磁共振检查和睡眠脑电图检查前用药，水合氯醛可镇静和解除焦虑，使相应的处理过程比较安全和平稳。水合氯醛用于癫痫持续状态的治疗，也可用于小儿高热、破伤风及子痫引起的惊厥。

扑痫酮，又名密苏林、扑米酮、普里米酮，是一种有机化合物，味道略苦，无酸性，微溶于醇，几乎不溶于水、丙酮或苯，主要用作抗癫痫药，临床上主要用于癫痫强直阵挛性发作，单纯部分性发作和复杂部分性发作的单药或联合用药治疗，也用于特发性震颤和老年性震颤的治疗。

具体信息见表 11-2。

表 11-2　典型精神类药物基本信息一览表

化合物	mp or bp	结构式/分子式	CAS 登记号
卡马西平	mp 189 ~ 192 °C		[298-46-4]
奥卡西平	mp 215 ~ 216 °C		[28721-07-5]
地西泮	mp 131.5 ~ 134.5 °C		[439-14-5]

化合物	mp or bp	结构式/分子式	CAS 登记号
氯氮平	mp 182 ~ 185 ℃		[5786-21-0]
氟西汀	mp 158 ℃		[54910-89-3]
文拉法辛	mp 72 ~ 74 ℃		[93413-69-5]
地昔帕明	mp 212 ℃		[50-47-5]
氯丙嗪	mp 192 ~ 196 ℃		[50-53-3]
舒必利	mp 180 ~ 185 ℃		[15676-16-1]

化合物	mp or bp	结构式/分子式	CAS 登记号
泰必利	mp 123 ~ 125 °C		[51012-32-9]
坦度螺酮	mp 112 ~ 113.5 °C		[87760-53-0]
水合氯醛	mp 57 °C		[302-17-0]
扑痫酮	mp 281 ~ 282 °C		[125-33-7]

11.1.3　心血管疾病药物

美托洛尔，属于 2A 类即无部分激动活性的 β1 受体阻断药，用于治疗各型高血压（可与利尿药和血管扩张剂合用）及心绞痛。静脉注射美托洛尔对心律失常，特别是室上性心律失常也有效。

阿替洛尔是长效的，高选择性的 β1 受体阻滞剂。临床上阿替洛尔主要用来治疗突然出现的快速心律失常，比如房颤伴快心室率，窦性心动过速，室上性心动过速以及频发的室早房早。对甲状腺功能亢进引起的各种快速心律失常尤为有效。因为抑制心脏传导和收缩的作用明显，所以阿替洛尔不适用于心衰患者。对于有严重心动过缓，房室传导阻滞，心力衰竭，孕妇等情况，阿替洛尔禁止应用。

普萘洛尔，呈白色无气味的结晶粉末，用于治疗多种原因所致的心律失常，如房性及室性早搏、窦性及室上性心动过速、心房颤动等，但室性心动过速宜慎用。此外，普萘洛尔也可用于心绞痛、高血压、嗜铬细胞瘤等。普萘洛尔治疗心绞痛时，常与硝酸酯类合用。普萘洛尔对高血压有一定疗效，不易引起直立性低血压为其特点。

吲哚洛尔，是一种有机化合物，主要用作 β-肾上腺素受体阻滞剂，用于窦性心动过速、阵发性室上性和室性心动过速、室性早搏、心绞痛、高血压等。

氯沙坦为淡黄色固体，是第一个血管紧张素 II 受体拮抗剂类的抗高血压药物。氯沙坦能够阻断血管紧张素 II，这是体内调节血压的关键性激素。

利伐沙班是一种高选择性、剂量依赖性新型口服抗凝药，通过抑制 FXa 中断凝血瀑布的内源性和外源性途径，抑制凝血酶的产生和血栓形成，进而发挥抗凝作用。利伐沙班用于择期髋关节或膝关节置换手术成年患者，以预防静脉血栓形成，也可用于治疗成人静脉血栓形成，降低急性 DVT 后 DVT 复发和肺栓塞的风险。

阿米洛利，别名氨氯吡咪，是一种浅黄至黄绿色粉末的化学品，微溶于水和无水乙醇，不溶于丙酮、氯仿、乙醚和乙酸乙酯，易溶于二甲基亚砜，略溶于甲醇，避光。阿米洛利为心血管药，临床上主要治疗水肿性疾病，亦可用于难治性低钾血症的辅助治疗。

苯扎贝特，是一种有机化合物，用于治疗原发性高脂血症，及主要疾病（如糖尿病等）治疗后仍不能改善的继发性高脂血症。苯扎贝特主要用于Ⅱa、Ⅱb及Ⅳ型高脂血症。

瑞舒伐他汀，商品名为可定，是一种他汀类药物，与运动、饮食控制和减肥联合来治疗高胆固醇血症和其他相关症状，也用来预防心血管疾病。瑞舒伐他汀适用于经饮食控制和其他非药物治疗仍不能适当控制血脂异常的原发性高胆固醇血症或混合型血脂异常症，也适用于纯合子家族性高胆固醇血症的患者。

具体信息见表 11-3。

表 11-3　典型心血管疾病治疗药物基本信息一览表

化合物	mp or bp	结构式/分子式	CAS 登记号
美托洛尔	mp 39 ~ 42 °C		[81024-43-3]
阿替洛尔	mp 154 °C		[29122-68-7]
普萘洛尔	mp 163 ~ 164 °C		[525-66-6]
吲哚洛尔	mp 167 ~ 171 °C		[13523-86-9]
氯沙坦	mp 130 ~ 132 °C		[124750-92-1]

化合物	mp or bp	结构式/分子式	CAS 登记号
利伐沙班	mp 228～229 ℃		[366789-02-8]
阿米洛利	mp 224～225 ℃		[1428-95-1]
苯扎贝特	mp 184 ℃		[41859-67-0]
瑞舒伐他汀	N/A		[1348948-55-9]

11.2 解热镇痛抗炎药的销毁

11.2.1 对乙酰氨基酚的销毁

11.2.1.1 高铁酸盐氧化法[1]

在 600 r/min 的磁力搅拌下，研究了高铁酸盐对对乙酰氨基酚的氧化。用移液管在给定的反应时间间隔内取样，时间间隔分别为 1、2、5、10、20、40、60 min，用硫代硫酸钠作为猝灭剂。实验使用了两种对乙酰氨基酚浓度，分别为 500 μg/L 和 1000 μg/L。

使用 100 mL 1000 μg/L 的对乙酰氨基酚测试溶液，并调节高铁酸盐的剂量、pH 和腐殖酸的浓度。高铁酸盐以干粉的形式加入试验溶液中，其用量为高铁酸盐与对乙酰氨基酚的物质的量之比为 5：1～25：1。用 0.01 mol/L 盐酸和 0.01 mol/L 氢氧化钠将测试溶液的 pH 调节至 4～11。测试溶液中的腐殖酸浓度为 10～50 mg/L。

使用 200 mL 500 μg/L 对乙酰氨基酚测试溶液，来研究 0.2～5 mmol/L 共存离子对高铁酸盐降解乙酰氨基酚性能的影响。将乙酰氨基酚溶液分别与定量的 NaCl、KCl、$MgCl_2$、$CaCl_2$、$Al_2(SO_4)_3$、Na_2CO_3、Na_2SO_4 和 Na_3PO_4 混合，以达到所需的离子浓度。将物质的量之比为 28：

1样品（高铁酸盐：对乙酰氨基酚）与测试溶液混合，采样时间为0、1、2、3、5、7和15 min。在分析残留对乙酰氨基酚浓度之前，所有样品都用0.45 μm玻璃膜过滤器过滤。用液相色谱法检测每个样品的对乙酰氨基酚浓度和去除百分比。

实验结果表明，高铁酸盐可以在60 min内去除99.6%的对乙酰氨基酚（初始浓度为1000 μg/L），而大部分乙酰氨基酚的去除发生在前5 min。

11.2.1.2　过硫酸盐氧化法[2-4]

方法一[2]。向一定浓度的$Na_2S_2O_8$溶液中，加入200 mL所需浓度的对乙酰氨基酚溶液与适量的黄铁矿。然后用NaOH或HCl调节溶液的pH。用磁力搅拌反应液。在预定的时间间隔内，取样1 mL，并立即用10 μL甲醇淬灭反应。所有样品均用0.45 μm聚醚砜过滤器进行过滤。使用配有DAD检测器的安捷伦1260液相色谱仪对对乙酰氨基酚进行分析。分析方法使用了Agilent Eclipse XDB C_{18}柱（5 μm，4.5 mm × 250 mm），流动相为甲醇/水（70∶30，V/V），流速为0.6 mL/min，UV检测波长为243 nm。

方法二[3]。催化降解反应是在250 mL玻璃瓶中进行的，反应温度为(25 ± 1) ℃。将适量的Fe_3O_4磁性纳米颗粒添加到含有200 mL 0.66 mmol/L对乙酰氨基酚溶液的反应器中，然后搅拌30 min以达到吸附-解吸平衡。然后，加入过硫酸盐引发氧化反应。在指定的时间间隔内，分别从至少3个反应器中收集2 mL样品，并立即通过0.22 μm膜过滤。收集0.8 mL滤液，并将其储存在2.0 mL样品瓶中，用于进一步的样品分析。

方法三[4]。在100 mL 50 μmol/L对乙酰氨基酚溶液中，含有5 mmol/L缓冲液（pH 4 ~ 5的乙酸缓冲液、pH 6 ~ 8的磷酸盐缓冲液和pH 9 ~ 10的硼酸盐缓冲液）。用水浴将反应温度维持在(25 ± 1) ℃。将过硫酸盐加入反应溶液中，并进行搅拌。然后加入氯引发反应。在反应开始之前，用稀释的硫酸和氢氧化钠调节溶液的pH。在预定的时间间隔内取样，并用硫代硫酸钠淬灭。然后，用0.22 μm醋酸纤维膜过滤，并用高效液相色谱进行分析。

对乙酰氨基酚的销毁情况及相关参数，参考表11-4。

表11-4　对乙酰氨基酚的过硫酸盐氧化法销毁相关参数

底物	浓度	过硫酸盐	pH	温度	时间	销毁率	文献
对乙酰氨基酚	50 mg/L	2 g/L 黄铁矿（FeS）与 5 mmol/L 过硫酸钠	4	N/A	6 h	> 95%	2
对乙酰氨基酚	10.0 mg/L	0.8 g/L Fe_3O_4 与 0.2 mmol/L Oxone®	4.3	24 ~ 26 ℃	2 h	98.1%	3
对乙酰氨基酚	50 μmol/L（在 5 mmol/L pH 9 硼酸盐缓冲液中）	0.1 mmol/L 氯与 0.5 mmol/L Oxone®	9	25 ℃	5 min	98.2%	4

11.2.1.3　UV/过硫酸盐氧化法

方法一[5]。UV/过硫酸盐氧化实验是在500 mL圆柱形烧杯反应器中进行的。紫外照射是采用UV-LED模块（900 mW, 278 nm）实现的，该装置外包石英玻璃管并嵌入溶液中，UV-LED灯与溶液表面的距离约为2.26 cm。紫外辐照度为0.33 mW/cm^2。将200 μmol/L过硫酸钠加入2 μmol/L对乙酰氨基酚溶液中，用磁力搅拌器进行搅拌，然后打开UV-LED灯并开始反应。用4.0 mmol/L磷酸盐缓冲液将反应液的pH维持在7。在特定时间内取样，并立即用12 μL

0.1 mol/L $Na_2S_2O_3$ 淬灭。滤液中对乙酰氨基酚的残留量用配有 5 μm C_{18} 柱（4.6 mm × 250 mm）的 HPLC 进行分析，所使用的 UV 检测器是波长为 243 nm 的 SPDM20A 二极管阵列。流动相由 80% 超纯水和 20% 乙腈组成，流速为 1.0 mL/min，进样体积为 10 μL，柱温设定为 40 °C。

方法二[6]。在自制的光反应器中进行了光催化降解实验，该反应器放置在圆柱形不锈钢容器中。将 4 个荧光灯泡灯（Philips TL D15W/05）分别放置在 4 个不同的轴上，同时将光反应器（内径为 2.8 cm 的水套 Pyrex 管）放置在装置的中心。用 300 ~ 500 nm 的紫外灯模拟 UVA 太阳光。在光解过程中，用磁棒进行搅拌，并将反应温度控制在 18 ~ 22 °C。对乙酰氨基酚的初始浓度为 50 μmol/L，过硫酸钠为 1 mmol/L，碘化钾为 2 mmol/L。定期取样，并用 0.22 μm PTFE 过滤器过滤。使用配备光电二极管阵列检测器（Waters 2998）的高效液相色谱法测定对乙酰氨基酚的残留量。采用 Nucleodur 100-3C_{18} 反相柱（150 mm × 2.0 mm，3.0 μm）对溶液中的化合物进行分离。流动相为甲醇与水的混合物，流速为 0.15 mL/min。对乙酰氨基酚的紫外检测波长为 244 nm，保留时间为 4.9 min。

对乙酰氨基酚的销毁情况及相关参数，参考表 11-5。

表 11-5 对乙酰氨基酚的 UV/过硫酸盐氧化法销毁相关参数

底物	浓度	氧化剂	pH	温度	灯	时间	销毁率	文献
对乙酰氨基酚	2 μmol/L	200 μmol/L 过硫酸钠	7	24 ~ 26 °C	Shenzhen Micro Purple Technology 900 mW UV LED 278 nm quartz 0.33 mW/cm^2	1 h	> 95%	5
对乙酰氨基酚	50 μmol/L	1 mmol/L 过硫酸钠和 2 mmol/L 碘化钾	5.4	18 ~ 22 °C	4 个 Philips TL D15 W/05 300 ~ 500 nm Pyrex	45 min	> 95%	6

11.2.1.4 需氧氧化法[7]

实验是在室温[(20 ± 2) °C]下在装有磁力搅拌器的 250 mL 玻璃烧杯中进行的。向 100 mL 50 mg/L 对乙酰氨基酚溶液中通入氧气，使其达到氧饱和。此外，在反应之前，将所需量的金属铜在 100 mL HCl 溶液（pH 1.0）中洗涤 5 min，并用去离子水冲洗 3 次。在不干燥的情况下，将洗涤过的金属铜颗粒加入氧饱和的乙酰氨基酚溶液中。使用 NaOH 或 HCl 调节水溶液的 pH。定期取样 2.5 mL，并用 0.22 μm 过滤器去除固体颗粒。分别用高效液相色谱系统和 TOC 分析仪立即测定对乙酰氨基酚的浓度和总有机碳的含量。

对乙酰氨基酚的销毁情况及相关参数，参考表 11-6。

表 11-6 对乙酰氨基酚的需氧氧化法销毁相关参数

底物	浓度	反应条件	pH	温度	时间	销毁率
对乙酰氨基酚	50 mg/L	5 g/L 铜粉。反应混合物用氧气预饱和 30 min。铜粉用 100 mmol/L HCl 洗涤 5 min，然后用水洗涤 3 次。	3	18 ~ 22 °C	2 h	> 95%

11.2.1.5 光-芬顿氧化法

方法一[8]。在光-芬顿实验中，对乙酰氨基酚的初始浓度为 50 mg/L，$FeSO_4 \cdot 7H_2O$ 的初始浓度为 50 μmol/L，H_2O_2 的初始浓度为 120 mg/L。反应液的初始 pH 被调节到 2.5 ~ 2.8，这是光-芬顿反应的最佳 pH 范围。反应结束后，将反应液的 pH 调节至 6～8，并用 0.5 mL 0.1 g/L 过氧化氢酶溶液淬灭 25 mL 反应液中的过氧化氢。然后用 0.45 μm 过滤器过滤。对乙酰氨基酚的浓度使用液相色谱-电喷雾飞行时间质谱法进行测定。流动相由乙腈和含有 0.1% 甲酸的水组成，流速为 0.4 mL/min。线性梯度在 50 min 内从 10% 乙腈（初始条件）到 100%，并在 100% 下保持 3 min。注射体积为 20 μL，对乙酰氨基酚的保留时间为 9.5 min。

方法二[9]。此光-芬顿实验的条件是：使用 H_2SO_4 将 pH 调节至 2.6～3.0，温度为 26～28 ℃，对乙酰氨基酚的初始浓度为 40 mg/L，$FeSO_4 \cdot 7H_2O$ 的浓度为 10 mg/L，H_2O_2 的浓度为 189 mg/L。一旦加入 $FeSO_4 \cdot 7H_2O$ 和对乙酰氨基酚后立即打开紫外灯，以保证其稳定性。定期取样，分析对乙酰氨基酚的残留量。

对乙酰氨基酚的销毁情况及相关参数，参考表 11-7。

表 11-7　对乙酰氨基酚的光-芬顿氧化法销毁相关参数

底物	浓度	铁/H_2O_2	pH	温度	灯	时间	销毁率	文献
对乙酰氨基酚	50 mg/L	50 μmol/L $FeSO_4$，120 mg/L H_2O_2	2.5	23～27 ℃	1100 W Heraeus Suntest CPS + xenon arc ＞ 290 nm 250 W/m²	2 h	＞95%	8
对乙酰氨基酚	40 mg/L	10 mg/L $FeSO_4 \cdot 7H_2O$，189 mg/L H_2O_2	2.8	26～28 ℃	Philips Actinic BL TL 36 W/10 1SL lamp （UVA-UVB）	2 h	＞95%	9

11.2.1.6　UV/TiO₂ 光解法[10]

光催化实验使用了 250 W 金属卤化物灯（$\lambda \geqslant 365$ nm），将其放置在冷却阱中，并用水循环维持温度恒定。将 50 μmol/L 对乙酰氨基酚与 500 mg/L TiO_2 水溶液置于光化学反应器中，并在整个实验中用固定流速的空气吹扫。在光解之前，将上述反应液在黑暗中平衡 20 min。随后开启光源进行光解，并定期取样进行分析。用 HPLC（Kromasil 100-5C₁₈ 柱，4.6 mm×250 mm，5 μm）分析对乙酰氨基酚的残留浓度，流动相为甲醇/水混合物，体积比为 30∶70，流速为 1.0 mL/min，注射量为 20 μL。

对乙酰氨基酚的销毁情况及相关参数，参考表 11-8。

表 11-8　对乙酰氨基酚的 UV/TiO₂ 光解法销毁相关参数

底物	浓度	TiO_2	pH	温度	灯	时间	销毁率
对乙酰氨基酚	50 μmol/L （鼓入空气）	500 mg/L	9	15 ℃	250 W metal halide P	30 min	＞98%

11.2.1.7　UV/Cl 氧化法

方法一[11]。LED-UV₃₆₅ 设备由 9 个 LED 灯泡（2 W/灯泡）组成，总功率为 18 W。该模块产生的唯一波长为 365 nm，使用光谱辐射计进行了验证。模块顶部共增加了 12 块带风扇的垂直冷却铝板，将室温控制在 19～21 ℃。反应器由石英盘制成，并放置在磁力搅拌器上。在石英盖子上开了一个直径为 1 cm 的孔，以便于使用一次性注射器进行采样。为了改善对反应液的紫外线照射，将 LED-UV₃₆₅ 模块固定在铁架上，灯泡位于液面上方 2.0 cm 处，紫外光子通量为 1.63×10^{-3} E/(m²·s)。向反应器中加入 10 μmol/L 对乙酰氨基酚和 140 μmol/L NaOCl，并用 10 mmol/L 磷酸盐在 pH 5.5～8.5 下缓冲。开启光源进行反应，并定期取样 1.0 mL，然后用 10 μL 3.0 mol/L 硫代硫酸钠溶液淬灭。使用紫外检测器超高效液相色谱法分析对乙酰氨基酚的残留浓度。分析方法使用了 ACQUITY BEH-C$_{18}$柱（1.7 μm，2.1 mm×100 mm），流动相为水、乙腈和甲醇的混合物，体积比为 70∶20∶10，检测波长为 245 nm，流速为 0.15 mL/min。

方法二[12]。使用由玻璃制成的 250 mL 反应器进行 UV/Cl 氧化反应。UVC 辐射源是 6 W UVC 灯（Phillips，254 nm）。将强度为 1.43 mW/cm^{2}的紫外线源固定在玻璃反应器的顶部，距离为 4.5 cm。将 200 mL 0.1 mmol/L 对乙酰氨基酚溶液和 1 mmol/L NaOCl 加入反应器中。用硫酸和氢氧化钠调节溶液的 pH。在实验之前，开启紫外灯 10 min 以稳定光强度。定期取样，并用硫代硫酸钠溶液淬灭。使用配有 C$_{18}$柱（25 cm×4.6 mm）和紫外检测器的高效液相色谱分析对乙酰氨基酚的残留浓度。检测波长为 244 nm，色谱柱的温度为 25 ℃，流动相为甲醇和水的混合物，体积比为 65∶35，流速为 1 mL/min。

对乙酰氨基酚的销毁情况及相关参数，参考表 11-9。

表 11-9　对乙酰氨基酚的 UV/Cl 氧化法销毁相关参数

底物	浓度	氯源	pH	温度	灯	时间	销毁率	文献
对乙酰氨基酚	10 μmol/L	NaOCl 中 140 μmol/L 游离有效氯	5.5~8.5	19~21 ℃	9 个 2 W LEDs 365 nm	15 min	>95%	11
对乙酰氨基酚	0.1 mmol/L	1 mmol/L NaOCl	7	N/A	6 W Philips UVC 254 nm 1.43 mW/cm^2	25 min	99.9%	12

11.2.1.8　UV/过乙酸氧化法[13]

将对乙酰氨基酚溶解在去离子水中，制备 20 mg/L 对乙酰氨基酚溶液。使用高为 4 cm、直径为 16 cm 的 Pyrex 板作为降解的光反应器。使用电子芯片设置 6 个 UVC-LED（1 W，254~258 nm）。向反应器中加入 20 mg/L 对乙酰氨基酚溶液、4 mmol/L 过乙酸和 0.5 mmol/L FeSO$_4$，然后开启光源进行反应，并定期取样。使用配有 C$_{18}$柱（25 cm×4.6 mm）的高效液相色谱分析对乙酰氨基酚的残留量。紫外检测波长设定为 244 nm，柱温设定为 25 ℃，甲醇和水作为流动相，体积比为 65∶35，流动相流速为 1 mL/min。

对乙酰氨基酚的销毁情况及相关参数，参考表 11-10。

表 11-10　对乙酰氨基酚的 UV/过乙酸氧化法销毁相关参数

底物	浓度	添加的试剂	pH	温度	灯	时间	销毁率
对乙酰氨基酚	20 mg/L	4 mmol/L 过乙酸和 0.5 mmol/L FeSO$_4$	5	N/A	6 个 1 W UVC-LED 254~258 nm	30 min	>95%

11.2.2　双氯芬酸的销毁

11.2.2.1　臭氧氧化法[14]

在不添加缓冲液的情况下，将 1 mL 1.3 mmol/L 双氯芬酸储备溶液与不同体积的水和 0.36 mmol/L 臭氧储备溶液混合，加入或不加入 5 mL 0.1 mol/L t-BuOH 溶液。双氯芬酸的初始浓度设定为 26 μmol/L（8 mg/L）。臭氧/双氯芬酸的最终物质的量之比在 1∶10~10∶1 变化。所有样品一式三份。在产物测定之前，用靛蓝法验证臭氧反应的完成，并测量 pH 的变化情况。

双氯芬酸的销毁情况及相关参数，参考表 11-11。

表 11-11　双氯芬酸的臭氧氧化法销毁相关参数

底物	浓度	臭氧	pH	温度	时间	销毁率
双氯芬酸	8 mg/L 水溶液（含有 10 mmol/L 叔丁醇）	加入含有约 0.36 mmol/L 臭氧的水溶液以获得 10∶1 的臭氧与底物物质的量之比	N/A	N/A	N/A	> 95%

11.2.2.2　UV/H₂O₂ 氧化法[15]

辐射实验是在 25 ℃ 恒温的 0.420 L 环形反应器中进行的，该反应器配有发射波长为 254 nm 的 17 W 低压汞单色灯。该灯的辐射功率是通过光量法测量的。用改进的碘量法测定辐射测量过程中的过氧化氢浓度。用高氯酸和/或氢氧化钠将双氯芬酸溶液的 pH 调节至所需值。通过定期 HPLC 分析监测反应过程。

H_2O_2/UV 被证明能有效地诱导双氯芬酸降解，能确保氯完全转化为氯离子，反应 90 min 后，H_2O_2/UV 的矿化度可达 39%。

11.2.2.3　光-芬顿氧化法[16]

使用蒸馏水和去离子水以及双氯芬酸制备模拟废水样品。七水合硫酸亚铁用作光-芬顿反应的铁源。用硫酸将含有双氯芬酸和七水合硫酸亚铁（10 mg Fe/L）的溶液调节至 pH 为 3.0。所有实验都是向反应器中加入 100 mg/L 过氧化氢，同时打开紫外灯启动的。使用注射器以预定的时间间隔抽取样品，并在分析前用聚四氟乙烯膜过滤器过滤，以除去羟基氧化铁、铁配合物等固体。用酸度计监测温度和 pH。分析双氯芬酸破坏的完整性，并适当丢弃。

11.2.2.4　芬顿氧化法[17]

在破碎机中，以 350 r/min 的转速用机械搅拌器混合适量的 Fe(0)，并在破碎机下放置两块薄圆柱形的新钕铁硼永磁体。用 0.1 mmol/L NaOH 和 0.1 mmol/L H_2SO_4 调节溶液的 pH。用机械搅拌器以 350 r/min 的转速混合溶液。在给定的时间间隔内，用塑料注射器取样，并立即与适量的叔丁醇混合，以淬灭氧化反应。在测试之前，样品用 0.22 μm 的膜滤器过滤。用具有 C_{18} 柱（5 μm，3.0 mm × 100 mm）和紫外检测器的高效液相色谱测定双氯芬酸的浓度。流动相（甲醇、水的体积比为 70∶30）的流速为 0.3 mL/min。检测波长设置为 276 nm，温度为 30 ℃。在 Fe(0)/H_2O_2 工艺中，H_2O_2 浓度分别为 0.25 mmol/L、0.50 mmol/L、1.0 mmol/L 和 2.0 mmol/L 的时候，双氯芬酸的去除率在 60 min 内分别为 67.5%、73.3%、97% 和 99%。而在 Pre-Fe(0)/H_2O_2 工艺中，H_2O_2 浓度分别为 0.25 mmol/L、0.50 mmol/L、1.0 mmol/L、2.0 mmol/L 的时候，双氯芬酸在 7 min 内的去除率分别可达 58.9%、69.8%、96.5% 和 99.7%。

11.2.2.5　TiO₂/UV 氧化法[16]

TiO_2/UV 催化氧化工艺的实验装置与用于光-芬顿工艺的相同。反应体积为 0.3 L。所有实验在室温下分批进行。使用纯水和双氯芬酸制备模拟废水样品。将光催化剂 TiO_2 颗粒（200 mg/L）加入模拟废水样品中。为了确保光催化剂颗粒在整个反应器中完全悬浮，用磁力搅拌器彻底搅拌浆液。纯水的初始 pH 大约为 7.0。在光催化氧化之前，让药物在黑暗中在光催化剂表面上吸附 30 min，并达到吸附平衡。随后开启 UV-A 光源开始降解反应。使用注射器以预定的时间间隔取出样品，并在分析前通过膜过滤器过滤以去除光催化剂颗粒。实验结果表明，双氯芬酸的销毁率大于 95%。

11.2.2.6　直接光解法

方法一[18]。紫外照射采用 Superlite SUV-DC-P 液晶显示系统，该系统配有 200 W 超高压汞灯，可以提供波长范围在 220 ~ 500 nm 的光，光谱强度为 55 000 mW/cm^2。将 25 mL 100 μmol/L 双氯芬酸水溶液置于光源下，并不断搅拌。从照射 0 ~ 15 s 开始，每隔 5 s 收集 200 μL 样品。之后，间隔时间为 15 s，总照射时间为 60 s。从 60 s 到 600 s，每隔 30 s 采集 1 次样本，总共 25 个样本。在整个取样过程中（大约 15 min），样品在室温下保存。然后放入 6 ℃ 的自进样器中，用 LC/MS 进行连续分析。

方法二[19]。此光解方法使用了发射波长为 (172 ± 14) nm 的氙准分子灯（Radium Xeradex 20 W）。用甲醇光度法测定光源的光子通量，发现其为 3×10^{-6} mol/s。用蠕动泵将 250 mL 双氯芬酸溶液以 375 mL/min 的速度在反应器和储液池的 2 个内壁内形成 2 mm 厚的层中循环。反应器和储液池温度为 (25.0 ± 0.5) ℃。将氮气或氧气鼓泡到容器中，分别达到脱氧或氧饱和的条件。每次实验前 30 min 或 15 min，开始注入氮气和氧气，一直持续到照射结束。

双氯芬酸两种光解方法及相关参数，参考表 11-12。

表 11-12　双氯芬酸的直接光解法销毁相关参数

底物	浓度	pH	温度	灯	时间	销毁率	文献
双氯芬酸	100 μmol/L	N/A	N/A	Superlite SUV-DC-P LCD 200 W 超高压汞灯（55 W/cm^2, 220 ~ 500 nm）	10 min	ND	18
双氯芬酸	100 μmol/L	6.9 ~ 7.2	25 ℃	Radium Xeradex 20 W xenon excimer（172 nm）	15 min	> 95%	19

11.2.2.7　臭氧和过氧化氢联合氧化法[16]

所有实验均在室温 [(25 ± 1) ℃] 下进行。使用纯水和双氯芬酸制备模拟废水样品。纯水的初始 pH 大约为 7.0。臭氧气体是由臭氧气体发生器产生的。入口臭氧气体浓度为 0.36 mg/L，气体流速为 3.0 L/min。向溶液中加入 20 mg/L 过氧化氢，然后向反应器中通入臭氧气体，并启动实验。使用注射器以预定的时间间隔抽取样品。通过碘化钾法测定入口臭氧浓度。

11.2.2.8　高铁酸盐氧化法[20]

在 pH 为 6 ~ 9 的缓冲溶液中，分别制备 1 L 100 μg/L 和 1 L 10 μg/L 双氯芬酸溶液。所用的缓冲溶液分别为 0.05 mol/L KH_2PO_4/0.005 ~ 0.05 mol/L NaOH（pH 6 ~ 8）和 0.0125 mol/L $Na_2B_4O_7 \cdot 10H_2O$/0.005 mol/L HCl（pH 9）。采用六单元搅拌器，在以下条件下进行了一系列试验：在 400 r/min 下快速搅拌 1 min；以 40 r/min 慢速搅拌 60 ~ 180 min；然后沉淀 60 min。高铁酸盐的用量为 0 ~ 5 mg/L（以铁计）。所有实验都是重复进行的。沉淀后，用 1.2 μm 玻璃纤维过滤器和 0.45 μm 膜过滤器依次过滤特定量的上清液。用 1 mol/L H_2SO_4 将滤液的 pH 调节至 2.5，然后进行固相萃取，并用高效液相色谱-紫外分光光度计进一步分析。实验结果表明，高铁酸盐可以有效地去除试验溶液中的双氯芬酸。在最佳条件下，去除率超过80%。

11.2.2.9 过硫酸盐氧化法[21,22]

在100 mL锥形瓶中进行双氯芬酸的降解实验，温度为(25 ± 1) ℃，用磁力进行搅拌。首先将除Fe(Ⅱ)以外的试剂加入烧瓶中。然后，向溶液中加入所需剂量的Fe(Ⅱ)来引发反应。用1 mol/L氢氧化钠和1 mol/L高氯酸调节反应溶液的初始pH，但不加入任何pH缓冲溶液。在预定的时间间隔内取样1 mL，并放入硫代硫酸钠溶液中淬灭。使用配有安捷伦TC-C_{18}柱（5 μm，150 mm × 4.6 mm）的高效液相色谱测定双氯芬酸的残留浓度。流动相为0.1%乙酸溶液和乙腈，比例为35∶65（V/V），流速为1 mL/min。柱温和检测波长设定为35 ℃和274 nm。

双氯芬酸的销毁情况及相关参数，参考表11-13。

表11-13　双氯芬酸的过硫酸盐氧化法销毁相关参数

底物	浓度	过硫酸盐	pH	温度	时间	销毁率	文献
双氯芬酸	5 mg/L	120 mg/L 过硫酸钠	6	30 ℃	4 h	> 95%	21
双氯芬酸	5 μmol/L	1 μmol/L FeSO$_4$ · 7H$_2$O + 100 μmol/L 硫酸羟胺 + 100 μmol/L Oxone®	4.5	24 ~ 26 ℃	10 min	> 95%	22

11.2.2.10 过乙酸氧化法

方法一[23]。氧化实验是在250 mL烧杯中进行的，反应温度为25 ℃，搅拌速度为350 r/min，反应溶液的总体积为100 mL。首先制备不同比例的磷酸二氢钠和磷酸氢二钠的磷酸盐缓冲液，用于调节溶液的pH。然后在磷酸盐缓冲液中加入一定量的双氯芬酸，最后加入过乙酸引发反应。在设定的时间内，取样1 mL，并用0.1 mL 0.2 mol/L Na$_2$S$_2$O$_3$溶液淬灭，然而用HPLC进行分析。

方法一[24]。降解实验是在100 mL锥形烧瓶中进行的，反应温度为(25 ± 1) ℃。首先将除Fe(Ⅱ)以外的试剂加入烧瓶中。然后，通过向溶液中加入Fe(Ⅱ)来引发反应。在不添加任何pH缓冲溶液的情况下，用1 mol/L氢氧化钠和1 mol/L高氯酸调节反应溶液的初始pH。在设定的时间内，取样1 mL，并用0.1 mL 0.2 mol/L Na$_2$S$_2$O$_3$溶液淬灭，然而用HPLC进行分析。

双氯芬酸的销毁情况及相关参数，参考表11-14。

表11-14　双氯芬酸的过乙酸氧化法销毁相关参数

底物	浓度	反应条件	pH	温度	时间	销毁率	文献
双氯芬酸	5 μmol/L（在 100 mmol/L pH 7.4 磷酸盐缓冲液中）	0.55 mmol/L 过乙酸	7.4	25 ℃	50 min	> 95%	23
双氯芬酸	5 μmol/L	1 μmol/L FeSO$_4$ · 7H$_2$O + 100 μmol/L 硫酸羟胺 + 100 μmol/L 过乙酸	4.5	24 ~ 26 ℃	10 min	> 90%	24

11.2.2.11 FeSO$_4$/亚硫酸氢钠法[25]

销毁实验是在250 mL烧杯中进行的，烧杯由恒温磁力搅拌装置控制，搅拌速度为

600 r/min，反应温度为 25 ℃。将适量的双氯芬酸和亚硫酸氢钠加入烧杯中，然后用 0.2 mol/L NaOH 或 0.2 mol/L H$_2$SO$_4$ 将反应溶液的初始 pH 调节至所需值。最后，向上述溶液中加入 FeSO$_4$。定期取样，并用 0.2 mol/L Na$_2$S$_2$O$_3$ 淬灭，并进行 HPLC 分析。

双氯芬酸的销毁情况及相关参数，参考表 11-15。

表 11-15　双氯芬酸的 FeSO$_4$/亚硫酸氢钠法销毁相关参数

底物	浓度	反应条件	pH	温度	时间	销毁率
双氯芬酸	10 μmol/L	10 μmol/L FeSO$_4$ 与 200 μmol/L 亚硫酸氢钠	4	25 ℃	5 min	> 95%

11.2.2.12　催化氢化法[26]

双氯芬酸的水相催化加氢脱氯是在 500 mL 反应器中进行的。氢气以 50 mL/min 的速度连续进料到反应器中。双氯芬酸的初始浓度为 20 mg/L（0.068 mmol/L），催化剂浓度为 0.1 ~ 2 g/L。

双氯芬酸的销毁情况及相关参数，参考表 11-16。

表 11-16　双氯芬酸的催化氢化法销毁相关参数

底物	浓度	反应条件	pH	温度	时间	销毁率
双氯芬酸	68 μmol/L	0.5 g/L 的 1% 钯-氧化铝在 50 mL/min 氢气下以 900 r/min 搅拌	6.9	25 ℃	25 min	100%

11.2.2.13　过氧化钙氧化法[27]

销毁实验是在 250 mL 烧杯中进行的，烧杯由恒温磁力搅拌装置控制，搅拌速度为 500 r/min，反应温度为(25 ± 2) ℃。将双氯芬酸、EDTA、FeSO$_4$ 加入反应器中，再添加 CaO$_2$ 开始反应。每隔一定时间，取样 2 mL，用 0.22 μm 滤膜过滤后，再用过量的叔丁醇淬灭，并分析双氯芬酸的残留量。

双氯芬酸的销毁情况及相关参数，参考表 11-17。

表 11-17　双氯芬酸的过氧化钙氧化法销毁相关参数

底物	浓度	反应条件	pH	温度	时间	销毁率
双氯芬酸	20 μmol/L	320 μmol/L 纳米过氧化钙 + 160 μmol/L FeSO$_4$ + 160 μmol/L EDTA	6	23 ~ 27 ℃	3 h	97.5%

11.2.2.14　UV/Cl 氧化法[28]

在石英管内安装一个中压 UV-C 灯（峰值波长 254 nm，功率 230 W），轴向安装在不锈钢圆柱光反应器（I.D. = 8.89 cm，照明容积 6.21 L）内，紫外辐照度的平均值为 87.7 W/m^2。向反应器中加入 200 μg/L 双氯芬酸和 10 mg/L NaOCl，并开启光源进行反应。定期取样，并分析双氯芬酸的残留量。

双氯芬酸的销毁情况及相关参数，参考表 11-18。

表 11-18　双氯芬酸的 UV/Cl 氧化法销毁相关参数

底物	浓度	氯源	pH	温度	灯	时间	销毁率
双氯芬酸	200 μg/L	10 mg/L NaOCl	6.9 ~ 7.6	N/A	230 W MP Hg 254 nm quartz 87.7 W/m²	12 min	90%

11.2.2.15　UV/亚硫酸钠法[29]

实验是在反应体积为 800 mL 的 1 L 密封圆柱形光反应器中进行的。光源为低压紫外线汞灯（Phillips TUV PL-L），其发射波长约 254 nm。将灯插入位于反应器中心的石英管中。在光解实验之前，打开紫外灯至少 15 min，预热并达到稳定的光子通量输出。在实验开始前，用氮气吹扫加入反应器中的水 20 min，以除去任何溶解氧。使用磁力棒搅拌器搅拌反应混合物。向反应器中加入 0.3 mmol/L 双氯芬酸和 8 mmol/L 亚硫酸钠，并开启光源进行反应。定期取样，并进行检测。使用配有二元泵（G1312A）、恒温柱室、自动进样器（G1367A）和紫外检测器（G1314A）的 HPLC（安捷伦 1100）分析双氯芬酸的残留量。分离采用了 Agilent Eclipse Plus C_{18} 柱（4.6 mm × 100 mm，3.5 μm），流动相由甲醇和 0.1% 甲酸水溶液组成，体积比为 75 : 25，流速为 1.0 mL/min，注射量为 5 μL，检测器波长为 271 nm。

双氯芬酸的销毁情况及相关参数，参考表 11-19。

表 11-19　双氯芬酸的 UV/亚硫酸钠法销毁相关参数

底物	浓度	添加的试剂	pH	温度	灯	时间	销毁率
双氯芬酸	0.3 mmol/L	8 mmol/L 亚硫酸钠	9.2	环境温度	Philips TUV PL-L LP Hg 254 nm Quartz 3.261 mW/cm²	30 min	98%

11.2.3　布洛芬的销毁

11.2.3.1　UV/H₂O₂ 氧化法[30]

所有光化学实验都是在专门设计的紫外线装置中进行的。将四根石英管均匀地放置在 6 W 低压汞灯（254 nm，GPH 212T5 L4）周围，以获得均匀的照射并减少实验误差。平均紫外强度为 3.54 mm × 10^{-6} E/(s·L)。为了获得稳定的紫外发射，在实验开始之前将紫外灯预热 30 min。使用冷却系统将实验温度控制在 (25 ± 1) ℃。布洛芬的初始浓度为 10 μg/L，H_2O_2 为 500 μmol/L，反应液 pH 为 5.2。布洛芬及其产物使用 HPLC（安捷伦 1260）进行鉴定。

布洛芬的销毁情况及相关参数，参考表 11-20。

表 11-20　布洛芬的 UV/H₂O₂ 氧化法销毁相关参数

底物	浓度	氧化剂	pH	温度	灯	时间	销毁率
布洛芬	10 μg/L	500 μmol/L H_2O_2	5.2	25 ℃	6 W Heraeus Noblelight GPH 212T5 L4 LP Hg quartz 254 nm	4 min	> 95%

11.2.3.2　光-芬顿氧化法[31]

向反应器中，加入 1.2 mmol/L Fe(Ⅱ)、0.87 mmol/L 布洛芬和 0.16 mmol/L H_2O_2。反应温度为 30 ℃，溶液的 pH 为 6 ~ 6.5。开启紫外灯进行氧化反应，并定期取样进行分析。

布洛芬的销毁情况及相关参数，参考表 11-21。

表 11-21　布洛芬的光-芬顿氧化法销毁相关参数

底物	浓度	铁	氧化剂	pH	温度	灯	时间	销毁率
布洛芬	0.87 mmol/L	1.2 mmol/L	0.16 mmol/L H₂O₂	6～6.5	30 ℃	Phillips OP 1 KW Xenon（290～400 nm）	1.5 h	＞95%

11.2.3.3　UV/TiO₂ 光解法

方法一[32]。使用 Degussa P25 TiO₂（表面积为 55 m²/g）作为光催化剂。温度维持在 18～22 ℃，溶液的体积为 250 mL。使用氙弧灯（450 W）进行光解反应。将适量的布洛芬溶解在 250 mL 水中，然后将 1 g/L TiO₂ 添加到布洛芬溶液中。在黑暗中搅拌反应液，以达到吸附平衡（在 45 min 内为 ~9%）。开启光源进行光解反应，定期取样并分析布洛芬的残留量。

方法二[33]。向 70 mL Schlenk 玻璃反应器中，加入 5 mg/L 布洛芬水溶液和 2.7 g/L TiO₂ 悬浮液。在开始光催化反应之前，将悬浮液超声处理 2 min，然后在黑暗条件下搅拌 30 min，使其在水溶液中达到吸附/解吸平衡。然后，用 Uvitec LF-215 紫外灯（365 nm，15 W）照射。定期取样，并分析布洛芬的残留量。

布洛芬的销毁情况及相关参数，参考表 11-22。

表 11-22　布洛芬的 UV/TiO₂ 光解法销毁相关参数

底物	浓度	TiO₂	pH	温度	灯	时间	销毁率	文献
布洛芬	18.5 mg/L	1 g/L	N/A	18～22 ℃	450 W Oriel xenon arc lamp	1 h	＞95%	32
布洛芬	5 mg/L	2.7 g/L	5.05	25 ℃	15 W Uvitec LF-215.LS 365 nm	10 min	＞95%	33

11.2.3.4　UV/过硫酸盐氧化法[34]

反应是在 CCP-4V 光反应器中进行的，反应温度为 21～25 ℃。在光反应器的顶部中心处安装了 2 个单色光紫外灯作为光源，发射波长为 300 nm。向反应器中加入 50 μmol/L 布洛芬、250 mM Oxone® 和 250 μmol/L FeSO₄，开启光源进行反应。定期取样 0.5 mL，并用 0.5 mL 甲醇淬灭。布洛芬的残留浓度用 HPLC 进行测定，该 HPLC 由 Waters 515 HPLC 泵、Waters 2487 UV 检测器和 Restek C₁₈ 柱（5 μm，4.6 mm×250 mm）组成。流动相为 75% 乙腈、25% 超纯水和 0.001% 醋酸的混合物，流速为 1 mL/min，注射体积为 10 μL，UV 检测器波长为 220 nm，布洛芬的保留时间约为 4.81 min。

布洛芬的销毁情况及相关参数，参考表 11-23。

表 11-23　布洛芬的 UV/过硫酸盐氧化法销毁相关参数

底物	浓度	氧化剂	pH	温度	灯	时间	销毁率
布洛芬	50 μmol/L	250 mM Oxone® 与 250 μmol/L FeSO₄	3.68	21～25 ℃	2 个 21 W Southern New England Ultraviolet Co. RPR-3000 A 300 nm quartz	10 min	＞95%

11.2.3.5　UV/NaOCl 氧化法[35]

氧化实验是在 700 mL 光反应器中进行的。将石英套管中的低压紫外灯（10 W GPH 212T5L/4）放置在 700 mL 圆柱形玻璃反应器的中心线上，并在反应器底部提供快速混合。水循环系统将内罐温度维持在 24~26 ℃。摄氏度紫外灯和水循环系统在实验前至少预热 30 min。将 10 μmol/L 布洛芬、100 μmol/L NaOCl 和 2 mmol/L 磷酸盐缓冲液加入光反应器中，并开启光源进行反应。定期取样 1 mL，并用 20 mmol/L Na$_2$SO$_3$（亚硫酸盐、氯的物质的量之比为 1.5:1）淬灭。使用配有 Waters 对称 C$_{18}$ 柱（4.6 mm × 150 mm，粒径 5 μm）和紫外检测器（223 nm）的高效液相色谱系统测定布洛芬的残留浓度。流动相为水（pH 2）和甲醇的混合物，体积比为 20:80，流速为 1.0 mL/min。

布洛芬的销毁情况及相关参数，参考表 11-24。

表 11-24　布洛芬的 UV/NaOCl 氧化法销毁相关参数

底物	浓度	氯源	pH	温度	灯	时间	销毁率
布洛芬	10 μmol/L	100 μmol/L NaOCl	6	24~26 ℃	Heraeus 10 W GPH 212T5L/4 quartz 254 nm 1.05 mW/cm^2	20 min	>95%

11.2.4　吲哚美辛的销毁[36]

将臭氧溶液加入 25 μmol/L 吲哚美辛溶液中。反应完成后，分析吲哚美辛浓度的残留量。所有实验一式三份进行。

吲哚美辛的浓度由 515 HPLC 泵、717 自动取样器和 2487 双 λ 吸光度检测器组成的 HPLC-UV 来测量。使用反相 TC-C$_{18}$ 柱（150 mm × 4.6 mm，5 μm），流动相由水和甲醇（2 mmol/L 乙酸铵和 0.01% 甲酸）组成。流速、进样体积和烘箱温度分别为 1 mL/min、50 L 和 30 ℃。

吲哚美辛的销毁情况及相关参数，参考表 11-25。

表 11-25　吲哚美辛的销毁相关参数

底物	浓度	臭氧	pH	温度	时间	销毁率
吲哚美辛	25 μmol/L	250 mL/min 流速的氧气中含有 2-35 mg/L 的臭氧	N/A	20 ℃	7 min	>95%

11.2.5　安替比林的销毁[37]

臭氧化实验在 1000 mL 圆柱形夹套硼硅酸盐玻璃反应器中进行。以 99.8% 氧气为原料，用 COM-AD-01 臭氧发生器生产臭氧，并将其连续鼓泡到搅拌的 5 mmol/L 磷酸盐缓冲溶液中，直至达到平衡浓度。然后，将一定量的安替比林储备溶液加入反应器中。反应器的气体出口通向臭氧破坏装置。

气相和溶液中臭氧的浓度分别用非分散紫外光度计和靛蓝比色法测定。总有机碳用配有 ASI-V 自动取样器的 TOC-VCPH 分析仪进行测定。用配有 Kromasil C$_{18}$（250 mm × 4.6 mm，内径 5 μm）柱的高效液相色谱对安替比林进行分析。流动相是乙腈和水（75:25）的混合物，流速为 1.0 mL/min。注射量为用 20 μL，紫外吸收检测器的波长为 270 nm。

安替比林的销毁情况及相关参数，参考表 11-26。

表 11-26　安替比林的销毁相关参数

底物	浓度	臭氧	pH	温度	时间	销毁率
安替比林	160 μmol/L	0.167 mmol/L 臭氧（在反应溶液中）	7.9	24～26 ℃	7 min	>95%

11.2.6　氨基比林的销毁[38]

在磁力搅拌下，100 mL 反应器中加入一定量的过乙酸（H$_2$O$_2$）和氨基比林。过乙酸、H$_2$O$_2$ 和氨基比林的初始浓度分别为 0.1～0.5 mmol/L、0.25～1.0 mmol/L 和 10 μmol/L。用 NaOH 和 HClO$_4$ 将反应液的初始 pH 调节至所需值（3.8～10.0）。在预定的时间内，取样 1 mL，并过滤。加入 50 μL 50 mmol/L 硫代硫酸钠淬灭，并在 4 ℃ 下保存直到分析。用高效液相色谱检测氨基比林的残留浓度。

氨基比林的销毁情况及相关参数，参考表 11-27。

表 11-27　氨基比林的销毁相关参数

底物	浓度	反应条件	pH	温度	时间	销毁率
氨基比林	10 μmol/L	0.5 mmol/L 过乙酸	7	24～26 ℃	30 min	99%

11.2.7　非诺洛芬的销毁[39]

首先制备 2.5 μg/L 非诺洛芬水溶液。在 110 r/min 搅拌下，将 500 mL 非诺洛芬溶液置于低压 UV 灯（14 W，254 nm）。

非诺洛芬的销毁情况及相关参数，参考表 11-28。

表 11-28　非诺洛芬的销毁相关参数

底物	浓度	pH	温度	灯	时间	销毁率
非诺洛芬	2.5 μg/L	7	N/A	14 W LP（254 nm，40 mW/cm^2）	5 min	>95%

11.2.8　美沙酮的销毁[40]

将美沙酮溶于超纯水中，使其初始浓度为 20 mg/L。将 1 L 美沙酮溶液加入 2 L 反应器中。H$_2$O$_2$（30% W/W）的物质的量浓度比美沙酮高 100 倍，FeSO$_4$·7H$_2$O 与 H$_2$O$_2$ 的物质的量浓度比为 1/200，初始 pH 为 3.0。太阳照射强度为 75 mW/cm^2，波长为 253.7 nm。搅拌反应液，并反应 90 min。反应结束后，用 0.5 mol/L Na$_2$S$_2$O$_3$ 淬灭，将反应液的 pH 调到 11.0～12.0，使残铁析出，用 0.22 μm 无菌过滤器过滤。分析破坏的完整性，并适当丢弃。

美沙酮的销毁情况及相关参数，参考表 11-29。

表 11-29　美沙酮的销毁相关参数

底物	浓度	铁	氧化剂	pH	温度	灯	时间	销毁率
美沙酮	10 mg/L	2 mg/L FeSO$_4$·7H$_2$O	5～20 mg/L H$_2$O$_2$	2.6～2.8	N/A	Solar	17 h	>90%

11.2.9　尼美舒利的销毁[41]

销毁实验是在太阳能模拟器 Atlas Suntest CPS+ 中进行的，并用照度为 750 W/m^2 的氙灯（1.5 kW）作为光源。尼美舒利的初始浓度为 5 mg/L。使用 0.01 mol/L HCl 将尼美舒利溶液酸化至 pH 2.9 ~ 3。向反应液中加入 0.25 mg/L Fe^{2+} 和 90 mg/L H$_2$O$_2$，并开启紫外灯进行反应。定期取样，使用 HPLC 系统测定尼美舒利的残留浓度。HPLC 由 SIL 20A 自动进样器和 LC-20AB 泵组成。色谱柱为 C$_{18}$（150 mm × 4.6 mm），粒径为 5 μm，温度为 30 ℃。流动相为甲酸（30%）和乙腈（70%）的混合物，流速为 0.4 mL/min，注射量为 20 μL。

尼美舒利的销毁情况及相关参数，参考表 11-30。

表 11-30　尼美舒利的销毁相关参数

底物	浓度	铁	氧化剂	pH	温度	灯	时间	销毁率
尼美舒利	5 mg/L	0.25 mg/L Fe^{2+}	90 g/L H$_2$O$_2$	2.9 ~ 3	N/A	1.5 kW Xenon lamp 750 W/m^2 > 290 nm（Pyrex）	20 min	> 95%

11.2.10　可待因的销毁[42]

光催化实验是在 150 mL 空心圆柱形反应器中进行的。将强度为 4.5 mW/cm^2、最大输出为 365 nm 的紫外灯置于石英套管中作为光源。将可待因水溶液、0.1 g/L 二氧化钛悬浊液加入反应器中，并用磁力搅拌棒以 300 r/min 的速度进行紫外线光解。在典型的反应中，在黑暗中搅拌 30 min 达到吸附平衡，然后再进行光催化反应。所有实验均在室温（20 ~ 24 ℃）下进行。在反应过程中，先用盐酸或氢氧化钠溶液调节溶液的 pH，然后再用盐酸或氢氧化钠溶液维持溶液的 pH。在规定的时间内取样，用 0.22 μm 注射器过滤器过滤，然后在 4 ℃ 下保存以待进一步分析。采用 LC/MS-MS 分析可待因的残留量。

可待因的销毁情况及相关参数，参考表 11-31。

表 11-31　可待因的销毁相关参数

底物	浓度	TiO$_2$	pH	温度	灯	时间	销毁率
可待因	100 mg/L	0.1 g/L	7	20 ~ 24 ℃	Philips 9 W 365 nm 4.5 mW/cm^2	3 min	> 95%
可待因	10 mg/L	0.1 g/L	5	20 ~ 24 ℃	Philips 9 W 365 nm 4.5 mW/cm^2	90 min	> 95%

11.2.11　萘普生的销毁[43]

向石英反应器中加入 1 μmol/L 萘普生和 1 mg/L 过乙酸，并将反应液的 pH 调节至 7.1。然后，将反应器放置在带有磁搅拌器的光室中，并开启光源进行反应。定期取样 1 mL，并用过量的硫代硫酸钠溶液淬灭。使用配有二极管阵列紫外检测器和 Agilent Zorbax SB-C$_{18}$ 色谱柱（2.1 mm × 150 mm，5 μm）的 Agilent 1100 系列高效液相色谱系统分析萘普生的残留量。检测波长为 235 nm，流动相为甲醇和 0.1% 甲酸溶液的混合物，注射量为 20 μL。

萘普生的销毁情况及相关参数，见表 11-32。

表 11-32　萘普生的销毁相关参数

底物	浓度	添加的试剂	pH	温度	灯	时间	销毁率
萘普生	1 μmol/L	1 mg/L 过乙酸	7.1	25 ℃	4 W Philips TUV4W G4T5 LP Hg quartz	2 h	> 93.5%

11.3　精神类药物的销毁

11.3.1　卡马西平的销毁

11.3.1.1　高铁酸盐氧化法[20]

在 pH 为 6 ~ 9 的缓冲溶液中，分别制备 1 L 100 μg/L 和 1 L 10 μg/L 卡马西平溶液。所用的缓冲溶液分别为 0.05 mol/L KH_2PO_4/0.005 ~ 0.05 mol/L NaOH（pH 6 ~ 8）和 0.0125 mol/L $Na_2B_4O_7 \cdot 10H_2O$/0.005 mol/L HCl（pH 9）。采用六单元搅拌器，在以下条件下进行了一系列试验：在 400 r/min 下快速搅拌 1 min；以 40 r/min 慢速搅拌 60 ~ 180 min；然后沉淀 60 min。高铁酸盐的用量为 0 ~ 5 mg/L（以铁计）。所有实验都是重复进行的。沉淀后，用 1.2 μm 玻璃纤维过滤器和 0.45 μm 膜过滤器依次过滤特定量的上清液。用 1 mol/L H_2SO_4 将滤液的 pH 调节至 2.5，然后进行固相萃取，并用高效液相色谱-紫外分光光度计进一步分析。

卡马西平的销毁情况及相关参数，参考表 11-33。

表 11-33　卡马西平的高铁酸盐氧化法销毁相关参数

底物	浓度	高铁酸盐	pH	温度	时间	销毁率
卡马西平	10 μg/L（在 12.5 mmol/L pH 9 硼酸钠缓冲液中）	1 mg/L Fe（K_2FeO_4）	9	20 ℃	1 ~ 3 h	> 95%

11.3.1.2　臭氧和过氧化氢联合氧化法[16]

所有实验均在室温[(25 ± 1) ℃]下进行。使用纯水和卡马西平制备模拟废水样品。纯水的初始 pH 大约为 7.0。臭氧气体是由臭氧气体发生器产生的。入口臭氧气体浓度为 0.36 mg/L，气体流速为 3.0 L/min。向溶液中加入 20 mg/L 过氧化氢，然后向反应器中通入臭氧气体，并启动实验。使用注射器以预定的时间间隔抽取样品。通过碘化钾法测定入口臭氧浓度。

卡马西平的销毁情况及相关参数，参考表 11-34。

表 11-34　卡马西平的臭氧和过氧化氢联合氧化法销毁相关参数

底物	浓度	臭氧	pH	温度	时间	销毁率
卡马西平	1 mg/L（含有 20 mg/L H_2O_2）	3 L/min 气流中，含 0.3 mg/L 臭氧	7.0	24 ~ 26 ℃	6 min	> 95%

11.3.1.3　过硫酸盐氧化法[44]

在蒸馏水中制备 0.1 mmol/L 卡马西平溶液，并将溶液的特定等分试样加入反应器中以获得预定的初始浓度。在每次试验之前，都要制备新鲜的含铁溶液。在 pH 为 2.5 的脱气 H_2SO_4 溶液中制备 Fe(Ⅱ)溶液，以防止 Fe(Ⅱ)沉淀或氧化。向反应器中加入适量的 Fe(Ⅱ)和 $K_2S_2O_8$，以达到预设的卡马西平、Fe(II)、$K_2S_2O_8$ 的物质的量之比。反应溶液的初始体积固定在 100 mL，并进行机械搅拌，以确保充分混合。根据需要，可以用 0.01 mol/L 硫酸或 0.01 mol/L 氢氧化钠调节 pH。在预定的时间间隔内取样，并加入硫代硫酸钠淬灭反应。然后用高效液相色谱对溶液进行分析。

卡马西平的销毁情况及相关参数，参考表 11-35。

表 11-35　卡马西平的过硫酸盐氧化法销毁相关参数

底物	浓度	过硫酸盐	pH	温度	时间	销毁率
卡马西平	25 μmol/L	125 mmol/L 硫酸亚铁与 1 mmol/L 过硫酸钾	3	N/A	40 min	> 95%

11.3.1.4　光解法

方法一[45]。光解实验是在 1 L 间歇式反应器中进行的，并使用低压汞灯（185 nm，10W）作为光源。光解温度为 25 ℃，并配有循环水系统。使用 2 mmol/L 磷酸盐缓冲液将溶液 pH 缓冲至 7.0。在规定的时间间隔内，采集 1.0 mL 样品，并立即用 $Na_2S_2O_3$ 溶液淬灭。采用对称 C_{18} 色谱柱（4.6 mm × 150 mm，5 μm），配有可变波长检测器的高效液相色谱法测定卡马西平浓度。流动相由超纯水（0.1% 甲酸）和甲醇组成，体积比为 40∶60，流速为 0.8 mL/min，注射量为 10 μL。

方法二[46]。将 5 mL 90 μmol/L 卡马西平溶液置于 Pyrex 玻璃槽内，并在光解期间用磁力进行搅拌。定期取样，并分析卡马西平光解的完整性。

卡马西平的销毁情况及相关参数，参考表 11-36。

表 11-36　卡马西平的光解法销毁相关参数

底物	浓度	pH	温度	灯	时间	销毁率	文献
卡马西平	2.0 μmol/L（在 1 mmol/L pH 7.0 磷酸盐缓冲液中）	7	25 ℃	10 W Heraeus Noblelight 185 nm	10 min	97.6%	45
卡马西平	90 μmol/L	4～9	N/A	Heraeus TQ 150 MP 汞灯（220 W/m², 290～400 nm）	72 h	> 95%	46

11.3.1.5　光-芬顿氧化法[47]

使用配有 290 nm 截止滤光片的 1500 W 氙灯模拟太阳辐照，光子通量为 7.9×10^{-6} E/min。光反应器用水冷却，使反应温度不超过 25 μmol/L。向 50 μmol/L 卡马西平水溶液中，加入 0.1 mmol/L Fe^{2+} 和 0.3 mmol/L 过硫酸盐，并开启光源进行反应。在选定的时间间隔内，取样 25 mL 和 1 mL，分别用亚硝酸钠和甲醇淬灭，并进行 TOC 和 LC 分析。

卡马西平的销毁情况及相关参数，参考表 11-37。

表 11-37　卡马西平的光-芬顿氧化法销毁相关参数

底物	浓度	铁/氧化剂	pH	温度	S 灯	时间	销毁率
卡马西平	50 μmol/L	0.1 mmol/L Fe^{2+}, 0.3 mmol/L 过硫酸盐	3	≤25 ℃	1500 W Xenon ＞ 290 nm	1 h	> 95%

11.3.1.6 UV/氯胺法[48]

使用准直光束进行卡马西平降解实验。UV-LED 灯与反应液表面之间的距离为 9 cm，水深为 1.8 cm。向反应器中加入 1 mg/L 卡马西平溶液和 20 mg/L NH_2Cl，并使用 10 mmol/L 磷酸盐缓冲液调节反应液的 pH。在室温（25 ℃）下开启光源进行反应，并定期取样 1.0 mL，然后立即用过量的 $Na_2S_2O_3$（$[Na_2S_2O_3]/[NH_2Cl]$ = 1.5）淬灭。使用具有紫外二极管阵列检测器和 Kromasil C_{18}（4.6 mm × 250 mm，5 μm）反相柱的岛津高效液相色谱装置检测卡马西平的残留浓度。

卡马西平的销毁情况及相关参数，参考表 11-38。

表 11-38　卡马西平的 UV/氯胺法销毁相关参数

底物	浓度	添加的试剂	pH	温度	灯	时间	销毁率
卡马西平	1 mg/L（在 10 mmol/L pH 7 磷酸盐缓冲液中）	20 mg/L NH_2Cl	7	25 ℃	LP UV	500 mJ/cm^2 之后	97.1%

11.3.1.7 UV/过氧化钙法[49]

销毁实验是在配有中压汞灯（MP-UV）的旋转光化学反应器 PhchemIII 中进行的。该反应器有 12 个石英管，每个石英管的体积为 80 mL。MP-UV 的辐照强度为 180 mW/cm^2，发射波长为 250 ~ 440 nm。将掺有 0.1 mg/g 卡马西平的废活性污泥与 0.2 mg/g CaO_2 混合 2 min，然后再开启光源进行反应。定期取样，并分析卡马西平的残留量。

卡马西平的销毁情况及相关参数，参考表 11-39。

表 11-39　卡马西平的 UV/过氧化钙法销毁相关参数

底物	浓度	添加的试剂	pH	温度	灯	时间	销毁率
卡马西平	0.1 mg/g	0.2 mg/g 过氧化钙	6.9	N/A	MP Hg quartz 250 ~ 440 nm 180 mW/cm^2	7 h	92.3%

11.3.2　奥卡西平的销毁[50]

此光解系统由 2 个低压汞紫外灯（Philips，TUV15）组成。用碘化物/碘酸盐化学光量法测得从紫外光源进入溶液的光子通量（254 nm）为 6.47×10^{-7} E/(L·s)。反应溶液的 pH 用 10 mmol/L 磷酸盐（NaH_2PO_4）控制，并用 1 mol/L NaOH 进行调节。奥卡西平的初始浓度为 10 μmol/L，H_2O_2 浓度为 500 μmol/L。将反应液置于紫外光下引发反应。奥卡西平的浓度可用与 Inert Sustain C_{18} 色谱柱（4.6 mm × 250 mm，5 μm 粒径）和 L-2420 紫外可见检测器（252 nm）联用的高效液相色谱进行测定。流动相由水和甲醇组成，体积比 35∶65，流速为 1.0 mL/min。

奥卡西平的销毁情况及相关参数，参考表 11-40。

表 11-40　奥卡西平的销毁相关参数

底物	浓度	氧化剂	pH	温度	灯	时间	销毁率
奥卡西平	10 μmol/L（在 1 mmol/L 碳酸氢钠中）	500 μmol/L H_2O_2	N/A	N/A	2 个 LP Hg Philips TUV15 254 nm	10 min	> 95%

11.3.3 地西泮的销毁[51]

用 1.0 mol/L HCl 或 H_2SO_4 在超声浴中预处理 Fe(0) 15 s，以溶解表面氧化物。然后将酸除去，并立即将 Fe(0) 加入地西泮溶液中，得到 pH 为 2.2 的溶液。在反应开始之前，将 25 mg/L 地西泮溶液用空气或氮气鼓泡 5 min。实验是在 400 mL 玻璃烧杯中进行的，该烧杯带有机械搅拌器并剧烈混合悬浮液，避免铁颗粒的沉淀。实验开始于向 200 mL 地西泮溶液中加入 Fe(0) 和 EDTA。对不同浓度的 Fe(0)（5 g/L、25 g/L、40 g/L）和 EDTA（119 mg/L、223 mg/L）进行了评估。定期取样，以 2000 r/min 离心 5 min，并用 0.45 μm 再生纤维素膜过滤，并立即分析地西泮的残留浓度。

在黑暗中，芬顿实验是在 400 mL 玻璃烧杯中进行的，同时开启机械搅拌。用 H_2SO_4 将 25 mg/L 地西泮溶液的 pH 调节至 2.5，并加入适当体积的 $FeSO_4$（最终浓度 0.1 mmol/L）和 H_2O_2（最终浓度 1.0 mmol/L）。

实验过程中地西泮浓度的测定采用反相高效液相色谱法，紫外吸收检测波长为 230 nm。采用 Phenomenex，Luna 5l（250 mm × 4.60 mm）的 C_{18} 色谱柱，流动相为甲醇-水（70:30），流速为 0.8 mL/min。

实验结果表明，在有氧条件下，在 119 mg/L EDTA 和 25 g/L Fe(0)（使用 H_2SO_4 预处理）存在下，60 min 后，地西泮的降解率可达 96%。在缺氧条件下，120 min 后，地西泮的降解率可达 67%。EDTA 的加入提高了 20% 的处理效率，120 min 后，地西泮的降解率可达 99%。

11.3.4 氯氮平的销毁[52]

将 5 mg/L 氯氮平溶液和 300 mg/L 二氧化钛悬浮液加入水平安装在 Atlas Suntest CPS+ 光稳定室中的 3.5 mL 石英带盖电池中，并同时开启光源。辐照度为 750 W/m^2，能量剂量为 2700 $kJ/(m^2 \cdot h)$。实验室内配备了氙灯和模拟全太阳紫外-可见光谱的 D65 滤光片。实验室内的温度被控制在 35 ℃以下。在整个实验过程中，使用微型搅拌器对 TiO_2 样品进行强力搅拌（500 r/min）。定期取样进行分析。

UHPLC-MS/MS 分析采用 Agilent Accurate Mass Q-TOF LC/MS G6520B 双电喷雾源系统和 Infinity 1290 UHPLC 系统进行，该系统由二元泵 G4220A、FC/ALS 恒温器 G1330B、自动进样器 G4226A、DAD 检测器 G4212A、TCC G1316C 模块和 Hibar RP-18e（2.1 mm × 50 mm，dp=2 μm）HR 柱组成。乙腈和 0.1% 甲酸水溶液的混合物用作流动相，流速为 0.3 mL/min。总分析时间为 11 min，进样体积为 5 μL，柱温为 35 ℃。

氯氮平的销毁情况及相关参数，参考表 11-41。

表 11-41　氯氮平的销毁相关参数

底物	浓度	TiO_2	pH	温度	灯	时间	销毁率
氯氮平	5 mg/L	300 mg/L	8.2	< 35 ℃	Xenon lamp with D65 filter 750 W/m^2 simulating sunlight	10 min	98.4%

11.3.5 洛沙平的销毁[53]

将 10 mg/L 洛沙平溶液和 100 mg/L 二氧化钛悬浮液转移到水平安装在 Atlas Suntest CPS+

光稳定室中的 3.5 mL 石英膜电池中，并同时光解。辐照度为 750 W/m² 反应温度控制在 35 ℃ 以下。在整个实验过程中，使用微搅拌器剧烈搅拌反应液（500 r/min）。定期取样，并使用配有双电喷雾源的安捷伦精确质量 Q-TOF LC/MS G6520B 系统和 Infinity 1290 UHPLC 系统进行 UHPLC-MS/MS 分析，该系统包括：二元泵 G4220A、FC/ALS 恒温器 G1330B、自动进样器 G4226A、DAD 检测器 G4212A、TCC G1316C 模块和 Hibar RP-18e（2.1 mm × 50 mm，dp = 2 μm）HR 色谱柱。

洛沙平的销毁情况及相关参数，参考表 11-42。

表 11-42 洛沙平的销毁相关参数

底物	浓度	TiO₂	pH	温度	灯	时间	销毁率
洛沙平	10 mg/L	100 mg/L	N/A	≤35 ℃	Xenon DB65 filter simulating solar 750 W/m²	5 h	＞95%

11.3.6 氟西汀的销毁[54]

将含或不含催化剂的 0.11 mmol/L 氟西汀溶液置于 100 mL 间歇式密封烧瓶反应器中，在不断磁力搅拌下，用 75 W 高压汞灯（Toshiba SHL-100UVQ2）照射，最大辐射中心为 360 nm，辐照度为 2 ~ 4 mW/cm（托普康 UVR-2 辐射计）。在悬浮的二氧化钛颗粒存在下，对氟西汀溶液也进行了销毁实验，并预先用超声波均化 20 min。使用 EcoDesign EDOG 臭氧发生器，将纯氧转化为臭氧，并用于臭氧化反应。

定期取样，用 0.20 μm 亲水性 DISMIC-13 HP 过滤器过滤后，分析残留的氟西汀、溶解有机碳、无机碳、离子种类和生化需氧量。对于氟西汀的检测，采用了紫外光谱或高效液相色谱技术（波长：227 nm）。在 pH 3 下使用等度流动模式，流动相由 50/50 体积比的 99.8% 乙腈和 10 mmol/L 一磷酸钾组成，C₁₈ 色谱柱为 Jasco Crestapak C₁₈S，温度为常温[(22.5 ± 2) ℃]，流速为 1 mL/min，注射量为 40 mL。

氟西汀的销毁情况及相关参数，参考表 11-43。

表 11-43 氟西汀的销毁相关参数

底物	浓度	臭氧	pH	温度	时间	销毁率
氟西汀	34 mg/L	氧气流中的臭氧浓度为 25 mg/L	3	N/A	10 min	＞95%

11.3.7 文拉法辛的销毁

11.3.7.1 过硫酸钠氧化法[55]

在含有 1.25 mL 文拉法辛原液、0 ~ 5 mmol/L 半胱氨酸、5 ~ 20 mmol/L Na₂S₂O₈ 和 0 ~ 10 mmol/L Fe²⁺ 的 50 mL 溶液中进行降解反应。用 2 mol/L NaOH 和 2 mol/L H₂SO₄ 调节反应的 pH。在规定的时间内，取样 0.5 mL，并立即用 0.5 mL 甲醇淬灭，并用 0.22 μm 过滤器过滤，用于进一步分析。采用高效液相色谱-三重四极杆质谱仪（LC-MS/MS）测定文拉法辛的浓度。

文拉法辛的销毁情况及相关参数，参考表 11-44。

表 11-44　文拉法辛的过硫酸钠氧化法销毁相关参数

底物	浓度	过硫酸盐	pH	温度	时间	销毁率
文拉法辛	10 mg/L	1 mmol/L Fe^{2+}、0.25 mmol/L 半胱氨酸与 15 mmol/L 过硫酸钠	未经调节	23 ~ 27 °C	5 min	100%

11.3.7.2　UV/TiO$_2$ 光解法[56]

光解实验是在配有 UV-A 灯的 UV 反应器（容量为 600 mL 的试管）中进行的。UV-A 辐射源的光谱响应范围在 340 ~ 400 nm，最大值为 366 nm，光强为 1.18×10^{-4} E/min。向反应器中加入 500 mL 10 mg/L 文拉法辛溶液和 400 mg/L 二氧化钛悬浮液。将反应液在黑暗中磁力搅拌 30 min，以达到吸附平衡。定期取样，并用 0.22 μm 纤维素膜过滤器过滤，以去除 TiO$_2$ 颗粒。用岛津液相色谱仪测定文拉法辛的残留量，该液相色谱仪具有与大气压电喷雾电离源的 MS 检测器（LCMS-2010 EV）串联的 PDA 检测器。

文拉法辛的销毁情况及相关参数，参考表 11-45。

表 11-45　文拉法辛的 UV/TiO$_2$ 光解法销毁相关参数

底物	浓度	TiO$_2$	pH	温度	灯	时间	销毁率
文拉法辛	10 mg/L	400 mg/L	4	N/A	Radium Ralutec 9 W/78 366 nm	30 min	> 99%

11.3.8　地昔帕明的销毁[57]

将 0.8 L 10 mg/L 地昔帕明水溶液加入 1 L 光反应器中。使用冷却系统（WKL230）将温度调节至所需值。光反应器配有磁力搅拌器。在光解过程中，使用实验室 pH 计（WTW pH/ION 735P）监测反应液的 pH。光解实验中使用了 TQ 150 W 中压汞灯（UV Consulting Peschl）作为光源。定期取样，并分析地昔帕明的残留浓度。

地昔帕明的销毁情况及相关参数，参考表 11-46。

表 11-46　地昔帕明的销毁相关参数

底物	浓度	pH	温度	灯	时间	销毁率
地昔帕明	10 mg/L	5	20 °C	TQ 150 W MP 汞灯（200 ~ 440 nm）	1 h	> 95%

11.3.9　氯丙嗪的销毁[58]

使用 UV/VIS 氙灯（TXE 150）进行光解实验，该氙灯发射波长与自然阳光（300 ~ 800 nm）相似。用去离子水制备 50 mg/L 氯丙嗪储备溶液，并在黑暗中储存直至使用。光解温度为 20 °C，并在光解期间进行监测。将 750 mL 50 mg/L 氯丙嗪溶液转移到反应器中，并打开氙灯开始光解。在 2^n min（$n = 0 ~ 8$）的时间间隔内，取样进行 DOC、pH 和 LC-MS 分析。

氯丙嗪的销毁情况及相关参数，参考表 11-47。

表 11-47　氯丙嗪的销毁相关参数

底物	浓度	pH	温度	灯	时间	销毁率
氯丙嗪	50 mg/L	7.4	20 °C	UV Consulting TXE 150 氙灯（300 ~ 800 nm）	256 min	99.7%

11.3.10　舒必利的销毁[59]

将舒必利溶于超纯水中,使其初始浓度为 20 mg/L。将 1 L 舒必利溶液加入 2 L 反应器中。H_2O_2 的物质的量浓度(30% W/W)比舒必利高 100 倍,$FeSO_4 \cdot 7H_2O$ 与 H_2O_2 的物质的量浓度比为 1/200,初始 pH 为 3.0。紫外灯照射强度为 75 mW/cm^2,波长为 253.7 nm。搅拌反应液,并反应 90 min。反应结束后,用 0.5 mol/L $Na_2S_2O_3$ 淬灭,将反应液的 pH 调节到 11.0 ~ 12.0,使残铁析出,用 0.22 μm 无菌过滤器过滤。分析破坏的完整性,并适当丢弃。

舒必利的销毁情况及相关参数,参考表 11-48。

表 11-48　舒必利的销毁相关参数

底物	浓度	铁	氧化剂	pH	温度	灯	时间	销毁率
舒必利	20 mg/L	8.34 mg/L $FeSO_4 \cdot 7H_2O$	200 mg/L H_2O_2	3	N/A	254 nm 75 mW/cm^2	90 min	> 95%

11.3.11　泰必利的销毁[60]

将 10 mg/L 泰必利和 100 mg/L 二氧化钛悬浮液,加入水平安装在 Atlas Suntest CPS+ 光稳定室中的 3.5 mL 石英带盖电池中,并同时进行光解。辐照度为 750 W/m^2,这对应于 2700 kJ/($m^2 \cdot$ h)的能量剂量。该室装有氙灯和模拟全太阳光谱的 D65 滤光器。反应温度控制在 35 ℃ 以下。在整个实验过程中,使用微搅拌器剧烈搅拌(500 r/min)反应液。定期取样,并用 UHPLC-MS/MS 方法分析泰必利的残留量。

泰必利的销毁情况及相关参数,参考表 11-49。

表 11-49　泰必利的销毁相关参数

底物	浓度	TiO_2	pH	温度	灯	时间	销毁率
泰必利	10 mg/L	100 mg/L	N/A	< 35 ℃	Xenon lamp with D65 filter 750 W/m^2 simulating sunlight	5 h	80%

11.3.12　坦度螺酮的销毁[61]

将 10 mg/L 坦度螺酮和 100 mg/L 二氧化钛悬浮液,加入水平安装在 Atlas Suntest CPS+ 光稳定室中的 3.5 mL 石英带盖电池中,并同时进行光解。辐照度为 250 W/m^2,相当于 900 kJ/($m^2 \cdot$ h)的能量剂量。该室装有氙灯和模拟全太阳光谱的 D65 滤光器。在整个实验过程中,使用微搅拌器剧烈搅拌(500 r/min)反应液。定期取样,并用 UHPLC-MS/MS 分析坦度螺酮的残留量。该 UHPLC-MS/MS 分析方法采用了 Agilent precision-mass Q-TOF LC/MS G6520B 双电喷雾源系统和 Infinity 1290 超高压液相色谱系统,包括二元泵 G4220A、FC/ALS 恒温器 G1330B、自动进样器 G4226A、DAD 检测器 G4212A、TCC G1316C 模块和 Hibar RP-18e (2.1 mm × 50 mm,dp = 2 μm)HR 柱。以乙腈和水的混合物为流动相,流速为 0.3 mL/min,进样量为 2 μL,柱温为 35 ℃。

坦度螺酮的销毁情况及相关参数,参考表 11-50。

表 11-50 坦度螺酮的销毁相关参数

底物	浓度	TiO$_2$	pH	温度	灯	时间	销毁率
坦度螺酮	10 mg/L	100 mg/L	N/A	< 35 °C	Xenon lamp with D65 filter 250 W/m^2	3 h	92%

11.3.13 水合氯醛的销毁[62]

光降解实验是在 CCP-4 V 光反应器中进行的，反应温度为 21 ~ 25 °C。在反应器顶部安装了 2 个发射单色光的低压汞灯（254 nm，35 W），紫外辐照率为 2.95 mW/cm^2。向反应器中加入 10 μmol/L 水合氯醛和 100 μmol/L Oxone®，并将反应液的 pH 调节至 5。在 400 r/min 下进行磁力搅拌，并开启光源进行反应。定期取样，并进行分析。采用配 HP-5 熔丝硅胶毛细管柱的 Agilent 5975 GC-MSD 系统测定水合氯醛的残留量。注射器和检测器的温度分别设置为 150 °C 和 250 °C。

水合氯醛的销毁情况及相关参数，参考表 11-51。

表 11-51 水合氯醛的销毁相关参数

底物	浓度	氧化剂	pH	温度	灯	时间	销毁率
水合氯醛	10 μmol/L	100 μmol/L Oxone®	5	21 ~ 25 °C	2 个 35 W LP Hg 254 nm 2.95 mW/cm^2	10 min	> 95%

11.3.14 扑痫酮销毁法[49]

销毁实验是在配有中压汞灯（MP-UV）的旋转光化学反应器 PhchemIIII 中进行的。该反应器有 12 个石英管，每个石英管的体积为 80 mL。MP-UV 的辐照强度为 180 mW/cm^2，发射波长为 250 ~ 440 nm。将掺有 0.1 mg/g 扑痫酮的废活性污泥与 0.2 mg/g CaO$_2$ 混合 2 min，然后再开启光源进行反应。定期取样，并分析扑痫酮的残留量。

扑痫酮的销毁情况及相关参数，参考表 11-52。

表 11-52 扑痫酮的销毁相关参数

底物	浓度	添加的试剂	pH	温度	灯	时间	销毁率
扑痫酮	0.1 mg/g	0.2 mg/g 过氧化钙	6.9	N/A	MP Hg quartz 250 ~ 440 nm 180 mW/cm^2	7 h	90.2%

11.4 心血管疾病药物的销毁

11.4.1 美托洛尔的销毁

11.4.1.1 芬顿和光-芬顿氧化法[63]

在 Milli-Q 水中制备 50 mg/L 美托洛尔水溶液。然后，加入铁，搅拌 15 min 后，向溶液中加入过氧化氢。在光-芬顿实验下，在加入过氧化氢的同时，将紫外灯打开。在所有芬顿和光芬顿实验中，测量了美托洛尔、间苯二酚、总有机碳、过氧化氢、Fe^{2+}、总铁浓度、pH 和温度。

使用 1260 高效液相色谱法分析美托洛尔的残留浓度。此分析方法采用 SEA18（250 mm × 4.6 mm i.d；5 μm 粒径）Teknokroma 色谱柱和 80 Hz 紫外检测器。流动相为水（pH 3）和乙腈（80：20），注入流速为 0.85 mL/min。在紫外最大吸光度（221.9 nm）处测定美托洛尔浓度。用岛津 TOC-v CNS 分析仪测定总有机碳。

实验结果表明，在最高浓度（5 mg/L 亚铁，125 mg/L H_2O_2）下，使用芬顿法反应 50 min，美托洛尔的去除率可达 90% 以上。

11.4.1.2 臭氧氧化法[64]

向冰浴冷却的去离子水中喷射含臭氧的氧气，制备 0.7 mmol/L 臭氧储备溶液。将臭氧储备溶液加入含有 100 μmol/L 美托洛尔、50 mmol/L 磷酸盐缓冲液(pH 为 3 或 8)和 100 mmol/L 叔丁醇的反应溶液中，使臭氧与化合物的比例分别为 1：5、1：3、1：1、2.5：1、5：1 和 10：1。在加入臭氧 24 h 后，对样品进行分析，并适当丢弃。

11.4.1.3 UV/H_2O_2 氧化法[65]

UV/H_2O_2 光氧化实验是在 550 mL UV-consulting Peschl® 的 UV 反应器系统中进行的，反应温度为 25 ℃。紫外灯由低压汞蒸气灯 15 W Heraeus Noblelight TNN 15/32 组成，发光波长为 254 nm。美托洛尔的初始浓度为 10 mg/L，H_2O_2 浓度为 25 mg/L，反应时间为 10 min。反应结束后，用硫代硫酸钠溶液淬灭，并分析美托洛尔的残留浓度。

美托洛尔的销毁情况及相关参数，参考表 11-53。

表 11-53　美托洛尔的 UV/H_2O_2 氧化法销毁相关参数

底物	浓度	氧化剂	pH	温度	灯	时间	销毁率
美托洛尔	10 mg/L	25 mg/L H_2O_2	N/A	25 ℃	Heraeus 15 W LP Hg Noblelight TNN 15/32 254 nm	10 min	100%

11.4.1.4 UV/TiO_2 光解法[66]

美托洛尔酒石酸盐的初始浓度为 50 μmol/L，TiO_2 负载量（Degussa P25 或 Wackherr）为 1.0 mg/mL，反应液的 pH 为 7。定期取样 0.50 mL，并用密理博（Millex-GV，0.22 μm）膜过滤。然后，将 20 μL 滤液注入配有 Eclypse XDB-C_{18} 色谱柱（150 mm × 4.6 mm，5 μm，25 ℃）的安捷伦 1100 系列液相色谱仪中进行分析。紫外-可见二极管阵列检测器设置在 225 nm（最大吸收波长）。流动相是乙腈和水的混合物，流速为 0.8 mL/min。

美托洛尔的销毁情况及相关参数，参考表 11-54。

表 11-54　美托洛尔的 UV/TiO_2 光解法销毁相关参数

底物	浓度	TiO_2	pH	温度	灯	时间	销毁率
美托洛尔	50 μmol/L	1 mg/mL	7	N/A	Philips HPL-N 125 W HP Hg Pyrex 366 nm	60 min	> 95%
美托洛尔	50 μmol/L	1 mg/mL	7	N/A	Philips HPL-N 125 W HP Hg Pyrex 366 nm	30 min	> 95%

11.4.1.5 UV/Cl 光解法[67]

使用循环紫外光反应器进行紫外光解实验。反应器由 1 个带磁棒搅拌的 2 L 玻璃瓶、1 个用于循环反应液的蠕动泵和 1 个紫外室组成，紫外室由 4 个紫外灯（20 W，254 nm）和 4

个石英柱（直径 10 mm，长 650 mm）组成。紫外室和测试瓶用铝箔覆盖，以最大限度地减少实验期间的紫外线暴露和紫外线辐射损失。单个紫外灯在 254 nm 下的光强度为 1.1 mW/cm^2。向反应器中加入 100 ng/L 美托洛尔溶液和 5 mg/L 游离氯（NaOCl），在搅拌下开启光源进行反应。定期取样，并加入 1 mL 0.1 mol/L 硫代硫酸钠溶液淬灭残留氯，然后分析美托洛尔的残留量。

美托洛尔的销毁情况及相关参数，参考表 11-55。

表 11-55　美托洛尔的 UV/Cl 光解法销毁相关参数

底物	浓度	氯源	pH	温度	灯	时间	销毁率
美托洛尔	100 ng/L	5 mg/L 游离氯（来自 NaOCl）	7	20 ℃	4 个 20 W San-Kyo Electrics 254 nm quartz 4.4 mW/cm^2	60 min	>95%

11.4.2　阿替洛尔和普萘洛尔的销毁

11.4.2.1　臭氧氧化法[68]

阿替洛尔和普萘洛尔的销毁情况及相关参数，参考表 11-56。

表 11-56　阿替洛尔和普萘洛尔的臭氧氧化法销毁相关参数

底物	浓度	臭氧	pH	温度	时间	销毁率
阿替洛尔	1 mg/L	2 L/min 的空气提供 380 mg/L/h 的臭氧	3～11	18～22 ℃	10 min	>95%
普萘洛尔	1 mg/L	2 L/min 的空气提供 380 mg/L/h 的臭氧	3～11	18～22 ℃	5 min	>95%

11.4.2.2　光-芬顿氧化法[69]

进行光-芬顿实验的阿替洛尔的浓度为 20 mg/L，Fe(ClO$_4$)$_3$ 的浓度为 5.0 mg/L，H$_2$O$_2$ 的浓度为 100 mg/L。实验结果显示，光照仅 1 min 后，阿替洛尔可被完全销毁。尽管阿替洛尔降解很快，但阿替洛尔的光降解产物需要更长的时间才能耗尽；完成矿化需要 150 min。

阿替洛尔的销毁情况及相关参数，参考表 11-57。

表 11-57　阿替洛尔的光-芬顿氧化法销毁相关参数

底物	浓度	铁/H$_2$O$_2$	pH	温度	灯	时间	销毁率
阿替洛尔	20 mg/L	5 mg/L Fe(ClO$_4$)$_3$，100 mg/L H$_2$O$_2$	2.9	30～35 ℃	125 W HP Hg Pyrex	2.5 h	100%

11.4.2.3　UV/TiO$_2$ 光解法[70]

光催化降解是在 150 mL Pyrex 反应器中进行的，反应器带有双壁冷却水套，在整个实验过程中保持溶液温度恒定。光源为高压汞灯（GGZ-125，E_{max} = 365 nm），功率为 125W，安装于光催化反应器的一侧。在光照前，取 150 mL 100 μmol/L 阿替洛尔、普萘洛尔或美托洛尔混悬液，向其中加入 2.0 g/L TiO$_2$ 光催化剂（Degussa P25），在黑暗中搅拌 30 min，达到吸附-解吸平衡。然后，打开紫外灯进行光催化降解实验。定期取样 3 mL，用 0.2 μm 过滤器过滤并进行分析。

使用 Agilent 1200 系列 HPLC 在以下条件下测定阿替洛尔、普萘洛尔和美托洛尔的残留浓度：Kromasil C_{18} 柱（250 mm × 4.6 mm），温度 30 ℃，流动相成分为 15% CH_3OH、15% CH_3CN 和 70% 磷酸盐缓冲溶液（10 mmol/L，pH 3.0），流动相流速为 1 mL/min。

阿替洛尔、普萘洛尔和美托洛尔的销毁情况及相关参数，参考表 11-58。

表 11-58　阿替洛尔、普萘洛尔和美托洛尔的 UV/TiO_2 光解法销毁相关参数

底物	浓度	TiO_2	pH	温度	灯	时间	销毁率
阿替洛尔	100 μmol/L	2 g/L	7	N/A	125 W HP Hg P	4.5 h	>95%
普萘洛尔	100 μmol/L	2 g/L	7	N/A	125 W HP Hg P	40 min	>95%
美托洛尔	100 μmol/L	2 g/L	7	N/A	125 W HP Hg P	40 min	>95%

11.4.2.4　UV/O_3 光解法[71]

实验是在 20 ℃ 的 1 L 半连续玻璃反应器中进行的。将 10 mg/L 阿替洛尔溶液加入 5 mmol/L 磷酸盐缓冲液中。将 2.6 mg/(L·min) 臭氧通入反应器中。紫外线灯放置在反应器的中心，并在通入臭氧的瞬间立即打开。在特定的时间间隔内取样，并用过量的 $Na_2S_2O_3$ 溶液淬灭，并进行进一步分析。阿替洛尔的残留量可采用 Waters e2695 高效液相色谱进行分析，色谱柱为 Sunfire-C_{18}（150 mm × 4.6 mm，5 μm），紫外检测器为 Waters 2489，检测波长为 224 nm。以 10 mmol/L 磷酸盐缓冲液（pH 3.0）/乙腈为流动相，体积比为 95∶5，流速为 0.8 mL/min。

阿替洛尔的销毁情况及相关参数，参考表 11-59。

表 11-59　阿替洛尔的 UV/O_3 光解法销毁相关参数

底物	浓度	臭氧	紫外灯	pH	温度	时间	销毁率
阿替洛尔	10 mg/L	2.6 mg/L/min（含有 66.4 mg/L 的 Oxone®）	未指定	6	20 ℃	7 min	97.36%

11.4.2.5　UV/过硫酸盐氧化法

方法一[72]。UV/过硫酸盐氧化实验是在 1 L 圆柱形玻璃反应器中进行的。使用 4 个在 UV-A 区域发射的发光二极管（λ_{max} = 385 nm）作为光源，辐照度为 390 W/m^2。向反应器中加入 100 μg/L 阿替洛尔溶液和 0.5 mmol/L Oxone®，并开启光源进行反应。定期取样，使用超高效液相色谱-串联质谱法（UHPLC-MS/MS）分析阿替洛尔的残留浓度。分析系统使用了 1.7 μm XB-C_{18} 10 nm 柱（100 mm × 2.1 mm i.d.），流动相由 0.1% 甲酸水溶液和乙腈组成，柱烘箱温度为 35 ℃，进样体积为 10 μL，自动进样器温度保持在 4 ℃。

方法二[73]。实验是在 20 ℃ 的 1 L 半连续玻璃反应器中进行的。将 10 mg/L 阿替洛尔溶液和 66.4 mg/L Oxone® 溶液加入含有 5 mmol/L 磷酸盐缓冲溶液的反应器中。将 2.6 mg/(L·min) 臭氧通入反应器中，并开启光源进行反应。定期取样，用过量的 $Na_2S_2O_3$ 溶液淬灭，并进行进一步分析。阿替洛尔的残留量用配有 Sunfire-C_{18} 柱（150 mm × 4.6 mm，5 μm）的 Waters e2695 HPLC 进行分析，并使用 Waters 2489 紫外检测器在 224 nm 下进行检测。流动相为 10 mmol/L 磷酸盐缓冲溶液（pH 3.0）/乙腈，体积比为 95∶5，流速为 0.8 mL/min。

方法三[74]。实验是在 XPA-7 光化学反应器中进行的。以低压汞灯（254 nm）为光源，照

射强度为 0.285 mW/cm². 将 20 μmol/L 普萘洛尔和 0.4 mmol/L 过硫酸钠加入带有塞子的 50 mL 石英管中，随后将其放入光化学反应器中进行照射，反应温度为 18 ~ 22 ℃。在一定的时间间隔内，移出石英管，并取样 2 mL，并立即用 0.1 mol/L 硫代硫酸钠淬灭。使用岛津高效液相色谱分析普萘洛尔的残留浓度。色谱条件如下：色谱柱为 VP-ODS-C$_{18}$（4.6 mm×150 mm，5 μm）；温度为 40 ℃；流动相为乙腈/10 mmol/L KH$_2$PO$_4$ 缓冲溶液（pH 3.0），体积比为 35：65；流速为 1.0 mL/min；注射量为 10 μL；检测波长为 213 nm。

方法四[75]。实验是在光化学反应室中进行的。在腔室的一侧安装了主波长为 254 nm 的低压汞灯（4 W），该灯的光通量和光路长度分别为 1.75 × 10^{-7} E/(L·s) 和 19.2 cm。将 20 μmol/L 普萘洛尔溶液和 1 mmol/L 过硫酸钠加入圆柱形石英烧杯中，并将其放在腔室的中心。使用磁性搅拌棒进行搅拌。使用 NaOH 和 H$_2$SO$_4$ 或磷酸盐缓冲液调节溶液的 pH。开启光源进行反应，定期取样，并立即进行分析。分析方法同方法三。

方法五[76]。准直光束设备由 4 个低压汞灯（254 nm，10 W，GPH212T5L/4）组成，在 254 nm 处的入射光子通量为 1.291 × 10^{-7} E/(L·s)。向反应器中加入 20 μmol/L 普萘洛尔溶液和 1 mmol/L 过硫酸钠，并用 10 mmol/L 磷酸盐缓冲。开启光源进行反应，并定期取样 1 mL，并用 20 μL 甲醇淬灭，然后再进行进一步分析。

阿替洛尔和普萘洛尔的销毁情况及相关参数，参考表 11-60。

表 11-60　阿替洛尔和普萘洛尔的 UV/过硫酸盐氧化法销毁相关参数

底物	浓度	氧化剂	pH	温度	灯	时间	销毁率	文献
阿替洛尔	100 μg/L	0.5 mmol/L Oxone®	7.6	N/A	4 个 LEDs UV-A 385 nm 390 W/m²	1 h	> 95%	72
阿替洛尔	10 mg/L	66.4 mg/L Oxone® 与 2.6 mg/(L·min) 臭氧	6	20 ℃	未指定	7 min	97.36%	73
普萘洛尔	20 μmol/L	0.4 mmol/L 过硫酸钠	7	18 ~ 22 ℃	5 W LP Hg 254 nm 0.285 mW/cm²	30 min	91.8%	74
普萘洛尔	20 μmol/L	1 mmol/L 过硫酸钠	5	N/A	Philips 4 W LP Hg 254 nm quartz	10 min	> 95%	75
普萘洛尔	20 μmol/L	1 mmol/L 过硫酸钠	8	18 ~ 22 ℃	4 个 Heraeus 10 W LP Hg GPH212T5L/4 254 nm	20 min	> 95%	76

11.4.2.6　UV/Cl 氧化法[77]

实验装置由 UV-LED 光源组件、烧杯和磁力搅拌水浴组成。LED 灯珠的发射波长为 275 nm，灯珠一共 49 颗（7×7 阵列），安装在直径为 100 mm 的铝基板上，平均紫外线强度为 36.3 μW/cm²。向反应器中加入 10 mM 普萘洛尔和 40 μmol/L NaOCl，反应液 pH 由 2 mmol/L 磷酸盐缓冲溶液控制。开启光源进行反应，搅拌速度为 450 r/min，反应温度为 20 ℃。定期取样，并立即用新制备的硫代硫酸钠（硫代硫酸钠与氯的物质的量之比为 50：1）淬灭残留的游离氯，然后用 0.22 μmol/L 混合纤维素膜过滤。使用配有对称 C$_{18}$ 柱（250 mm × 4.6 mm × 5 μm）和可变波长检测器（213 nm）的高效液相色谱分析普萘洛尔的残留量。流动相为 0.01 M 磷酸二氢钾（pH = 2.5）和 HPLC 级乙腈的混合物，体积比为 65：35，流速为 1 mL/min，注射体积为 10 μL。

普萘洛尔的销毁情况及相关参数，参考表 11-61。

表 11-61   普萘洛尔的 UV/Cl 氧化法销毁相关参数

底物	浓度	氯源	pH	温度	灯	时间	销毁率
普萘洛尔	10 mmol/L（在 2 mmol/L pH 7.0 磷酸盐缓冲液中）	40 μmol/L NaOCl	7	20 ℃	49 Yongling Optoelectronics LED 275 nm 36.3 μW/cm²	15 min	94.5%

11.4.2.7   UV/BiOCl 氧化法[78]

用超纯水制备 10 mmol/L 阿替洛尔储备溶液。将 4 g NaBiO₃·2H₂O 悬浮在 50 mL 去离子水中，然后逐滴加入 20 mL HCl（37%），直到 NaBiO₃ 完全溶解。在加入近 320 mL 去离子水后，出现了白色沉淀物，并进行离心和洗涤，得到的 BiOCl 纳米片在 60 ℃ 下干燥 24 h。销毁反应是在光化学反应器的石英管（约 60 mL）中进行的。由配有 500 W 氙气灯的太阳模拟器作为光源，用循环冷却水将温度维持在 19 ~ 21 ℃。将 300 mg/L BiOCl 加入反应器（含 30 mL 水）中，用 10 mmol/L 磷酸盐缓冲液将反应液的 pH 调节为 5.2，然后加入 10 mmol/L 阿替洛尔，再开启光源开始反应。定期取样，并分析阿替洛尔的残留量。

阿替洛尔的销毁情况及相关参数，参考表 11-62。

表 11-62   阿替洛尔的 UV/BiOCl 氧化法销毁相关参数

底物	浓度	添加的试剂	pH	温度	灯	时间	销毁率
阿替洛尔	10 mmol/L	300 mg/L BiOCl 纳米片	5.2	19 ~ 21 ℃	500 W xenon quartz 45.6 mW/cm²	1 h	90%

11.4.3   吲哚洛尔的销毁[79]

在模拟太阳光的装置中进行了光催化降解反应。向光反应器中加入 50 μmol/L 吲哚洛尔、1 mg/mL TiO₂ 悬浮液，溶液 pH 为 7。开启光源进行光解实验，并定期取样。采用二极管阵列检测的超快速液相色谱法分析吲哚洛尔的残留量。将 UV/vis DAD 检测器设置在 217 nm，此为吲哚洛尔的最大吸收波长。吲哚洛尔的保留时间为 (5.2 ± 0.1) min。

吲哚洛尔的销毁情况及相关参数，参考表 11-63。

表 11-63   吲哚洛尔的销毁相关参数

底物	浓度	TiO₂	pH	温度	灯	时间	销毁率
吲哚洛尔	50 μmol/L	1 mg/mL	7	N/A	Solar	2 h	> 95%

11.4.4   氯沙坦的销毁[80]

向反应器中加入 120 mL 500 μg/L 氯沙坦溶液，并加入 250 mg/L 过硫酸钠引发反应。每隔一段时间，从反应器中取样 1.2 mL，并立即用甲醇淬灭，在冰浴中冷却至 4 ℃，过滤。用高效液相色谱测定氯沙坦的残留量。

氯沙坦的销毁情况及相关参数，参考表 11-64。

表 11-64 氯沙坦的销毁相关参数

底物	浓度	过硫酸盐	pH	温度	时间	销毁率
氯沙坦	500 μg/L	250 mg/L 过硫酸钠	5.25	50 °C	6 min	100%

11.4.5 利伐沙班的销毁[81]

在酸性条件下，将含有利伐沙班的废水暴露于臭氧中。反应 300 min 后，利伐沙班的销毁率可达 100%。

利伐沙班的销毁情况及相关参数，参考表 11-65。

表 11-65 利伐沙班的销毁相关参数

底物	浓度	臭氧	pH	温度	时间	销毁率
利伐沙班	3～5 mg/L	1 L/min 氧气中含 100～120 g/m^3 臭氧	3	N/A	5 h	约 100%

11.4.6 阿米洛利的销毁[82]

使用模拟 AM1 太阳光并配有 340 nm 截止滤光器的氙灯（30 W/m^2）作为照射光源。电池与紫外灯的距离为 10 cm，光子通量为 6.4×10^{-7} E/s，反应温度约为 35 °C。向 pyrex 玻璃槽中加入 5 mL 15 mg/L 阿米洛利和 200 mg/L 二氧化钛。反应结束后，用 0.45 μm 过滤器过滤，然后进行分析。采用 C$_{18}$ 色谱柱（Phenomenex luna 150 mm × 2.0 mm）进行色谱分析。注射量 10 μL，流速 200 μL/min。梯度为：甲醇/0.05% 甲酸水溶液 5/95～100/0。

阿米洛利的销毁情况及相关参数，参考表 11-66。

表 11-66 阿米洛利的销毁相关参数

底物	浓度	TiO$_2$	pH	温度	灯	时间	销毁率
阿米洛利	15 mg/L	200 mg/L	N/A	35 °C	30 W/m^2 Xe P	4 h	>95%

11.4.7 苯扎贝特的销毁

11.4.7.1 UV/TiO$_2$ 光解法[83]

使用 Suntest CPS+装置作为光源，该装置配有氙弧灯（1500 W）和限制 290 nm 以下波长透射的特殊玻璃过滤器。在整个实验过程中，平均辐照强度为 750 W/m^2，并用内辐射计测量辐照强度。照射 10 min 对应的光剂量为 450 kJ/m^2。光解温度为 25 °C。

向 100 mL pyrex 光反应器中，加入 50 mL 1 mg/L 苯扎贝特水溶液和 100 mg/L TiO$_2$。在光照之前，反应液在黑暗中搅拌 60 min，达到吸附平衡。开启光源进行光解实验。实验表明，光解 40 min，苯扎贝特的销毁率大于 95%。

苯扎贝特的销毁情况及相关参数，参考表 11-67。

表 11-67 苯扎贝特的 UV/TiO$_2$ 光解法销毁相关参数

底物	浓度	TiO$_2$	pH	温度	灯	时间	销毁率
苯扎贝特	1 mg/L	100 mg/L	N/A	25 °C	1500 W Xe（UV > 290 nm）	40 min	>95%

11.4.7.2 UV/O₃ 光解法[84]

光解臭氧化实验是在 Suntest CPS 模拟器（1500 W，空气冷却氙弧灯）中进行的，模拟器中放置 500 mL 硼硅酸盐玻璃球形反应器。向反应器中加入 1×10^{-5} 苯扎贝特，并通入 1.5×10^{-5} 臭氧，同时开启紫外灯。用磁力搅拌器强力搅拌反应液，并定期取样。在分析之前，用亚硫酸钠溶液淬灭，并分析苯扎贝特的残留量。所使用的仪器是 UFLC 岛津 Prominence LC-AD。流动相为乙腈和水的混合物，体积比为 50∶50，流速为 0.5 mL/min，并在 227 nm 处对苯扎贝特进行定量分析。

苯扎贝特的销毁情况及相关参数，参考表 11-68。

表 11-68   苯扎贝特的 UV/O₃ 光解法销毁相关参数

底物	浓度	臭氧	紫外灯	pH	温度	时间	销毁率
苯扎贝特	1×10^{-5}	1.5×10^{-5}（在 30 L/h 气流中）	Solar（simulated by 1500 W air-cooled xenon arc lamp 300~800 nm）	6~7	22 °C	10 min	>95%

11.4.7.3 UV/过硫酸盐氧化法[85]

向光反应器中加入 2.6 mg/L 苯扎贝特水溶液和 400 μmol/L Oxone®，并将反应液的 pH 调节至 3~4。开启光源进行反应，并定期取样，然后用 10 μL 0.1 mol/L 的硫代硫酸钠溶液淬灭。

采用配有二极管阵列检测的高效液相色谱法测定苯扎贝特的残留浓度。所使用的仪器是 UFLC 岛津 Prominence LC-AD。流动相为乙腈和酸化水（0.1% 的 H_3PO_4）的混合物，体积比为 50∶50，流速为 0.5 mL/min，柱温为 30 °C，检测波长为 227 nm。

苯扎贝特的销毁情况及相关参数，参考表 11-69。

表 11-69   苯扎贝特的 UV/过硫酸盐氧化法销毁相关参数

底物	浓度	氧化剂	pH	温度	灯	时间	销毁率
苯扎贝特	2.6 mg/L	400 μmol/L Oxone®	3~4	20 °C	Atlas Suntest CPS+simulator daylight 300~800 nm	60 min	>95%

11.4.7.4 UV/过乙酸氧化法[43]

向石英反应器中加入 1 μmol/L 苯扎贝特和 1 mg/L 过乙酸，并将反应液的 pH 调节至 7.1。然后，将反应器放置在带有磁搅拌器的光室中，并开启光源进行反应。定期取样 1 mL，并用过量的硫代硫酸钠溶液淬灭。使用配有二极管阵列紫外检测器和 Agilent Zorbax SB-C₁₈ 色谱柱（2.1 mm × 150 mm，5 μm）的 Agilent 1100 系列高效液相色谱系统分析苯扎贝特的残留量。检测波长为 235 nm，流动相为甲醇和 0.1% 甲酸溶液的混合物，注射量为 20 μL。

苯扎贝特的销毁情况及相关参数，见表 11-70。

表 11-70   苯扎贝特的 UV/过乙酸氧化法销毁相关参数

底物	浓度	添加的试剂	pH	温度	灯	时间	销毁率
苯扎贝特	1 μmol/L	1 mg/L 过乙酸	7.1	25 °C	4 W Philips TUV4W G4T5 LP Hg quartz	2 h	>93.5%

11.4.8 瑞舒伐他汀的销毁[86]

光催化实验是在 330 mL 硼硅玻璃容器中进行的，该容器配有磁力搅拌器。紫外辐射由改进的汞蒸气灯（Philips HPL-N 125 W）提供，该灯发射波长为 365 nm，入射辐照度为 5.4 mW/cm²。瑞舒伐他汀的初始浓度为 26 mg/L，光催化剂 ZnO 的浓度为 550 mg/L，反应液的 pH 为 7.0。在光解之前，将反应液在黑暗中搅拌 60 min，以达到吸附-解吸平衡。然后开启光源进行光解实验，并定期取样，分析瑞舒伐他汀的残留量。

瑞舒伐他汀的销毁情况及相关参数，参考表 11-71。

表 11-71　瑞舒伐他汀的销毁相关参数

底物	浓度	ZnO	pH	温度	灯	时间	销毁率
瑞舒伐他汀	26 mg/L	550 mg/L（来自 Merck，BET 表面积 5 m²/g）	7	30 ℃	125 W Philips HPL-N Pyrex 365 nm 5.4 mW/cm²	15 min	94%

参考文献

[1] WANG H, LIU Y, JIANG J Q. Reaction kinetics and oxidation product formation in the degradation of acetaminophen by ferrate(VI) [J]. Chemosphere, 2016, 155: 583-590.

[2] PENG S, FENG Y, LIU Y, et al. Applicability study on the degradation of acetaminophen via an H_2O_2/PDS-based advanced oxidation process using pyrite[J]. Chemosphere, 2018, 212: 438-446.

[3] TAN C, GAO N, DENG Y, et al. Radical induced degradation of acetaminophen with Fe_3O_4 magnetic nanoparticles as heterogeneous activator of peroxymonosulfate[J]. J Hazard Mater, 2014, 276: 452-460.

[4] DING J, NIE H, WANG S, et al. Transformation of acetaminophen in solution containing both peroxymonosulfate and chlorine: performance, mechanism, and disinfection by-product formation[J]. Water Res, 2021, 189: 116605.

[5] LI B, MA X, DENG J, et al. Comparison of acetaminophen degradation in UV-LED-based advance oxidation processes: reaction kinetics, radicals contribution, degradation pathways and acute toxicity assessment[J]. Sci Total Environ, 2020, 723: 137993.

[6] WANG X, BRIGANTE M, DONG W, et al. Degradation of acetaminophen via UVA-induced advanced oxidation processes (AOPs). Involvement of different radical species: HO•, $SO_4^{•-}$ and $HO_2•/O^{•-}$[J]. Chemosphere, 2020, 258: 127268.

[7] ZHANG Y, FAN J, YANG B, et al. Copper-catalyzed activation of molecular oxygen for oxidative destruction of acetaminophen: the mechanism and superoxide-mediated cycling of copper species[J]. Chemosphere, 2017, 166: 89-95.

[8] TROVÓ A G, PUPO NOGUEIRA R F, AGÜERA A, et al. Paracetamol degradation intermediates and toxicity during photo-Fenton treatment using different iron species[J]. Water Res, 2012, 46: 5374-5380.

[9] YU X, SOMOZA-TORNOS A, GRAELLS M, et al. An experimental approach to the

optimization of the dosage of hydrogen peroxide for Fenton and photo-Fenton processes[J]. Sci Total Environ, 2020, 743: 140402.

[10] ZHANG X, WU F, WU X W, et al. Photodegradation of acetaminophen in TiO_2 suspended solution[J]. J Hazard Mater, 2008, 157: 300-307.

[11] TAN C, WU H, HE H, et al. Anti-inflammatory drugs degradation during LED-UV365 photolysis of free chlorine: roles of reactive oxidative species and formation of disinfection by-products[J]. Water Res, 2020, 185: 116252.

[12] GHANBARI F, YAGHOOT-NEZHAD A, WACLAWEK S, et al. Comparative investigation of acetaminophen degradation in aqueous solution by UV/Chlorine and UV/H_2O_2 processes: kinetics and toxicity assessment, process feasibility and products identification[J]. Chemosphere, 2021, 285: 131455.

[13] GHANBARI F, GIANNAKIS S, LIN K Y A, et al. Acetaminophen degradation by a synergistic peracetic acid/UVC-LED/Fe(II) advanced oxidation process: kinetic assessment, process feasibility and mechanistic considerations[J]. Chemosphere, 2021, 263: 128119.

[14] SEIN M M, ZEDDA M, TUERK J, et al. Oxidation of diclofenac with ozone in aqueous solution[J]. Environ Sci Technol, 2008, 42: 6656-6662.

[15] VOGNA D, MAROTTA R, NAPOLITANO A, et al. Advanced oxidation of the pharmaceutical drug diclofenac with UV/H_2O_2 and ozone[J]. Water Res, 2004, 38: 414-422.

[16] TOKUMURA M, SUGAWARA A, RAKNUZZAMAN M, et al. Comprehensive study on effects of water matrices on removal of pharmaceuticals by three different kinds of advanced oxidation processes[J]. Chemosphere, 2016, 159: 317-325.

[17] LI X, ZHOU M, PAN Y. Degradation of diclofenac by H_2O_2 activated with pre-magnetization Fe^0: influencing factors and degradation pathways[J]. Chemosphere, 2018, 212: 853-862.

[18] ROSCHER J, VOGEL M, KARST U. Identification of ultraviolet transformation products of diclofenac by means of liquid chromatography and mass spectrometry[J]. J Chromatogr A, 2016, 1457: 59-65.

[19] ARANY E, LÁNG J, SOMOGYVÁRI D, et al. Vacuum ultraviolet photolysis of diclofenac and the effects of its treated aqueous solutions on the proliferation and migratory responses of Tetrahymena pyriformis[J]. Sci Total Environ, 2014, 468-469: 996-1006.

[20] ZHOU Z, JIANG J Q. Treatment of selected pharmaceuticals by ferrate(VI): performance, kinetic studies and identification of oxidation products[J]. J Pharm Biomed Anal, 2015, 106: 37-45.

[21] MONTEAGUDO J M, EL-TALIAWY H, DURÁN A, et al. Sono-activated persulfate oxidation of diclofenac: degradation, kinetics, pathway and contribution of the different radicals involved[J]. J Hazard Mater, 2018, 357: 457-465.

[22] LIN J, ZOU J, CAI H, et al. Hydroxylamine enhanced Fe(II)-activated peracetic acid process for diclofenac degradation: efficiency, mechanism and effects of various parameters[J]. Water Res, 2021, 207: 117796.

[23] DENG J, WANG H, FU Y, et al. Phosphate-induced activation of peracetic acid for diclofenac degradation: kinetics, influence factors and mechanism[J]. Chemosphere, 2022, 287: 132396.

[24] LIN J, ZOU J, CAI H, et al. Hydroxylamine enhanced Fe(II)-activated peracetic acid process for diclofenac degradation: efficiency, mechanism and effects of various parameters[J]. Water Res, 2021, 207: 117796.

[25] WANG H, WANG S, LIU Y, et al. Degradation of diclofenac by Fe(II)-activated bisulfite: kinetics, mechanism and transformation products[J]. Chemosphere, 2019, 237: 124518.

[26] NIETO-SANDOVAL J, MUNOZ M, DE PEDRO Z M, et al. Fast degradation of diclofenac by catalytic hydrodechlorination[J]. Chemosphere, 2018, 213: 141-148.

[27] JIANG Y Y, CHEN Z W, LI M M, et al. Degradation of diclofenac sodium using Fenton-like technology based on nano-calcium peroxide[J]. Sci Total Environ, 2021, 773: 144801.

[28] CERRETA G, ROCCAMANTE M A, PLAZA-BOLAÑOS P, et al. Advanced treatment of urban wastewater by UV-C/free chlorine process: micro-pollutants removal and effect of UV-C radiation on trihalomethanes formation[J]. Water Res, 2020, 169: 115220.

[29] YU X, CABOOTER D, DEWIL R. Efficiency and mechanism of diclofenac degradation by sulfite/UV advanced reduction processes(ARPs)[J]. Sci Total Environ, 2019, 688: 65-74.

[30] WANG P, BU L, WU Y, et al. Mechanistic insight into the degradation of ibuprofen in UV/H_2O_2 process via a combined experimental and DFT study[J]. Chemosphere, 2021, 267: 128883.

[31] MÉNDEZ-ARRIAGA F, ESPLUGAS S, GIMÉNEZ J. Degradation of the emerging contaminant ibuprofen in water by photo-Fenton[J]. Water Res, 2010, 44: 589-595.

[32] MADHAVAN J, GRIESER F, ASHOKKUMAR M. Combined advanced oxidation processes for the synergistic degradation of ibuprofen in aqueous environments[J]. J Hazard Mater, 2010, 178: 202-208.

[33] JIMÉNEZ-SALCEDO M, MONGE M, TENA M T. Photocatalytic degradation of ibuprofen in water using TiO_2/UV and g-C3N4/visible light: study of intermediate degradation products by liquid chromatography coupled to high-resolution mass spectrometry[J]. Chemosphere, 2019, 215: 605-618.

[34] GONG H, CHU W, LAM S H, et al. Ibuprofen degradation and toxicity evolution during Fe^{2+}/Oxone/UV process[J]. Chemosphere, 2017, 167: 415-421.

[35] XIANG Y, FANG J, SHANG C. Kinetics and pathways of ibuprofen degradation by the UV/chlorine advanced oxidation process[J]. Water Res, 2016, 90: 301-308.

[36] ZHAO Y, KUANG J, ZHANG S, et al. Ozonation of indomethacin: kinetics, mechanisms and toxicity[J]. J Hazard Mater 2017, 323, Part A: 460-470.

[37] MIAO H F, CAO M, XU D Y, et al. Degradation of phenazone in aqueous solution with ozone: influencing factors and degradation pathways[J]. Chemosphere, 2015, 119: 326-333.

[38] DONG S, LIU Y, FENG L, et al. Oxidation of pyrazolone pharmaceuticals by peracetic acid:

kinetics, mechanism and genetic toxicity variations[J]. Chemosphere, 2022, 291: 132947.

[39] PAI C W, WANG G S. Treatment of PPCPs and disinfection by-product formation in drinking water through advanced oxidation processes: comparison of UV, UV/Chlorine, and UV/H$_2$O$_2$[J]. Chemosphere, 2022, 287: 132171.

[40] HONG M, WANG Y, LU G. UV-Fenton degradation of diclofenac, sulpiride, sulfamethoxazole and sulfisomidine: degradation mechanisms, transformation products, toxicity evolution and effect of real water matrix[J]. Chemosphere, 2020, 258: 127351.

[41] KOLTSAKIDOU A, KATSILOULIS C, EVGENIDOU E, et al. Photolysis and photocatalysis of the non-steroidal anti-inflammatory drug Nimesulide under simulated solar irradiation: kinetic studies, transformation products and toxicity assessment[J]. Sci Total Environ, 2019, 689: 245-257.

[42] KUO C S, LIN C F, HONG P K A. Photocatalytic mineralization of codeine by UV-A/TiO$_2$-kinetics, intermediates, and pathways[J]. J Hazard Mater, 2016, 301: 137-144.

[43] CAI M, SUN P, ZHANG L, et al. UV/peracetic acid for degradation of pharmaceuticals and reactive species evaluation[J]. Environ Sci Technol, 2017, 51: 14217-14224.

[44] RAO Y F, QU L, YANG H, et al. Degradation of carbamazepine by Fe(II)-activated persulfate process[J]. J Hazard Mater, 2014, 268: 23-32.

[45] ZHU S, DONG B, WU Y, et al. Degradation of carbamazepine by vacuum-UV oxidation process: kinetics modeling and energy efficiency[J]. J Hazard Mater, 2019, 368: 178-185.

[46] DE LAURENTIIS E, CHIRON S, KOURAS-HADEF S, et al. Photochemical fate of carbamazepine in surface freshwaters: laboratory measures and modeling[J]. Environ Sci Technol, 2012, 46: 8164-8173.

[47] [47] AHMED M, CHIRON S. Solar photo-Fenton like using persulphate for carbamazepine removal from domestic wastewater[J]. Water Res, 2014, 48: 229-236.

[48] WANG X, AO X, ZHANG T, et al. Ultraviolet light-emitting-diode activated monochloramine for the degradation of carbamazepine: kinetics, mechanisms, by-product formation, and toxicity[J]. Sci Total Environ, 2022, 806: 151372.

[49] ZHENG M, LI Y, PING Q, et al. MP-UV/CaO$_2$ as a pretreatment method for the removal of carbamazepine and primidone in waste activated sludge and improving the solubilization of sludge[J]. Water Res, 2019, 151: 158-169.

[50] LIU T, YIN K, LIU C, et al. The role of reactive oxygen species and carbonate radical in oxcarbazepine degradation via UV, UV/H$_2$O$_2$: kinetics, mechanisms and toxicity evaluation[J]. Water Res, 2018, 147: 204-213.

[51] BAUTITZ I R, VELOSA A C, NOGUEIRA R F P. Zero valent iron mediated degradation of the pharmaceutical diazepam[J]. Chemosphere, 2012, 88: 688-692.

[52] TRAWINSKI J, SKIBINSKI R. Rapid degradation of clozapine by heterogeneous photocatalysis. Comparison with direct photolysis, kinetics, identification of transformation products and scavenger study[J]. Sci Total Environ 2019, 665: 557-567.

[53] TRAWINSKI J, SKIBINSKI R, SZYMANSKI P. Investigation of the photolysis and TiO$_2$,

SrTiO$_3$, H$_2$O$_2$-mediated photocatalysis of an antipsychotic drug loxapine — evaluation of kinetics, identification of photoproducts, and in silico estimation of properties[J]. Chemosphere, 2018, 204: 1-10.

[54]　MÉNDEZ-ARRIAGA F, OTSU T, OYAMA T, et al. Photooxidation of the antidepressant drug Fluoxetine (Prozac®) in aqueous media by hybrid catalytic/ozonation processes[J]. Water Res, 2011, 45: 2782-2794.

[55]　HUANG W, FU B, FANG S, et al. Insights into the accelerated venlafaxine degradation by cysteine-assisted Fe^{2+}/persulfate: key influencing factors, mechanisms and transformation pathways with DFT study[J]. Sci Total Environ, 2021, 793: 148555.

[56]　LAMBROPOULOU D, EVGENIDOU E, SALIVEROU V, et al. Degradation of venlafaxine using TiO$_2$/UV process: kinetic studies, RSM optimization, identification of transformation products and toxicity evaluation[J]. J Hazard Mater, 2017, 323, Part A: 513-526.

[57]　KHALEEL N D H, MAHMOUD W M M, OLSSON O, et al. UV-photodegradation of desipramine: impact of concentration, pH and temperature on formation of products including their biodegradability and toxicity[J]. Sci Total Environ, 2016, 566-567: 826-840.

[58]　TRAUTWEIN C, KÜMMERER K. Degradation of the tricyclic antipsychotic drug chlorpromazine under environmental conditions, identification of its main aquatic biotic and abiotic transformation products by LC-MSn and their effects on environmental bacteria[J]. J Chromatogr B, 2012, 889-890: 24-38.

[59]　HONG M, WANG Y, LU G. UV-Fenton degradation of diclofenac, sulpiride, sulfamethoxazole and sulfisomidine: degradation mechanisms, transformation products, toxicity evolution and effect of real water matrix[J]. Chemosphere, 2020, 258: 127351.

[60]　TRAWINSKI J, SKIBINSKI R. Photolytic and photocatalytic degradation of the antipsychotic agent tiapride: kinetics, transformation pathways and computational toxicity assessment[J]. J Hazard Mater, 2017, 321: 841-858.

[61]　TRAWINSKI J, SKIBINSKI R. Photolytic and photocatalytic degradation of tandospirone: determination of kinetics, identification of transformation products and in silico estimation of toxicity[J]. Sci Total Environ, 2017, 590-591: 775-798.

[62]　ZHANG X, CHEN Z, KANG J, et al. UV/peroxymonosulfate process for degradation of chloral hydrate: pathway and the role of radicals[J]. J Hazard Mater, 2021, 401: 123837.

[63]　ROMERO V, ACEVEDO S, MARCO P, et al. Enhancement of Fenton and photo-Fenton processes at initial circumneutral pH for the degradation of the -blocker metoprolol[J]. Water Research, 2016, 88: 449-457.

[64]　BENNER J, TERNES T A. Ozonation of metoprolol: elucidation of oxidation pathways and major oxidation products[J]. Environ Sci Technol, 2009, 43: 5472-5480.

[65]　JAÉN-GIL A, BUTTIGLIERI G, BENITO A, et al. Metoprolol and metoprolol acid degradation in UV/H$_2$O$_2$ treated wastewaters: an integrated screening approach for the identification of hazardous transformation products[J]. J Hazard Mater, 2019, 380: 120851.

[66]　ABRAMOVIC B, KLER S, SOJIC D, et al. Photocatalytic degradation of metoprolol

tartrate in suspensions of two TiO_2-based photocatalysts with different surface area. Identification of intermediates and proposal of degradation pathways[J]. J Hazard Mater, 2011, 198: 123-132.

[67] NAM S W, YOON Y, CHOI D J, et al. Degradation characteristics of metoprolol during UV/chlorination reaction and a factorial design optimization[J]. J Hazard Mater, 2015, 285: 453-463.

[68] WILDE M L, MONTIPÓ S, MARTINS A F. Degradation of -blockers in hospital wastewater by means of ozonation and Fe^{2+}/ozonation[J]. Water Res, 2014, 48: 280-295.

[69] VELOUTSOU S, BIZANI E, FYTIANOS K. Photo-Fenton decomposition of -blockers atenolol and metoprolol; study and optimization of system parameters and identification of intermediates[J]. Chemosphere, 2014, 107: 180-186.

[70] YANG H, AN T, LI G, et al. Photocatalytic degradation kinetics and mechanism of environmental pharmaceuticals in aqueous suspension of TiO_2: a case of -blockers[J]. J Hazard Mater, 2010, 179: 834-839.

[71] YU X, QIN W, YUAN X, et al. Synergistic mechanism and degradation kinetics for atenolol elimination via integrated UV/ozone/peroxymonosulfate process[J]. J Hazard Mater, 2021, 407: 124393.

[72] GUERRA-RODRÍGUEZ S, RIBEIRO A R L, RIBEIRO R S, et al. UV-A activation of peroxymonosulfate for the removal of micropollutants from secondary treated wastewater[J]. Sci Total Environ, 2021, 770: 145299.

[73] YU X, QIN W, YUAN X, et al. Synergistic mechanism and degradation kinetics for atenolol elimination via integrated UV/ozone/peroxymonosulfate process[J]. J Hazard Mater, 2021, 407: 124393.

[74] CHEN T, MA J, ZHANG Q, et al. Degradation of propranolol by UV-activated persulfate oxidation: reaction kinetics, mechanisms, reactive sites, transformation pathways and Gaussian calculation[J]. Sci Total Environ, 2019, 690: 878-890.

[75] GAO Y Q, GAO N Y, YIN D Q, et al. Oxidation of the -blocker propranolol by UV/persulfate: effect, mechanism and toxicity investigation[J]. Chemosphere, 2018, 201: 50-58.

[76] YANG Y, CAO Y, JIANG J, et al. Comparative study on degradation of propranolol and formation of oxidation products by UV/H_2O_2 and UV/persulfate(PDS)[J]. Water Res, 2019, 149: 543-552.

[77] XIONG R, LU Z, TANG Q, et al. UV-LED/chlorine degradation of propranolol in water: degradation pathway and product toxicity[J]. Chemosphere, 2020, 248: 125957.

[78] HU J, JING X, ZHAI L, et al. BiOCl facilitated photocatalytic degradation of atenolol from water: reaction kinetics, pathways and products[J]. Chemosphere, 2019, 220: 77-85.

[79] ARMAKOVIC S J, ARMAKOVIC S, SIBUL F, et al. Kinetics, mechanism and toxicity of intermediates of solar light induced photocatalytic degradation of pindolol: experimental and computational modeling approach[J]. J Hazard Mater, 2020, 393: 122490.

[80] IOANNIDI A, ARVANITI O S, NIKA M C, et al. Removal of drug losartan in environmental aquatic matrices by heat-activated persulfate: kinetics, transformation products and synergistic effects[J]. Chemosphere, 2022, 287: 131952.

[81] DAOUD F, ZUEHLKE S, SPITELLER M, et al. Ozonation of rivaroxaban production waste water and comparison of generated transformation products with known in vivo and in vitro metabolites[J]. Sci Total Environ, 2020, 714: 136825.

[82] CALZA P, MASSOLINO C, MONACO G, et al. Study of the photolytic and photocatalytic transformation of amiloride in water[J]. J Pharm Biomed Anal, 2008, 48: 315-320.

[83] LAMBROPOULOU D A, HERNANDO M D, KONSTANTINOU I K, et al. Identification and photocatalytic degradation products of bezafibrate in TiO_2 aqueous suspensions by liquid and gas chromatography[J]. J Chromatogr A, 2008, 1183: 38-48.

[84] RIVAS F J, SOLÍS R R, BELTRÁN F J, et al. Sunlight driven photolytic ozonation as an advanced oxidation process in the oxidation of bezafibrate, cotinine and iopamidol[J]. Water Res, 2019, 151: 226-242.

[85] SOLÍS R R, RIVAS F J, CHÁVEZ A M, et al. Simulated solar photo-assisted decomposition of peroxymonosulfate. Radiation filtering and operational variables influence on the oxidation of aqueous bezafibrate[J]. Water Res, 2019, 162: 383-393.

[86] SEGALIN J, SIRTORI C, JANK L, et al. Identification of transformation products of rosuvastatin in water during ZnO photocatalytic degradation through the use of associated LC-QTOF-MS to computational chemistry[J]. J Hazard Mater, 2015, 299: 78-85.

12

激素及其他药物的销毁

12.1 化合物概述

12.1.1 激素类药物

雌二醇是一种甾体雌激素，有 α，β 两种类型，α 型生理作用强。雌二醇曾从妊娠马尿中提取出来，此外也可从妊妇尿、人胎盘、猪卵巢等中获得。因为雌二醇有很强的性激素作用，所以认为它或它的酯实际上是卵巢分泌的最重要的性激素。

乙炔雌二醇，也叫炔雌醇，是一种有机化合物，溶于乙醇、丙醇、乙醚、氯仿、二氧六环、植物油及氢氧化钠溶液，几乎不溶于水。炔雌醇可补充雌激素不足，治疗女性性腺功能不良、闭经、更年期综合征等；用于晚期乳腺癌、晚期前列腺癌的治疗；与孕激素类药合用，能抑制排卵，可作避孕药。炔雌醇临床主要用作抑制排卵药，还用于小儿隐睾症及雄激素过多、垂体肿瘤等。

雌三醇的雌激素活性较小，对血管、下丘脑-垂体-性腺反馈系统和造血系统都有明显作用，能选择性地作用于女性生殖道远端和男性乳腺、睾丸、前列腺等处。雌三醇常用于白细胞减少，各种月经病及妇女更年期综合征等。

雌酮是一种甾体激素化合物，为天然内源性雌激素，可以从孕妇或孕马的妊娠尿中提取而得。雌酮为白色板状结晶或结晶性粉末，几乎不溶于水，溶于二氧六环、吡啶和氢氧化碱溶液，微溶于乙醇、丙酮、苯、氯仿、乙醚和植物油。动物实验证明，雌酮有潜在致癌作用。

具体信息见表 12-1。

表 12-1　激素基本信息一览表

化合物	mp or bp	结构式/分子式	CAS 登记号
雌二醇	mp 176 ~ 180 ℃		[57-91-0]
乙炔雌二醇	mp 182 ~ 183 ℃		[57-63-6]
雌三醇	mp 280 ~ 282 ℃		[50-27-1]
雌酮	mp 254 ℃		[53-16-7]

12.1.2　其他药物

碘帕醇又称碘异肽醇、碘五醇、碘派米托、碘必乐、碘比多、碘派米松，是一种非离子型水溶性造影剂，属影像诊断用药，化学结构式是三碘异酞酸衍生物的酰胺物，对血管壁及神经毒性低，局部及全身耐受性好，渗透压低，黏稠度低，对比度好，注射液稳定，体内脱碘极少，适用于脊髓造影和有造影剂反应高危因素的病人使用。血管内注射碘帕醇后，主要通过肾脏排泄。

碘普罗胺是一种新型非离子型低渗性造影剂，动物试验证明其适用于血管造影、脑和腹部 CT 扫描以及尿道造影等。

泛影酸，是一种有机化合物，不溶于水，溶于碱液成钠盐，主要用作诊断用药，配制成泛影酸钠、泛影葡胺注射液，用于泌尿系、心血管、脑血管及周围血管的造影。

酮洛芬是一种化学物质，呈白色结晶性粉末状；无臭或几乎无臭。酮洛芬在甲醇中极易溶，在乙醇、丙酮或乙醚中易溶，在水中几乎不溶。酮洛芬消炎作用较布洛芬为强，不良反应小，毒性低。酮洛芬口服易自胃肠道吸收，用于类风湿性关节炎、风湿性关节炎、骨关节炎、关节强硬性脊椎炎及痛风等。

非诺洛芬是一种非甾体抗炎药，可用于缓解骨关节炎和类风湿性关节炎的症状，如炎症、肿胀、僵硬和关节疼痛。非诺洛芬是黑素皮质素受体的变构促进剂。

雷尼替丁，又名呋喃硝胺，为强效组胺 H2 受体拮抗剂。雷尼替丁作用比西咪替丁强 5 ~ 8 倍，且作用时间更持久。雷尼替丁能有效地抑制组胺、五肽胃泌素和氨甲酰胆碱刺激后引起的胃酸分泌，降低胃酸和胃酶活性，主要用于胃酸过多、胃灼热的治疗。

比哌立登为结晶，不易溶于水，微溶于乙醇，易溶于甲醇。比哌立登为抗震颤麻痹药、解痉药，可用于治疗震颤麻痹、药物引起的锥体外系综合征。比哌立登的盐酸盐又称安克痉，为白色结晶。

非索非那定片适用于缓解成人和 12 岁及以上儿童的季节过敏性鼻炎相关的症状，如打喷嚏，流鼻涕，鼻、上腭、喉咙发痒，眼睛发痒、潮湿、发红，亦可减轻季节性过敏性鼻炎和慢性特发性荨麻疹引起的症状。

阿昔洛韦，是一种合成的嘌呤核苷类似物，主要用于单纯疱疹病毒所致的各种感染，可用于初发或复发性皮肤、黏膜，外生殖器感染及免疫缺陷者发生的 HSV 感染，是治疗 HSV 脑炎的首选药物，减少发病率及降低死亡率均优于阿糖腺苷，还可用于带状疱疹，EB 病毒，及免疫缺陷者并发水痘等感染。

硝苯胂酸，又名对硝基苯胂酸，微溶于水、乙醇，溶于热水、热乙醇。硝苯胂酸误服会中毒，受热分解出氮氧化合物和砷烟雾。

洛克沙砷是最经济的有机砷制剂。洛克沙砷是一种多功能剂，具有促生长、抗球虫、治痢疾、沉积色素等功效。洛克沙砷可与多种抗生素、促生长剂配合使用。

氯贝酸作为抗植物激素生长素的植物生长调节剂起作用。同时氯贝酸也是调节血脂类药物降固醇酸、依托贝特等的活性代谢产物。氯贝酸带有羟基官能团，是一类酸性药物。氯贝酸呈结晶状固体，易溶于甲醇等有机溶液。

罗丹明 B，又名玫瑰红 B、玫瑰精 B、碱性玫瑰精，是一种具有鲜桃红色的人工合成的染料，易溶于水、乙醇，微溶于丙酮、氯仿、盐酸和氢氧化钠溶液。罗丹明 B 呈红色至紫罗兰色粉末，水溶液为蓝红色，稀释后有强烈荧光，醇溶液有红色荧光。罗丹明 B 常用作实验室中细胞荧光染色剂，广泛应用于有色玻璃、特色烟花爆竹等行业。

醋酸可的松为白色或几乎白色的结晶性粉末；无臭，初无味，随后有持久的苦味。醋酸可的松主要用于治疗原发性或继发性肾上腺皮质功能减退症，以及合成糖皮质激素所需酶系缺陷所致的各型先天性肾上腺增生症，必要时也可利用其药理作用治疗多种疾病。

拉米夫定，是一种有机化合物，对病毒的 DNA 链的合成和延长有竞争性的抑制作用，主要应用于治疗乙肝、艾滋病等病毒感染。

奥司他韦是一种作用于神经氨酸酶的特异性抑制剂，其抑制神经氨酸酶的作用，可以抑制成熟的流感病毒脱离宿主细胞，从而抑制流感病毒在人体内的传播以起到治疗流行性感冒的作用。

尼古丁，俗名烟碱，是一种有机化合物，有剧毒，其存在于茄科植物（茄属）中，是 N-胆碱受体激动药的代表，对 N1 和 N2 受体及中枢神经系统均有麻痹作用，无临床应用价值。尼古丁在烟草植物中的含量较高，是烟草中的主要生物碱之一。在吸烟或使用烟草制品时，尼古丁会通过肺部迅速进入血液循环，然后传递到大脑，这是导致吸烟成瘾的主要原因之一。尼古丁可通过刺激中枢神经系统来产生一系列生理和心理效应，其中包括提神、改善注意力、增强情绪等。

具体信息见表 12-2。

表 12-2　其他药物基本信息一览表

化合物	mp or bp	结构式/分子式	CAS 登记号
碘帕醇	mp ＞ 320 ℃		[60166-93-0]
碘普罗胺	bp 840.9 ℃ （760 mmHg）		[73334-07-3]
泛影酸	bp 720.2 ℃		[117-96-4]
酮洛芬	mp 93 ~ 96 ℃		[22071-15-4]
非诺洛芬	N/A		[29679-58-1]
雷尼替丁	mp 69 ~ 70 ℃		[66357-35-5]
比哌立登	mp 114 ℃		[514-65-8]

化合物	mp or bp	结构式/分子式	CAS 登记号
非索非那定	mp 218～220 °C		[83799-24-0]
阿昔洛韦	mp 256～257 °C		[59277-89-3]
硝苯胂酸	mp 236 °C		[98-72-6]
洛克沙砷	mp ＞300 °C		[121-19-7]
氯贝酸	mp 120～122 °C		[882-09-7]
玫瑰红 B	mp 210～211 °C		[81-88-9]
醋酸可的松	mp 239～241 °C		[50-04-4]

化合物	mp or bp	结构式/分子式	CAS 登记号
拉米夫定	mp 177 °C		[134678-17-4]
磷酸奥司他韦	mp 196 ~ 198 °C		[204255-11-8]
尼古丁	bp 243 ~ 248 °C		[54-11-5]

12.2 激素的销毁

12.2.1 雌二醇、乙炔雌二醇、雌三醇和雌酮的销毁

12.2.1.1 臭氧氧化法

方法一[1]。在丙酮中制备雌二醇和乙炔雌二醇的储备溶液，浓度为 100 mg/L，并在 4 °C 下储存。用水稀释上述储备溶液，使每种雌激素的初始浓度分别为 10 μg/L 和 50 μg/L。使用纯氧和纯氮的混合物作为进料气体，臭氧发生器能够以 93.6 g/h（1.56 g/min）的流速产生高达 5 g/h 臭氧。在不同初始 pH（3、7 和 11）的水溶液中进行臭氧化实验。使用硫酸或氢氧化钠调节溶液的 pH。最佳销毁参数请见下表。

方法二[2]。用 5 mmol/L 磷酸盐（NaH_2PO_4/Na_2HPO_4）将水样 pH 缓冲至 6.6 和 8.6。雌二醇和乙炔雌二醇的浓度为 1 ~ 20 μg/L，氧化剂为 2 mg/L 臭氧。在不同时间取样，分析雌二醇和乙炔雌二醇的残留量。

雌二醇和乙炔雌二醇的销毁情况及相关参数，见表 12-3。

表 12-3　雌二醇和乙炔雌二醇的臭氧氧化法销毁相关参数

底物	浓度	臭氧	pH	温度	时间	销毁率	文献
雌二醇	10 μg/L	在氧氮混合物中每小时产生 5 g 臭氧	3	N/A	N/A	100%	1
雌二醇	10 μg/L	含 2 mg/L 臭氧的氧气	6.6 ~ 8.6	22 °C	30 min	> 90%	2
雌二醇	5 μg/L	含 2 mg/L 臭氧的氧气	6.6 ~ 8.6	22 °C	30 min	> 90%	2
乙炔雌二醇	10 μg/L	在氧氮混合物中每小时产生 5 g 臭氧	3	N/A	N/A	99.7%	1
乙炔雌二醇	19 μg/L	含 2 mg/L 臭氧的氧气	6.6 ~ 8.6	22 °C	60 min	> 74%	2

12.2.1.2　过硫酸盐氧化法[3]

将 0.48 ~ 1.92 mmol/L 过硫酸盐加入含有 1 μmol/L 目标化合物（雌三醇、雌酮或乙炔雌二醇）的缓冲溶液（20 mmol/L 碳酸钠，pH 7 ~ 10）中。定期取样，并用硫代硫酸钠淬灭，再用 HPLC 和荧光检测进行分析。

雌三醇、雌酮和乙炔雌二醇的销毁情况及相关参数，参考表 12-4。

表 12-4　雌三醇、雌酮和乙炔雌二醇的过硫酸盐氧化法销毁相关参数

底物	浓度	过硫酸盐	pH	温度	时间	销毁率
雌三醇、雌酮	1 μmol/L（在 20 mmol/L pH 8.5 的碳酸钠缓冲液中）	0.96 mmol/L Oxone®	8.5	24 ~ 26 °C	500 min	> 95%
乙炔雌二醇	1 μmol/L（含 10 μmol/L 溴化物的 20 mmol/L pH 8.5 碳酸钠缓冲液中）	0.96 mmol/L Oxone®	8.5	24 ~ 26 °C	20 min	> 95%

12.2.1.3　UV/过硫酸盐氧化法[4]

UV/过硫酸盐氧化实验是在 150 mL Pyrex 反应器中进行的，反应温度为 20 °C。将反应器放置在自制的矩形盒子中，盒子顶部装有 4 个多色荧光管（Sanyo Denki G15T8E）。在乙腈中配制 1 mmol/L 雌二醇原液，并在 4 °C 下避光保存。将 5 μmol/L 雌二醇溶液和 5 mmol/L 过硫酸钠溶液加入反应器中，然后开启光源进行反应。定期取样 1 mL，然后进行分析。使用 Waters Acquity 超高效液相色谱（UPLC）系统分析雌二醇的残留浓度，该系统配有 BEH C_{18} 柱（100 mm × 2.1 mm，1.7 μm）、二极管阵列检测器（200 ~ 400 nm）和荧光检测器（$\lambda_{ex} = 280$ nm，$\lambda_{em} = 305$ nm）。洗脱流速为 0.6 mL/min，洗脱液为 milli-Q 水和乙腈的混合物，进样体积为 6 μL，柱温固定在 40 °C。

雌二醇的销毁情况及相关参数，参考表 12-5。

表 12-5　雌二醇的 UV/过硫酸盐氧化法销毁相关参数

底物	浓度	氧化剂	pH	温度	灯	时间	销毁率
雌二醇	5 μmol/L	5 mmol/L 过硫酸钠	6	20 °C	UVB: 4 个 Sanyo Denki G15T8E 308 nm Pyrex	5 min	99%

12.2.1.4　过氧化氢/辣根过氧化物酶氧化法[5,6]

将含有 400 nmol/L 雌酮、雌二醇、雌三醇或炔雌醇的水溶液的 pH 调节至 7.0，加入辣根过氧化物酶（EC 1.11.1.7）至终浓度 0.06 U/mL，添加过氧化氢至最终浓度为 800 nmol/L，搅拌 1 h 后，添加过氧化氢酶-琼脂糖（EC 1.11.1.6）以停止反应。检查降解的完整性，并将其丢弃。

12.2.1.5　直接光解法[7]

所有降解实验均在配有 22 W（254 nm）低压汞灯（1250 μW/cm²）和磁性搅拌器的光化学操作反应器中进行。将过乙酸加入 50 mL 50 μg/L 雌二醇、乙炔雌二醇、雌三醇或雌酮溶液中。反应溶液的初始 pH 可用 1 mol/L HCl 或 NaOH 进行调节。然后，开动磁力搅拌器，并用紫外线进行光解。定期取样 3 mL，加入 $Na_2S_2O_3$ 溶液淬灭，并用于进一步分析。

雌二醇、乙炔雌二醇、雌三醇和雌酮等雌激素的销毁情况及相关参数，参考表 12-6。

表 12-6　雌激素的直接光解法销毁相关参数

底物	浓度	pH	温度	灯	时间	销毁率
雌激素	50 μg/L	6.01	25 ℃	22 W 低压汞灯（254 nm，1.25 mW/cm^2）	30 min	> 95%

12.2.1.6　V/H$_2$O$_2$ 氧化法

方法一[8]。向 1.3 mg/L 雌二醇或乙炔雌二醇溶液中加入 90 mg/L H$_2$O$_2$，并将反应液 pH 调节至 7.5 ~ 7.8。然后将反应液置于 55 W 飞利浦低压汞灯（254 nm）下进行光解。使用配有 Extend-C$_{18}$ 反相柱（X-Bridge BEH 2.5 μm，4.6 μm × 75 μm）和二极管阵列检测器的 UHPLC Ultimate 3000+对雌二醇或乙炔雌二醇的残留量进行分析。流动相由 50% 水和 50% 乙腈组成，并用 0.1% HCOOH 以 1.5 mL/min 的流速酸化。

方法二[9]。在乙腈中制备 1 mmol/L 雌二醇储备溶液，并在 4 ℃ 下保存。向储备溶液中加入 H$_2$O$_2$ 溶液，使雌二醇浓度为 5 μmol/L，H$_2$O$_2$ 浓度为 5 mmol/L。采用多色波长（UVB）进行降解。定期取样 1 mL，并用 HPLC 分析雌二醇的残留量。

方法三[10]。实验是在 0.5 L 容量、内径为 100 mm 的恒温间歇式玻璃反应器中进行的。在反应器上方水平放置 30 W（254 nm）紫外灯。通过改变灯和反应器的距离来调节反应器中紫外光的强度。向 200 mL 2.63 mg/L 乙炔雌二醇溶液中加入 5 mg/L H$_2$O$_2$，并在紫外光下照射。定期取样 2 mL，并用甲醇淬灭。使用配有 Extend-C$_{18}$ 反相柱（250 mm × 4.6 mm，5 μm）和荧光检测器的 HPLC 测定乙炔雌二醇的浓度。流动相由 50% 10 mmol/L 磷酸和 50% 乙腈组成，流速为 1.0 mL/min。

雌二醇和乙炔雌二醇的销毁情况及相关参数，参考表 12-7。

表 12-7　雌二醇和乙炔雌二醇的 UV/H$_2$O$_2$ 氧化法销毁相关参数

底物	浓度	氧化剂	pH	温度	灯	时间	销毁率	文献
雌二醇	1.3 mg/L	90 mg/L H$_2$O$_2$	7.5 ~ 7.8	20 ℃	55 W Philips LP Hg 254 nm	N/A	> 95%	8
雌二醇	5 μmol/L	5 mmol/L	6	20 ℃	Sanyo Denki UVB G15T8E 308 nm	1 h	> 95%	9
乙炔雌二醇	2.63 mg/L	5 mg/L H$_2$O$_2$	6.8	N/A	30 W Q（2.669 W/m^2）	100 min	98.70%	10
乙炔雌二醇	1.3 mg/L	90 mg/L H$_2$O$_2$	7.5 ~ 7.8	20 ℃	55 W Philips LP Hg 254 nm	N/A	> 95%	8

12.2.1.7　UV/TiO$_2$ 光解法

方法一[11]。雌二醇和乙炔雌二醇的初始浓度为 500 μg/L，其中含有约 4 g/L 乙醇。TiO$_2$ 浓度为 10 mg/L。所有光催化实验均在 21 ~ 25 ℃ 下进行。用硫酸或氢氧化钠调节反应液的 pH。光催化实验是在内径为 100 mm 的 0.25 L 玻璃反应器中进行的，该反应器配有磁力搅拌器。将 365 nm 紫外灯水平放置在反应器上方，该灯辐照度约为 1.1 mW/cm^2。定期取样进行分析。使用配有 150 mm ZORBAX Eclipse XDB-C$_{18}$柱的 HPLC 测定雌二醇和乙炔雌二醇的残留量，该柱配备波长为 278 nm 的紫外检测器，流动相为乙腈-水（1∶1），流速为 1.0 mL/min。

方法二[12]。雌二醇和雌激素甲醇溶液的初始浓度为 50 ng/L，TiO$_2$ 甲醇溶液的浓度为 1000 mg/L。降解实验是在 15 W 紫外反应器中进行的。定期取样，用气相色谱-质谱法进行分析。

雌二醇、乙炔雌二醇和雌激素的销毁情况及相关参数，参考表 12-8。

表 12-8　雌二醇、乙炔雌二醇和雌激素的 UV/TiO$_2$ 光解法销毁相关参数

底物	浓度	TiO$_2$	pH	温度	灯	时间	销毁率	文献
雌二醇	500 μg/L	10 mg/L	11	21 ~ 25 °C	UV P（1.1 mW/cm^2）	20 min	> 95%	11
乙炔雌二醇	500 μg/L	10 mg/L	11	21 ~ 25 °C	UV P（1.1 mW/cm^2）	20 min	> 95%	11
雌二醇	50 ng/L	1000 mg/L	N/A	N/A	15 W Q	2 h	> 99%	12
雌激素	50 ng/L	1000 mg/L	N/A	N/A	15 W Q	2 h	> 99%	12

12.2.1.8　UV/O$_3$ 光解法[13]

首先制备 5 mg/L 雌激素水溶液，溶液 pH 为 6.5。光解实验是在 750 mL 环形反应器中进行的。紫外光源为 13 W 低压汞灯，单色光波长为 253.7 nm，强度为 18 mW/cm^2，周围有石英保护套。使用冷却水套将反应温度维持在 20 °C，并用磁力搅拌器进行强力搅拌。臭氧发生器在 103.4 kPa 的压力下输入压缩空气，并产生 6.25×10^{-4} ~ 2.5×10^{-3} 的臭氧，并将其通入雌激素溶液中。开启光源进行光解实验，定期取样，并分析雌激素的销毁情况。

雌激素的销毁情况及相关参数，参考表 12-9。

表 12-9　雌激素的 UV/O$_3$ 光解法销毁相关参数

底物	浓度	臭氧	紫外灯	pH	温度	时间	销毁率
雌激素	5 mg/L	6.25×10^{-4} ~ 2.5×10^{-3}（在空气中）	13 W LP Hg Philips TUV PL-S 254 nm 18 mW/cm^2	6.5	20 °C	30 min	> 95%

12.2.1.9　UV/Cl 氧化法[14]

此反应系统具有一个圆柱形玻璃封闭反应器（总体积为 500 mL），内部照明面积为 179 cm^2。在石英灯泡内部的中心线上放置一盏灯，以避免与样品接触，磁性搅拌器位于反应器的底部，使用水循环系统维持恒温（25 °C）。使用 6 W（F6T5/BL 356 nm，HNS G5 254 nm）紫外灯作为光源。在实验开始之前，将紫外灯加热至少 30 min。

在乙腈中制备 1 g/L 雌二醇或乙炔雌二醇储备溶液，并将其在 4 °C 下保存，然后在实验前用水稀释至最终浓度 100 μg/L。向上述反应液中加入 1 mg/L 游离氯，用 0.01 mol/L HCl 或 0.1 mol/L NaOH 调节反应液的 pH。定期取样，并加入硫代硫酸钠和过氧化氢酶淬灭，然后用孔径为 0.22 μm 的预清洁尼龙注射器过滤器过滤，并在 4 °C 的黑暗中储存。使用安捷伦科技 1200 系列高效液相色谱仪和荧光检测器（HPLC/FLU）分析雌二醇和乙炔雌二醇的残留量，该色谱仪配有 C$_{18}$ 柱 Zorbax Eclipse plus（5 μm，4.6 mm×250 mm），发射波长为 310 nm，激发波长为 230 nm。流动相由超纯水（pH 3，用盐酸调节）和乙腈组成，体积比为 50∶50，流速为 1.2 mL/min，进样体积为 100 μL。

雌二醇和乙炔雌二醇的销毁情况及相关参数，参考表 12-10。

表 12-10　雌二醇和乙炔雌二醇的 UV/Cl 氧化法销毁相关参数

底物	浓度	氯源	pH	温度	灯	时间	销毁率
雌二醇	100 μg/L	1 mg/L 游离氯（来自 NaOCl）	7	25 ℃	6 W Philips F6T5/BL 356 nm 6.80 mW/cm^2	20 min	99%
雌二醇	100 μg/L	1 mg/L 游离氯（来自 NaOCl）	7	25 ℃	Osram PURITEC HNS G5 254 nm 14.79 mW/cm^2	2 min	99%
乙炔雌二醇	100 μg/L	1 mg/L 游离氯（来自 NaOCl）	7	25 ℃	6 W Philips F6T5/BL 356 nm 6.80 mW/cm^2	20 min	99%
乙炔雌二醇	100 μg/L	1 mg/L 游离氯（来自 NaOCl）	7	25 ℃	Osram PURITEC HNS G5 254 nm 14.79 mW/cm^2	2 min	99%

12.2.1.10　UV/过乙酸氧化法[15]

降解实验是在配有 22 W（254 nm）低压汞灯（1250 μW/cm^2）和磁性搅拌器的光化学反应器（XPA-7）中进行的。向反应器中加入 30 mg/L 过乙酸和 50 μg/L 雌二醇（或乙炔雌二醇）溶液，并用磁力搅拌器使反应液均化，然后开启紫外灯进行反应。反应液的初始 pH 用 1 mol/L HCl 或 NaOH 进行调节。定期取样 3 mL，并加入过量的 Na$_2$S$_2$O$_3$ 溶液淬灭。然后使用配有 ACQUITY UPLC$^®$ BEH-C$_{18}$ 柱（2.1 mm × 100 mm, 1.7 μm）的 UPLC-MS/MS 分析雌二醇和乙炔雌二醇的残留量。用含有水和乙腈的流动相进行梯度洗脱。

雌二醇和乙炔雌二醇的销毁情况及相关参数，参考表 12-11。

表 12-11　雌二醇和乙炔雌二醇的 UV/过乙酸氧化法销毁相关参数

底物	浓度	添加的试剂	pH	温度	灯	时间	销毁率
雌二醇	50 μg/L	30 mg/L 过乙酸	6.01	25 ℃	22 W LP Hg 254 nm 1.25 mW/cm^2	30 min	> 90%
乙炔雌二醇	50 μg/L	30 mg/L 过乙酸	6.01	25 ℃	22 W LP Hg 254 nm 1.25 mW/cm^2	30 min	> 90%

12.2.2　己烯雌酚的销毁[16]

光解实验是在紫外交联仪（CL-1000S，Upland）中进行的，该紫外交联仪配有 2 个紫外灯（254 nm），辐照度为 0.84 mW/cm^2。取 400 mL 己烯雌酚水溶液放入玻璃皿中，再放入反应器中。在光解之前，在 25 ℃ 下，向反应溶液中加入 8 mL 10 mmol/L 磷酸盐缓冲溶液使其保持在 pH 7.0。溶液分别在紫外光下照射 0、0.5、1、2、3、4、5、10 min。

己烯雌酚的销毁情况及相关参数，参考表 12-12。

表 12-12　己烯雌酚的销毁相关参数

底物	浓度	pH	温度	灯	时间	销毁率
己烯雌酚	500 μg/L（在 10 mmol/L pH 7.0 磷酸盐缓冲溶液中）	7	25 ℃	Upland CL-1000S（带 2 个 254 nm 紫外线灯）	10 min	94.5%

12.3 其他药物的销毁

12.3.1 碘帕醇的销毁

12.3.1.1 臭氧氧化法[17]

碘帕醇储备溶液的制备：将 2.5 g 碘帕醇溶解在 100 mL 水中，并用 0.2 μm 膜滤器去除未溶解的碘帕醇。制备 100 L 5 mmol/L 磷酸盐缓冲液（pH 7.0），并加入碘帕醇使其最终浓度为 100 mg/L。将溶液分成 5 等份，然后置于玻璃反应器中。将 0.3 mg/L/min 臭氧连续通入玻璃反应器中。定期取样，并分析碘帕醇的残留量。

碘帕醇的销毁情况及相关参数，参考表 12-13。

表 12-13 碘帕醇的臭氧氧化法销毁相关参数

底物	浓度	臭氧	pH	温度	时间	销毁率
碘帕醇	100 mg/L	0.3 mg/L/min	7.0	N/A	3 h	> 95%

12.3.1.2 过硫酸盐氧化法[18]

氧化反应是在室温[(25 ± 2) ℃]下、在黑暗和持续搅拌下进行的。将碘帕醇和过硫酸盐储备溶液加入去离子水中，使最终体积为 100 mL。用 1 mmol/L 硼酸盐缓冲液和 NaOH/HNO$_3$ 溶液调节反应溶液的 pH。向反应体系中，加入氧化铜引发反应。定期取样，用亚硝酸钠淬灭，并立即用 0.22 μm 滤膜过滤，然后分析碘帕醇的残留量。

碘帕醇的销毁情况及相关参数，参考表 12-14。

表 12-14 碘帕醇的过硫酸盐氧化法销毁相关参数

底物	浓度	过硫酸盐	pH	温度	时间	销毁率
碘帕醇	2.0 mg/L	0.2 g/L 氧化铜与 100 mg/L Oxone®	7	23 ~ 27 ℃	15 min	> 95%

12.3.2 碘普罗胺的销毁

12.3.2.1 过硫酸盐氧化法[19]

将一定体积的 20 μmol/L 碘普罗胺储备溶液和超纯水加入烧瓶中，并在水浴中预热 10 min，以使溶液达到所需的温度。然后向溶液中加入 4 mmol/L 过硫酸钾。用 1 mol/L NaOH 或 H$_2$SO$_4$ 调节初始溶液的 pH。定期取样 1 mL，立即用 1 mL 甲醇淬灭，并在冰浴中冷却。

采用岛津 Essentia LC-16 高效液相色谱测量碘普罗胺的残留浓度,该仪器配备有 Wondasil C$_{18}$-WR 柱（4.6 mm × 250 mm，5.0 μm），紫外波长为 243 nm。流动相为甲酸水溶液（pH = 3.0）和甲醇的混合液，体积比为 80：20，流速为 1 mL/min。

碘普罗胺的销毁情况及相关参数，参考表 12-15。

表 12-15 碘普罗胺的过硫酸盐氧化法销毁相关参数

底物	浓度	过硫酸盐	pH	温度	时间	销毁率
碘普罗胺	20 μmol/L	4 mmol/L 过硫酸钾	5.5	60 ℃	75 min	> 95%

12.3.2.2　UV/过硫酸盐氧化法[20]

光降解实验是在 300 mL（56 mm i.d.×130 mm H）石英烧杯中进行的，其中 250 mL 反应溶液放置在光反应器 RayonetTM RPR-200 的中心。该反应器配备了 2~6 个低压汞灯（每个约 35 W），发射波长为 253.7 nm，每盏灯的光强度为 1.5×10^{-6} E/(L·s)。向反应器中加入 0.126 mmol/L 碘普罗胺和 2 mmol/L 过硫酸钾，并将反应液的 pH 调节至 3.4。开启光源进行反应，并定期取样。使用连接到 Waters 2487 双波长吸光度检测器的 HPLC 分析碘普罗胺的残留量。色谱分离采用反相柱（5 μm C_{18}，250 mm × 4.66 mm i.d.），流动相为 5% 乙腈，并用甲酸调节 pH 至 2.8，流速为 1 mL/min，UV 检测器波长为 238 nm。

碘普罗胺的销毁情况及相关参数，参考表 12-16。

表 12-16　碘普罗胺的 UV/过硫酸盐氧化法销毁相关参数

底物	浓度	氧化剂	pH	温度	灯	时间	销毁率
碘普罗胺	0.126 mmol/L	2 mmol/L 过硫酸钾	3.4	N/A	6 个 35 W LP Q	80 min	> 95%

12.3.3　泛影酸和泛影酸钠的销毁

12.3.3.1　直接光解法[21]

光解实验是在 1 L 间歇式光反应器中进行的，采用了多色中压汞灯（TQ150, UV Consulting Peschl）和 Ilmasil 石英浸没管。间歇光反应器配有持续搅拌器，并用循环冷却器将温度维持在 18~20 ℃。将泛影酸溶解在超纯水中，并进行光解实验。分别在光解 2、4、8、16、32、64、128 和 256 min 后取样，并用 HPLC-UV 和 LC-ESI-MS/MS 进行分析。

泛影酸的销毁情况及相关参数，参考表 12-17。

表 12-17　泛影酸的直接光解法销毁相关参数

底物	浓度	pH	温度	灯	时间	销毁率
泛影酸	150 mg/L	N/A	18~20 ℃	TQ 150 W MP 汞灯（200~440 nm）	128 min	99.5%

12.3.3.2　UV/过硫酸盐氧化法[22]

辐照实验是在准直光束系统中进行的，其中顶部放置 2 个 15 W 低压紫外灯，其单色光最大波长为 254 nm。向反应器中加入 5 mmol/L pH 7.4 磷酸盐缓冲液、0.5 μmol/L 泛影酸和 1.0 mmol/L 过硫酸钠，并将反应液的 pH 调节至 7.4。开启光源进行反应，并定期取样 0.1 mL，用硫代硫酸钠溶液淬灭，然后用 HPLC 分析泛影酸的残留量。

泛影酸的销毁情况及相关参数，参考表 12-18。

表 12-18　泛影酸的 UV/过硫酸盐氧化法销毁相关参数

底物	浓度	氧化剂	pH	温度	灯	时间	销毁率
泛影酸	0.5 μmol/L（在 5 mmol/L pH 7.4 磷酸盐缓冲液中）	1.0 mmol/L 过硫酸钠	7.4	20~22 ℃	2 个 Cole-Parmer 15 W LP Hg 254 nm quartz	N/A	> 95%

12.3.3.3　泛影酸钠的销毁[23]

降解实验是在室温（22～24 ℃）下的玻璃反应器中进行的。溶液的 pH 用氢氧化钠进行调节，并用磷酸盐缓冲液进行控制。泛影酸钠的初始浓度为 5 μmol/L。向溶液中加入 H_2O_2 以达到所需浓度，并立即用 UV254 进行光解。定期取样，用硫代硫酸钠淬灭。采用高效液相色谱法（Waters 1525，4.6 mm × 150 mm，对称 C_{18} 柱）测定泛影酸钠的残留量。流动相由 40% 水和 60% 甲醇组成，流速为 1 mL/min。注射体积为 100 μL，检测波长为 237 nm。

泛影酸钠的销毁情况及相关参数，参考表 12-19。

表 12-19　泛影酸钠的销毁相关参数

底物	浓度	氧化剂	pH	温度	灯	时间	销毁率
泛影酸钠	5.0 μmol/L	70 μmol/L H_2O_2	7	22～24 ℃	Heraeus LP Hg GPH 212T5 L/4 254 nm 0.13 mW/cm²	26 min	> 95%

12.3.4　酮洛芬和非诺洛芬的销毁

12.3.4.1　过硫酸钾氧化法[24]

将 20 mL 10 μmol/L 酮洛芬溶液加入反应器中，并在恒温水浴中预热 20 min，使溶液达到 40～70 ℃。然后向反应体系中加入 2.0 mmol/L 过硫酸钾。定期取样，并在冰浴中冷却 5 min，并在分析前储存在 4 ℃ 的冰箱中。使用配有二极管阵列检测器和 C_{18} 反相柱（4.6 mm × 250 mm，5 μm）的 Hitachi L-2000 高效液相色谱仪，分析酮洛芬的残留浓度。流动相由 45% 乙腈和 55% 水（含 0.5% 甲酸）组成，以 1 mL/min 流速洗脱。注射体积为 20 mL，检测波长为 260 nm。

酮洛芬的销毁情况及相关参数，参考表 12-20。

表 12-20　酮洛芬的过硫酸钾氧化法销毁相关参数

底物	浓度	过硫酸盐	pH	温度	时间	销毁率
酮洛芬	10 μmol/L	2.0 mmol/L 过硫酸钾	7	70 ℃	30 min	> 95%

12.3.4.2　UV/H_2O_2 氧化法[25]

酮洛芬和非诺洛芬的初始浓度均为 2.5 μg/L。将 2.55 mg/L H_2O_2 添加到 500 mL 酮洛芬或非诺洛芬溶液中。然后将反应液在 110 r/min 搅拌下置于低压紫外灯下进行反应。反应液的 pH 分别为 5.0、7.0 和 9.0。在反应 2.5、5.0 和 10.0 min 后，分别取样，并分析酮洛芬和非诺洛芬的残留量。

酮洛芬和非诺洛芬的销毁情况及相关参数，参考表 12-21。

表 12-21　酮洛芬和非诺洛芬的 UV/H_2O_2 氧化法销毁相关参数

底物	浓度	氧化剂	pH	温度	灯	时间	销毁率
非诺洛芬	2.5 μg/L	2.55 mg/L H_2O_2	7	N/A	14 W LP 254 nm 40 mW/cm²	5 min	> 95%
酮洛芬	2.5 μg/L	2.55 mg/L H_2O_2	7	N/A	14 W LP 254 nm 40 mW/cm²	5 min	> 95%

12.3.4.3　UV/O$_3$氧化法[26]

低压汞灯（GCL307T5VH/CELL）采用了高纯度硅胶套管（长 307 mm，外径 20.5 mm），可透射 254 nm 和 185 nm 的光。灯的功率是 15 W，并且在紫外范围内的有效光功率输出是 2.7 W，光子通量为 5.7×10^{-6} E/s。带外壳的紫外灯位于水冷玻璃管反应器的中心。向反应器中加入 100 µmol/L 酮洛芬，并通入含 20 mg/L 臭氧的 690 mL/min 氧气，10 min 后开启光源。定期取样，并分析酮洛芬的残留量。

酮洛芬的销毁情况及相关参数，参考表 12-22。

表 12-22　酮洛芬的 UV/O$_3$ 氧化法销毁相关参数

底物	浓度	臭氧	紫外灯	pH	温度	时间	销毁率
酮洛芬	100 µmol/L	含 20 mg/L 臭氧的 690 mL/min 氧气	15 W LP Hg GCL307T5VH/ CELL with silica sleeve	7	25 °C	1 h	>95%

12.3.5　雷尼替丁的销毁

12.3.5.1　臭氧氧化法[27]

将预定量的臭氧饱和溶液与雷尼替丁水溶液混合，并在密封瓶中进行臭氧化实验。在预定的时间点取样，并将其加入 KI 溶液中，并分析雷尼替丁的残留量。

雷尼替丁的销毁情况及相关参数，参考表 12-23。

表 12-23　雷尼替丁的臭氧氧化法销毁相关参数

底物	浓度	臭氧	pH	温度	时间	销毁率
雷尼替丁	5 mg/L 水溶液	在每升水中添加 20～25 mg 臭氧，使臭氧浓度达到 8 mg/L	10	N/A	0.5 min	95%

12.3.5.2　光-芬顿氧化法[28]

将 10 mg/L 雷尼替丁水溶液、5 mg/L Fe^{2+}和 50 mg/L H$_2$O$_2$ 加入 5 L Pyrex 烧杯中。然后将反应液的 pH 调节至 3，并将其暴露于阳光下光解。烧杯内部的最高温度为 35 °C。定期取样，并分析雷尼替丁的残留量。

雷尼替丁的销毁情况及相关参数，参考表 12-24。

表 12-24　雷尼替丁的光-芬顿氧化法销毁相关参数

底物	浓度	铁	氧化剂	pH	温度	灯	时间	销毁率
雷尼替丁	10 mg/L	5 mg/L Fe^{2+}	50 mg/L H$_2$O$_2$	3	≤35 °C	Solar	2 h	>95%

12.3.5.3　光/TiO$_2$光解法[29]

首先制备 10 mg/L 雷尼替丁水溶液和 200 mg/L TiO$_2$悬浮液。在光解实验中，将 10 mg/L 雷尼替丁水溶液和 200 mg/L TiO$_2$悬浮液加入 5 L Pyrex 烧杯中（320～400 nm 处紫外线透过率大于 80%，300 nm 处约 40%，内径为 15 cm），并在阳光直射下连续搅拌。烧杯内部的最高温度为 35 °C。使用反相液相色谱法和紫外检测器分析雷尼替丁的残留浓度。流动相为甲酸

（25 mmol/L）/乙腈（50/50），流速为 0.5 mL/min，波长为 272 nm。

雷尼替丁的销毁情况及相关参数，参考表 12-25。

表 12-25　雷尼替丁的光/TiO₂ 光解法销毁相关参数

底物	浓度	TiO₂	pH	温度	灯	时间	销毁率
雷尼替丁	10 mg/L	200 mg/L	6.6	35 ℃	Solar	22 min	> 95%

12.3.6　比哌立登和非索非那定的销毁[30]

人工紫外线光解实验是用 4 个飞利浦 TLK 40 W/09N 耐热灯进行的，反应时间共 28 d。反应温度为 24 ~ 25 ℃。比哌立登和非索非那定的最初浓度为 1 μg/L。

比哌立登和非索非那定的销毁情况及相关参数，参考表 12-26。

表 12-26　比哌立登和非索非那定的销毁相关参数

底物	浓度	pH	温度	灯	时间	销毁率
比哌立登	1 μg/L	7	24 ~ 25 ℃	4 个飞利浦 TLK 40 W/09N 耐热灯	28 d	> 95%
非索非那定	1 μg/L	7	24 ~ 25 ℃	4 个飞利浦 TLK 40 W/09 N lamps Pyrex	28 d	> 95%

12.3.7　阿昔洛韦的销毁[31]

光反应器由 10 个 UV₂₅₄ 透明的氟化聚合物微毛细管组成，其平均水力直径为 195 μm。在均匀发射的区域中，将微毛细管卷绕在 UV 单色灯（254 nm，G8T5）周围。阿昔洛韦的初始浓度为 $2.05 \times 10^{-5} \sim 4.67 \times 10^{-5}$ mol/L，反应温度为 25 ℃。向反应液中加入物质的量过量 20 倍的 H_2O_2，然后开启光源进行反应。

过氧化氢和阿昔洛韦的浓度采用 HPLC（1100 Agilent）进行检测，该 HPLC 设备配有 Gemini 5u C₆-Phenyl 110（Phenomenex）反相柱和二极管阵列检测器。流动相为 93% 正磷酸水溶液（10 mmol/L）和 7% 甲醇的混合物，流速为 8.0×10^{-4} L/min。用 NaOH 或 $HClO_4$ 调节溶液的 pH，并用 Accumet Basic AB-10 pH 计测定。使用 Perkin Elmer UV/VIS 光谱仪评估了阿昔洛韦的摩尔吸收系数。

阿昔洛韦的销毁情况及相关参数，参考表 12-27。

表 12-27　阿昔洛韦的销毁相关参数

底物	浓度	氧化剂	pH	温度	灯	时间	销毁率
阿昔洛韦	45 μmol/L	物质的量过量 20 倍的 H_2O_2	4.5 ~ 8.0	25 ℃	8 W Germicidal G8T5 254 nm	30 min	> 95%

12.3.8　硝苯胂酸和洛克沙砷的销毁

12.3.8.1　光/H_2O_2 氧化法

方法一[32]。使用间歇式循环紫外反应器进行降解实验，该反应系统可发射 254 nm 的单色光（UV Max A）。用草酸铁钾化学光量计测定净光子通量为 $1.14(\pm 0.18) \times 10^{-5}$ E/s。在 21～25 °C 下，向含有 1 mg/L 硝苯肿酸（或洛克沙砷）和 10 mmol/L 磷酸盐缓冲液的 1 L 混合溶液中加入 50 倍的 H_2O_2，并将其置于光源下光解。

方法二[33]。降解实验是在圆柱形硼硅酸盐玻璃反应器中进行的，反应温度为 19～21 °C，10 W UV 灯（254 nm）作为光源。使用 KI/KIO₃ 方法测定紫外线光源的光子通量为 2.42×10^{-6} E/s。向 50 μmol/L 洛克沙砷中加入 500 μmol/L H_2O_2。然后用 0.1 mol/L $HClO_4$ 或 NaOH 将溶液 pH 调节至所需值。搅拌 1.0 min 后，开启 UV 灯引发反应。定期取样 1.5 mL，立即用 20 μL 1.0 mol/L Na_2SO_3 溶液淬灭，并分析洛克沙砷的残留量。

硝苯肿酸和洛克沙砷的销毁情况及相关参数，参考表 12-28。

表 12-28　硝苯肿酸和洛克沙砷的光/H_2O_2 氧化法销毁相关参数

底物	浓度	氧化剂	pH	温度	灯	时间	销毁率	文献
硝苯肿酸	1 mg/L（在 10 mmol/L pH 6.7 磷酸盐缓冲液中）	1 mol 底物用 50 mol H_2O_2	6.7	21～25 °C	Trojan Technologies UV Max A 254 nm	45 min	99.9%	32
洛克沙砷	1 mg/L（在 10 mmol/L pH 6.7 磷酸盐缓冲液中）	1 mol 底物用 50 mol H_2O_2	6.7	21～25 °C	Trojan Technologies UV Max A 254 nm	45 min	99.9%	32
洛克沙砷	50 μmol/L	500 μmol/L H_2O_2	7	19～21 °C	10 W UV lamp 254 nm Pyrex	20 min	96.0%	33

12.3.8.2　光-芬顿氧化法[34]

实验是在 20 °C 下进行的，并用磁力进行搅拌。将 15 W UV-C 紫外灯（254 nm）浸入反应溶液中，此紫外灯强度为 0.73 mW/cm²。向光反应器中，加入 10 μmol/L 洛克沙砷和 100 μmol/L Fe^{3+}。用稀 HCl 和 NaOH 溶液将反应液 pH 调节至所需值。开启光源进行降解反应，并定期取样 3 mL。然后立即向样品中加入 1 mL 1% HCl，静置 30 min 后，再用高效液相色谱测定洛克沙砷的残留量。

洛克沙砷的销毁情况及相关参数，参考表 12-29。

表 12-29　洛克沙砷的光-芬顿氧化法销毁相关参数

底物	浓度	铁	氧化剂	pH	温度	灯	时间	销毁率
洛克沙砷	10 μmol/L	100 μmol/L Fe^{3+}	无	3	20 °C	15 W UV-C 254 nm 0.73 mW/cm²	1.5 h	97.8%

12.3.9　氯贝酸的销毁

12.3.9.1　UV/H_2O_2 氧化法[35]

实验是在有效容积为 800 mL 的圆柱形玻璃反应器中进行的。将 10 W 低压汞灯（发射单色波长为 254 nm）浸入反应器中心的溶液中，光子通量为 2.09×10^{-5} μE/(cm²·s)。在整个实验过程中，用磁力进行搅拌。将 500 mL 氯贝酸水溶液加入反应器中，并添加 170 L H_2O_2（30%

W/W），根据计算获得初始浓度为 100 mg/L 的 H_2O_2。定期取样 3.0 mL，并立即用 HPLC 进行分析。

使用配有二极管阵列检测器和 Kromasil 100-5C$_{18}$ 柱（4.6 mm×250 mm，5 μm）的高效液相色谱对氯贝酸进行分析。温度为 35 ℃，流动相由甲醇-乙腈混合溶液（75：25）和 KH$_2$PO$_4$ 缓冲溶液（5 mmol/L，0.1% 醋酸）组成，流速为 1.0 mL/min，样品的注射体积为 20 μL。

氯贝酸的销毁情况及相关参数，参考表 12-30。

表 12-30　氯贝酸的 UV/H$_2$O$_2$ 氧化法销毁相关参数

底物	浓度	氧化剂	pH	温度	灯	时间	销毁率
氯贝酸	10.0 mg/L	100 mg/L H$_2$O$_2$	4.5	19～21 ℃	10 W LP Q	12 min	99.50%

12.3.9.2　UV/O$_3$ 氧化法

方法一[36]。实验是在带夹套的圆柱形玻璃反应器中进行的，使用冷却水将温度控制在 28～32 ℃。反应器内径为 40 mm，高度为 300 mm。将直径为 16.0 mm、长度为 226.3 mm 的紫外灯（TUV6W/G6T5，254 nm）浸入反应器中心的溶液中。紫外光照射强度为 27.8 W/m²。在臭氧发生器中，使用 99.9% 的氧气通过放电产生臭氧，并在整个反应过程中以 40 L/h 流速通入 300 mL 50 mg/L 氯贝酸溶液中。用磁力搅拌器搅拌反应液。开启光源进行反应，并在预定的时间间隔内，取样 1 mL，用 0.22 μm 膜过滤，并加入 1 mL 1 mol/L Na$_2$S$_2$O$_3$ 淬灭反应。采用高效液相色谱法测定氯贝酸的残留浓度，该高效液相色谱法由 LC-20AB 泵、岛津高效液相色谱系统管理程序和 SPD-20A 紫外-可见分光光度计组成，最大吸收波长为 230 nm。以乙腈/0.01 mol/L 草酸水溶液为流动相，体积比为 31：69，室温下流速为 1.0 mL/min，注射量为 20 μL。

方法二[37]。降解实验是在 5 mmol/L 磷酸盐缓冲液中进行的。紫外照射（254 nm）由固定在反应器中心的低压汞灯提供，紫外线通量约为 4.3 mW/cm²。向反应器中加入 50 μmol/L 氯贝酸，并以 2.4 mg/min 的流速通入臭氧，同时开启光源进行降解反应。定期取样，并用过量的 Na$_2$S$_2$O$_3$ 淬灭。氯贝酸的残留浓度采用 Waters e2695 高效液相色谱-紫外分光光度计进行测定，检测波长为 230 nm，流动相为甲醇-0.1% 磷酸（85：15），流速为 1.0 mL/min。

氯贝酸的销毁情况及相关参数，参考表 12-31。

表 12-31　氯贝酸的 UV/O$_3$ 氧化法销毁相关参数

底物	浓度	臭氧	紫外灯	pH	温度	时间	销毁率	文献
氯贝酸	50 mg/L	含 9.58 mg/L 臭氧的 40 L/h 氧气	Philips TUV6W/G6T5 254 nm	7～10	28～32 ℃	30 min	>95%	36
氯贝酸	50 μmol/L	2.4 mg/min（在氧气中）	LP Hg 254 nm 4.3 mW/cm²	6	25 ℃	15 min	>95%	37

12.3.9.3　UV/过乙酸氧化法[38]

向石英反应器中加入 1 μmol/L 氯贝酸和 1 mg/L 过乙酸，并将反应液的 pH 调节至 7.1。然后，将反应器放置在带有磁搅拌器的光室中，并开启光源进行反应。定期取样 1 mL，并用过量的硫代硫酸钠溶液淬灭。使用配有二极管阵列紫外检测器和 Agilent Zorbax SB-C$_{18}$ 色谱柱（2.1 mm × 150 mm，5 μm）的 Agilent 1100 系列高效液相色谱系统分析氯贝酸的残留量。检测波长为 235 nm，流动相为甲醇-0.1% 甲酸溶液的混合物，注射量为 20 μL。

氯贝酸的销毁情况及相关参数，见表 12-32。

表 12-32　氯贝酸的 UV/过乙酸氧化法销毁相关参数

底物	浓度	添加的试剂	pH	温度	灯	时间	销毁率
氯贝酸	1 μmol/L	1 mg/L 过乙酸	7.1	25 °C	4 W Philips TUV4W G4T5 LP Hg quartz	2 h	> 93.5%

12.3.10　玫瑰红 B 的销毁[39]

向光化学反应器中，加入 10 μmol/L 玫瑰红 B、100 μmol/L Fe(ClO₄)₃ 和 300 mmol/L H_2O_2。用稀高氯酸和氢氧化钠将溶液的 pH 调节至 3.0。持续磁力搅拌，温度维持在 23 ~ 27 °C。开启光源进行反应，并定期取样分析玫瑰红 B 的残留量。

玫瑰红 B 的销毁情况及相关参数，参考表 12-33。

表 12-33　玫瑰红 B 的销毁相关参数

底物	浓度	铁	氧化剂	pH	温度	灯	时间	销毁率
玫瑰红 B	10 μmol/L	100 μmol/L Fe(ClO₄)₃	300 mmol/L H_2O_2	3	23 ~ 27 °C	100 W MP Hg 365 nm Pyrex	15 min	> 95%

12.3.11　醋酸可的松的销毁[40]

光催化分解实验是在高通量反应器中进行的，该反应器配有搅拌板，位于安装了多管光源的光隔离箱内。光源的波长范围为 360 ~ 380 nm，强度为 3.21 mW/cm² 。在整个实验中，将含水光催化剂悬浮液在 100 mL 烧杯中以 400 r/min 进行磁力搅拌。醋酸可的松的初始浓度为 10 mg/L。二氧化钛的浓度为 0.25 g/L。使用稀释的 NaOH 或 HCl 调节初始溶液的 pH。在进行光催化之前，将反应液用空气饱和 15 min，并在黑暗中平衡 30 min。在光催化实验期间，定期取样，用孔径为 0.20 μm Millipore 过滤器过滤，然后使用 UV-VIS 光谱法在 244 nm 处分析醋酸可的松。

醋酸可的松的销毁情况及相关参数，参考表 12-34。

表 12-34　醋酸可的松的销毁相关参数

底物	浓度	TiO₂	pH	温度	灯	时间	销毁率
醋酸可的松	10 mg/L	0.25 g/L	N/A	N/A	360 ~ 380 nm 3.21 mW/cm²	90 min	> 95%

12.3.12　拉米夫定的销毁[41]

光解实验是在具有双壁冷却水套的 150 mL 开放式 Pyrex 反应器中进行的。光源是高压汞灯（GGZ-125，E_{max} = 365 nm），并与光催化反应器平行放置，光强度为 0.38 mW/cm²。将 1 g/L TiO₂ 加入 150 mL 100 μmol/L 拉米夫定溶液中。在光解前，将悬浮液在黑暗中搅拌 30 min，以达到吸附-解吸平衡。一旦拉米夫定浓度稳定，立即用紫外线照射溶液。在给定的时间间隔内取样，并用 0.22 μm Millipore 过滤器过滤，以去除 TiO₂ 颗粒，滤液用于进一步分析。

在 30 ℃ 下，使用岛津 LC20AB 系列高效液相色谱系统和 Kromasil C$_{18}$ 柱（250 mm × 4.6 mm）分析拉米夫定的残留浓度。流动相为 80% 水（用磷酸将 pH 值调节为 3.0）和 20% 甲醇的混合物，流速为 1 mL/min，检测波长为 275 nm，进样体积为 20 μL。

拉米夫定的销毁情况及相关参数，参考表 12-35。

表 12-35　拉米夫定的销毁相关参数

底物	浓度	TiO$_2$	pH	温度	灯	时间	销毁率
拉米夫定	100 μmol/L	1 g/L	9	N/A	Shanghai Lighting GGZ-125 HP Hg 365 nm Pyrex 0.38 mW/cm^2	60 min	> 95%

12.3.13　奥司他韦的销毁[42]

光催化实验是在配备 UV-A 照射系统的恒温反应器中进行的，反应温度为 25 ℃，紫外灯主要波长为 365 nm，辐照强度为 1.8 mW/cm^2。磷酸奥司他韦的初始浓度为 21 μmol/L，TiO$_2$ 的浓度为 20 mg/L，溶液 pH 为 5.8。开启光源进行光解实验，并定期取样进行分析。使用配备有 LC-20AD 泵、SPD-M20A 光电二极管阵列检测器和 VP-ODS C$_{18}$ 反向柱[150 mm × 4.6 mm，(4.6 ± 0.3) μm]的 HPLC 系统测定奥司他韦的残留浓度。流动相为乙腈和 0.4 mol/L 甲酸水溶液的混合物，体积比为 30∶70，流速为 1 mL/min。

磷酸奥司他韦的销毁情况及相关参数，参考表 12-36。

表 12-36　磷酸奥司他韦的销毁相关参数

底物	浓度	TiO$_2$	pH	温度	灯	时间	销毁率
磷酸奥司他韦	21 μmol/L	20 mg/L	5.8	25 ℃	UV-A 365 nm 1.8 mW/cm^2	80 min	> 95%

12.3.14　尼古丁的销毁[43]

光解温度为 30 ℃。紫外辐射由具有改良灯泡的 125 W 飞利浦汞灯提供，并使用辐射计（9811 系列）进行调节。向光反应器中加入 30 mg/L 尼古丁水溶液和 0.91 g/L 氧化锌催化剂，并用磁力搅拌器（350 r/min）在空气流量 6.5 mL/s 下搅拌反应液 60 min，以达到吸附平衡。然后，打开紫外光灯，在 0、5、15、30 和 60 min 时从反应器中取样。将样品在 SOLAB 离心机（SL-700）中以 3500 r/min 离心 20 min，然后用硝酸酯和乙酸酯纤维素混合膜（0.22 μm 孔径）过滤。将过滤后的样品置于容量为 2.0 mL 的小瓶中。采用高效液相色谱法（1200 系列）测定尼古丁的残留量。使用反相 C$_{18}$ 分析柱（Zorbax Eclipse Plus C$_{18}$ 5.0 μm，4.6 mm × 250 mm）分离分析物。流动相由乙腈、磷酸钾缓冲液（5 mmol/L，pH = 6.8）和超纯水组成，体积比为 45∶15∶40，流速为 1 mL/min，DAD 检测器的波长为 260 nm。

尼古丁的销毁情况及相关参数，参考表 12-37。

表 12-37　尼古丁的销毁相关参数

底物	浓度	ZnO	pH	温度	灯	时间	销毁率
尼古丁	30 mg/L	0.91 g/L	10.5	30 ℃	Philips 125 W Hg 50 W/m^2	75 min	98.5%

参考文献

[1] MANIERO M G, BILA D M, DEZOTTI M. Degradation and estrogenic activity removal of β-estradiol and 17α-ethinylestradiol by ozonation and O_3/H_2O_2[J]. Sci Total Environ, 2008, 407: 105-115.

[2] WU Q, SHI H, ADAMS C D, et al. Oxidative removal of selected endocrine-disruptors and pharmaceuticals in drinking water treatment systems, and identification of degradation products of triclosan[J]. Sci Total Environ, 2012, 439: 18-25.

[3] ZHOU Y, JIANG J, GAO Y, et al. Oxidation of steroid estrogens by peroxymonosulfate (PMS) and effect of bromide and chloride ions: kinetics, products, and modeling[J]. Water Res, 2018, 138: 56-66.

[4] GABET A, MÉTIVIER H, DE BRAUER C, et al. Hydrogen peroxide and persulfate activation using UVA-UVB radiation: degradation of estrogenic compounds and application in sewage treatment plant waters[J]. J Hazard Mater, 2021, 405: 124693.

[5] YANG Y, LI J, SHI H, et al. Influence of natural organic matter on horseradish peroxidase-mediated removal of α-ethinylestradiol: role of molecular weight[J]. J Hazard Mater, 2018, 356: 9-16.

[6] AURIOL M, FILALI-MEKNASSI Y, Adams C D, et al. Removal of estrogenic activity of natural and synthetic hormones from a municipal wastewater: efficiency of horseradish peroxidase and laccase from Trametes versicolor[J]. Chemosphere, 2008, 70: 445-452.

[7] HU J, LI T, ZHANG X, et al. Degradation of steroid estrogens by UV/peracetic acid: influencing factors, free radical contribution and toxicity analysis[J]. Chemosphere, 2022, 287: 132261.

[8] CÉDAT B, DE BRAUER C, MÉTIVIER H, et al. Are UV photolysis and UV/H_2O_2 process efficient to treat estrogens in waters? Chemical and biological assessment at pilot scale[J]. Water Res, 2016, 100: 357-366.

[9] GABET A, MÉTIVIER H, DE BRAUER C, et al. Hydrogen peroxide and persulfate activation using UVA-UVB radiation: degradation of estrogenic compounds and application in sewage treatment plant waters[J]. J Hazard Mater, 2021, 405: 124693.

[10] ZHANG Z, FENG Y, LIU Y, et al. Kinetic degradation model and estrogenicity changes of EE2 (17 -ethinylestradiol) in aqueous solution by UV and UV/H_2O_2 technology[J]. J Hazard Mater, 2010, 181: 1127-1133.

[11] KARPOVA T, PREIS S, KALLAS J. Selective photocatalytic oxidation of steroid estrogens in water treatment: urea as co-pollutant[J]. J Hazard Mater, 2007, 146: 465-471.

[12] ZHANG Y, ZHOU J L. Occurrence and removal of endocrine disrupting chemicals in wastewater[J]. Chemosphere, 2008, 73: 848-853.

[13] SARKAR S, ALI S, REHMANN L, et al. Degradation of estrone in water and wastewater by various advanced oxidation processes[J]. J Hazard Mater, 2014, 278: 16-24.

[14] PEREIRA CHAVEZ F, GOMES G, DELLA-FLORA A, et al. Comparative endocrine

disrupting compound removal from real wastewater by UV/Cl and UV/H$_2$O$_2$: effect of pH, estrogenic activity, transformation products and toxicity[J]. Sci Total Environ 2020, 746: 141041.

[15]   HU J, LI T, ZHANG X, et al. Degradation of steroid estrogens by UV/peracetic acid: influencing factors, free radical contribution and toxicity analysis[J]. Chemosphere, 2022, 287: 132261.

[16]   XU B, LI K, QIAO J, et al. UV photoconversion of environmental oestrogen diethylstilbestrol and its persistence in surface water under sunlight[J]. Water Res, 2017, 127: 77-85.

[17]   MATSUSHITA T, HASHIZUKA M, KURIYAMA T, et al. Use of orbitrap-MS/MS and QSAR analyses to estimate mutagenic transformation products of iopamidol generated during ozonation and chlorination[J]. Chemosphere, 2016, 148: 233-240.

[18]   HU J, DONG H, QU J, et al. Enhanced degradation of iopamidol by peroxymonosulfate catalyzed by two pipe corrosion products(CuO and   -MnO$_2$)[J]. Water Res, 2017, 112: 1-8.

[19]   WANG Z, WANG X, YUAN R, et al. Resolving the kinetic and intrinsic constraints of heat-activated peroxydisulfate oxidation of iopromide in aqueous solution[J]. J Hazard. Mater, 2020, 384: 121281.

[20]   CHAN T W, GRAHAM N J D, CHU W. Degradation of iopromide by combined UV irradiation and peroxydisulfate[J]. J Hazard Mater, 2010, 181: 508-513.

[21]   RASTOGI T, LEDER C, KÜMMERER K. Qualitative environmental risk assessment of photolytic transformation products of iodinated X-ray contrast agent diatrizoic acid[J]. Sci Total Environ, 2014, 482-483: 378-388.

[22]   DUAN X, HE X, WANG D, et al. Decomposition of iodinated pharmaceuticals by UV-254 nm-assisted advanced oxidation processes[J]. J Hazard Mater, 2017, 323, Part A: 489-499.

[23]   KONG X, JIANG J, MA J, et al. Comparative investigation of X-ray contrast medium degradation by UV/chlorine and UV/H$_2$O$_2$[J]. Chemosphere, 2018, 193: 655-663.

[24]   FENG Y, SONG Q, LV W, et al. Degradation of ketoprofen by sulfate radical-based advanced oxidation processes: kinetics, mechanisms, and effects of natural water matrices[J]. Chemosphere, 2017, 189: 643-651.

[25]   PAI C W, WANG G S. Treatment of PPCPs and disinfection by-product formation in drinking water through advanced oxidation processes: comparison of UV, UV/Chlorine, and UV/H$_2$O$_2$[J]. Chemosphere, 2022, 287: 132171.

[26]   ILLÉS E, SZABÓ E, TAKÁCS E, et al. Ketoprofen removal by O$_3$ and O$_3$/UV processes: kinetics, transformation products and ecotoxicity[J]. Sci Total Environ 2014, 472: 178-184.

[27]   CHRISTOPHORIDIS C, NIKA M C, AALIZADEH R, et al. Ozonation of ranitidine: effect of experimental parameters and identification of transformation products[J]. Sci Total Environ, 2016, 557-558: 170-182.

[28]   RADJENOVIC J, SIRTORI C, PETROVIC M, et al. Characterization of intermediate

products of solar photocatalytic degradation of ranitidine at pilot-scale[J]. Chemosphere, 2010, 79: 368-376.

[29]   RADJENOVIC J, SIRTORI C, PETROVIC M, et al. Characterization of intermediate products of solar photocatalytic degradation of ranitidine at pilot-scale[J]. Chemosphere, 2010, 79: 368-376.

[30]   BLUM K M, NORSTRÖM S H, GOLOVKO O, et al. Removal of 30 active pharmaceutical ingredients in surface water under long-term artificial UV irradiation[J]. Chemosphere, 2017, 176: 175-182.

[31]   RUSSO D, SICILIANO A, GUIDA M, et al. Photodegradation and ecotoxicology of acyclovir in water under UV254 and UV254/H_2O_2 processes[J]. Water Res, 2017, 122: 591-602.

[32]   ADAK A, MANGALGIRI K P, LEE J, et al. UV irradiation and UV-H_2O_2 advanced oxidation of the roxarsone and nitarsone organoarsenicals[J]. Water Res, 2015, 70: 74-85.

[33]   CHEN L, LI H, QIAN J. Degradation of roxarsone in UV-based advanced oxidation processes: a comparative study[J]. J Hazard Mater, 2021, 410: 124558.

[34]   CHEN Y, LIN C, ZHOU Y, et al. Transformation of roxarsone during UV disinfection in the presence of ferric ions[J]. Chemosphere, 2019, 233: 431-439.

[35]   LI W, LU S, QIU Z, et al. Clofibric acid degradation in UV254/H_2O_2 process: effect of temperature[J]. J Hazard Mater, 2010, 176: 1051-1057.

[36]   WANG Y, LI H, YI P, et al. Degradation of clofibric acid by UV, O_3 and UV/O_3 processes: performance comparison and degradation pathways[J]. J Hazard Mater, 2019, 379: 120771.

[37]   QIN W, LIN Z, DONG H, et al. Kinetic and mechanistic insights into the abatement of clofibric acid by integrated UV/ozone/peroxydisulfate process: a modeling and theoretical study[J]. Water Res, 2020, 186: 116336.

[38]   CAI M, SUN P, ZHANG L, et al. UV/peracetic acid for degradation of pharmaceuticals and reactive species evaluation[J]. Environ Sci Technol, 2017, 51: 14217-14224.

[39]   XIAO D, GUO Y, LOU X, et al. Distinct effects of oxalate versus malonate on the iron redox chemistry: implications for the photo-Fenton reaction[J]. Chemosphere, 2014, 103: 354-358.

[40]   ROMAO J S, HAMDY M S, MUL G, et al. Photocatalytic decomposition of cortisone acetate in aqueous solution[J]. J Hazard Mater, 2015, 282: 208-215.

[41]   AN T, AN J, YANG H, et al. Photocatalytic degradation kinetics and mechanism of antivirus drug-lamivudine in TiO_2 dispersion[J]. J Hazard Mater, 2012, 197: 229-236.

[42]   WANG W L, WU Q Y, WANG Z M, et al. Photocatalytic degradation of the antiviral drug Tamiflu by UV-A/TiO_2: kinetics and mechanisms[J]. Chemosphere, 2015, 131: 41-47.

[43]   ESPINA DE FRANCO M A, LEONARDO DA SILVA W, BAGNARA M, et al. Photocatalytic degradation of nicotine in an aqueous solution using unconventional supported catalysts and commercial ZnO/TiO_2 under ultraviolet radiation[J]. Sci Total Environ, 2014, 494-495: 97-103.